21世纪全国本科院校电气信息类创新型应用人才培养规划教材

嵌入式系统开发基础

——基于八位单片机的C语言程序设计

侯殿有　编著

北京大学出版社
PEKING UNIVERSITY PRESS

内容简介

嵌入式控制系统大多具有小、巧、轻、灵、薄的特点，程序的代码不是很大而且对嵌入式微控制器的要求也不是很高，采用 8 位单片机和 C 语言来编写控制程序，可以满足大多数系统的要求。本书对使用广泛并有典型代表意义的 MCS-51 单片机及兼容机 STC89C51/89C52 的软硬件资源、外围设备接口和 C 语言编程语法做了详细的介绍。

嵌入式控制系统的人机界面设计是系统设计的第一步，也是比较困难的一步，本书在详细介绍 LCD 显示汉字、曲线和 ASCII 码原理基础上，给出了一个通用字模提取和建小字库程序及 3 种典型 LCD 显示驱动程序，这些资料对初学者和从事嵌入式开发的同行有很大的实用价值。

本书适合电气信息类专业学生使用，也可供开发者与自学者参考。

图书在版编目(CIP)数据

嵌入式系统开发基础：基于八位单片机的 C 语言程序设计/侯殿有编著. —北京：北京大学出版社，2012.9

(21 世纪全国本科院校电气信息类创新型应用人才培养规划教材)

ISBN 978-7-301-17468-5

Ⅰ. ①嵌…　Ⅱ. ①侯…　Ⅲ. ①微型计算机—系统开发—高等学校—教材　Ⅳ. ①TP360.21

中国版本图书馆 CIP 数据核字(2012)第 205651 号

书　　名： 嵌入式系统开发基础——基于八位单片机的 C 语言程序设计

著作责任者： 侯殿有　编著

策 划 编 辑： 郑　双　程志强

责 任 编 辑： 程志强

标 准 书 号： ISBN 978-7-301-17468-5/TP•1240

出　版　者： 北京大学出版社

地　　址： 北京市海淀区成府路 205 号　100871

网　　址： http://www.pup.cn　http://www.pup6.cn

电　　话： 邮购部 62752015　发行部 62750672　编辑部 62750667　出版部 62754962

电 子 邮 箱： pup_6@163.com

印　刷　者： 三河市北燕印装有限公司

发　行　者： 北京大学出版社

经　销　者： 新华书店

787 毫米×1092 毫米　16 开本　25.25 印张　588 千字

2012 年 9 月第 1 版　　2012 年 9 月第 1 次印刷

定　　价： 49.00 元

前　言

从 1979 年 Intel 公司首次发布 MCS-51 单片机产品以来，30 多年过去了，在这 30 多年中，单片机世界发生了翻天覆地的变化，出现了许多功能强大、能满足各种嵌入式产品需求的专用或通用嵌入式微处理器。

RISC(Reduced Instruction Set Computing，精简指令集)微处理器，是近几年在 CISC(Complex Instruction Set Computing，复杂指令集)微处理器基础上发展起来的先进技术。

RISC 和 CISC 是目前设计制造微处理器的两种典型技术，虽然它们都试图在体系结构、操作运行、软硬件、编译时间等诸多因素中做出某种平衡，以求达到高效的目的，但采用的方法不同，因此，它们在很多方面差异很大。

RISC CPU 包含较少的单元电路，因而面积小、功耗低；RISC 微处理器结构简单、布局紧凑、设计周期短、易于采用最新技术、用户易学易用。所有这些特点，使 RISC 技术受到众多微处理器厂家的青睐。

随着半导体产业进入超深亚微米乃至纳米加工时代，在单一集成电路芯片上就可以实现一个复杂的电子系统，诸如手机芯片、数字电视芯片、DVD 芯片等。在未来几年内，上亿个晶体管、几千万个逻辑门都可望在单一芯片上实现。

SoC(System-on-Chip，片上系统)设计技术始于 20 世纪 90 年代中期，随着半导体工艺技术的发展，IC(Integrated Circuit，集成电路)设计者能够将愈来愈复杂的功能集成到单硅片上，SoC 正是在集成电路(IC)向集成系统(Integrated System，IS)转变的大方向下产生的。

SoC 是集成电路发展的必然趋势，是技术发展的必然，是 IC 产业的未来。

片上程序存储器容量从原来的 4KB ROM 做到现在的 4KB Flash、甚至达到 64KB Flash，使得单片机可以不使用仿真器在线编程，即具有 IAP(In-Application Programming，应用现场可调试功能)和 ISP(In-System Programming，在系统编程功能)。

许多单片机片上集成了 WDT 技术(Watchdog Timer，看门狗定时器)、SPI(Serial Peripheral Interface，串行外设接口)、A/D 转换电路，使单片机无需扩展就是一个嵌入式开发系统。

还有的单片机采用多核结构，提高了浮点运算速度，增强了数字信号处理能力。

单片机工作电压范围更宽，出现了工作电压为 2.2～6V 的微处理器，特别适合电池供电的手持式嵌入式产品。

此外，CPU 的工作频率从最初的几兆赫兹，发展到现在的几十到上百兆赫兹。

在专用微处理器方面也出现了许多新产品。

例如，日本脉冲马达株式会社(Nippon Pulse Motor Co.，LTD，NPM)的 PCL6045B 运动控制微处理器芯片，是一种通过总线接收命令、并产生脉冲控制步进电机或脉冲驱动型伺服电机的 CMOS 专用微处理器，可以广泛应用于数控机床、机器人等数控机械的运动控制中。

德州仪器公司 TI 的 MSP430，为高整合、高精度的微处理器系统，是目前具有最低功耗的 Flash 16-bits RISC 微控制器，可方便地实现心电信号的采集、处理、存储、打印。

美国 Veridicom 公司的 FPS100 固态指纹传感器是一种直接接触的指纹采集器件，它是一种低功耗、低价格、高性能的电容式指纹提取微控制器。

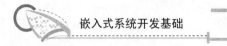

这方面例子很多，在此不一一列举。

面对如此众多的单片机产品，初学者如何去学习和掌握？我们研制一个嵌入式产品如何选择作为核心的微处理器？

我们知道，单片机产品种类繁多，功能各异，但它们大多是从 MCS-51 单片机基础上发展而来，只是在功能上进行了增减，其指令系统基本相同，因此只要掌握了 MCS-51 单片机的硬件结构和软件编程，在遇到其他处理器时就比较容易处理了。

对于单片机选型，要综合考虑其功能指标。

主频高，当然运算速度快；但主频过高系统耗能就高，电磁干扰会加大，且容易发热，从而导致系统稳定系数下降。因此运算速度满足要求即可，不必盲目追求主频过高的产品。

现在出现了许多串行芯片，这些芯片一般体积小、能耗低，特别适合嵌入式系统小、巧、轻、灵、薄的使用要求，特别是掌上产品的要求。但串行芯片软件编程比并行芯片复杂，时序要求严格，特别是运行速度比并行芯片慢，因此到底使用哪种芯片要综合考虑。

嵌入式控制系统人机界面设计是我们进行嵌入式控制系统设计首先遇到的问题，本书第 5 篇用 5 章内容对此进行了讨论，这部分内容是本书的重点。

本书资料主要来源是：多年 MCS-51 单片机 C 语言程序设计教学中使用的资料，笔者在 20 多年科研工作和指导学生参加各种大赛中积累的经验、程序、网上资源、一些公司的产品使用说明书或技术资料。

笔者对本书中使用或借鉴资料的个人或公司表示感谢。

对本书的意见和建议请与笔者联系，联系信箱：houdianyou456@sina.com。

☞：下图是利用程序 MinFonBase1.exe 提取字模并在 640×480 LCD 上显示的 8×8、8×16 ASCII 码、16×16、24×24、12×12、48×48 点阵宋体汉字，各种曲线、图形、数学符号、日文片假名、希腊、罗马、俄罗斯文字符实例，实例中使用 32 位精简指令单片机 S3C2410。字模提取程序和 LCD 驱动程序均为作者研制，可在北京大学出版社网站 http://www.pup6.cn 下载。字模提取程序密码 194512125019。

编　者

2012 年 3 月

目　录

第 1 篇　基础知识

第 2 篇　C51 语言程序语法

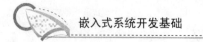

第1篇

基础知识

第 1 章 嵌入式控制系统概论

本章知识架构

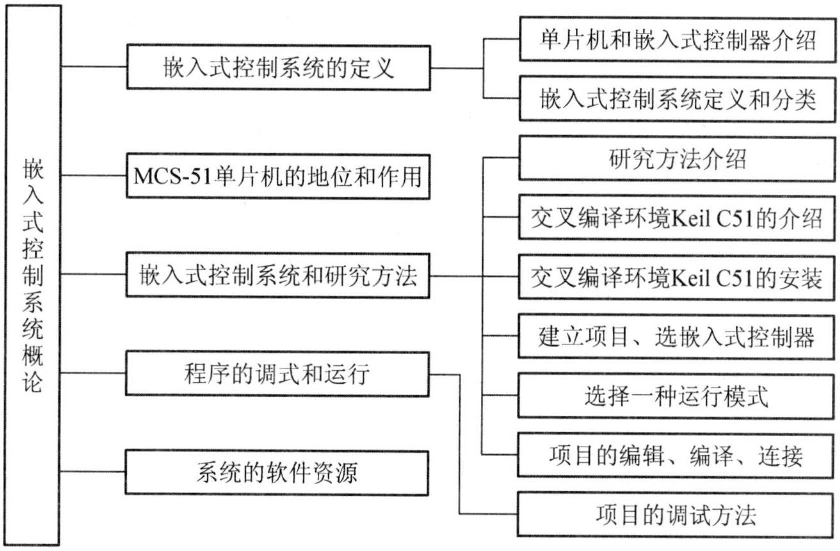

本章教学目标和要求

- 了解单片机、嵌入式控制器、嵌入式控制系统的定义；
- 学会嵌入式开发环境 Keil C51 的安装，并在自己的计算机上安装一种嵌入式开发环境；
- 熟练掌握开发环境的使用，了解系统软件资源并学会使用；
- 熟练掌握项目的编辑、编译、连接和调试方法。

1.1 单片机和嵌入式控制系统的定义、嵌入式系统的分类

单片机就是在一片半导体硅片上集成了中央处理单元(CPU)、存储器(RAM/ROM)和各种 I/O 接口的微型计算机。这样一块集成电路芯片具有一台微型计算机的功能，因此被称为单片微型计算机，简称单片机。

有些单片机功能比较齐全，称为通用单片机；有些单片机是专门为某一应用领域研制的，突出某一功能，例如，专门的数控芯片、数字信号处理芯片等，称为专用单片机。有时也将这两种单片机统称为微处理器。

单片机主要应用在测试和控制领域，由于单片机在使用时，通常处于测试和控制领域的核心地位并嵌入其中，因此也常把单片机称为嵌入式控制器(Embedded MicroController Unit)，把嵌入某种微处理器或单片机的测试和控制系统称为嵌入式控制系统(Embedded Control System)。

在本书后面的叙述中，单片机和嵌入式控制器意义是相同的。

嵌入式控制系统在航空航天、机械电子、家用电器、自动控制等各个领域都有广泛应用，特别是家用电器领域是嵌入式控制系统最大的应用领域，MP3、MP4、MP5、数码相机、扫描仪、个人 PC、车载电视、DVD、PDA(Personal Digtal Assistant，掌上电脑)……，到处都可以看到嵌入式控制系统的应用。

随着超大规模集成电路工艺和集成制造技术的不断完善，单片机的硬件集成度也在不断提高，已经出现了能满足各种不同需要、具有各种特殊功能的单片机。在 8 位单片机得到广泛应用的基础上，16 位单片机和 32 位单片机也应运而生，特别是以 ARM 技术为基础的 32 位精简指令系统单片机(RISC Microprocessor)的出现，由于其性能优良、价格低廉，大有取代 16 位单片机而成为高档主流机型的趋势。

嵌入式控制系统由于其内核嵌入的微处理器不同，在应用上大致分为两个层次，在系统简单、要求不高、成本低的应用领域，大多采用以 MCS-51 为代表的 8 位单片机。

随着嵌入式控制系统与 Internet 的逐步结合，PDA、手机、路由器、调制解调器等复杂的高端应用对嵌入式控制器提出了更高的要求，在少数高端应用领域以 ARM 技术为基础的 32 位精简指令系统单片机得到越来越多的青睐。嵌入式控制系统在高端应用领域还分为带嵌入式操作系统支持和不带嵌入式操作系统支持两种情况。

1.2 MCS-51 单片机在嵌入式控制系统中的地位和作用

1980 年，Intel 公司在 MCS-48 单片机基础上推出 MCS-51 单片机，MCS-51 单片机包括 3 个基本型 8031、8051、8751，还包括 3 个 CMOS 工艺的低功耗型 80C31、80C51、87C51。

虽然它们是 8 位单片机，但是它们品种多、兼容性好、功能强、价格低廉、性能稳定且使用方便，特别是设计和应用资料齐全，受到广大工程技术人员的青睐，成为我国应用最为广泛的机型。在今后相当长的一段时间内，MCS-51 单片机还是嵌入式控制系统的主流机型。

由于 MCS-51 单片机技术先进且性能稳定，世界上许多大的半导体公司也在根据 Intel 公司技术生产 MCS-51 单片机或改进型 MCS-51 单片机。因此，MCS-51 单片机成为 8 位单片机的实际技术标准，也是嵌入式控制系统中使用最多的嵌入式控制器。

在计算机技术飞跃发展的今天，16 位和 32 位单片机已经出现并逐步得到推广应用，但 MCS-51 单片机的应用还是非常广泛。MCS-51 单片机的设计思想在 16 位和 32 位单片机中得到了进一步的继承和发展。

如果掌握了 MCS-51 单片机的 C 语言程序设计方法，完全可以满足一般嵌入式控制系统的设计要求，因为嵌入式控制系统大多具有小、巧、轻、灵、薄的特点，中小简单系统占嵌入式控制系统的绝大多数，少数高端应用较少遇到。同时掌握 8 位嵌入式控制系统的设计方法可以为进一步学习 16 位和 32 位嵌入式控制系统打下基础。

1.3　嵌入式控制系统的研究方法

1.3.1　交叉编译环境 Keil C51

作为嵌入式控制器的单片机，不管是 8 位单片机还是 16 位单片机或 32 位单片机，由于受本身资源限制，其应用程序都不能在其本身上开发，我们开发应用程序，还需要一台通用计算机，如常用的 IBM-PC 或兼容机，Windows 95/98/2000 或 XP 操作系统，16MB 以上内存，20MB 以上硬盘存储空间(运行交叉编译环境 Keil C 最低配置)。也称这台通用计算机为“宿主机”，称作为嵌入式控制器的单片机为“目标机”，应用程序在“宿主机”上开发，在“目标机”上运行。“目标机”和“宿主机”之间利用计算机并口或 USB 口通过一台叫“仿真器”的设备相连，编译好的计算机可以识别的目标程序(二进制代码程序)可以从“宿主机”传到“目标机”，这也称为程序下载，也可以从“宿主机”传到“目标机”，称为程序上传。应用程序通过“仿真器”的下载和上传，在“宿主机”上反复修改，这个过程称为“调试”。调试好的应用程序，在“宿主机”上编译成“目标机”可以直接执行的机器码文件，通过一台称为“固化器”的设备下载并固化到“目标机”的程序存储器中(8 位单片机常用的程序存储器是 EPROM 或 Flash)，整个下载过程称为烧片，也称程序固化。

程序固化是单片机开发的最后一步，以后“宿主机”和“目标机”就可以分离，“宿主机”任务完成，“目标机”可以独立执行嵌入式控制器的任务。嵌入式控制系统开发过程如图 1-1 所示。

通过以上叙述可知，在“宿主机”上运行的开发工具软件的功能非常重要，也称这套开发工具软件为交叉编译环境或集成开发环境，交叉编译环境首先应具有类似“Word”的功能，对我们用 C 语言编写的程序进行编辑，同时它还具有调试和编译功能，可以把调试好的应用程序编译成“目标机”可以直接执行的机器码文件。

在我国，MCS-51 单片机的开发多使用德国 Keil 公司的μVision2/3 或南京伟福的 Wave6000。μVision2/3 也称 Keil C51，是一款非常优秀的 MCS-51 开发工具，它功能强、使用方便，特别是运行稳定、抗干扰和防病毒能力强给使用者留下深刻印象。

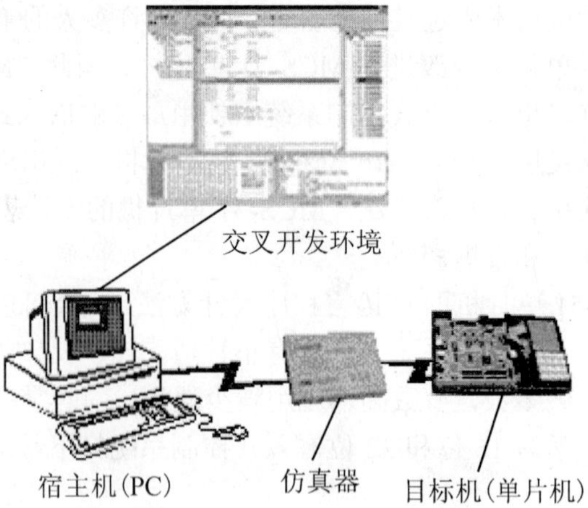

图 1-1　嵌入式控制系统开发过程

在北京大学出版社网站 http://www.pup6.cn 可免费下载本书的学习参考资料，内有 Keil C51，供读者下载学习使用。Wave6000 可从南京伟福官方网站 http://www.wave-cn.com 免费下载。

1.3.2　Keil C51 的安装

打开单片机编译器文件夹，再打开 setup 子文件夹，出现图 1-2 所示画面，选中 Setup.exe 图标双击，出现图 1-3 所示选择安装类型对话框。如果是第一次安装，选择第一项。单击 Next 按钮，出现图 1-4 所示选择安装版本对话框，选 Full Version，系统就开始安装，确定安装路径 C:\Keil 和同意版权协议后，系统还需要产品系列号，系列号在 UP51V701.TXT 文件中。

接着在图 1-5 所示对话框中单击 Browse 按钮，在上一级文件夹中找到 PK51 专业开发软件路径 C51addon 文件夹选中并确定，出现图 1-6 所示对话框，继续单击 Next 按钮就可一步步完成安装。

图 1-2　Keil C51 安装初始画面

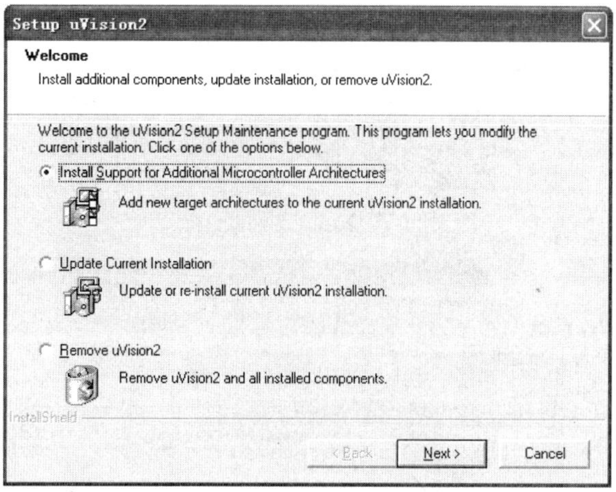

图 1-3　选择安装类型

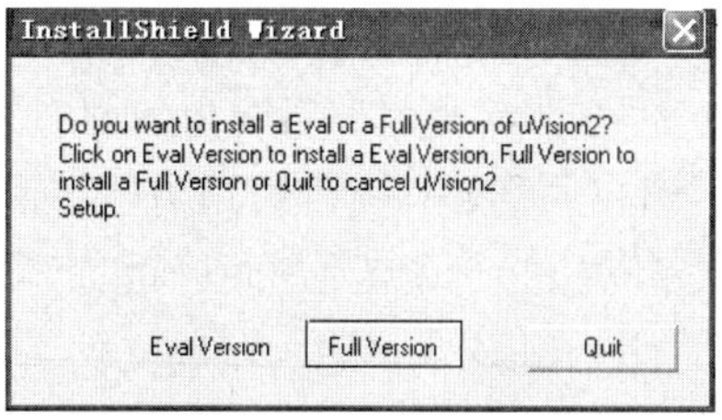

图 1-4　选择安装版本

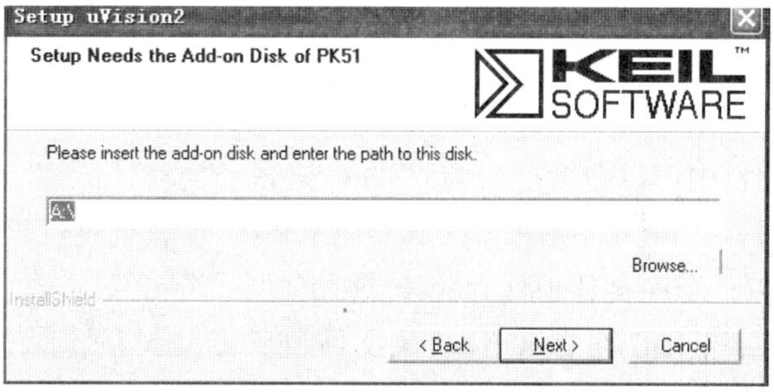

图 1-5　安装 PK51 专业开发软件

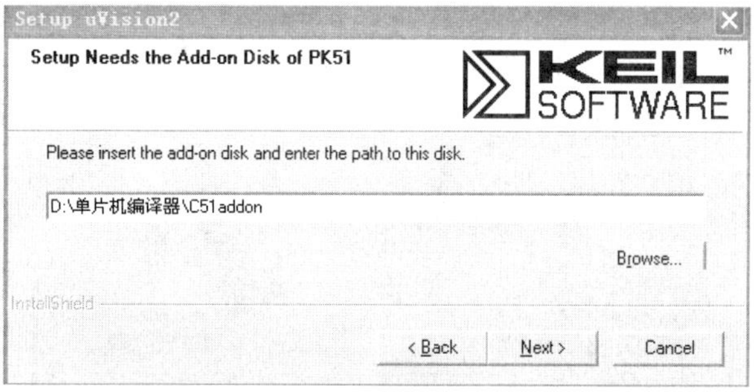

图 1-6　PK51 专业开发软件路径

1.4　程序的编辑、编译、调试和运行

1.4.1　建立项目

MCS-51 单片机程序的编辑和调试均在交叉编译环境 Keil C51 中完成，非常方便。Keil C51 的图标如图 1-7 所示，可以把它放在桌面上方便使用。双击此图标，就会出现图 1-8

所示交叉编译环境 Keil C51 的主界面，MCS-51 单片机程序的编辑和调试均在此界面上完成，今后我们会经常在此界面上工作。

图 1-7　Keil C51 的图标

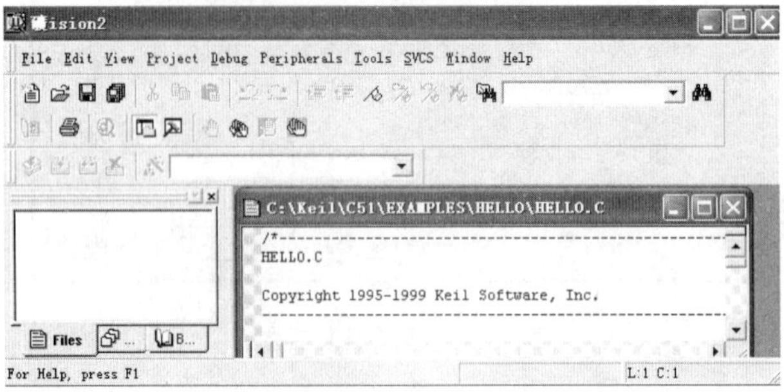

图 1-8　Keil C51 的集成开发环境

Keil C51 在对程序进行编辑、编译和调试时都是以“项目”为单位来进行的，在一个项目中可以包含后缀为.C 的 C 语言源文件、后缀为.h 的 C 语言头文件、后缀为.A 的汇编语言文件、后缀为.o 的机器码文件(C 语言文件经编译后形成的文件)、后缀为.LIB 的库文件(一个库文件中保存同一类功能的一些文件，这些文件还可以是后缀为.C 的 C 语言源文件、后缀为.h 的 C 语言头文件、后缀为.A 的汇编语言文件、后缀为.o 的机器码文件，还可以是另一个后缀为.LIB 的库文件)。

Keil C51 在对“项目”进行编辑时，会根据每一个程序的后缀调用不同的编译工具分别把它们转换为后缀为.o 的一个一个机器码文件，然后再调用连接工具文件 Link 根据“项目”结构把它们连接成一个统一的后缀为.exe 的可执行文件。

因此，使用 Keil C51 进行嵌入式控制系统程序开发，首先要建立一个项目，在开发环境窗口中，选择 Project | New Project，就会出现图 1-9 所示建立项目对话框，这里给项目起个名字：HELLO，后缀.Uv2 是系统自动加的，表示这是 Keil C51 的一个项目。

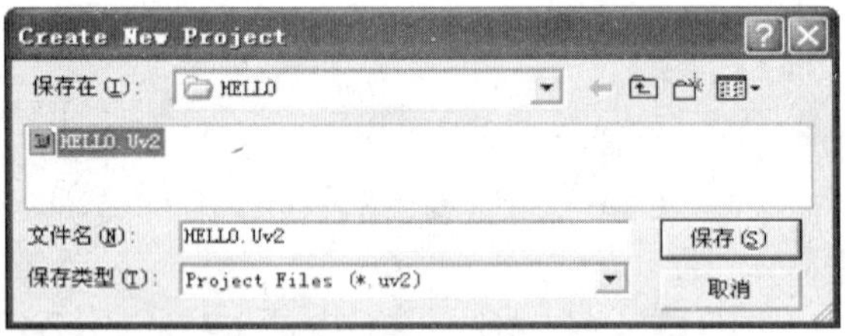

图 1-9　建立 Keil C51 的一个项目

选好保存路径，单击“保存”按钮即完成建立一个项目的工作。之后出现选择设备对话框，如图 1-10 所示，该对话框要求我们为项目选择一款单片机，假如选 Intel 公司 8031AH，就会出现设备描述对话框，如图 1-11 所示，单击“确定”按钮确认后返回主界面，即完成了选择设备的工作。

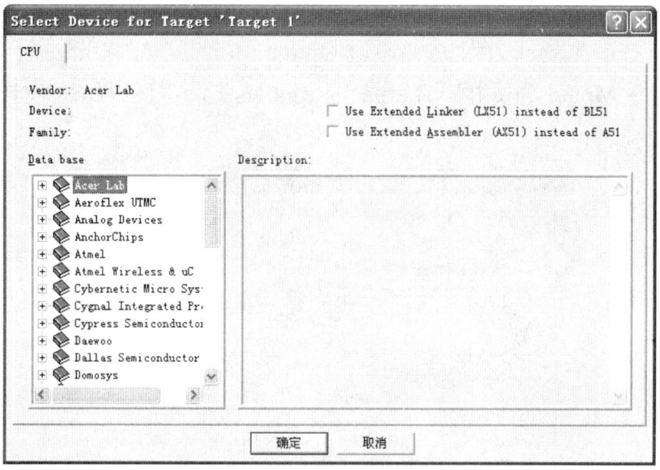

图 1-10　选择设备对话框

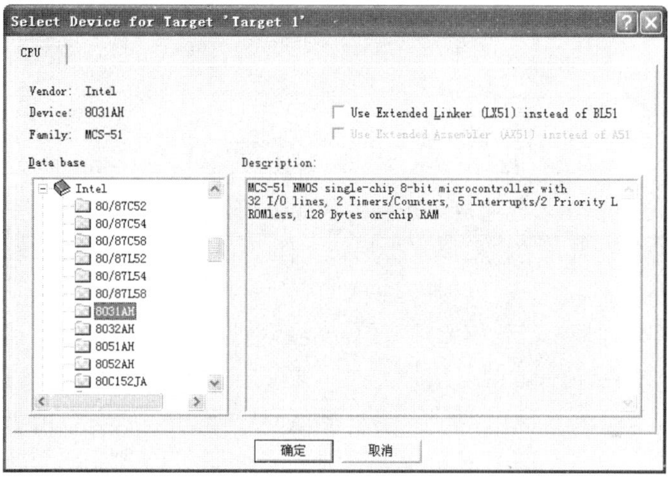

图 1-11　设备描述对话框

1.4.2　项目的运行模式

Keil C51 为了使项目能在最优化情况下运行，对项目进行了分类，编译后代码小于 2KB 的项目为小模式(Small 模式)，其他为中模式(Compact 模式)或大模式(Large 模式)。

单片机虽然功能很强，但本身资源毕竟有限，特别是片上数据存储器，只有 128B(51 系列)或 256B(52 系列)，有时候必须要在片外对数据存储器进行扩展。但是在项目为小模式时，只使用片上数据存储器就满足系统要求了，程序用到的变量或函数调用时用到的参数可放在片上数据存储器中，这种情况下项目占用系统资源少、运行速度快、代码效率最高。在大学生电子设计大赛或教学实验系统中常使用这种模式。

虽然小模式占用系统资源少、运行速度快，但代码容量太小，在工程上一般采用大模式(Large 模式)。大模式允许数据存储器和程序代码分别为 64KB，完全可以满足嵌入式控制系统的要求。中模式实际使用较少，本书不做介绍。后面的例子程序均采用大模式。

在编译项目前，要确定使用的模式，可按如下步骤进行：

在主界面中，右击 Target 1(对象 1)通过 Options for Target ‘Target 1’(对象 1 设置)对话框，设置 Memory Model 为大模式 Large “variables” in XDATA(大模式，变量放片外数据存储器)，如图 1-12 示。

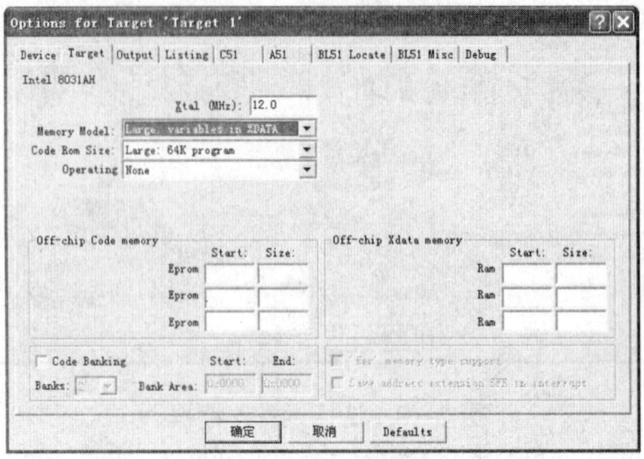

图 1-12　编译选大模式对话框

1.4.3　项目的编译模式

前面讲过，Keil C51 可以将项目编译成后缀为.o 的机器码(也称目标码)文件，也可以将多个机器码文件通过 Link 连接成一个后缀为.exe 的可执行文件。

将项目编译成后缀为.o 的机器码文件后，文件不能直接执行，还要和其他后缀为.o 的机器码文件通过 Link 连接成一个后缀为.exe 的可执行文件才可执行。

一般我们的项目都较小，希望将项目编译成后缀为.o 的机器码文件后，编译器直接调用 Link 将其连接成后缀为.exe 的可执行文件，这可按下如下步骤进行设置。

在 Options for Target ‘Target 1’(对象 1 设置)对话框中，选中 Output 选项卡，然后勾选 Debug Information 和 Create Hex Files 选项即可，如图 1-13 所示。至此，为项目选设备和该项目编译器设置完成。

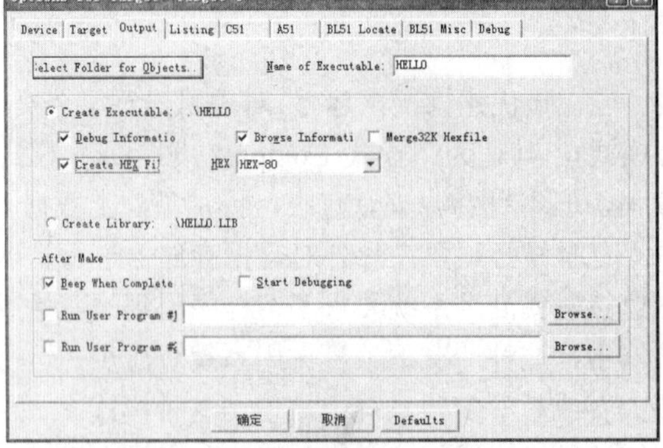

图 1-13　编译模式设置对话框

1.4.4　项目的调试

以上工作确认无误后返回主界面，在主界面中，右击 Source Group 1，出现图 1-14 所示添加文件对话框，选 Add Files to Group　‘Source Group 1’，把 C 语言源文件、头文件或汇编源文件、机器码文件、库文件加入项目中。

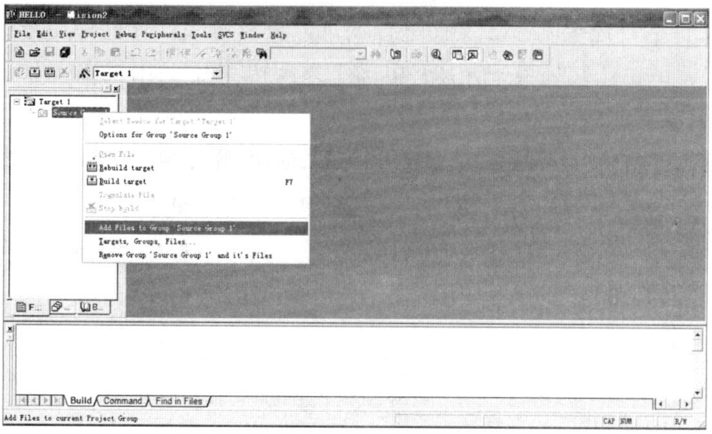

图 1-14　在项目中添加文件对话框

现在打开一个已建立好的项目，简述一下程序的调试过程。

在主界面选择 Project | Open Project，在对话框中打开 C:\Keil\C51\EXAMPLES\HELLO.Uv2 项目，就会出现图 1-15 所示程序调试界面。界面分 4 部分，最上面是主菜单和工具按钮，中间部分左边是项目工作区，显示项目结构、帮助文档资料等，中间部分右边则是程序编辑区，在项目工作区双击某个文件，该文件就会在程序编辑区打开，借助于主菜单(主要是 Edit)和快捷键就可以对该文件进行编辑，Keil C51 的编辑器功能非常强，类似小型 Word，最下面是输出栏。

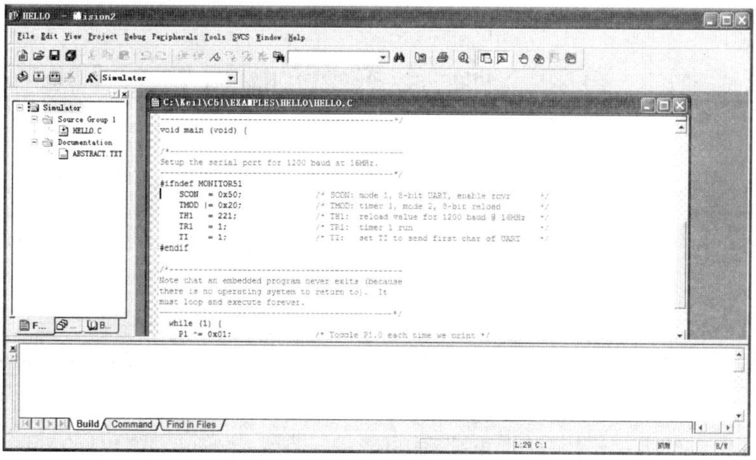

图 1-15　程序的编辑环境

程序编辑结束后，通过这 3 个工具按钮将当前正在调试的文件进行编译，或连

接形成机器可执行的exe文件。其中按钮只将当前正在调试的文件进行编译。按钮仅对修改过的文件进行编译，它们只生成目标文件，并对项目中的每个文件进行语法检查，如果发现错误会在输出栏中给出提示。按钮对全部文件进行编译、连接，形成机器可执行的exe文件。在编译过程中如果项目较小，常直接单击按钮来加快编译速度。

形成exe文件后，还要对exe文件进行调试，反复修改，才能最后形成正确程序。

exe文件的调试也在此环境中完成，单击工具按钮，会出现图1-16所示的exe文件调试界面。

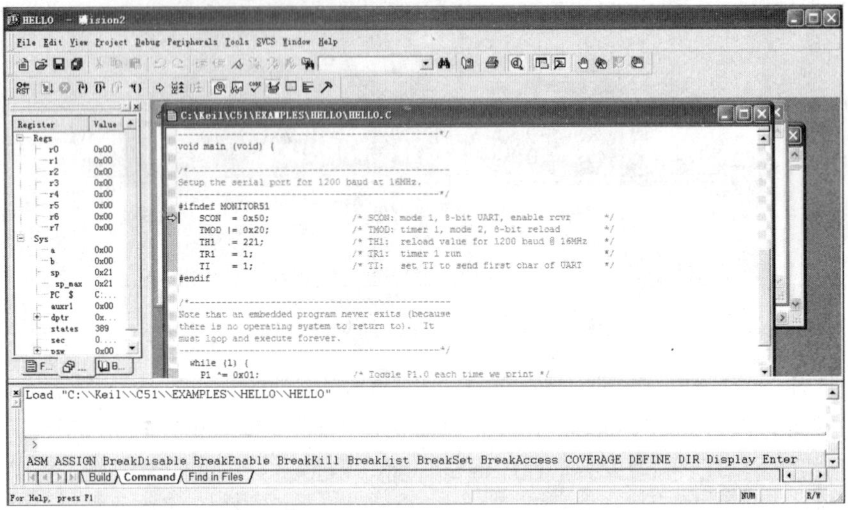

图 1-16　exe 文件调试环境

调试环境主要功能有连续执行程序、单步执行程序并进入函数内部、单步执行程序不进入函数内部(仅把函数当成一条语句)、执行到光标处等功能，还可在程序运行中对某些变量和存储器跟踪观察、显示反汇编结果等，如图1-17所示。

图 1-17　调试环境主要功能

调试中可在程序一处或多处设置断点，使程序执行到断点处停止，也可取消一处或多处已设置的断点，还可在程序运行中对中断、I/O口、串口、定时器状态进行观察等，如图1-18所示。

嵌入式开发基础是一门实践性非常强的课程，在强调理论课学习的同时，必须安排一定的实验课，例如：广州周立功公司DP-51PRO单片机仿真实验仪，南京伟福公司的LAB6000都是比较好的教学实验系统。

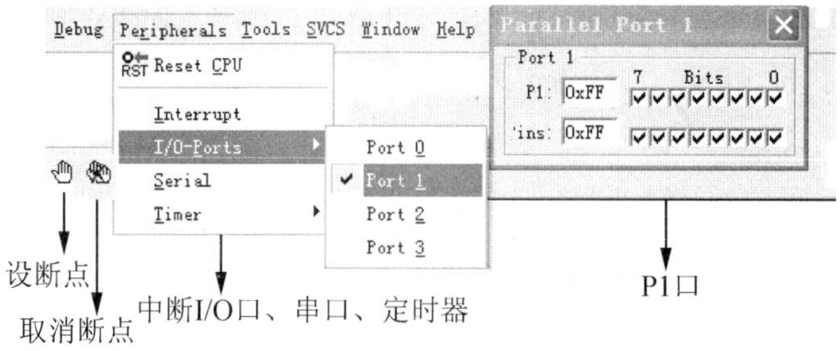

图 1-18　调试环境其他功能

1.5　系统软件资源

Keil C51 除给我们提供非常丰富的编辑和编译工具外，还给我们提供了一些非常宝贵的库函数，这些库函数是以头文件的形式给出的。

每个头文件中都含有几个常用的函数，如果使用其中的函数，可采用预处理命令 #include 将有关的头文件包含到项目中。

使用库函数可以大大简化用户的程序工作从而提高编程效率，由于 MCS-51 系列单片机本身的特点，某些库函数的参数和调用格式与 ANSIC 标准有所不同。如果在调用一个函数过程中又出现了直接或间接调用该函数本身，则称为函数的递归调用。并不是所有的函数都可以递归调用，称能进行递归调用的函数具有再入属性(reentrant)。

1.5.1　寄存器库函数 reg51.h/reg52.h

在 reg51.h 和 reg52.h 头文件中分别定义了 MCS-51、MCS-52 的所有特殊功能寄存器和寄存器相应的位，定义时都用大写字母。在程序中把寄存器库函数 reg51.h 或 reg52.h 包含后，在程序中就可以直接使用 MCS-51 或 MCS-52 的特殊功能寄存器和寄存器相应的位，引用时都用大写字母。

由于经常使用 MCS-52 的兼容机型 89C52，所以此处引用 reg52.h 即可。

1.5.2　字符函数 ctype.h

1. 函数原型：bit isalpna (unsigned char)

再入属性：reentrant
功能：检查参数字符是否为英文字母，是则返回 1，否则返回 0。

2. 函数原型：bit isalnum(char c)

再入属性：reentrant
功能：检查参数字符是否为英文字母或数字字符，是则返回 1，否则返回 0。

3. 函数原型：bit iscntrl (unsigned char)

再入属性：reentrant

功能：检查参数字符是否在0x00～0x7F之间或等于0x7F，如果是则返回1，否则返回0。

4. 函数原型：bit isdigit (unsigned char)

再入属性：reentrant

功能：检查参数字符是否为数字字符，如果是则返回1，否则返回0。

5. 函数原型：bit isgraph (unsigned char)

再入属性：reentrant

功能：检查参数字符是否为可打印字符，可打印字符的 ASCII 值为 0x21～0x7E，如果是则返回1，否则返回0。

6. 函数原型：bit isprint(char c)

再入属性：reentrant

功能：除了与 isgraph 相同之外，还接收空格符(0x20)。

7. 函数原型：bit ispunct (char c)

再入属性：reentrant

功能：检查参数字符是否为标点、空格和格式字符，如果是则返回1，否则返回0。

8. 函数原型：bit islower (char c)

再入属性：reentrant

功能：检查参数字符是否为小写英文字母，如果是则返回1，否则返回0。

9. 函数原型：bit isupper (char c)

再入属性：reentrant

功能：检查参数字符是否大写英文字母，如果是则返回1，否则返回0。

10. 函数原型：bit isspace (char c)

再入属性：reentrant

功能：检查参数字符是否为下列之一：空格、制表符、回车、换行、垂直制表符和送纸，如果是则返回1，否则返回0。

11. 函数原型：bit isxdigit (char c)

再入属性：reentrant

功能：检查参数字符是否十六进制数字字符，如果是则返回1，否则返回0。

12. 函数原型：char toint (char c)

再入属性：reentrant

功能：将 ASCII 字符的 0～9、A～F 转换为十六进制数，返回值为 0～F。

13. 函数原型：char tolower (char c)

再入属性：reentrant

功能：将大写字母转换成小写字母，如果不是大写字母，则不作转换直接返回相应的内容。

14. 函数原型：char toupper (char c)

再入属性：reentrant
功能：将小写字母转换成大写字母，如果不是小写字母，则不作转换直接返回相应内容。

1.5.3　一般输入/输出函数 stdio.h

C51 库中包含的输入/输出函数都在 stdio.h 中，stdio.h 库中的所有函数都依赖 MCS-51 的串行口，使用 stdio.h 库中的所有函数串口必须进行初始化。例如，以 2400 波特率(时钟频率为 12MHz)进行传输，初始化程序为：

```
SCON=0x52;
TMOD=0x20;
TH1=0xF3;
TR1=1;
```

当然也可以用其他波特率。
关于串口驱动程序将在后面介绍。
在输入/输出函数 stdio.h 中，所有其他的函数都依赖 getkey()和 putchar()函数，如果希望支持其他 I/O 接口，只需修改这两个函数。

1. 函数原型：char _gctkcy(void)

再入属性：reentrant
功能：从串口读入一个字符，不显示。

2. 函数原型：char getkey(void)

再入属性：reentrant
功能：从串口读入一个字符，并通过串口输出对应的字符。

3. 函数原型：char putchar(char c)

再入属性：reentrant
功能：从串口输出一个字符。

4. 函数原型：char *gets(char *string，int len)

再入属性：reentrant
功能：从串口读入一个长度为 len 的字符串存入 string 指定的位置。输入以换行符结束。输入成功则返回 string 参数指针，失败则返回 NULL。

5. 函数原型：char ungetchar(char c)

再入属性：reentrant
功能：将输入的字符送到输入缓冲区并将其值返回给调用者，下次使用 gets 或 getchar

时可得到该字符，但不能返回多个字符。

6. 函数原型：int printf(const char *fmtstr[,argument]…)

再入属性：non-reentrant

功能：以一定的格式通过 MCS-51 的串口输出数值或字符串，返回实际输出的字符数。

7. 函数原型：int sprintf(char *buffer，const char *fmtstr[;argument]…)

再入属性：non-reentrant

功能：sprintf 与 printf 的功能相似，但数据不是输出到串口，而是通过一个指针 buffer，送入可寻址的内存缓冲区，并以 ASCII 形式存放。

8. 函数原型：int puts (const char *string)

再入属性：reentrant

功能：将字符串和换行符写入串行口，错误时返回 EOF，否则返回一个非负数。

9. 函数原型：int scanf(const char *fmtstr[,argument]…)

再入属性：non-reentrant

功能：以一定的格式通过 MCS-51 的串口读入数据或字符串，存入指定的存储单元，注意，每个参数都必须是指针类型。输入正确 scanf 返回输入的项数，错误时返回 EOF。

10. 函数原型：int sscanf(char *buffer, const char *fmtstr[,argument])

再入属性：non-reentrant

功能：sscanf 与 scanf 功能相似，但字符串的输入不是通过串口，而是通过另一个以空格结束的指针。

1.5.4 内部函数 intrins.h

1. 函数原型：unsigned char _crol_(unsigned char var, unsigned char n)
   unsigned int _irol_(unsigned int var, unsigned char n)
   unsigned long _irol_(unsigned long var, unsigned char n)

再入属性：reentrant/intrinse

功能：将变量 var 循环左移 n 位，它们与 MCS-51 单片机的<<指令相关，这 3 个函数的不同之处在于变量的类型与返回值的类型不一样。

2. 函数原型：unsigned char _cror_(unsigned char var，unsigned char n)
   unsigned int _iror_(unsigned int var，unsigned char n)
   unsigned long _iror_(unsigned long var，unsigned char n)

再入属性：reentrant/intrinse

功能：将变量 var 循环右移 n 位，它们与 MCS-51 单片机的>>指令相关，这 3 个函数的不同之处在于变量的类型与返回值的类型不一样。

3. 函数原型：void _nop_(void)

再入属性：reentrant/intrinse

功能：产生一个 MCS-51 单片机的 nop 指令(时间和主频有关，常用作短延时)。

4. 函数原型：bit _testbit_(bit　b)

再入属性：reentrant/intrinse

功能：该函数对字节中的一位进行测试。如为 1 返回 1，如为 0 返回 0。该函数只能对可寻址位进行测试。

1.5.5　标准函数 stdlib.h

1. 函数原型：float atof (void *string)

再入属性：non-reentrant

功能：将字符串 string 转换成浮点数值并返回。

2. 函数原型：long atol (void *string)

再入属性：non-reentrant

功能：将字符串 string 转换成长整型数值并返回。

3. 函数原型：int atoi (void *string)

再入属性：non-reentrant

功能：将字符串 string 转换成整型数值并返回。

4. 函数原型：int *calloc (unsigned int num，unsigned int len)

再入属性：non-reentrant

功能：返回 n 个具有 len 长度的内存指针，如果无内存空间可用，则返回 NULL。所分配的内存区域用 0 进行初始化。

5. 函数原型：int *malloc (unsigned int size)

再入属性：non-reentrant

功能：返回一个具有 size 长度的内存指针，如果无内存空间可用则返回 NULL。所分配的内存区域不进行初始化。

6. 函数原型：void *realloc (void xdata *p，unsigned int size)

再入属性：non-reentrant

功能：改变指针 p 所指向的内存单元的大小，原内存单元的内容被复制到新的存储单元中，如果该内存单元的区域较大，多出的部分不作初始化。

realloc 函数返回指向新存储区的指针，如果无足够大的内存可用，则返回 NULL。

7. 函数原型：void free (void xdata*p)

再入属性：non-reentrant

功能：释放指针 p 所指向的存储器区域，如果返回值为 NULL，则该函数无效，p 必须为以前用 callon、malloc 或 realloc 函数分配的存储器区域。

8. 函数原型：void init_mempool (void *data *p，unsigned int size)

再入属性：non-reentrant

功能：对被 callon、malloc 或 realloc 函数分配的存储器区域进行初始化。指针 p 指向存储器区域的首地址，size 表示存储区域的大小。

1.5.6 字符串函数 string.h

1. 函数原型：void *memccpy (void *dest，void *src，char val，int len)

再入属性：non-reentrant

功能：复制字符串 src 中 len 个元素到字符串 dest 中。如果实际复制了 len 个字符则返回 null。复制过程在复制完字符 val 后停止，此时返回指向 dest 中下一个元素的指针。

2. 函数原型：void *memmove(void *dest，void *src，int len)

再入属性：reentrant/intrinse

功能：memmove 的工作方式与 memccpy 相同，只是复制的区域可以交叠。

3. 函数原型：void *memchr(void *buf，char val，int len)

再入属性：reentrant/intrinse

功能：顺序搜索字符串 buf 的头 len 个字符以找出字符 val，成功后返回 buf 中指向 val 的指针，失败时返回 null。

4. 函数原型：char memcmp(void *buf1，viod *buf2，int len)

再入属性：reentrant/intrinse

功能：逐个字符比较串 buf1 和 buf2 的前 len 个字符，相等时返回 0，如 buf1 大于 buf2，则返回一个正数；如 buf1 小于 buf2，则返回一个负数。

5. 函数原型：void *memcopy(void *dest，void *src，int len)

再入属性：reentrant/intrinse

功能：从 src 所指向的存储器单元复制 len 个字符到 dest 中，返回指向 dest 中最后一个字符的指针。

6. 函数原型：void *memset(void *buf，char val，int len)

再入属性：reentrant/intrinse

功能：用 val 来填充指针 buf 中 len 个字符。

7. 函数原型：char *strcat (char *dest，char *src)

再入属性：non-reentrant

功能：将串 dest 复制到串 src 的尾部。

8. 函数原型：char　*strncat (char *dest，char *src，int len)

再入属性：non-reentrant

功能：将串 dest 的 len 个字符复制到串 src 的尾部。

9. 函数原型：char strcmp(char *string1，char *string2)

再入属性：reentrant/intrinse

功能：比较串 string1 和串 string2，如果相等则返回 0；如果 string1>string2，则返回一个正数；如果 string1<string2，则返回一个负数。

10. 函数原型：char strncmp(char *string1，char *string2，int len)

再入属性：non-reentrant

功能：比较串 string1 和串 string2 的前 len 个字符，返回值与 strcmp 相同。

11. 函数原型：char *strcpy(char *dest，char *src)

再入属性：reentrant/intrinse

功能：将串 src，包括结束符，复制到串 dest 中，返回指向 dest 中第一个字符的指针。

12. 函数原型：char strncpy(char *dest，char *src，int len)

再入属性：reentrant/intrinse

功能：strncpy 与 strcpy 相似，但它只复制 len 个字符。如果 src 的长度小于 len，则 dest 串以 0 补齐到长度 len。

13. 函数原型：int strlen(char *src)

再入属性：reentrant

功能：返回串 src 中的字符个数，包括结束符。

14. 函数原型：char *strchr (const char *string，char c)

int strops(const char *string，char c)

再入属性：reentrant

功能：strchr 搜索 string 串中第一个出现的字符 c，如果找到则返回指向该字符的指针，否则返回 NULL。被搜索的字符可以是串结束符，此时返回值是指向串结束符的指针。strpos 的功能与 strchr 类似，但返回的是字符 c 在串中出现的位置值-1，string 中首字符的位置值是 0。

15. 函数原型：int strlen(char * src)

再入属性：reentrant

功能：返回串 src 中的字符个数，包括结束符。

16. 函数原型：char *strrchr(const char *string，char c)

int strrpos(const char *string，char c)

再入属性：reentrant

功能：strrchr 搜索 string 串中最后一个出现的字符 c，如果找到则返回指向该字符的指针，否则返回 NULL。被搜索的字符可以是串结束符，此时返回值是指向串结束符的指针。strpos 的功能与 strchr 类似，但返回的是字符 c 在串中最后一次出现的位置值-1。

17. 函数原型：int strspn(char *string，char *set)
int strcspn(char *string，char *set)
char *strpbrk(char *string，char *set)
char *strrpbrk(char *string，char *set)

再入属性：non-reentrant

功能：strspn 搜索 string 串中第一个不包括在 set 串中的字符，返回值是 string 中包括在 set 里的字符个数。如果 string 中所有的字符都包括在 set 里面，则返回 string 的长度(不包括结束符)，如果 set 是空串则返回 0。

strcspn 与 strspn 相似，但前者搜索的是 string 串中第一个包含在 set 里的字符。strpbrk 与 strspn 相似，但返回指向搜索到的字符的指针，而不是个数，如果未搜索到，则返回 NULL。strrpbrk 与 strpbrk 相似，但它返回指向搜索到的最后一个字符的指针。

1.5.7 数学函数 math.h

1. 函数原型：int abs (int i)
char cabs (char i)
float fabs (float i)
long labs (long i)

再入属性：reentrant

功能：计算并返回 i 的绝对值。这 4 个函数除了变量和返回值类型不同之外，其他功能完全相同。

2. 函数原型：float exp (float i)
float log (float i)
long log10 (float i)

再入属性：non-reentrant

功能：exp 返回以 e(e=2.718282)为底的 i 的幂，log 返回 i 的自然对数，log10 返回以 10 为底的 i 的对数。

3. 函数原型：float sqrt(float i)

再入属性：non-reentrant

功能：返回 i 的正平方根。

4. 函数原型：int rand()
void srand (int i)
long log10 (float i)

再入属性：reentrant/non-reentrant

功能：rand 返回一个 0～32767 之间的伪随机数，srand 用来将随机数发生器初始化成一个已知的值，对 rand 的相继调用将产生相同序列的随机数。

5. 函数原型：float cos (float i)

float sin(float i)

long tan (float i)

再入属性：non-reentrant

功能：cos 返回 i 的余弦值，sin 返回 i 的正弦值，tan 返回 i 的正切值，所有函数的变量范围都是−π/2～+π/2，变量的值必须在±65535 之间，否则产生一个 NaN 错误。

6. 函数原型：float acos (float i)

float asin(float i)

long atan (float i)

long atan2 (float i，float j)

再入属性：non-reentrant

功能：acos 返回 i 的反余弦值，asin 返回 i 的反正弦值，atan 返回 i 的反正切值，所有函数的变量范围都是−π/2～+π/2，atan2 返回 j/i 的反正切值，其值域为−π～+π。

7. 函数原型：float cosh (float i)

float sinh(float i)

float tanh (float i)

再入属性：non-reentrant

功能：cosh 返回 i 的双曲余弦值，sinh 返回 i 的双曲正弦值，tanh 返回 i 的双曲正切值。

1.5.8 绝对地址访问函数 absacc.h

函数原型：#define CBYTE((unsigned char*)0x50000L)

#define DBYTE((unsigned char*)0x40000L)

#define PBYTE((unsigned char*)0x30000L)

#define XBYTE((unsigned char*)0x20000L)

#define CWORD((unsigned int*)0x50000L)

#define DWORD((unsigned int*)0x40000L)

#define PWORD((unsigned int*)0x30000L)

#define XWORD((unsigned int*)0x20000L)

再入属性：reentrant

功能：CBYTE 以字节形式对 CODE 区寻址，DBYTE 以字节形式对 DATA 区寻址，PBYTE 以字节形式对 PDATA 区寻址，XBYTE 以字节形式对 XDATA 寻址，CWORD 以字形式对 CODE 区寻址，DWORD 以字形式对 DATA 区寻址，PWORD 以字形式对 PDATA 区寻址，XWORD 以字形式对 XDATA 寻址。例如，XBYTE[0x0001]是以字节形式对片外 RAM 的 0x0001 单元访问。

习　题

1. 什么是单片机？8 位单片机和 32 位单片机的典型机型是什么？
2. 什么是嵌入式控制系统？它有哪些应用？
3. 什么是交叉开发环境？MCS-51 单片机的交叉开发环境有哪两种？
4. 什么是“宿主机”？ 什么是“目标机”？
5. 简述嵌入式控制系统的开发过程。
6. 举几个身边的实例，说明嵌入式控制系统的应用。
7. 从网上下载某版本 Keil C51，安装在个人计算机中。
8. 把 Keil C51 的快捷方式安放在桌面上，双击运行 Keil C51，在主菜单选择 Project /Open Project，打开 C:\Keil\C51\EXAMPLES/HELLO 项目，初步了解和认识 Keil C51 和程序调试过程。

第 2 章 MCS-51 单片机系统和系统扩展

本章知识架构

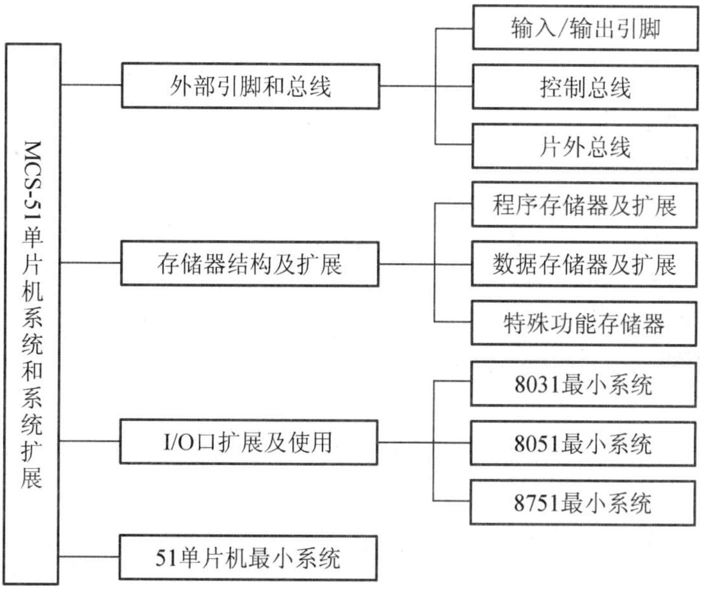

本章教学目标和要求

- 了解 MCS-51 单片机各引脚及作用；
- 了解 MCS-51 单片机存储器结构及如何扩展；
- 了解 MCS-51 单片机 I/O 口结构及如何扩展、I/O 口的使用。

2.1 MCS-51 系列单片机

MCS-51 单片机是美国 intel 公司在 1980 年推出的高性能 8 位单片机，它有 51 和 52 两个系列。

对于 51 系列，主要有 8031、8051、8751 这 3 种机型，它们的引脚和指令系统完全相同，只是片内程序存储器的容量不同，8031 芯片内部没有 ROM，8051 芯片内部带 4KB 的 ROM，8751 芯片内部带 4KB 的 EPROM。51 系列的特点是：

(1) 8 位 CPU；

(2) 片内带 128B 的数据存储器；

(3) 程序存储器寻址空间为 64KB；

(4) 数据存储器寻址空间为 64KB；

(5) 128 个用户可以按“位”寻址的位空间；

(6) 21 个特殊功能寄存器；

(7) 4 个 8 位的 I/O 口；

(8) 两个 16 位的定时/计数器；

(9) 两个优先级的 5 个中断源；

(10) 一个全双工的串行接口；

(11) 片内带振荡器电路，频率范围 1.2MHz～12MHz，外加晶振就可以工作；

(12) 单一+5V 电源。

对于 52 系列，有 8032、8052、8752 这 3 种机型，与 51 系列的不同在于片内数据存储器增加到 256B；8032 芯片内部不带 ROM，8052 芯片内部带 8KB ROM，8752 芯片内部带 8KB EPROM。52 系列芯片内部带 3 个 16 位的定时/计数器，6 个中断源。

在实际使用中，由于 8031(8032)内部没有 ROM，8051(8052)内部仅带 ROM，不方便程序修改，在不需要系统扩展的嵌入式控制系统中，8751(8752)使用较多。

2.2 MCS-51 单片机的外部引脚和总线

MCS-51 系列单片机有 40 个引脚，采用双列直插式封装，具体如图 2-1 所示。各引脚功能介绍如下。

2.2.1 输入/输出引脚

1. P0 口(引脚 39～32)

P0 口包括 P0.0～P0.7 共 8 个引脚，在不扩展 I/O 口和片外存储器时，作 I/O 口使用；在有 I/O 扩展或片外存储器时，分时作 8 位数据总线和地址总线的低 8 位(A0～A7)。

2. P1 口(引脚 1～8)

P1 口包括 P1.0～P1.7 共 8 个引脚，是 MCS-51 单片机唯一的专用 I/O 口。在简单的嵌入式控制系统中，经常用它来控制外围设备。

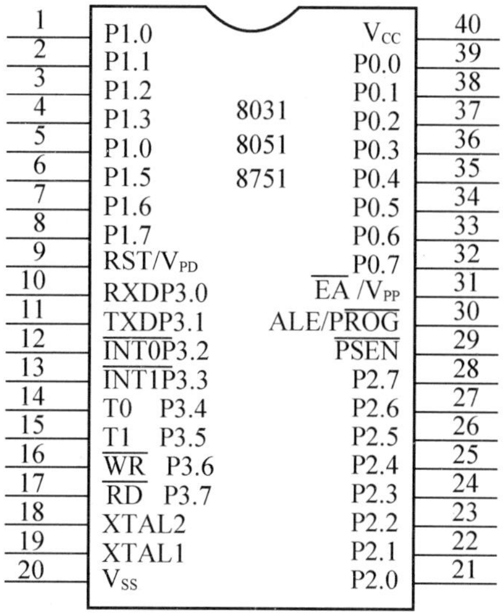

图 2-1　MCS-51 系列单片机引脚

3. P2 口(21～28 脚)

P2 口包括 P2.0～P2.7 共 8 个引脚，在系统进行存储器扩展时作地址总线的高 8 位(A8～A15)，如果存储器扩展时不需要 16 位地址总线，如扩展容量小于 64KB 时，省下的 P2 口可作普通 I/O 口。

4. P3 口(10～17 脚)

P3 口包括 P3.0～P3.7 共 8 个引脚，除作普通 I/O 口线外，每个引脚还有第二功能，详见后面的介绍。

2.2.2　MCS-51 单片机的控制线

MCS-51 单片机的控制线主要有如下几个。

1. ALE/ $\overline{\text{PROG}}$ (30 脚)

该信号是地址锁存信号输出端，ALE 在每个机器周期输出两次，在访问片外程序存储器时，下降沿用于锁存 P0 口输出的地址总线低 8 位(A0～A7)，在不访问片外程序存储器时，可作为时钟脉冲使用或作定时。在访问片外数据存储器时，ALE 脉冲会跳空一次，此时不能作时钟脉冲。对于有片内 EPROM 的 MCS-51 单片机，该引脚作编程脉冲 $\overline{\text{PROG}}$ 的输入端。

2. $\overline{\text{PSEN}}$ (29 脚)

片外程序存储器读选通信号，低电平有效。在从片外程序存储器读指令或数据时，该信号每个机器周期有效两次，指令或数据通过 P0 口读回。在访问片外数据存储器时，该信号无效。

3. RST/V_{PD}(9 脚)

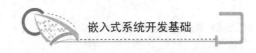

RST 是复位信号，高有效，当 RST 保持 10ms 以上高电平，可保证系统可靠复位。V_{PD} 是备用电源，该引脚可接备用电源，当 V_{CC} 故障或系统电压过低时保证 RAM 中数据不丢失。

4. $\overline{EA}$ /V_{PP}(31 引脚)

$\overline{EA}$ 是片外程序存储器选择端，$\overline{EA}$ =0，选片外程序存储器，$\overline{EA}$ =1，选片内程序存储器。V_{PP} 是片内 EPROM 编程电源，一般接+21V。

5. V_{CC} 和 V_{SS}(40 和 20 引脚)。

V_{CC} 是+5V，V_{SS} 是 5V 地。

6. XTAL1 和 XTAL2(19 和 18 脚)

外接晶振，MCS-51 常用 6MHz 或 11.0592MHz。

2.2.3 MCS-51 单片机的片外总线

MCS-51 单片机很多引脚是为了系统扩展而设的，这些引脚构成了片外地址总线、数据总线和控制总线，具体情况如下。

1. 地址总线

地址总线宽度为 16 位，可以访问 64KB 的存储器空间。由 P0 口经锁存器提供地址总线的低 8 位(A0～A7)，由 P2 口提供地址总线的高 8 位(A8～A15)。

2. 数据总线

数据总线宽度为 8 位，由 P0 口提供。

3. 控制总线

控制总线由 P3 口在第二功能状态下提供，此外还有 RST、$\overline{EA}$、ALE 和 $\overline{PSEN}$ 4 根控制线。

2.2.4 MCS-51 单片机存储器结构

MCS-51 单片机存储器分程序存储器和数据存储器两种，每种存储器又有片上和片外之分。下面分别介绍。

1. 程序存储器

1) 程序存储器的编址与访问

程序存储器用于存放单片机工作时的程序，单片机工作时先由用户编制好程序和表格、常数，把它们存放在程序存储器中，然后在控制器的控制下，依次从程序存储器中取出指令送到 CPU 中执行，实现相应的功能。为此，设有一个专用的程序计数器 PC，用以存放要执行的指令的地址，它具有自动计数的功能，每取出一条指令，它的内容会自动加1，指向下一条要执行的指令，从而实现从程序存储器中依次取出指令来执行。由于 MCS-51 单片机的程序计数器为 16 位，因此，程序存储器地址空间为 64KB。

MCS-51 单片机的程序存储器，从物理结构上可分为片内和片外二种。对于片内程序存储器，在 MCS-51 系列中不同的芯片各不相同，8031 和 8032 内部没有 ROM，8051 内部有 4KB 的 ROM，8751 内部有 4KB 的 EPROM，8052 内部有 8KB 的 ROM，8752 内部有 8KB 的 EPROM。

对于内部没有 ROM 的 8031 和 8032 芯片，工作时只能扩展外部 ROM，最多可扩展 64KB，地址范围为 0x0000～0xFFFF，对于内部有 ROM 的芯片，根据情况也可以扩展外部 ROM，但内部的 ROM 和外部的 ROM 共用 64KB 的存储空间。其中，片内程序存储器地址空间和片外程序存储器的低地址空间重叠。8051、8751 重叠区域为 0x0000～0x0FFF，8052、8752 重叠区域为 0x0000～0x1FFF，MCS-51 程序存储器编址如图 2-2 所示。

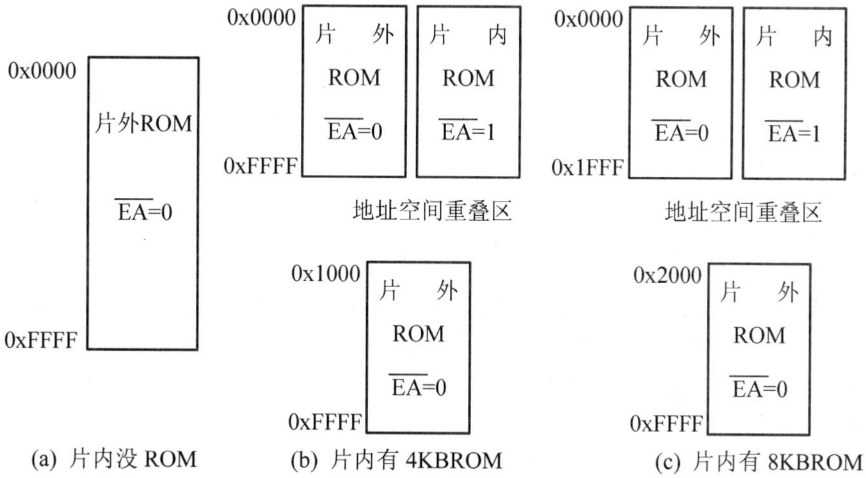

图 2-2　程序存储器编址

单片机在执行指令时，对于低地址部分，是从片内程序存储器取指令，还是从片外程序存储器取指令，是根据单片机芯片上的片外程序存储器选用引脚 $\overline{EA}$ 电平的高低来决定的。$\overline{EA}$ 接低电平，则从片外程序存储器取指令；$\overline{EA}$ 接高电平，则从片内程序存储器取指令。对于 8031 和 8032 芯片，$\overline{EA}$ 只能保持低电平，指令只能从片外程序存储器取得。

2) 程序存储器的 7 个特殊地址

在 64KB 程序存储器中，有 7 个单元有特殊用途，第一个单元是 0x0000 单元，因 MCS-51 系列单片机复位后 PC 的内容为 0x0000，故单片机复位后将从 0x0000 单元开始执行程序。程序存储器的 0x0000 单元地址是系统程序的启动地址，用户一般放一条绝对转移指令，转到用户设计的主程序的起始地址。另外 6 个单元对应于 6 个中断源(51 系列为 5 个)。分别对应中断服务程序的入口地址，在用 C 语言编写中断服务程序时这些地址用中断向量号来代表，是看不到的，具体情况如表 2-1 所示。

表 2-1　中断的入口地址

中断源	汇编编程入口地址	C 语言编程中断向量代码
外部中断 0	0x003H	0
定时/计数器 0	0x00BH	1
外部中断 1	0x013H	2
定时/计数器 1	0x01BH	3
串行口	0x023H	4
定时/计数器 2(仅 52 系列有)	0x02BH	5

表 2-1 所示的 6 个地址之间仅隔 8 个单元，用于存放中断服务程序往往不够用。用汇编语言编程时，这里通常放一条绝对转移指令，转到真正的中断服务程序。用 C 语言编程则由编译器决定，用户不必考虑。

2. 数据存储器

数据存储器在单片机中用于存取程序执行时所需的数据，它从物理结构可分为片上数据存储器和片外数据存储器。两个部分在编址和访问方式上各不相同，其中片内数据存储器又可分为多个部分，采用多种方式访问。

1) 片内数据存储器

MCS-51 系列单片机的片内数据存储器除了 RAM 块外，还有特殊功能寄存器(SFR)块。对于 51 系列，前者有 128 个字节，编址为 0x00～0x7F；后者也占 128 个字节，编址为 0x80～0xFF；二者连续不重叠。对于 52 系列，前者有 256 个字节，编址为 0x00～0xFF；后者也有 128 个字节，编址为 0x80～0xFF；后者与前者的后 128 个字节编址重叠，访问时通过不同的指令相区分。

片内数据存储器按功能可分为以下几个组成部分：工作寄存器组区、位寻址区、一般 RAM 区和特殊功能寄存器区，其中还包括堆栈区，具体分配情况如图 2-3 所示。

这里使用 C 语言编写控制程序，虽然使用的 C 语言(这里使用的 C 语言和一般 C 语言有稍许差别，后面会详细介绍)有将变量指定存储到数据存储器某个具体地址的功能，但我们经常不用，从而充分发挥 C 语言与硬件无关性的优点，由编译器来决定。

(1) 工作寄存器组区。

0x00～0x1F 单元为工作寄存器组区，共 32 个字节，工作寄存器也称为通用寄存器，用于临时寄存 8 位信息。工作寄存器共有 4 组，称为 0 组、1 组、2 组和 3 组。每组 8 个寄存器，依次用 R0～R7 表示。也就是说，R0 可能表示 0 组的第一个寄存器(地址为 0x00)，也可能表示 1 组的第一个寄存器(地址为 0x08)，还可能表示 2 组、3 组的第一个寄存器(地址分别为 0x10，0x18)，使用哪一组当中的寄存器由程序状态寄存器 PSW 中的 RS0 和 RS1 两位来选择。

在用 C 语言编程时仅在编写中断服务函数时可以选择使用哪一组工作寄存器组，通过在中断向量后面加一个 0～3 的数字表示使用 0 组～3 组的哪个工作寄存器组，也可以不加这个数字，由编译器自动选择。其他情况下，用 C 语言编程时不用选工作寄存器组。

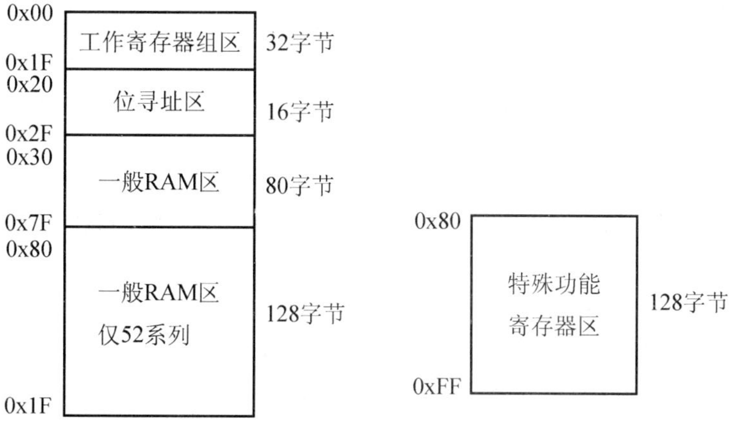

图 2-3　片内数据存储器分配

(2) 位寻址区。

0x20～0x2F 为位寻址区，共 16 字节，128 位。这 128 位每位都可以按位方式使用，每一位都有一个位地址，位地址范围为 0x00～0x7F，用 C 语言编程在用到位变量时只是通过位变量数据类型(后面介绍)来定义，具体这个位变量存放在什么地址是由编译器决定的。也就是说，可以使用位变量，但可以不管它们的地址。位寻址区地址分配如表 2-2 所示。

表 2-2　位寻址区地址

位 位地址 字节地址	D7	D6	D5	D4	D3	D2	D1	D0
0x20	07	06	05	04	03	02	01	00
0x21	0F	0E	0D	0C	0B	0A	09	08
0x22	17	16	15	14	13	12	11	10
0x23	1F	1E	1D	1C	1B	1A	19	18
0x24	27	26	25	24	23	22	21	20
0x25	2F	2E	2D	2C	2B	2A	29	28
0x26	37	36	35	34	33	32	31	30
0x27	3F	3E	3D	3C	3B	3A	39	38
0x28	47	46	45	44	43	42	41	40
0x29	4F	4E	4D	4C	4B	4A	49	48
0x2A	57	56	55	54	53	52	51	50
0x2B	5F	5E	5D	5C	5B	5A	59	58
0x2C	67	66	65	64	63	62	61	60
0x2D	6F	6E	6D	6C	6B	6A	69	68
0x2E	77	76	75	74	73	72	71	70
0x2F	7F	7E	7D	7C	7B	7A	79	78

(3) 一般 RAM 区。

0x30～0x7F 是一般 RAM 区，也称为用户 RAM 区，共 80B，对于 52 子系列，一般 RAM 区从 0x30～0xFF 单元。另外，对于前两区中未用的单元也可作为用户 RAM 单元使用。

(4) 堆栈区。

堆栈是按先入后出、后入先出(FIFO)的原则进行管理的一段存储区域。在 MCS-51 单片机中，堆栈占片内数据存储器的一段区域。在用 C 语言编程时由编译器管理堆栈区与堆栈指针。

(5) 特殊功能寄存器区

特殊功能寄存器(SFR)也称专用寄存器，专门用于控制、管理片内算术逻辑部件、并行 I/O 接口、串行口、定时/计数器、中断系统等功能模块的工作。用户在编程时可以给其设定值，但不能移作他用。SFR 分布在 0x80～0xFF 的地址空间，与片内数据存储器统一编址。除 PC 外，51 系列有 18 个特殊功能寄存器，其中 3 个为双字节，SFR 共占用 21 个字节；52 系列有 21 个特殊寄存器，其中 5 个是双字节，SFR 共占用 26 个字节。它们的分配情况如下。

CPU 专用寄存器：累加器 A，寄存器 B，程序状态寄存器 PSW，堆栈指针 SP，数据指针 DPTR。

并行接口：P0～P3。

串行接口：串行控制寄存器 SCON，串口数据缓冲器 SBUF，电源控制寄存器 PCON。

定时/计数器：方式寄存器 TMOD，控制寄存器 TCON，初值寄存器 TH0、TL0；TH1、TL1。

中断系统：中断允许寄存器 IE，中断优先寄存器 IP。

特殊功能寄存器的名称、在 C 语言中引用方法如表 2-3 所示。有一些特殊功能寄存器在 C 语言中是看不到的，表中没列出。

在 C 语言程序中，特殊功能寄存器在头文件“reg51.h”中定义，使用这些特殊功能寄存器，在程序中必须引用这个头文件。特殊功能寄存器除累加器 A 和寄存器 B 是通用寄存器，在程序中可以随便使用外，其他特殊功能寄存器都是专用的，不能移作他用。

表 2-3 特殊功能寄存器的名称、在 C 语言程序中引用方法

名称	按字节引用符号	C 语言程序中按位引用符号							
		D7	D6	D5	D4	D3	D2	D1	D0
堆栈指针	SP								
定时器/计数器控制	TCON	TF1	TR1	TF1	TR0	IE1	IT1	IE0	IT0
定时器/计数器 T0	TL0、TH0								
定时器/计数器 T1	TL1、TH1								
P0 口	P0	P0^7	P0^6	P0^5	P0^4	P0^3	P0^2	P0^1	P0^0
P1 口	P1	P1^7	P1^6	P1^5	P1^4	P1^3	P1^2	P1^1	P1^0

续表

名称	按字节引用符号	C 语言程序中按位引用符号							
		D7	D6	D5	D4	D3	D2	D1	D0
P2 口	P2	P2^7	P2^6	P2^5	P2^4	P2^3	P2^2	P2^1	P2^0
P3 口	P3	P3^7	P3^6	P3^5	P3^4	P3^3	P3^2	P3^1	P3^0
电源控制	PCON	SMOD							
串口控制	SON	SM0	SM1	SM2	REN	TB8	RB8	TI	RI
串口数据	SBUF								
中断允许	IE	EA		ET2	ES	ET1	EX1	ET0	EX0
中断优先级	IP			PT2	PS	PT1	PX1	PT0	PX0
累加器 A	ACC	ACC^7	ACC^6	ACC^5	ACC^4	ACC^3	ACC^2	ACC^1	ACC^0
寄存器 B	B	B^7	B^6	B^5	B^4	B^3	B^2	B^1	B^0

在表 2-3 中，特殊功能寄存器 P0、P1、P2、P3、A、B 可以使用字节符号按字节引用，也可以按位引用，编译器规定按位引用格式是：字节符号^位，如表 2-3 中所示，例如，引用 P0 的 D0 位，使用 P0^0，但这样做在程序中容易和异或符号“^”混淆，直接用“^”引用，编译器会报错，所以要用位变量 sbit(位数据类型，后面介绍)重新换一个名字定义；累加器 A 的字节符号是 ACC，在程序中写成 A，编译器也会报错，寄存器 B 的字节符号还是 B；其他特殊功能寄存器按字节引用时使用字节符号，如果有位名称也可以按位引用，按位引用时使用位符号。所有特殊功能寄存器无论是字节名称还是位名称都要大写。虽然暂时还没学习用 C 语言编写 MCS-51 单片机的驱动程序，但下面例子基本可以看懂特殊功能寄存器的引用方法。

例 2-1　特殊功能寄存器的引用

```
#include <reg52.h> //特殊功能寄存器在头文件"reg52.h"中定义
sbit  acc7=ACC^7;//定义 ACC 的 bit7 位为 acc7
sbit  p0_0=P0^0;//定义 P0 的 bit0 位为 p0_0
sbit  p1_7=P1^7;//定义 P1 的 bit7 位为 p1_7
sbit  p2_0=P2^0;//定义 P2 的 bit0 位为 p2_0
sbit  b0=B^0;//定义 B 的 bit0 位为 b0
//----------------------------------------------------------------------
//  主函数
//----------------------------------------------------------------------
void main(void)
{
    ACC=0xFF;//引用累加器 A
    acc7=0; //引用累加器 ACC 的 bit7
    P0=0xFF;//引用 P0
    p0_0=0;//引用 P0 bit0
```

```
    p1_7=1; //引用 P1 bit7
    p2_0=0;// //引用 P2 bit0
    B=0xFF;// 引用寄存器 B
    b0=0;// 引用寄存器 B bit0
}
```

2) 存储器地址访问

MCS-51 中，程序存储器和数据存储器的地址空间都是 0x0000～0xFFFF，片上数据存储器和片外数据存储器的低 256 字节的地址空间是相同的。但由于访问时使用不同的指令，由不同的控制信号进行控制，所以这些地址不会混淆。

2.3 MCS-51 单片机的最小系统

所谓最小系统，是指一个真正可用的单片机最小配置系统。对于单片机内部资源已能满足系统需要的，可直接采用最小系统。根据片内有无程序存储器，MCS-51 单片机最小系统分为两种情况。

2.3.1 8051/8751 的最小系统

8051/8751 片内有 4KB 的 ROM/EPROM，因此，只需要外接晶体振荡器和复位电路就可构成最小系统。该最小系统的特点如下。

(1) 由于片外没有扩展存储器和外设，P0、P1、P2、P3 都可以作为用户 I/O 口使用。

(2) 片内数据存储器有 128B，地址空间 0x00～0x7F，没有片外数据存储器。

(3) 内部有 4KB 程序存储器，地址空间 0x0000～0x0FFF，没有片外程序存储器，$\overline{EA}$ 应接高电平。

(4) 可以使用两个定时/计数器 T0 和 T1，一个全双工的串行通信接口，5 个中断源。

2.3.2 8031 最小应用系统

8031 芯片内无程序存储器，因此，在构成最小应用系统时不仅要外接晶体振荡器和复位电路，还应外扩程序存储器。该最小系统特点如下。

(1) 由于 P0、P2 在扩展程序存储器时作为地址线和数据线，不能作为 I/O 线，因此，只有 P1、P3 可以作为用户 I/O 口使用。

(2) 片内数据存储器同样有 128B，地址空间 0x00～0x07F，没有片外数据存储器。

(3) 内部无程序存储器，只能在片外扩展程序存储器，其地址空间随扩展芯片容量不同而不一样。如使用的是 2764 芯片，容量为 8KB，地址空间为 0x0000～0x1FFF。在实际应用中，由于小容量的程序存储器产量逐渐减少，价格反而比大容量的程序存储器贵，所以在扩展程序存储器时往往选容量最大的 27512 芯片，容量为 64KB，地址空间为 0x0000～0xFFFF。

8031 由于片内没有程序存储器，只能使用片外程序存储器，$\overline{EA}$ 只能接低电平。

(4) 同样可以使用两个定时/计数器 T0 和 T1，一个全双工的串行通信接口，5 个中断源。

2.4　MCS-51 单片机系统扩展

MCS-51 单片机系统扩展包括程序存储器扩展、数据存储器扩展、I/O 口扩展、定时/计数器扩展、中断系统扩展和串行口扩展。在本章中只介绍应用较多的程序存储器扩展、数据存储器扩展。

2.4.1　存储器扩展概述

1. MCS-51 单片机的存储器扩展能力

由于 MCS-51 单片机地址总线宽度为 16 位，片外可扩展的存储器最大容量为 64KB，地址为 0x0000～0xFFFF，因为程序存储器和数据存储器通过不同的控制信号和指令进行访问，允许两者的地址空间重叠，所以片外可扩展的程序存储器与数据存储器都为 64KB。

另外，在 MCS-51 单片机中，扩展的外部设备与片外数据存储器统一编址，即外部设备占用片外数据存储器的地址空间。因此，片外数据存储器同外部设备总的扩展空间是 64KB。

2. 存储器扩展的一般方法

存储器除按照读写特性不同分为程序存储器和数据存储器外，每种存储器有不同的种类。程序存储器又可分为掩膜 ROM、光可擦除 EPROM 或电可擦除 EEPROM；数据存储器又可分为静态 SRAM 和动态 DRAM。因此，存储器芯片有多种。另外，即使同一种类的存储器芯片，容量不同，其引脚情况也不相同。尽管如此，存储器芯片与单片机扩展连接具有共同的规律，即不论何种存储器芯片，其引脚都呈三总线结构，与单片机连接都是三总线对接。另外，电源线接电源线，地线接地线。

3. 存储器芯片的控制线

一般来说，程序存储器具有输出允许控制线 OE，它与单片机的 PSEN 信号线相连。除此之外，对于 EPROM 芯片还有编程脉冲输入线(PRG)、编程状态线(REAY/BUSY)，PRG 应与单片机在编程方式下的编程脉冲输出线相连接；REAY/BUSY 在单片机查询输入/输出方式下，与一根 I/O 接口线相接；在单片机中断工作方式下，与一个外部中断信号输入线相接。对于数据存储器，一般都有输出允许控制线 OE 和写控制线 WE，它们分别与单片机的读信号线 RD 和写信号线 $\overline{WR}$ 相连。

4. 存储器芯片的数据线

数据线的数目由芯片的字长决定。1 位字长的芯片数据线只有 1 根；4 位字长的芯片数据线有 4 根；8 位字长的芯片数据线有 8 根；现在单片机存储器扩展使用的芯片字长基本上是 8 位。连接时，存储器芯片的数据线与单片机的数据总线(P0.0～P0.7)按由低位到高位的顺序相接。

5. 存储器芯片的地址线

地址线的数目由芯片的容量决定，容量与地址线数目满足关系式：$Q=2^n$，存储器芯片的地址线与单片机的地址总线(A0～A15)按由低位到高位的顺序相接。一般来说，存储器芯片的地址线数目总是少于(最多等于)单片机地址总线的数目，因此，连接后单片机的高位地址线若有剩余，剩余地址线一般可作为译码线，译码输出与存储器芯片的片选信号CE 相接。存储器芯片有一根或几根片选信号线。对存储器芯片访问时，片选信号必须有效，即选中存储器芯片。片选信号线与单片机系统的译码输出相接后，就决定了存储器芯片的地址范围。

2.4.2 存储器地址译码

1. 部分译码

所谓的部分译码就是存储器芯片的地址线与单片机系统的地址线顺次相接后，剩余的高位地址线仅用一部分参加译码。参加译码的地址线对于选中某一存储器芯片有一个确定的状态，而与不参加译码的地址线无关。也可以说，只要参加译码的地址线处于对某一存储器芯片的选中状态，不参加译码的地址线处于任意状态都可以选中该芯片。正因为如此，部分译码使存储器芯片的地址空间有重叠，造成系统存储器空间的浪费。

图 2-4 中，存储器芯片容量为 2KB，地址线为 11 根，与单片机地址总线的低 11 位 A0～A10 相连，用于选中芯片内的单元。地址总线中 A11、A12、A13、A14 参加译码，设这 4 根地址总线的状态为 1111 时选中该芯片。地址总线 A15 不参加译码，当地址总线 A15 为 0、1 两种状态时都可以选中该存储器芯片。

A15	A14	A13	A12	A11	A10	A9	A8	A7	A6	A5	A4	A3	A2	A1	A0
×	1	1	1	1	×	×	×	×	×	×	×	×	×	×	×

←地址译码线→　　　←　与存储器芯片的地址线相连　→

图 2-4　部分地址译码

当 A15=0 时，芯片占用的地址是 0111100000000000～0111111111111111，即 0x7800～0x7FFF。

当 A15=1 时，芯片占用的地址是 1111100000000000～1111111111111111，即 0xF800～0xFFFF。

可以看出，若有 N 条高位地址线不参加译码，则有 2^N 个重叠的地址范围。重叠的地址范围中任意一个地址都能访问该芯片。部分译码使存储器芯片的地址空间有重叠，造成系统存储器空间的浪费，这就是部分译码的缺点。它的优点是译码电路简单。

部分译码法的一个特例是线译码。所谓的线译码就是直接用一根剩余的高位地址线与一块存储器芯片的片选信号 CS 相连。这样线路最简单，但它将造成系统存储器空间的大量浪费，而且各芯片地址空间不连续。如果扩展的芯片数目较少，可以通过这种方式。

2. 全译码

所谓的全译码就是存储器芯片的地址线与单片机的地址线顺次相接后，剩余的高位地址线全部参加译码。采用这种译码方法时存储器芯片的地址空间是唯一确定的，但译码电路相对复杂。

2.5　程序存储器扩展

2.5.1　使用一片程序存储器扩展

常用的外部程序存储器有：EPROM(紫外线可擦除)，常用的 EPROM 以 27xx 系列为主；EEPROM(电可擦除)，目前的 EEPROM 分为串行 EEPROM 和并行 EEPROM，在使用时，常常把串行的 EEPROM 作为数据存储器使用，以 28xx 系列为主；此外还有 Flash ROM(快闪存储器，电可擦除)，主要以 29Cxx 系列为主。

下面以常用的 EPROM 为例介绍使用一片程序存储器的系统扩展。

图 2-5 为使用一片程序存储器扩展范例，单片机用的是 8031，片内没有程序存储器，$\overline{EA}$ 接地。程序存储器芯片用的是 2764，2764 是 8KB 程序存储器，芯片的地址线有 13 条，顺次和单片机的地址线 A0～A12 相接。由于单片连接，没有用地址译码器，高 3 位地址线 A13、A14、A15 不接，故有 2^3=8 个重叠的 8KB 地址空间。输出允许控制线 $\overline{OE}$ 直接与单片机的 $\overline{PSEN}$ 信号线相连。因只用一片 2764，其片选信号线 $\overline{CE}$ 直接接地。

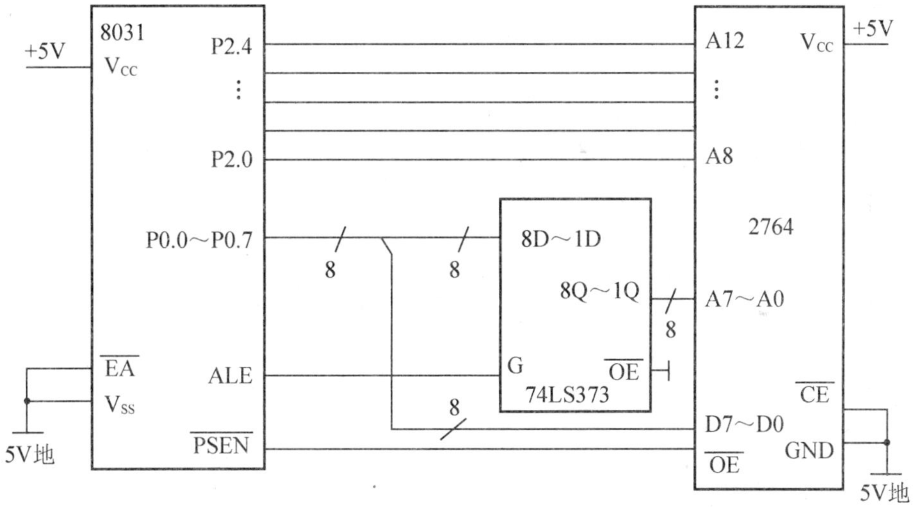

图 2-5　8031 单片扩展程序存储器 2764

A13、A14、A15 (P2.5、P2.6、P2.7)从 0x000～0x111 共有 8 种变化，对应每一种变化，A12～A0 可有 0x0000～0x1FFF 种变化，所以总的 8 个重叠的地址范围为：

0000000000000000～0001111111111111，　即 0x0000～0x1FFF

0010000000000000～0011111111111111，　即 0x2000～0x3FFF

0100000000000000～0101111111111111，　即 0x4000～0x5FFF

0110000000000000～0111111111111111，　即 0x6000～0x7FFF

1000000000000000～1001111111111111，　即 0x8000～0x9FFF

1010000000000000～1011111111111111，　即 0xA000～0xBFFF
1100000000000000～1101111111111111，　即 0xC000～0xDFFF
1110000000000000～1111111111111111，　即 0xE000～0xFFFF

温馨提示：

采用小容量存储器芯片做扩展，不仅价格高，软件编程也麻烦。如果出现这种情况，不用的地址线都取高电平，上面情况我们使用 0xE000～0xFFFF 这组地址。

2.5.2 多片程序存储器的扩展

多片程序存储器的扩展方法很多，芯片数目不多时可以通过部分译码法和线选法，芯片数目较多时可以通过全译码法。

图 2-6 所示电路通过线选法实现两片 2764 扩展成 16KB 程序存储器。两片 2764 的地址线 A0～A12 与单片机地址总线的 A0～A12 对应相连，2764 的数据线 D0～D7 与单片机数据总线 D0～D7 对应相连，两片 2764 的输出允许控制线连在一起与 8031 的 $\overline{\text{PSEN}}$ 信号线相连。第一片 2764 的片选信号线 $\overline{\text{CE}}$ 与 8031 地址总线的 P2.7 直接相连，第二片 2764 的片选信号线 $\overline{\text{CE}}$ 与 8031 地址总线的 P2.7 取反后相连，故当 P2.7 为 0 时选中第一片，为 1 时选中第二片。8031 的地址总线 P2.5 和 P2.6 未用，故两个芯片各有 2^2=4 个重叠的地址空间。

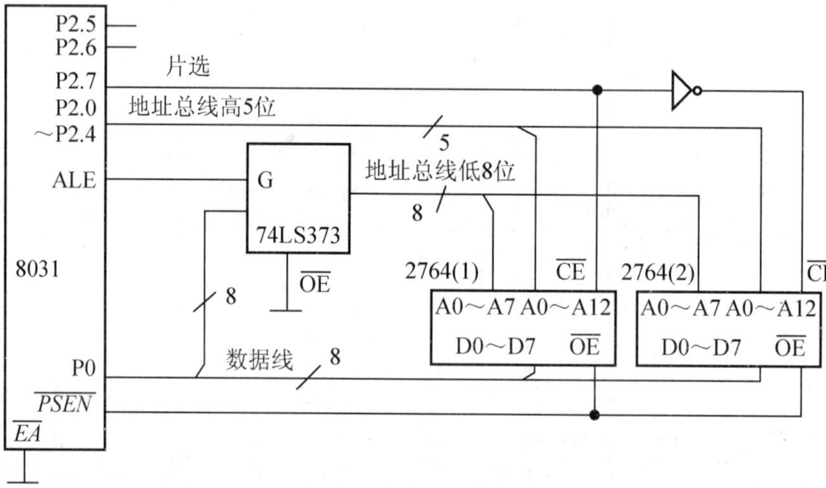

图 2-6 线选法实现两片 2764 扩展

第一片 2764 的地址空间为 A15(P2.7)=0，A13(P2.5)～A14(P2.6)从 0x00～0x11 共 4 种变化，对应每一种变化，A0(P0.0)～A12(P2.4)有 0x0000～0x1FFF 种取值，即：

0000000000000000～0001111111111111，　即 0x0000～0x1FFF
0010000000000000～0011111111111111，　即 0x2000～0x3FFF
0100000000000000～0101111111111111，　即 0x4000～0x5FFF
0110000000000000～0111111111111111，　即 0x6000～0x7FFF

第二片 2764 的地址空间为 P2.7=1，A13～A14 从 0x00～0x11 共 4 种取值，对应每一

种变化 A0～A12 有 0x0000～0x1FFF 种取值，即：

1000000000000000～1001111111111111，　即 0x8000～0x9FFF

1010000000000000～1011111111111111，　即 0xA000～0xBFFF

1100000000000000～1101111111111111，　即 0xC000～0xDFFF

1110000000000000～1111111111111111，　即 0xE000～0xFFFF

2.5.3 大容量程序存储器的扩展

MCS-51 单片机有 16 条地址线，寻址范围为 64KB，一般程序存储器扩展的最大容量为 64KB，如果超过 64KB 也有可能，具体可到网上查询。

程序存储器容量有多种，扩展时根据使用芯片型号和需要扩展容量决定芯片数目。使用多少芯片就必须有多少片选信号，如使用一片 27512，本身容量为 64KB，片选 $\overline{CS}$ 直接接地即可，A15～A0 都参与片内地址译码。

如果使用 8 片 2764，扩展容量 64KB，就必须有 8 个片选信号。由于 A15～A0 都参与片内地址译码，需加一片 74LS138 译码器译出 8 个地址作片选，具体如图 2-7 和表 2-4 所示。

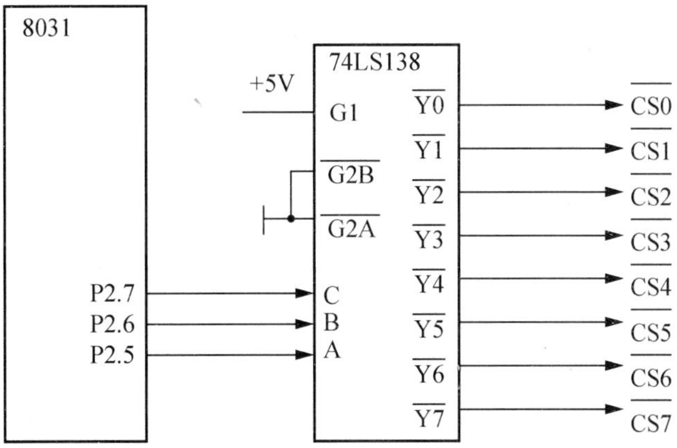

图 2-7 74LS138 译码器译出 8 个地址做片选

表 2-4 8 片 2764 访问地址

A15 (P2.7)取值	A14 (P2.6)取值	A13 (P2.5)取值	译码地址有效	访问地址
0	0	0	$\overline{CS0}$	0x0000～0x1FFF
0	0	1	$\overline{CS1}$	0x2000～0x3FFF
0	1	0	$\overline{CS2}$	0x4000～0x5FFF
0	1	1	$\overline{CS3}$	0x6000～0x7FFF
1	0	0	$\overline{CS4}$	0x8000～0x9FFF
1	0	1	$\overline{CS5}$	0xA000～0xBFFF
1	1	0	$\overline{CS6}$	0xC000～0xDFFF
1	1	1	$\overline{CS7}$	0xE000～0xFFFF

2.6 数据存储器扩展

常用的数据存储器有：静态 RAM，静态 RAM 在应用时存取速度快、使用方便并且价格比较低廉。但在掉电时，它内部的数据会丢失。典型的有 6216、6264、62256 等芯片。为了避免掉电数据丢失，出现了自动保护的静态 RAM，如 DS1225、DS1235。

此外也可使用串行 EEPROM 作数据存储器扩展，串行 EEPROM 与并行的 EEPROM 特性一样，只是数据的读写使用串行方式。常用的有 24Cxx 系列(I^2C 接口)和 X25 系列(SPI 接口)的串行 EEPROM。

数据存储器扩展与程序存储器扩展基本相同，只是数据存储器控制信号一般有输出允许信号 $\overline{OE}$ 和写控制信号 $\overline{WE}$，分别与单片机的片外数据存储器的读控制信号 $\overline{RD}$ 和写控制信号 $\overline{WR}$ 相连，其他信号线的连接与程序存储器完全相同。

图 2-8 是两片数据存储器芯片 6264 与 8051 单片机的扩展连接图。6264 是 8KB×8 的静态数据存储芯片，有 13 根地址线、8 根数据线、1 根输出允许信号线 $\overline{OE}$ 和 1 根写控制信号线 $\overline{WE}$，两根片选信号线 $\overline{CE1}$ 和 $\overline{CE2}$，使用时都应为低电平。扩展时 6264 的 13 根地址线与 8051 的地址总线地 A0～A12 依次相连，8 根数据线与 8051 的数据总线对应相连，输出允许信号线 $\overline{OE}$ 与 8051 读控制信号线 $\overline{RD}$ 相连，写控制信号线 $\overline{WE}$ 与 8051 的写控制信号线 $\overline{WR}$ 相连。每片片选信号线 $\overline{CE1}$ 和 $\overline{CE2}$ 连在一起，第一片片选信号与 8051 地址线 A13 直接相连，第二片片选信号与 8051 地址线 A14 直接相连，则地址总线 A13 为低电平 0 选中第一片，地址总线 A14 为 0 选中第二片，A15 未用，可为高电平，也可为低电平。

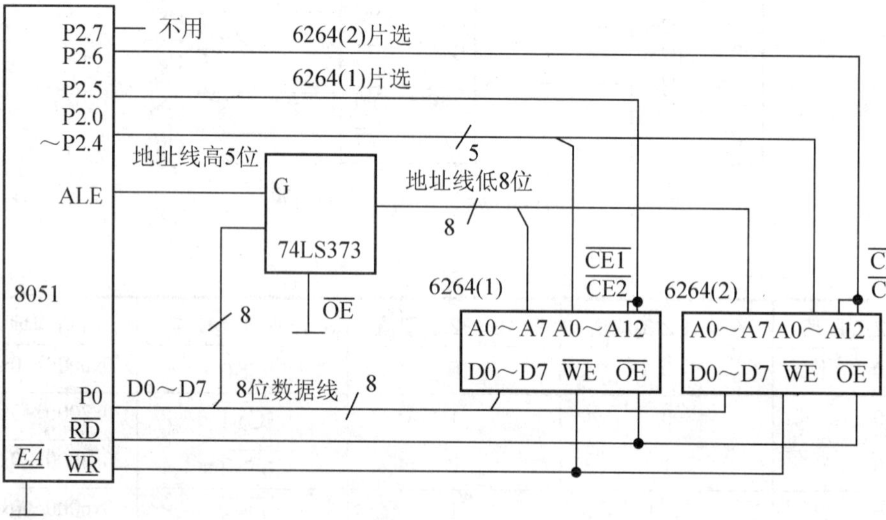

图 2-8 两片数据存储器芯片 6264 与 8051 单片机扩展连接图

如果 P2.7(A15)为低电平 0，两片 6264 芯片的地址空间如下。

第一片：0100000000000000～0101111111111111， 即 0x4000～0x5FFF。

第二片：0010000000000000～0011111111111111， 即 0x2000～0x3FFF。

如果 P2.7(A15)为高电平 1，两片 6264 芯片的地址空间如下。

第一片：1100000000000000～1101111111111111，　即 0xC000～0xDFFF。

第二片：1010000000000000～1011111111111111，　即 0xA000～0xBFFF。

2.7　输入/输出口扩展和使用

MCS-51 单片机有 4 个并行 I/O 接口，每个 8 位，但这些接口并不能完全提供给用户使用，对于片内有程序存储器的 8051/8751 单片机，在不扩展外部资源，不使用串行口、外中断、定时/计数器时，才能使用 4 个并行 I/O 接口。如果片外要扩展，则 P0、P2 口要被用来作数据、地址总线，P3 口中的某些位也要用来做第二功能信号线。留给用户的 I/O 线很少。因此在大部分嵌入式应用中都要进行 I/O 口扩展。

I/O 扩展接口种类很多，其功能可分为简单 I/O 接口和可编程 I/O 接口。简单 I/O 口扩展通过数据缓冲器、锁存器来实现，结构简单，价格便宜，但功能较少。可编程 I/O 扩展通过可编程接口芯片实现，电路复杂，价格相对较高，但功能全，使用灵活。不管是简单 I/O 接口还是可编程 I/O 接口，与其他外部设备一样都是与片外数据存储器统一编址。占用片外数据存储器的地址空间，通过片外数据存储器的访问方式访问。

本章只介绍简单 I/O 接口，可编程 I/O 接口后面章节介绍。

2.7.1　简单 I/O 接口扩展

通常通过数据缓冲器、锁存器来扩展简单 I/O 口。例如，利用 74LS373、74LS244、74LS273、74LS245 等芯片都可以作简单的 I/O 扩展。实际上，只要具有输入三态、输出锁存的电路，就可以用作 I/O 接口扩展。

图 2-9 是利用 74LS373 和 74LS244 扩展的简单 I/O 接口，其中 74LS373 扩展并行输出口，74LS244 扩展并行输入口。

74LS373 是一个带输出三态门的 8 位锁存器，具有 8 个输入端 D0～D7 和 8 个输出端 Q0～Q7，G 高电平时，把输入端的数据锁存于内部锁存器，$\overline{OE}$ 为输出允许端，低电平时把锁存器中的内容通过输出端输出。

74LS244 是单向数据缓冲器，带两个控制端 $\overline{1G}$ 和 $\overline{2G}$，当它们为低电平时，输入端 D0～D7 的数据输出到 Q0～Q7。

图 2-9 中 74LS373 的控制端 G 是由 8051 单片机的写信号 $\overline{WR}$ 和 P2.0 通过或非门 74LS02 后相连，输出允许端 $\overline{OE}$ 直接接地，所以当 74LS373 输入端有数据时直接通过输出端输出。当执行向片外数据存储器写的指令时，指令中片外数据存储器的地址使 P2.0 为低电平，则控制端 G 有效，数据总线上的数据就送到 74LS373 的输出端。74LS244 的控制端 $\overline{1G}$ 和 $\overline{2G}$ 连在一起，8051 单片机的读信号 $\overline{RD}$ 和 P2.0 通过或门 74LS32 与 $\overline{1G}$ 和 $\overline{2G}$ 相连，当执行从片外数据存储器读的指令时，指令中片外数据存储器的地址使 P2.0 为低电平，则控制端 $\overline{1G}$ 和 $\overline{2G}$ 有效，74LS244 输入端的数据通过输出端送到数据总线，然后传送到 8051 单片机的内部。

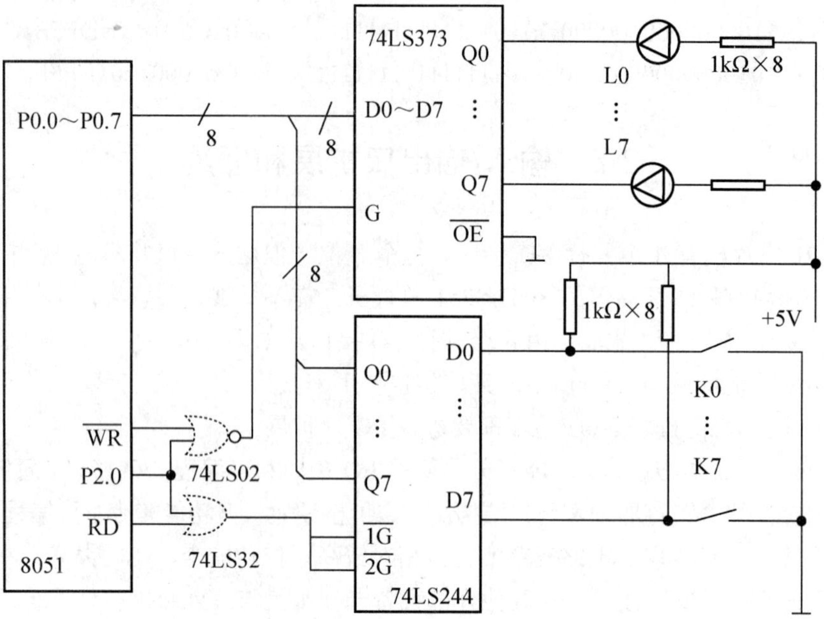

图 2-9　简单 I/O 接口扩展

例 2-2　在图 2-9 中，输入接口接 K0～K7 共 8 个开关，输出接口接 L0～L7 共 8 个发光二极管，现读入 8 个开关状态，通过输出口 L0～L7 来显示，程序如下。

```
#Include<absacc.h>
#define uchar unsigned char
#define uint unsigned int
//----------------------------------------------------------------------
//  主函数
//----------------------------------------------------------------------
void main(void)
{
⋮
    uchar i;
    i=XBYTE[0xFEFF];
    XBYTE[0xFEFF]=i;
⋮ }
```

由于目前还没学习 C 语言编程(第 4 章开始介绍)，这里先简单介绍一下程序。

单片机和通用计算机一样，对外围设备进行“端口”管理，“端口”就是外围设备的地址，一个外围设备有一个或几个“端口” 地址，单片机对外围设备进行访问必须通过“端口”地址来进行。Keil C51 对“端口”地址即外围设备进行访问是通过在头文件 absacc.h 中定义的几个“宏”来进行的，所以在程序中要引用这个头文件。 XBYTE[0xFEFF]表示该外围设备的字节地址是 0xFEFF。

程序中 i=XBYTE[0xFEFF]是“读”指令，控制线 $\overline{\text{RD}}$ 为低电平有效；译码线 P2.0 为低，其他地址线无关，这里设定为 1，所以有效地址是 0xFEFF； $\overline{\text{RD}}$ 和 P2.0 为低，“或”

的结果是低，$\overline{1G}$ 和 $\overline{2G}$ 有效，74LS244 芯片 Q0～Q7 数据送数据线，读入 i。

程序中 XBYTE[0xFEFF]=i 是“写”指令，控制线 $\overline{WR}$ 为低电平，有效；译码线 P2.0 为低，其他地址线无关，这里设定为 1，所以有效地址也是 0xFEFF；$\overline{WR}$ 和 P2.0 为低，“或非”的结果是高，G 有效，芯片 74LS373 被选中。数据线上数据 i 写入 74LS373，由于 74LS373 输出允许 $\overline{OE}$ 直接接地，数据线上数据 i 直接通过 74LS373 的 Q0～Q7 输出，控制 L0～L7。

在计算机术语中，“读”和“写”都是以 CPU 为中心的，“读”就是把外围设备数据赋给 CPU，“写”就是将 CPU 中数据赋给外围设备。

2.7.2　I/O 口的使用(1)

前面讲过，MCS-51 单片机有 4 个 8 位的并行 I/O 接口：P0、P1、P2 和 P3。这 4 个口既可以做并行输入/输出数据，也可以按“位”方式使用，并行端口是 MCS-51 单片机控制外部设备的主要通道。

用 C 语言编写控制程序，对 I/O 口的内部结构不用了解得太多，只要能正确使用就可以。

1. P0 口的操作

和 IBM-PC 不同，MCS-51 单片机的程序存储器和数据存储器是分开的，用户程序固化在 EEPROM 或 FLASH 为介质的程序存储器中，运行中的数据存放在 RAM 中，它们各占 64KB 的地址空间，由于访问指令和控制信号不同，对程序存储器和数据存储器的访问地址不会混淆。访问 64KB 的地址空间，地址线必须有 16 条。MCS-51 把 P0 口作为地址总线的低 8 位(A0～A7)，P2 口作为地址总线的高 8 位(A8～A15)，由于单片机体积小，出线困难，MCS-51 把 P0 口也作为 8 位数据线(D0～D7)。在程序执行过程中，P0 口上先出现地址线，然后通过一个控制信号(ALE)将此地址总线的低 8 位(A0～A7)锁存在一个锁存器(74373)中，通过锁存器输出提供给外部地址总线，之后 P0 口上出现的信号就是 8 位数据线(D0～D7)。

用 C 语言编写控制程序，对这种分时使用 P0 口的细节可不用知道，只要正确使用 C 语言编写程序，编译器和 MCS-51 单片机硬件会自动完成这些操作，若把 MCS-51 数据线和地址线理解成是和 IBM-PC 一样也行。

如果嵌入式控制系统很简单，不需要 P0 参与地址译码，P0 口就只用来作数据线。

图 2-10 所示的液晶显示器 T6963C 控制电路，T6963C 片选用 P2.7，P0 只作数据线。

还有许多简单场合，嵌入式控制系统不需要地址线和数据线，P0 口也可以作 8 位 I/O 口使用。此时 P0 口具有驱动 8 个 TTL 门电路的负载能力。

由于 P0 口的输出是漏电极开路(相当集电极开路)，外输出电路应加上拉电阻。

由于 P0 口的结构，作输入时应先向 P0 口写“1”。

P0 口在输出时具有锁存功能，输入时具有缓冲功能。

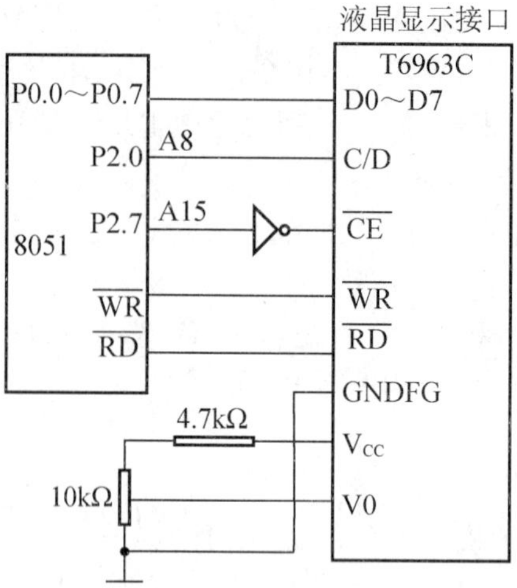

图 2-10 简单译码电路，P0 只做数据线

2. P1 口的操作

P1 口的操作基本同 P0 口，但它只能作通用 I/O 口使用，也是在简单嵌入式控制系统中用得最多的并行口。

它与 P0 口的不同点是内部有上拉电阻，作输出时不用再加上拉电阻，P1 口具有驱动 4 个 TTL 门电路的负载能力。

由于 P1 口的结构，作输入时应先向 P1 口写“1”。

P1 口在输出时具有锁存功能，输入时具有缓冲功能。

3. P2 口的操作

P2 口的操作基本同 P0 口和 P1 口，当外围设备、主要是程序存储器或数据存储器需要地址总线高 8 位时，P2 口只能作地址总线使用，否则，它也可以作 I/O 口，此时，它的用法同 P1 口。

4. P3 口的操作

P3 口除作普通 I/O 口外，它的每一位还具有第二功能，具体见表 2-5

表 2-5 P3 口第二功能

P3 口引脚	第 二 功 能
P3.0	RXD　串行输入
P3.1	TXD　串行输出
P3.2	$\overline{INT0}$　外部中断 0 输入，低有效
P3.3	$\overline{INT1}$　外部中断 1 输入，低有效
P3.4	T0　定时器/计数器 0 外部计数脉冲输入
P3.5	T1　定时器/计数器 1 外部计数脉冲输入
P3.6	$\overline{WR}$　外部数据存储器写
P3.7	$\overline{RD}$　外部数据存储器读

当系统复位或上电时，P3 口处于第二功能状态；当执行 I/O 操作指令时又变回普通 I/O 口，此时，它的用法和负载能力同 P1 口。

2.7.3　I/O 口的使用(2)

在简单的嵌入式控制系统中，并行口特别是 P1 口可以直接与外围设备相连作输入和输出。但由于并行口负载能力弱，同时为了保护微处理器，这种连接一般需经隔离器件来完成。

光电隔离器件是使用最方便、价格低廉、隔离效果很好的一种隔离器件。如光电隔离器件 TLP521-4，原理图见图 2-11，它的工作电压范围 5～50V，工作电流 5～50mA，因此除了作光电隔离外，还可以起到功率转换作用。

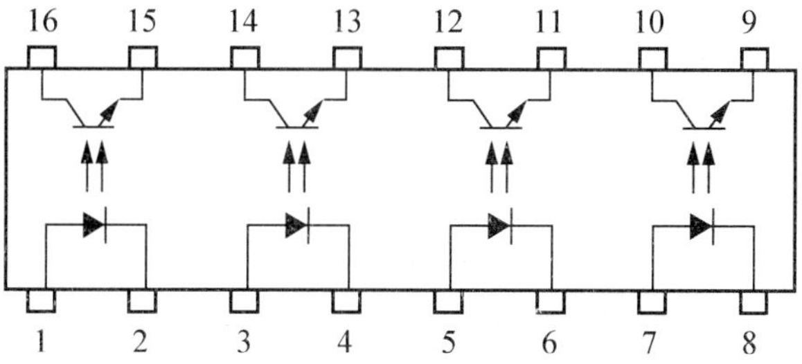

图 2-11　光电隔离器件 TLP521-4 原理图

如 P1.0 经光电隔离器件作输出，控制一个工作电压为 24V 的中间继电器，具体电路可按图 2-12 设计。当 P1.0 输出高电平时，发光二极管有电流流过并发光，三极管导通并饱和，集电极和发射极接通，集电极输出低电平给中间继电器；当 P1.0 输出低电平时，发光二极管无电流流过，集电极和发射极截止，集电极输出高电平给中间继电器。

如 P1.1 经光电隔离器件作输入，输入信号是一个 24V 的开关量，具体电路可按图 2-13 设计，原理同上，只是限流电阻不同。

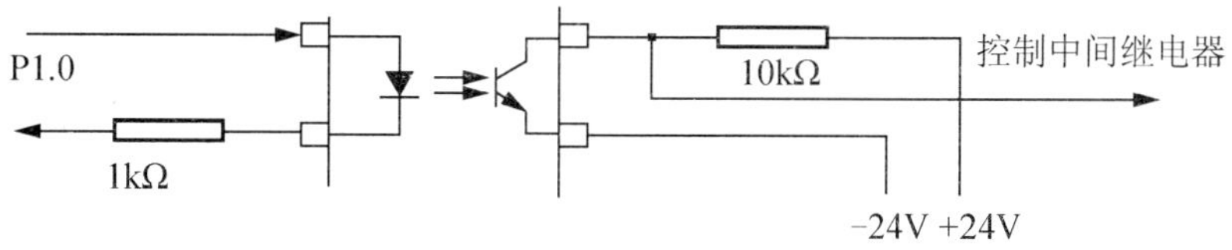

图 2-12　P1.0 经光电隔离器件作输出

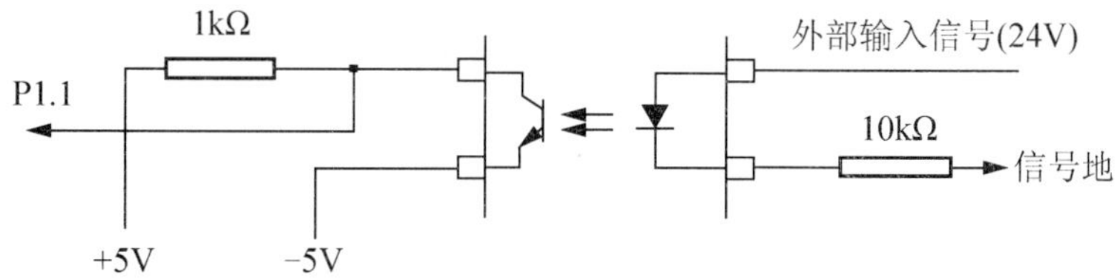

图 2-13　P1.1 经光电隔离器件作输入

下面，结合图 2-14 所示的一个具体实例来看 TLP521-4 的应用：有一台机械加工设备，它的纵向进给距离需要精密控制，同时，纵向进给距离和速度要通过相应仪表进行显示。在纵向驱动的液压马达的轴上安装一台光电码盘做反馈器件，液压马达每转一周，光电码盘会发出两路相位差 90°、个数为 2000、电平为 5～12V 的脉冲。通过 TLP521-4 的隔离将此信号送工作电压不同的单片机和各个仪表，具体如图 2-14 所示。

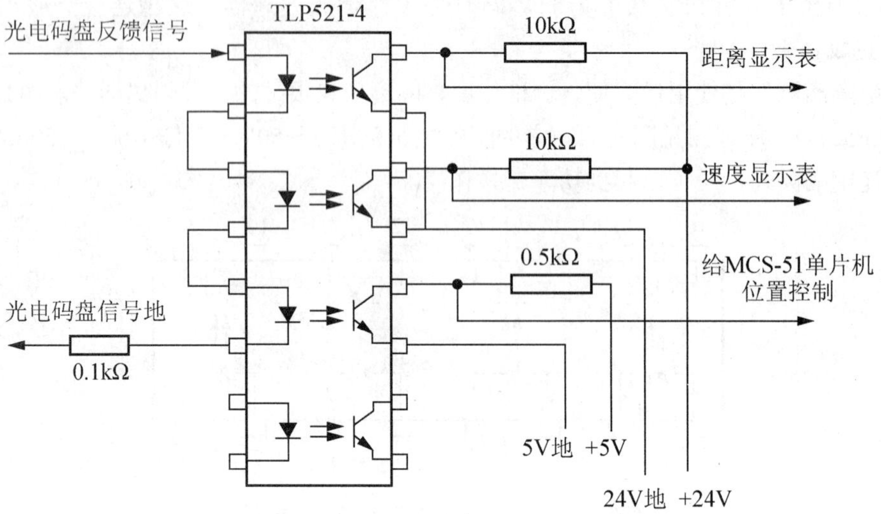

图 2-14　TLP521-4 的应用

在这里，TLP521-4 起着保护单片机的隔离作用；同时还将一路光电码盘反馈信号给需要反馈信号的单片机(进给距离精密控制)和几个仪表(进给距离和速度显示)；由于单片机和几个仪表工作电压不同，TLP521-4 还起到电平转换作用。

除使用光电器件作隔离和功率转换外，单片机还经常使用继电器、可控硅(也称晶闸管)、晶体管、固态继电器等器件做隔离和功率转换。

图 2-15 和图 2-16 显示了使用晶体管和固态继电器做隔离和功率转换的实例。

小提示：

虽然隔离和功率转换器件很多，但从使用方便、价格低廉和隔离效果看，最好用的还是光电耦合器件。

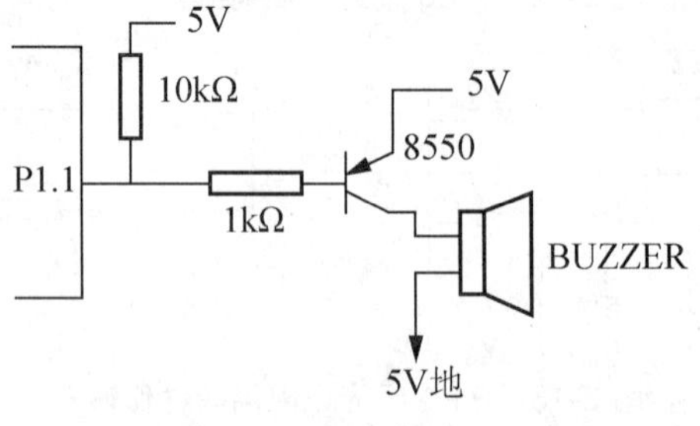

图 2-15　P1.1 通过晶体管放大电路控制蜂鸣器

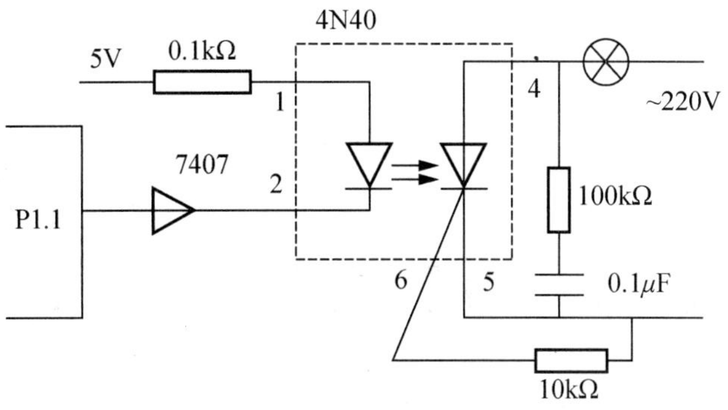

图 2-16　P1.1 通过固态继电器控制大功率设备

习　　题

1. MCS-51 单片机有几个系列？它们的区别是什么？
2. MCS-51 单片机有哪些特性？
3. MCS-51 单片机有几个并行口？它们的用法是什么？
4. P0 口作为数据线，如何分时作地址总线的低 8 位？
5. MCS-51 单片机的数据线、控制线和地址线有哪些？
6. MCS-51 单片机存储器结构和 IBM-PC 机有什么不同?
7. 信号线 $\overline{EA}$ 有什么作用?
8. MCS-51 单片机数据存储器地址在什么情况下会重叠?
9. MCS-51 单片机特殊功能寄存器有哪些？如何按字节或位来访问？
10. 简述 8031、8051、8751 最小系统。
11. MCS-51 单片机如何进行程序存储器和数据存储器的扩展？
12. MCS-51 单片机如何利用数据缓冲器和锁存器进行简单 I/O 扩展？

第 3 章 STC 89C51/89C52 单片机介绍

本章知识架构

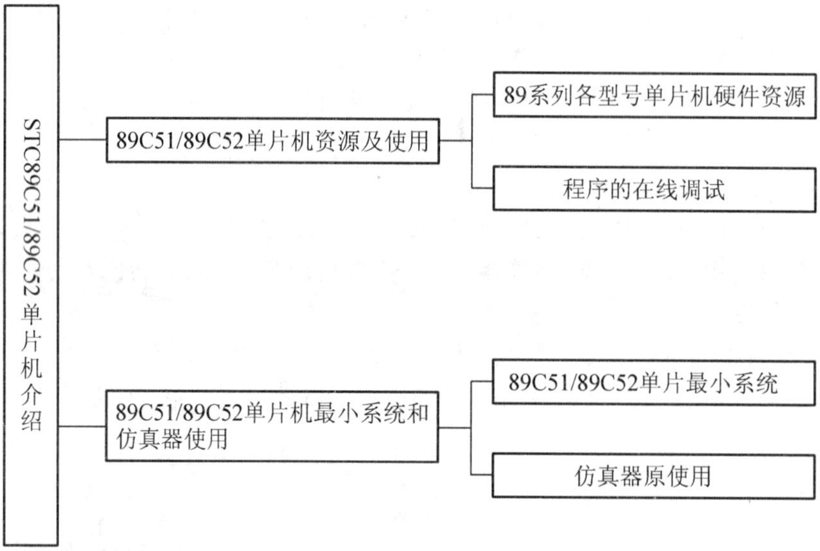

本章教学目标和要求

- 了解 89C51/89C52 各型号单片机硬件资源，能根据具体嵌入式系统要求选型号；
- 了解 89C51/89C52 最小系统结构，会自己组建系统；
- 学会“在线”仿真。

3.1　89C51/89C52 单片机资源和使用

3.1.1　89C51/89C52 单片机片内资源

MCS-51 单片机是 Intel 公司早期产品，20 世纪 80 年代以后，Intel 公司把主要精力放在 CPU 芯片的开发上，把 MCS-51 单片机专利技术转让给其他一些半导体厂家，不少厂家在原来 MCS-51 单片机基础上对产品进行了扩展，增加了某些功能，提高了产品的集成度。

这些 MCS-51 单片机兼容机中，STC 公司生产的 89C51/89C52 单片机由于价格低廉、使用方便、编程容易等特点，在 8 位单片机市场占有很大份额。

STC 89C51/89C52 单片机继承了 MCS-51 单片机的所有功能，在芯片引脚和系统指令方面完全兼容，同时增加了许多新功能，如 WDT 技术(Watchdog Timer，看门狗定时器)、ISP(In_ System Programming，在系统编程，无须将存储芯片从嵌入式设备拔出即可对其编程，简称 ISP)、SPI(Serial Peripheral Interface，串行外设接口)等技术，时钟频率提高到 80MHz。

STC 89C51/89C52 单片机在 MCS-51 单片机基础上增加了一个 P4 口，该口的使用方法同 P1、P2、P3 口一样，口地址是 0xE8。

STC 89C51 将 MCS-51 系列中 8751 的 4KB 片上 EPROM 改为 4KB 的 Flash，使得 STC 89C51 可以不使用仿真器在线编程或使用仿真器重复编程，且价格低廉，特别是 STC 89C52，片上 Flash 达到了 8KB。

前面讲过，嵌入式控制系统大多具有小、巧、轻、灵、薄的特点，程序代码不大，4KB 片上 Flash(89C51)或 8KB 片上 Flash(89C52)完全可以满足系统程序存储器的需要。

作者设计的一台数控 6 角车床，其程序代码不到 4KB；一台多参数监护仪程序代码只有 2KB 多一点。

虽然 STC 89 系列有更大容量的片上 Flash 机型可供我们选择，但 STC 89C52 就可完全满足要求，本书后面均以 STC 89C52 为典型说明问题。书中凡是讲 MCS-51 单片机也是指 STC 89C52 单片机。

嵌入式控制系统除少数专门的数据采集系统外，大多数系统数据量很小，片上的用户可使用的 128B 数据存储单元(89C51)或 256B 数据存储单元(89C52)也完全可以满足系统数据存储器的需要。

在某些情况下，片上 Flash 单元也可做数据存储单元使用。

也就是说一台 STC 89C51/89C52 最小系统，不加任何存储器扩展就是一台能实际使用的嵌入式控制器。

STC 系列单片机除 89C51/89C52 外还有一些产品，它们的系统硬件资源不尽相同，具体如表 3-1 所示。

表 3-1　STC 系列单片机性能指标

型号	最高时钟频率/Hz		Flash 存储器/B	RAM/B	降低 EMI	看门狗	双倍速	P4 口	ISP	IAP	E^2P ROM/B	A/D
	5V	3V										
STC 89C51 RC	0～80M		4K	512	√	√	√	√	√	√	2K+	
STC 89C52 RC	0～80M		8K	512	√	√	√	√	√	√	2K+	
STC 89C53 RC	0～80M		15K	512	√	√	√	√	√	√		
STC 89C54 RD+	0～80M		16K	1280	√	√	√	√	√	√	16K+	
STC 89C55 RD+	0～80M		20K	1280	√	√	√	√	√	√	16K+	
STC 89C58 RD+	0～80M		32K	1280	√	√	√	√	√	√	16K+	
STC 89C516 RD+	0～80M		64K	1280	√	√	√	√	√	√		
STC 89LE51 RC		0～80M	4K	512	√	√	√	√	√	√	2K+	
STC 89 LE 52 RC		0～80M	8K	512	√	√	√	√	√	√	2K+	
STC 89 LE 53 RC		0～80M	15K	512	√	√	√	√	√	√		
STC 89 LE 54 RD+		0～80M	16K	1280	√	√	√	√	√	√	16K+	
STC 89 LE 58 RD+		0～80M	32K	1280	√	√	√	√	√	√	16K+	
STC 89 LE 516 RD+		0～80M	64K	1280	√	√	√	√	√	√		
STC 89 LE 516 AD	0～90M，3.6～2.4V		64K	512	√	√		√	√	√		√

表 3-1 中降低 EMI(Electro Magnetic Interference，电磁干扰)是降低电磁干扰功能，IAP(In-Application Programming，在“应用现场”可调试功能)是应用在 FLASH 程序存储器基础上的一种编程模式，它可以在应用程序正常运行情况下，通过 IAP 程序对另外一段程序 FLASH 空间进行读/写操作，甚至可以控制对某段、某字节的读/写操作，这给数据存储和硬件现场升级带来了更大的灵活性。IAP 和 ISP 功能是 STC 89C51/89C52 单片机特别重要的功能。

3.1.2　89C52 单片机程序调试

89C52 单片机程序调试和 MCS-51 完全一样，交叉开发环境使用 Keil C51，编程语言使用 C 语言，形成 exe 可执行文件，在图 1-16 所示环境中调试。前面已介绍，STC 89C52 可以不使用仿真器在线编程，STC 89C52 单片机和“宿主机”的连接如图 3-1 所示。

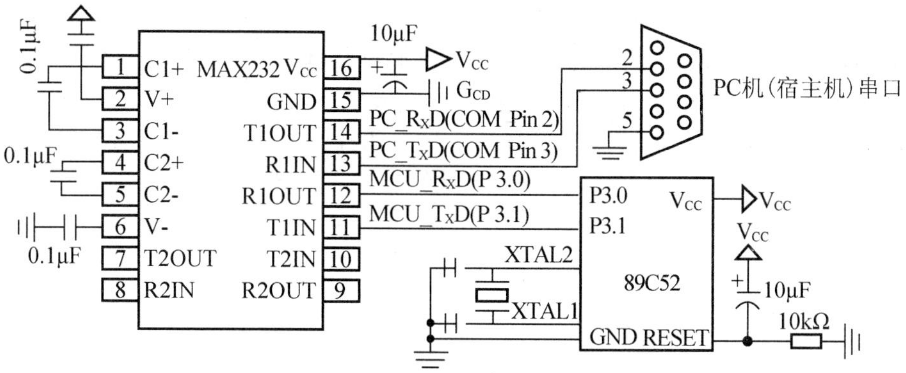

图 3-1　STC 89C52 单片机和“宿主机”的连接

因 PC 机串口的电平是 RS-232 标准，而 89C52 的 P3.0 和 P3.1 口(P3 口在第二功能时 P3.0 和 P3.1 做 89C52 串口的输入和输出，89C52 串行通信后面介绍)电平是 TTL 电平，必须将其转换为 RS-232 标准。

MAX232 是美信公司专门用于 RS-232/TTL 电平转换的芯片，它同时可转换 2 路信号。

为了方便用户调试程序，STC 公司提供了一款在线调试软件 STC-ISP.exe，在随书下载资料中，打开 stc-isp-v4.79 文件夹，找到 SETUP.EXE 点击，按提示一步一步将其安装。将图标放在桌面上就可使用。软件使用共有 5 步，界面上有详细说明，具体如图 3-2 所示。

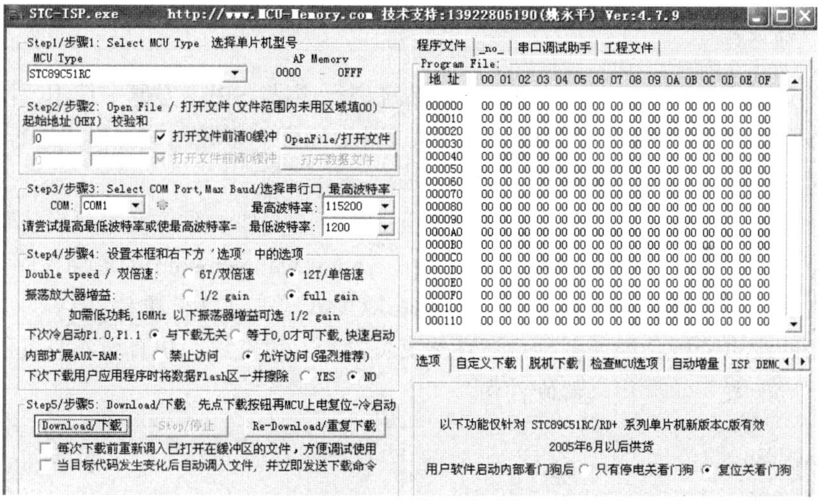

图 3-2　在线调试软件 STC-ISP.exe

3.2　89C52 最小系统和仿真器使用

3.2.1　89C52 最小系统

89C52 最小系统是非常简单的，只要在管脚 18 和 19 之间焊接上适当频率的晶振，加一个上电复位电路即可，具体如图 3-3 所示。

在图 3-3 中，C1 和 C2 帮助起振，其值大小对振荡频率有一定影响，C1 和 C2 取值一般和主频有关。主频 2～25MHz，C1 和 C2 取值要小于 47pF；主频 44～80MHz，C1 和 C2 取值要小于 5pF；其他情况可取 10pF，也可通过调节 C1 和 C2 对频率进行微调。

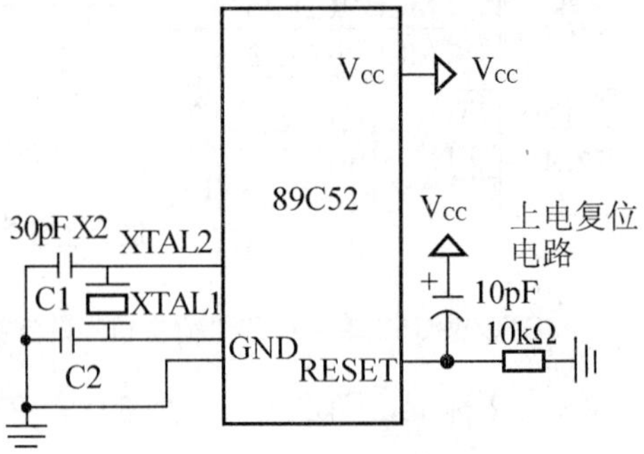

图 3-3　89C52 最小系统

虽然 89C52 主频可以达到 80MHz，但在满足系统要求情况下尽量采用较低频率，因为低频率可以降低系统功耗，减少发热，增加系统稳定性，大多情况下使用 16MHz 即可。

V_{CC}一般选 5V，在 STC 89C52 系列中有几个产品(如 STC 89LE51、89LE52)是低电平供电的(型号中有 LE 标志)，此时 V_{CC}一般选 2.4～3.8V(选 5V 也可正常工作)，在便携式、袖珍式、电池供电的手持产品中应选这类单片机，此时 V_{CC}只能选 2.4～3.8V，典型为 3V。

3.2.2　仿真器使用

89C52 可以不使用仿真器、“在线”对系统进行调试(ISP)，方便了使用，降低了研发成本、加快了研发进度。在大学生电子设计大赛中，同学们多使用这种模式进行项目调试，教师在教学中也可以使用这种模式进行项目演示。

但是仿真器的很多功能是“在线”仿真不能代替的，如一般仿真器更换仿真头就可以仿真多种型号单片机，如南京 Wave 公司(http：//www.wave-cn.com)的通用 V8 系列仿真器就可以仿真 MCS-51/MCS-96/PIC/ARM/XC166/XC866 等 8～32 位单片机。

仿真器的逻辑分析功能、多种调试环境支持功能是“在线”仿真所不具备的，在条件允许情况下应配置并学会仿真器硬件仿真。

小提示：

除 STC89C51/STC89C52 外，美国 Atmel（爱特梅尔）公司的 AT89C51/AT89C52 在 8 位机市场也占有很大的份额，两者在硬件结构和指令系统上完全相同。

习　　题

1. STC89C51/STC89C52 单片机在硬件结构上和 MCS-51 的 8051/8751 有哪些不同？
2. 什么是 ISP？什么是 IAP？它们在系统调试时有什么作用？

3. 实际动手搭建一个 STC89C51/STC89C52 最小系统。
4. 在满足系统要求情况下为什么单片机要尽量采用较低频率？
5. 低电平电源的单片机适用在什么场合？
6. 最小系统中晶振的旁路电容有什么作用，如何选择？
7. 学会 ISP 软件工具 STC-ISP.exe 的使用。

第2篇

CS1 语言程序语法

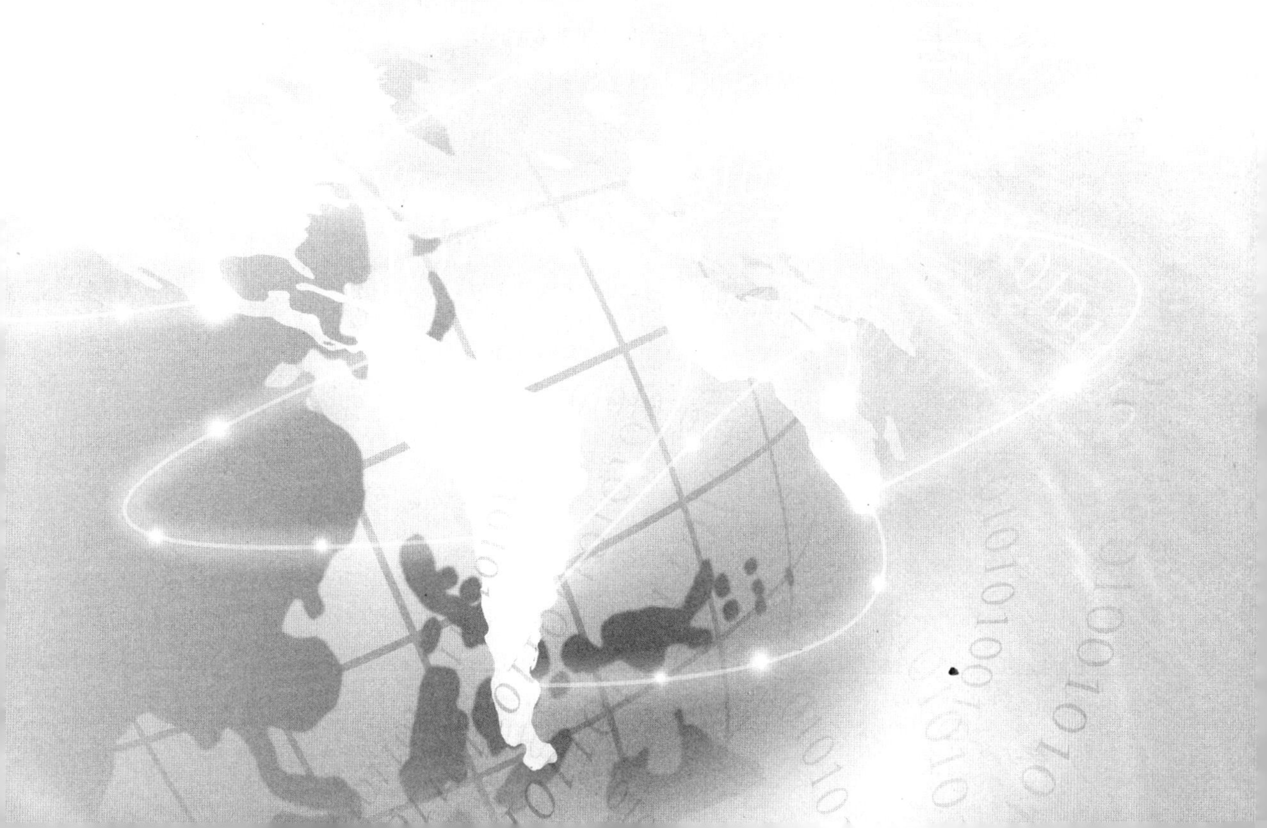

第 4 章

C51 语言基本语句

本章知识架构

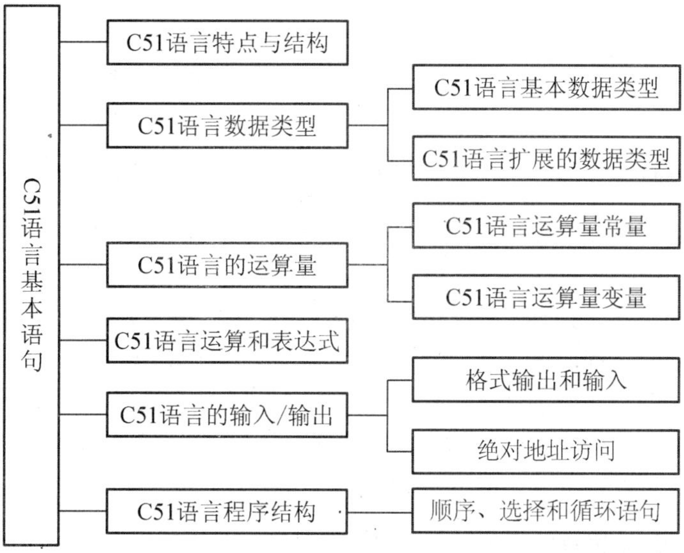

本章教学目标和要求

- 了解 C 语言特点和结构；
- 熟练掌握 C 语言基本数据类型和扩展数据类型；
- 熟练掌握 C 语言的运算；
- 熟练掌握 C 语言的基本输入和输出；
- 了解 C 语言的程序结构和熟练掌握各种语句的用法。

用 C 语言编写 MCS-51 单片机程序与用汇编语言编写 MCS-51 单片机程序不一样，用汇编语言编写 MCS-51 单片机程序必须要考虑其存储器结构，尤其必须考虑其片内数据存储器与特殊功能寄存器的使用以及按实际地址处理端口数据。用 C 语言编写 MCS-51 单片机应用程序，则不用像汇编语言那样须具体组织、分配存储器资源和处理端口数据，但用 C 语言编程时，对数据类型与变量的定义，必须要与单片机的存储结构相关联，否则编译器不能正确地映射定位。所以这种和 MCS-51 单片机硬件有关联的 C 语言也称 C51 语言，它和标准的 C 语言有稍许不同。

本书讲到的单片机 C 语言编程实际上就指 C51 语言编程。

用 C51 语言编写单片机应用程序与标准的 C 语言程序也有相应的区别：C51 语言编写单片机应用程序时，需根据单片机存储结构及内部资源定义相应的数据类型和变量，而标准的 C 语言程序不需要考虑这些问题；C51 语言包含的数据类型、变量存储模式、输入输出处理、函数等方面与标准的 C 语言有一定的区别。其他的语法规则、程序结构及程序设计方法等与标准的 C 语言程序设计相同。

现在支持 MCS-51 系列单片机的 C 语言编译器有很多种，各种编译器的基本情况相同，但具体处理时有一定的区别，其中 Keil C51 以它的代码紧凑和使用方便等特点优于其他编译器，现在使用特别广泛。

4.1 C 语言的特点及程序结构

4.1.1 C 语言的特点

(1) 语言简洁、紧凑，使用方便、灵活。
(2) 运算符丰富。
(3) 数据结构丰富，具有现代化语言的各种数据结构。
(4) 可进行结构化程序设计。
(5) 可以直接对计算机硬件进行操作。
(6) 生成的目标代码质量高，程序执行效率高。
(7) 可移植性好。

4.1.2 C 语言和 C51 语言的程序结构

C 语言程序采用函数结构，每个 C 语言程序由一个或多个函数组成，在这些函数中至少应包含一个主函数 main()，也可以包含一个 main()函数和若干个其他的功能函数。不管 main()函数放于何处，程序总是从 main()函数开始执行，执行到 main()函数结束。在 main()函数中可以调用其他函数，其他函数也可以相互调用，但 main()函数只能调用其他的功能函数，而不能被其他的函数所调用。功能函数可以是 C 语言编译器提供的库函数，也可以是由用户定义的自定义函数。在编制 C 语言程序时，程序的开始部分一般是预处理命令、函数说明和变量定义等。

C 语言程序结构一般如下：

```
预处理命令 include<stdio.h>
函数定义 int  fun1();
         float  fun2();
变量说明 int  x,y;
         float  z;
主函数 main{}
函数体   fun1{}
         fun2{}
```

其中，函数往往由“函数定义”和“函数体”两个部分组成。函数定义部分包括有函数类型、函数名、形式参数说明等，函数名后面必须跟一个圆括号()，形式参数在()内定义。函数体由一对花括号“{}”组成，在“{}”的内容就是函数体。如果一个函数内有多个花括号，则最外层一对“{}”内的内容为函数体的内容。函数体内包含若干语句，一般由两部分组成：声明语句和执行语句。声明语句用于对函数中用到的变量进行定义。也可能对函数体中调用的函数进行声明。执行语句由若干语句组成，用来完成一定功能。当然也有的函数体仅有一对“{}”，其中内部既没有声明语句，也没有执行语句。这种函数称为空函数。

C 语言程序在书写时格式十分自由，一条语句可以写成一行，也可以写成几行，还可以一行内写多条语句，但每条语句后面必须以分号“；”作为结束符。C 语言程序对大小写字母敏感，在程序中，同一个字母的大小写系统作不同的处理。在程序中可以用“/*……*/”对 C 程序中的任何部分，或用“//”对 C 程序中一行做注释，以增加程序的可读性。

C 语言也是一种较好和应用很广的程序控制语言，如果说汇编语言是底层语言，那么 C 语言就是高级语言，它通用性比汇编语言要好，为了实现对底层设备的驱动，C 语言也有一些端口驱动函数，例如，对屏幕输出的格式控制输出函数 printf()，键盘输入的 scanf() 函数等。此外还有一组在 dos.h 中定义的直接对设备端口进行操作的函数：int inport (int portid), unsigned char inportb (int portid), void outport (int portid, int value), void outportb (int portid, unsigned char value)，C 语言中的位操作使用户可以通过“位”(bit)对设备进行控制。所有这些特点，使 C 语言在嵌入式控制系统中得到广泛应用。

C51 语言的语法吸收了 C 语言的全部特点，程序结构及程序设计方法都与标准的 C 语言程序设计相同，C51 语言程序与标准的 C 语言程序仅在以下几个方面不同。

(1) C51 语言中定义的库函数和标准 C 语言定义的库函数不同。标准 C 语言定义的库函数是按通用微型计算机来定义的，而 C51 语言中的库函数是按 MCS-51 单片机相应情况来定义的，它比标准 C 语言定义的库函数要少，而且大多和 MCS-51 的硬件操作有关；

(2) C51 语言中的数据类型与标准 C 语言的数据类型也有一定的区别，在 C51 语言中还增加了几种针对 MCS-51 单片机的特有数据类型；

(3) C51 语言变量的存储模式与标准 C 语言中变量的存储模式不一样，C51 语言中变量的存储模式与 MCS-51 单片机的存储器紧密相关；

(4) C51 语言与标准 C 语言的输入输出处理不一样，C51 语言中的输入输出是通过 MCS-51 串口来完成的，输入输出指令执行前必须要对串行口进行初始化；

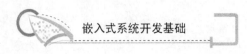

(5) C51 语言与标准 C 语言在函数使用方面也有一定的区别，C51 语言中有专门的中断函数。

4.2 C51 语言数据类型

C51 语言的数据类型分为基本数据类型和组合数据类型，情况与标准 C 语言中的数据类型基本相同，其中 float 型与 double 型相同，另外，C51 中还有专门针对于 MCS-51 单片机的特殊功能寄存器型和“位”类型。

4.2.1 char 字符型(字节型)

有 signed(有符号) char 和 unsigned (无符号)char 之分，不写前缀，默认为 signed char。它们的长度为一个字节，用于存放一个单字节的数据或一个字符的 ASCII 码。对于 signed char，它用于定义带符号字节数据，其字节的最高位为符号位，“0”表示正数，“1”表示负数，补码表示，所能表示的数值范围是-128～+127；对于 unsigned char，它用于定义无符号字节数据或字符，可以存放一个字节的无符号数，其取值范围为 0～255。unsigned char 可以用来存放无符号数，也可以存放西文字符，一个西文字符占一个字节，在计算机内部用 ASCII 码存放。在嵌入式系统中，unsigned char 代表一个字节的无符号数使用非常多。

4.2.2 int 整型

分 singed int 和 unsigned int，默认为 signed int。它们的长度均为两个字节，用于存放一个双字节数据。对于 signed int，用于存放两字节带符号数，补码表示，数的范围为-32768～+32767。对于 unsigned int，用于存放两字节无符号数，数的范围为 0～65535。

4.2.3 long 长整型

分 singed long 和 unsigned long，默认为 signed long。它们的长度均为 4 个字节，用于存放一个 4 字节数据。对于 signed long，用于存放 4 字节带符号数，补码表示，数的范围为-2147483648～+2147483647。对于 unsigned long，用于存放 4 字节无符号数，数的范围为 0～4294967295。long 长整型数在嵌入式系统中使用不多。

4.2.4 float 浮点型

float 型数据的长度为 4 个字节，格式符合 IEEE-754 标准的单精度浮点型数据，包含指数和尾数两部分，最高位为符号位，“1”表示负数，“0”表示正数，其余的 8 位为阶码，最后的 23 位为尾数的有效数位，由于尾数的整数部分隐含为“1”，所以尾数的精度为 24 位。

float 浮点型数在嵌入式系统中使用不多。

4.2.5 指针型

指针本身就是一个变量，在这个变量中存放着指向另一个数据的地址。这个指针变量要占用一定的内存单元，对不同的处理器其长度不一样，在 C51 语言中它的长度一般为 1～3 个字节。

在嵌入式系统中，要经常使用指针。

4.2.6　特殊功能寄存器型

这是 C51 语言扩充的数据类型，用于访问 MCS-51 单片机中的特殊功能寄存器数据，它分 sfr 和 sfr16 两种类型，其中 sfr 为字节型特殊功能寄存器类型，占一个内存单元，利用它可以访问MCS-51内部的所有特殊功能寄存器；sfr16 为双字节型特殊功能寄存器类型，占用两个字节单元，利用它可以访问 MCS-51 内部的所有两个字节的特殊功能寄存器。在 C51 语言中对特殊功能寄存器的访问必须先用 sfr 或 sfr16 进行声明。

在 Keil C51 库函数中有 reg51.h 和 reg52.h 两个头文件，它们分别对 MCS-51 和 MCS-52 单片机中所有特殊功能寄存器进行了定义，在程序中引用这个头文件(一般 C51 语言程序均引用)，使用单片机中的特殊功能寄存器时就不用再定义了。

因我们是以 STC 89C52 为常用机型，在程序中要引用头文件 reg52.h。

4.2.7　位类型

这是 C51 语言中扩充的数据类型，用于访问 MCS-51 单片机中可寻址的位单元。在 C51 语言中，支持两种位类型：bit 型和 sbit 型。它们在内存中都只占一个二进制位(bit)，其值可以是“1”或“0”。其中用 bit 定义的“位”变量在 C51 编译器编译时，不同的时候位地址是可以变化的，而用 sbit 定义的位变量必须与 MCS-51 单片机的一个可以寻址位单元或可位寻址的字节单元中的某一位联系在一起，在 C51 编译器编译时，其对应的位地址是不可变化的。

C51 语言扩充“位”数据类型可以节省单片机宝贵的数据存储单元，例如程序运行中的一个状态，一个外围设备的开和停，用 1 个 bit 就可表示，就不要用 1 个字节，以节省存储单元。

因我们使用 C 语言编程，当需要使用“位”数据类型时就可以用 bit 定义一个“位”变量，不用关心系统将它放在何处。

sbit 型常用来定义单片机中特殊功能寄存器中某一位(特殊功能寄存器大多可按位操作)，在 reg51.h 和 reg52.h 头文件中也对这些特殊功能寄存器中的“位”进行了定义，而且这些特殊功能寄存器中的“位”都有“位”名字，我们在程序中常使用它们的名字来引用，所以很少使用 sbit 定义位变量。

在 C51 语言程序中，有可能会出现运算中数据类型不一致的情况。C51 语言允许任何标准数据类型的隐式转换，隐式转换的优先级顺序如下：

bit→char→int→long→float；

signed→unsigned。

也就是说，当 char 型与 int 型进行运算时，先自动对 char 型扩展为 int 型，然后与 int 型进行运算，运算结果为 int 型。C51 语言除了支持隐式类型转换外，还可以通过强制类型转换符“()”对数据类型进行人为的强制转换。

C51 编译器除了能支持以上这些基本数据类型之外，还能支持一些复杂的组合型数据类型，如数组类型、指针类型、结构类型、联合类型等。

4.3 C51 语言的运算量

4.3.1 常量

常量是指在程序执行过程中其值不能改变的量。在 C51 语言中支持整型常量、浮点型常量、字符型常量和字符串型常量。

1. 整型常量

整型常量也就是整型常数，根据其值范围在计算机中分配不同的字节数来存放。在 C51 语言中它可以表示成以下几种形式。

(1) 十进制整数，如 234、-56、0 等。

(2) 十六进制整数，以 0x 开头表示，如 0x12 表示十六进制数，相当于十进制 18。

(3) 长整型数，在 C51 语言中当一个整数的值达到长整型数的范围，则该数按长整型数存放，在存储器中占 4 个字节；另外，如一个整数后面加一个字母 L，这个数在存储器中也按长整型存放。如 123L 在存储器中占 4 个字节。

2. 浮点型常量

浮点型常量也就是实型常数。有十进制表示形式和指数表示形式。

十进制表示形式又称浮点表示形式，由数字和小数点组成。如 0.123、34.645 等都是十进制数表示形式的浮点型常量。

指数表示形式为：[±]数字[.数字]e[±]数字。例如：123.456e-3、-3.123e2 等都是指数形式的浮点型常量。

3. 字符型常量

字符型常量是用单引号引起的字符，如 '\'、'a'、'1'、'F' 等。可以是可显示的 ASCII 字符，也可以是不可显示的控制字符。对不可显示的控制字符须在前面加上反斜 "\" 组成转义字符，利用它可以完成一些特殊功能和输出时的格式控制。常用的转义字符如表 4-1 所示。

表 4-1 常用的转义字符

转义字符	含义	ASCII 码
\0	空字符(NULL)	0x00
\n	换行符(LF)	0x0A
\r	回车(CR)	0x0D
\t	水平制表(HT)	0x09
\b	退格键(BS)	0x08
\f	换页符(FF)	0x0C
\'	单引号	0x27
\"	双引号	0x22
\\	反斜杠	0x5C

4. 字符串型常量

字符串型常量由双引号括起的字符组成。如“D”、“1234”、“ABCD”等。注意字符串常量与字符常量是不一样的，一个字符常量在计算机内只用一个字节存放，而一个字符串常量在内存中存放时不仅双引号内的每个字符占一个字节，而且系统会自动地在后面加一个转义字符“\o”作为字符串结束符。因此不要将字符常量和字符串常量混淆，如字符常量‘A’和字符串常量“A”是不一样的。

4.3.2　变量

变量是在程序运行过程中其值可以改变的量。一个变量由两部分组成：变量名和变量值。

在 C51 语言中，变量在使用前必须对其进行定义，指出变量的数据类型和存储模式。以便编译系统为它分配相应的存储单元。变量定义的格式如下：

[存储种类]　数据类型说明符　[存储器类型]　变量名 1[=初值]，变量名 2[=初值]……；

变量定义格式说明如下：

1. 数据类型说明符

在定义变量时，必须通过数据类型说明符指明变量的数据类型，指明变量在存储器中占用的字节数。可以是基本数据类型说明符，也可以是组合数据类型说明符，还可以是用 typedef 定义的类型别名。

在 C51 语言中，为了增加程序的可读性，允许用户为系统固有的数据类型用说明符 typedef 或#define 起别名，格式如下：

typedef　C51 固有的数据类型说明符　别名；

定义别名后，就可以用别名代替数据类型说明符对变量进行定义。别名可以用大写，也可以用小写，为了区别一般用大写字母表示。

例 4-1　typedef 和#define 的使用。

```
typedef unsigned int WORD
#define BYTE unsigned char
BYTE a1=0xFF;
WORD a2=0xFFFF;
```

2. 变量名

变量名是 C51 语言区分不同变量，为不同变量取的名称。在 C51 语言中规定变量名可以由字母、数字和下划线 3 种字符组成，且第一个字母必须为字母或下划线。变量名有两种：普通变量名和指针变量名。它们的区别是指针变量名前面要带“*”。

3. 存储种类

存储种类是指变量在程序执行过程中的作用范围。C51 语言中变量的存储种类有 4 种，分别是 auto(自动)、extern (外部)、static (静态)和 register (寄存器)。

(1) auto：使用 auto 定义的变量称为自动变量，其作用范围在定义它的函数体或复合语句内部，当定义它的函数体或复合语句执行时，C51 语言程序才为该变量分配内存空间，结束时占用的内存空间释放。自动变量一般分配在内存的堆栈空间中。定义变量时，如果省略存储种类，则该变量默认为 auto(自动)变量。

(2) extern：使用 extern 定义的变量称为外部变量。在一个函数体内，要使用一个已在该函数体外或别的程序中定义过的外部变量时，该变量在该函数体内要用 extern 说明。外部变量被定义后分配固定的内存空间，在整个程序执行时间内都有效，直到程序结束才释放。

(3) static：使用 static 定义的变量称为静态变量。它又分为内部静态变量和外部静态变量。在函数体内部定义的静态变量为内部静态变量，它在对应的函数体内有效，一直存在，但在函数体外不可见，这样不仅使变量在定义它的函数体外被保护，还可以实现当离开函数时值不被改变。外部静态变量是在函数外部定义的静态变量。它在程序中一直存在，但在定义的范围之外是不可见的。如在多文件或多模块处理中，外部静态变量只在文件内部或模块内部有效。

(4) register：使用 register 定义的变量称为寄存器变量。它定义的变量存放在 CPU 内部的寄存器中，处理速度快，但数目少。C51 编译器编译时能自动识别程序中使用频率最高的变量，并自动将其作为寄存器变量，用户无须专门定义。

4. 存储器类型

存储器类型是用于指明变量所处的单片机存储器区域情况。存储器类型与存储种类完全不同。C51 编译器能识别的存储器类型有以下几种，如表 4-2 所示。

表 4-2　C51 编译器能识别的存储器类型

存储器类型	描　述
data	直接寻址的片内 RAM 低 128B，寻址速度最快
bdata	片内 RAM 的可位寻址区(0x20～0x2F)，允许字节和位混合访问
idata	间接寻址的片内 RAM，允许访问全部片内 RAM
pdata	片外低 256 字节
xdata	片外全部 64KB RAM
code	程序存储器 ROM，64KB RAM

定义变量时也可以省“存储器类型”，Keil C51 会按编译模式自动选择存储器类型。

例 4-2　定义变量存储种类和存储器类型。

```
char data var1;              // 定义变量 var1 在片内 RAM 低 128B
int idata var2;              // 定义变量 var2 在片内 RAM256B 内
int code var3;               // 定义变量 var3 在片外 ROM
unsigned char bdata var4; // 定义变量 var4 在片内位寻址区
```

5. 特殊功能寄存器变量

MCS-51 系列单片机片内有许多特殊功能寄存器，通过这些特殊功能寄存器可以控制 MCS-51 系列单片机的定时器、计数器、串口、I/O 口及其他功能部件，每一个特殊功能寄存器在片内 RAM 中都对应于一个字节单元或两个字节单元。

在 C51 语言中，允许用户对这些特殊功能寄存器进行访问，访问时需通过 sfr 或 sfr16 类型说明符进行定义，定义时需指明它们所对应的片内 RAM 单元的地址。格式如下：

sfr 或 sfr16　特殊功能寄存器名=地址；

sfr 用于对 MCS-51 单片机中单字节的特殊功能寄存器进行定义，sfr16 用于对双字节特殊功能寄存器进行定义。特殊功能寄存器名一般用大写字母表示，地址一般用直接地址形式。

例 4-3　定义变量是特殊功能寄存器类型。

```
sfr PSW=0xD0;
sfr SCON=0x98;
sfr TMOD=0x89;
sfr P1=0x90;
sfr DPTR=0x82;
sfr T0=0x8A;
```

由于 Keil C51 在头文件“reg51.h”中已将 MCS-51 单片机中所有特殊功能寄存器进行了定义，我们在程序中只要引进该头文件，特殊功能寄存器就不用定义而直接使用了，但要注意特殊功能寄存器名要用大写字母表示。

6. “位”变量

在 C51 语言中，允许用户通过“位”类型符定义“位”变量。“位”类型符有两个：bit 和 sbit，可以定义两种“位”变量。

bit“位”类型符用于定义一般的“位”变量。它的格式如下：

bit“位”变量名；

在格式中可以加上各种修饰，但注意存储器类型只能是 bdata、data、idata。即“位”变量的存储空间只能是片内 RAM 的可位寻址区，严格来说只能是 bdata。

sbit“位”类型符用于定义在可“位”寻址字节或特殊功能寄存器中的“位”，定义时需指明其“位”地址，可以是“位”直接地址，可以是可“位”寻址变量带 bit“位”号，也可以是特殊功能寄存器名带 bit“位”号。格式如下：

sbit　“位”变量名=“位”地址；

如“位”地址为“位”直接地址，其取值范围为 0x00～0xFF；如“位”地址是可“位”寻址变量带 bit“位”号或特殊功能寄存器名带 bit“位”号，则在它前面须对可“位”寻址变量或特殊功能寄存器进行定义。字节地址与 bit“位”号之间、特殊功能寄存器与 bit“位”号之间一般用“^”作间隔。

例 4-4　bit 和 sbit“位”变量定义。

```
bit bdata b;          //定义 b 是 bdata 区"位"变量
sbit P1=0x90;        //定义特殊功能寄存器 P1 地址
sbit P1_0=P1^0;      //定义特殊功能寄存器 P1 的各位
sbit P1_1=P1^1;
sbit P1_2=P1^2;
sbit P1_3=P1^3;
sbit P1_4=P1^4;
sbit P1_5=P1^5;
sbit P1_6=P1^6;
sbit P1_7=P1^7;
```

4.3.3　存储模式

C51 编译器支持 3 种存储模式：Small 模式、Compact 模式和 Large 模式。不同的存储模式对变量默认的存储器类型不一样。

1. Small 模式。Small 模式称为小编译模式，在 Small 模式下，编译时，函数参数和变量被默认在片内 RAM 中，存储器类型为 data。程序代码不能超过 2KB，Small 模式常用在教学实验系统的具体实验中。

2. Compact 模式。Compact 模式称为紧凑编译模式，在 Compact 模式下，编译时，函数参数和变量被默认在片外 RAM 的低 256 字节空间，存储器类型为 pdata。

3. Large 模式。Large 模式称为大编译模式，在 Large 模式下，编译时函数参数和变量被默认在片外 RAM 的 64KB 字节空间，存储器类型为 xdata。在实际嵌入式控制系统设计中只能使用 Large 模式。

在程序中，变量存储模式的指定通过#pragma 预处理命令来实现。函数的存储模式可通过在函数定义时后面带存储模式说明。如果没有指定，则系统隐含为 Small 模式。但大多都是在建立项目时在开发环境中设定(参见图 1-11 编译选大模式对话框)。

4.3.4 绝对地址的访问

1. 使用 Keil C51 运行库中预定义宏

IBM-PC 对外部设备进行端口管理，Keil C51 也是这样，为了能对外部设备进行输入/输出操作，Keil C51 编译器提供了一组宏定义来对 MCS-51 系列单片机的 code、data、pdata 和 xdata 空间进行绝对寻址。规定只能以无符号数方式访问，定义了 8 个宏定义，其函数原型如下：

```
#define  CBYTE((unsigned char volatile*)0x50000L)
#define  DBYTE((unsigned char volatile*)0x40000L)
#define  PBYTE((unsigned char volatile*)0x30000L)
#define  XBYTE((unsigned char volatile*)0x10000L)
#define  CWORD((unsigned int volatile*)0x50000L)
#define  DWORD((unsigned int volatile*)0x40000L)
```

```
#define  PWORD((unsigned int volatile*)0x30000L)
#define  XWORD((unsigned int volatile*)0x20000L)
```

这些函数原型放在 absacc.h 文件中。使用时须用预处理命令把该头文件包含到文件中，形式为#include　<absacc.h>。

其中：CBYTE 以字节形式对 code 区寻址，DBYTE 以字节形式对 data 区寻址，PBYTE 以字节形式对 pdata 区寻址，XBYTE 以字节形式对 xdata 区寻址，以上 4 个宏寻址地址都是字节；CWORD 以字形式对 code 区寻址，DWORD 以字形式对 data 区寻址，PWORD 以字形式对 pdata 区寻址，XWORD 以字形式对 xdata 区寻址，以上 4 个宏寻址地址都是字。访问形式如下：

宏名[地址]

宏名为 CBYTE、DBYTE、PBYTE、XBYTE、CWORD、DWORD、PWORD 或 XWORD。地址为存储单元的绝对地址，一般用十六进制形式表示。

8 个宏中，使用最多的是 XBYTE，XBYTE 被定义在(unsigned char volatile*)0x10000L，其中的数字 1 代表外部数据存储区，偏移量是 0x0000，这样 XBYTE 就成了存放在 xdata 0 地址的指针，该地址里的数据就是指针所指向的变量地址。

这里要分清指针存放的地址和地址里的内容，地址里的内容是指针所指向的变量的地址。具体还可参考 6.2 节关于指针的定义。

当访问外围设备端口使用 XBYTE [端口地址]时，相当于将端口地址放在 xdata 0x0000 单元，也就是该指针指向了该端口地址。

在使用这些宏时对此细节不必深究，在程序中引入 absacc.h 头文件，仿照例子就可以很简单地使用它们。

2. 通过指针访问

采用指针的方法，可以实现在 C51 语言程序中对任意指定的存储器单元进行访问。

3. 使用 C51 语言扩展关键字_at_

使用_at_对指定存储器空间的绝对地址进行访问，一般格式如下：

[存储器类型]　数据类型说明符　变量名　_at_　地址常数；

其中，存储器类型为 data、bdata、idata、pdata 等 C51 语言能识别的存储器类型，如省略则按存储模式规定的默认存储器类型确定变量的存储器区域；数据类型为 C51 语言支持的数据类型。地址常数用于指定变量的绝对地址，必须位于有效的存储器空间之内；使用_at_定义的变量必须为全局变量。

例 4-5　使用 absacc.h 文件中宏定义绝对地址访问

```
#include<absacc.h>
#include<reg52.h>
#define PortA XBYTE[0x007C] //定义端口 PortA 地址为片外数据存储区 0x007C
#define PortB XBYTE[ox007D] //定义端口 PortB 地址为片外数据存储区 0x007D
main()
{
```

```
    unsigned char i;
    PortA=0x80;// CPU将数据0x80输给端口PortA
    i= PortB;// CPU从端口PortB输入数据,赋给i
}
```

例 4-6 使用 C51 扩展关键字_at_绝对地址访问。

```
    xdata unsigned char PortA _at_ 0x8000 ; //定义端口PortA地址为片外数据存储区0x8000
    xdata unsigned char PortB _at_ 0x8001 ; //定义端口PortB地址为片外数据存储区0x8001
    xdata unsigned char PortC _at_ 0x8002 ; //定义端口PortC地址为片外数据存储区0x8002
```

定义之后，就可以对端口进行读写操作，例如，unsigned char i;i=PortA; (读) PortB=i;(写)等。

在嵌入式控制系统设计中，绝对地址访问是常使用的操作。

4.4 C51 语言的运算符及表达式

4.4.1 赋值运算符

赋值运算符“=”，在 C51 语言中，它的功能是将右侧一个数据的值赋给左侧一个变量，如 x=10。利用赋值运算符将一个变量与一个表达式连接起来的式子称为赋值表达式，在赋值表达式的后面加一个分号“;”就构成了赋值语句，一个赋值语句的格式如下：

变量=表达式;

执行时先计算出右边表达式的值，然后赋给左边的变量。例如：

```
x=8+9;    //将8+9的值赋给变量x
x=y=5;    //将常数5同时赋给变量x和y
```

在 C51 语言中，允许在一个语句中同时给多个变量赋值，赋值顺序自右向左。

4.4.2 算术运算符

C51 语言中支持的算术运算符有：

```
+     加或取正值运算符
-     减或取负值运算符
*     乘运算符
/     除运算符
%     取余运算符
```

加、减、乘运算相对比较简单，而对于除运算，如相除的两个数为浮点数，则运算的结果也为浮点数；如相除的两个数为整数，则运算的结果也为整数，即为整除。如 25.0/20.0 结果为 1.25，而 25/20 结果为 1。

对于取余运算，则要求参加运算的两个数必须为整数，运算结果为它们的余数。例如：x=5%3，结果 x 的值为 2。

4.4.3　关系运算符

C51 语言中有 6 种关系运算符：

```
>     大于
<     小于
>=    大于等于
<=    小于等于
= =   等于
!=    不等于
```

关系运算用于比较两个数的大小，用关系运算符将两个表达式连接起来形成的式子称为关系表达式。关系表达式通常用来作为判别条件构造分支或循环程序。关系表达式的一般形式如下：

表达式 1　关系运算符　表达式 2

关系运算的结果为逻辑量，成立为真(1)，不成立为假(0)。其结果可以作为一个逻辑量参与逻辑运算。例如：5>3，结果为真(1)，而 10= =100，结果为假(0)。

注意：关系运算符等于“= =”由两个“=”组成。

4.4.4　逻辑运算符

C51 语言中有 3 种逻辑运算符：

```
||    逻辑或
&&    逻辑与
!     逻辑非
```

关系运算符用于反映两个表达式之间的大小关系，逻辑运算符则用于求条件表达式的逻辑值，用逻辑运算符将关系表达式或逻辑量连接起来的式子就是逻辑表达式。

逻辑与，格式：

　　条件表达式 1 &&　条件表达式 2

当条件表达式 1 与条件表达式 2 都为真时结果为真(非 0 值)，否则为假(0 值)。

逻辑或，格式：

　　条件表达式 1 ||　条件表达式 2

当条件表达式 1 与条件表达式 2 都为假时结果为假(0 值)，否则为真(非 0 值)。

逻辑非，格式：

　　! 条件表达式

当条件表达式原来为真(非 0 值)，逻辑非后结果为假(0 值)。当条件表达式原来为假(0 值)，逻辑非后结果为真(非 0 值)。

例如：若 a=8，b=3，c=0，则！a 为假，a && b 为真，b && c 为假。

4.4.5 “位”运算符

C51 语言能对运算对象按“位”进行操作，它与汇编语言使用一样方便。“位”运算是按“位”对变量进行运算，但并不改变参与运算的变量的值。如果要求按“位” 运算改变变量的值，则要利用相应的赋值运算。C51 语言中“位”运算符只能对整数进行操作，不能对浮点数进行操作。C51 语言中的“位”运算符有：

```
&      按"位"与
|      按"位"或
^      按"位"异或
~      按"位"取反
<< n   左移 n"位"
>> n   右移 n"位"
```

4.4.6 复合赋值运算符

C51 语言中支持在赋值运算符“=”的前面加上其他运算符，组成复合赋值运算符。下面是 C51 语言中支持的复合赋值运算符：

```
+=     加法赋值         - =    减法赋值
*=     乘法赋值         /=     除法赋值
%=     取模赋值         &=     逻辑与赋值
|=     逻辑或赋值       ^=     逻辑异或赋值
~=     逻辑非赋值       >>=    右移位赋值
<<=    左移位赋值
```

复合赋值运算的一般格式如下：

变量　复合运算赋值符　表达式

它的处理过程：先把变量与后面的表达式进行某种运算，然后将运算的结果赋给前面的变量。其实这是 C51 语言中简化程序的一种方法，大多数二目运算都可以用复合赋值运算符简化表示。例如：a+=6 相当于 a=a+6；a*=5 相当于 a=a*5；b&=0x55 相当于 b=b&0x55；x>>=2 相当于 x=x>>2。

4.4.7 逗号运算符

在 C51 语言中，逗号“，”是一个特殊的运算符，可以用它将两个或两个以上的表达式连接起来，称为逗号表达式。逗号表达式的一般格式为：

表达式 1，表达式 2，……，表达式 n

程序执行时对逗号表达式的处理：按从左至右的顺序依次计算出各个表达式的值，而整个逗号表达式的值是最右边的表达式(表达式 n)的值。例如：x=(a=3,6*3)结果 x 的值为 18。

4.4.8 条件运算符

条件运算符“？：”是 C51 语言中唯一的一个三目运算符，它要求有 3 个运算对象，用它可以将 3 个表达式连接在一起构成一个条件表达式。条件表达式的一般格式为：

逻辑表达式？表达式 1：表达式 2

其功能是先计算逻辑表达式的值，当逻辑表达式的值为真(非 0 值)时，将计算的表达式 1 的值作为整个条件表达式的值；当逻辑表达式的值为假(0 值)时，将计算的表达式 2 的值作为整个条件表达式的值。例如：条件表达式 max=(a>b)?a:b 的执行结果是将 a 和 b 中较大的数赋值给变量 max。

4.4.9　指针与地址运算符

指针是 C51 语言中一个十分重要的概念，在 C51 语言中的数据类型中专门有一种指针类型。指针为变量的访问提供了另一种方式，变量的指针就是该变量的地址，还可以定义一个专门指向某个变量的地址的指针变量。为了表示指针变量和它所指向的变量地址之间的关系，C51 语言中提供了两个专门的运算符：

```
*    指针运算符
&   取地址运算符
```

指针运算符“*”放在指针变量前面，通过它实现访问以指针变量的内容为地址的存储单元。例如：指针变量 p 中的地址为 0x2000，则*p 所访问的是地址为 0x2000 的存储单元，x=*p，实现把地址为 0x2000 的存储单元的内容送给变量 x。

取地址运算符“&”放在变量的前面，通过它取得变量的地址，变量的地址通常送给指针变量。例如：设变量 x 的内容为 0x12，地址为 0x2000，则&x 的值为 0x2000，如有一指针变量 p，则通常用 p=&x，实现将 x 变量的地址送给指针变量 p，指针变量 p 指向变量 x，以后可以通过*p 访问变量 x。

4.5　表达式语句及复合语句

4.5.1　表达式语句

在表达式的后边加一个分号“;”就构成了表达式语句。

4.5.2　复合语句

复合语句是由若干条语句组合而成的一种语句，在 C51 语言中，用一个大括号“{}”将若干条语句括在一起就形成了一个复合语句，复合语句最后不需要以分号“;”结束，但它内部的各条语句仍需以分号“;”结束。复合语句的一般形式为：

```
{
局部变量定义;
语句 1;
语句 2;
}
```

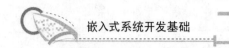

复合语句在执行时，其中的各条单语句按顺序依次执行，整个复合语句在语法上等价于一条单语句，因此在C51语言中可以将复合语句视为一条单语句。通常复合语句出现在函数中，实际上，函数的执行部分(即函数体)就是一个复合语句；复合语句中的单语句一般是可执行语句，此外还可以是变量的定义语句(说明变量的数据类型)。在复合语句内部语句所定义的变量称为该复合语句中的局部变量，它仅在当前这个复合语句中有效。利用复合语句将多条单语句组合在—起，以及在复合语句中进行局部变量定义是C51语言的一个重要特征。

4.6 C51语言的输入/输出

在C51语言中，它本身不提供输入和输出语句，输入和输出操作是由函数来实现的。在Keil C51的标准函数库中提供了一个名为“stdio.h”的一般I/O函数库，其中定义了C51语言中的输入和输出函数。当对输入和输出函数使用时，须先用预处理命令“#include <stdio.h>将该头文件包含到程序中。

C语言的输入/输出函数主要有两个，一个是格式输出函数printf，它主要通过串口向CRT输出各种程序运行信息；一个是格式输入函数scanf，它主要是通过键盘向系统输入数据或命令。C51语言虽然支持这两个函数，但在嵌入式系统中的使用和我们平时学习不同，因为嵌入式系统开发需要有“宿主机”支持，程序(包括printf函数)只能在“目标机”上运行，在“宿主机”上显示。

“宿主机”的操作系统大多使用Windows XP，WindowsXP自带一个“超级终端”，格式输出函数printf只能通过串口在“超级终端”上显示。所以在使用I/O函数之前，应先对MCS-51单片机的串行接口进行初始化。“宿主机”上也要对“超级终端”进行简单设置，这样printf函数和scanf函数才能使用。

当调试结束，“宿主机”和“目标机”分离，printf函数和scanf函数就不能使用了。

由于嵌入式控制系统大多具有小、巧、轻、灵、薄的特点，输入设备简单，显示设备大多用LCD，LCD驱动有专门的程序，在本书第5篇对此有详细讨论。

4.6.1 格式输出函数printf()

printf()函数的作用是通过串行接口在“宿主机”的“超级终端”上按指定格式输出若干任意类型的数据，它的格式如下：

```
printf(格式控制,输出参数表)
```

格式控制是用双引号括起来的字符串，也称转换控制字符串，它包括3种信息：格式说明符、普通字符和转义字符。

(1) 格式说明符，由“%”和格式字符组成，它的作用是指明输出数据的输出格式，如%d、%f等，具体见表4-3。

表 4-3　printf 函数的格式字符及功能

格式字符	数据类型	输出格外
d	int	有符号十进制数
u	int	无符号十进制数
o	int	无符号八进制数
x	int	无符号十六进制数，用“A～F”表示
X	int	无符号十六进制数，用“A～F”表示
f	float	有符号十进制数浮点数，形式为[-]dddd.dddd
e,E	float	有符号十进制数浮点数，形式为[-]d.ddddE ± dd
g,G	float	自动选择 e 或 g 中更紧凑的一种输出方式
c	float	单个字符
s	指针	指向带结束符的字符串
p	指针	带存储器指示符和偏移量指针，如 M：aaaa，其中 M 可是 C(code)，D(data)，I(idata)，P(ptada)

(2) 普通字符，这些字符按原样输出，用来输出某些提示信息。

(3) 转义字符，就是前面介绍的转义字符(表 4-1)，用来输出特定的控制符，如输出转义字符\n 就是使输出换一行。

输出参数表是需要输出的一组数据，可以是表达式。

4.6.2　格式输入函数 scanf()

scanf()函数的作用是通过串行接口实现数据输入，它的使用方法与 printf()类似，scanf()的格式如下：

```
scanf(格式控制,地址列表)
```

格式控制与 printf()函数的情况类似，也是用双引号括起来的一些字符，可以包括以下 3 种信息：空白字符、普通字符和格式说明。

空白字符，包含空格、制表符、换行符等，这些字符在输出时被忽略。

(1) 普通字符，除了以百分号“%”开头的格式说明符以外的所有非空白字符，在输入时要求原样输入。

(2) 格式说明，由百分号“%”和格式说明符组成，用于指明输入数据的格式，它的基本情况与 printf()相同，具体情况参见表 4-4。

(3) 地址列表由若干个地址组成，它可以是指针变量、取地址运算符“&”加变量(变量的地址)或字符串名(表示字符串的首地址)。

例 4-7　使用格式输入输出函数的例子。

```
main()
{
    int a,b,c,d;
```

```
    long m,n;
    //串口初始化(略)
    scanf("%d,%o,%x,%u",&a,&b,&c,&d);
    scanf("%ld,%lx",&m,&n);
    printf("a=%d,b=%d,"a,b)
    printf("c=%d,d=%d\n,"c,d);
    printf("m=%ld,n=%ld\n,"m,n);
}
```

程序运行结果：

运行到第一个和第二个 scanf 语句停止，等待输入，于是输入：

```
100,100,100,65525↵
123456789,10000↵
```

显示屏输出：

```
a=100,b=64,c=256,d=-11
m=123456789,n=65536
```

格式输入函数 scanf 和格式输出函数 printf 更详细内容可参考 C 语言教材相关章节。

4.7 C51 语言程序基本结构与相关语句

4.7.1 C51 语言程序的基本结构

1. 顺序结构

顺序结构是最基本、最简单的结构，在这种结构中，程序由低地址到高地址依次执行。具体如图 4-1 所示，程序先执行语句 A，然后再执行语句 B。

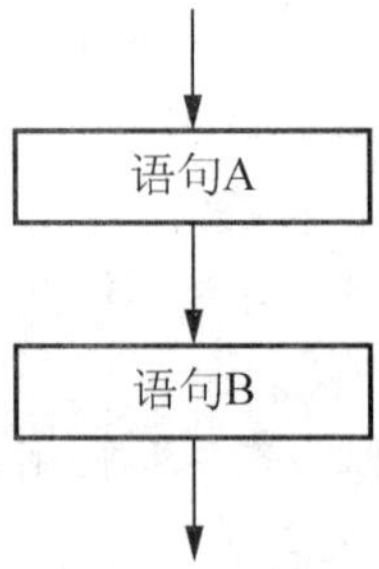

图 4-1 顺序结构

2. 选择结构

选择结构可使程序根据不同的情况，选择执行不同的分支，在选择结构中，程序先对一个条件进行判断。当条件成立，即条件语句为“真”时，执行一个分支，当条件不成立时，即条件语句为“假”时，执行另一个分支。

在 C51 语言中，实现选择结构的语句为 if/else，if/else　if 语句。另外在 C51 语言中还支持多分支结构，多分支结构既可以通过 if 和 else　if 语句嵌套实现，也可用 switch/case 语句实现。

选择程序结构具体如图 4-2 所示。

3. 循环结构

在程序处理过程中，有时需要某一段程序重复执行多次，这时就需要循环结构来实现，循环结构就是能够使程序段重复执行的结构。循环结构又分为两种：当(while)型循环结构和直到(do…while)型循环结构。

(1) 当型循环结构

当型循环结构如图 4-3，当条件 P 成立(为"真")时，重复执行语句 A，当条件不成立(为"假")时才停止重复，执行后面的程序。

(2) 直到型循环结构

直到型循环结构如图 4-4 所示，先执行语句 A，再判断条件，当条件成立(为"真")时，再重复执行语句 A，直到条件不成立(为"假")时才停止重复，执行后面的程序。

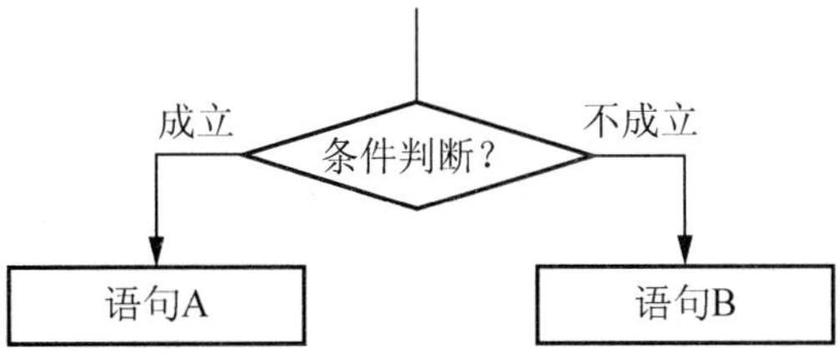

图 4-2　选择结构

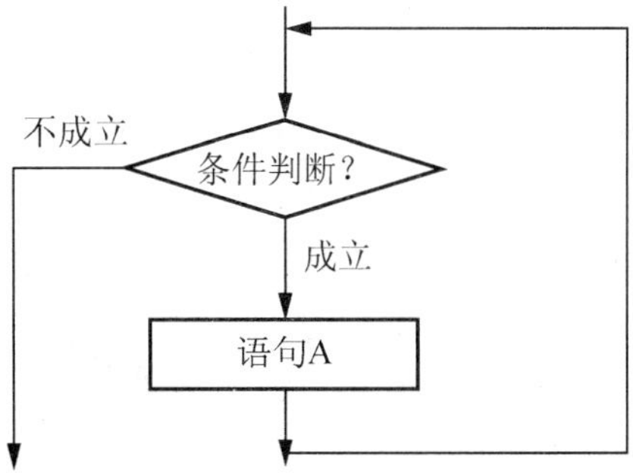

图 4-3　当型循环结构

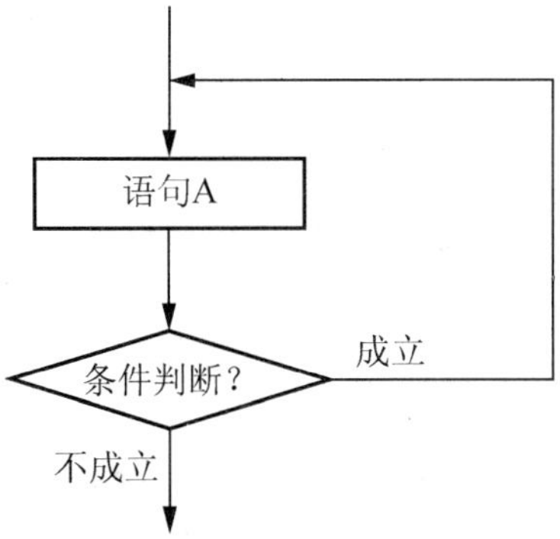

图 4-4　直到型循环结构

4.7.2　if 语句

if 语句是 C51 语言中的一个基本条件选择语句，它通常有 3 种格式：

```
(1) if (表达式) {语句;}
```

```
(2) if (表达式) {语句1;} else {语句2;}
(3) if (表达式1) {语句1;}
else if (表达式2) (语句2;)
else if (表达式3) (语句3;)
……
else if(表达式n-1) (语句n-1;)
else {语句n}
```

例 4-8 if 语句的使用。

```
if (score>=90) printf("Your result is an A\n");
else if (score>=80) printf("Your result is an B\n");
else if (score>=70) printf("Your result is an C\n");
else if (score>=60) printf("Your result is an D\n");
else printf("Your result is an E\n");
```

执行以上程序后，就可以根据分数，分别打出 A、B、C、D、E 这 5 个等级。

4.7.3 switch/case 语句

if 语句通过嵌套可以实现多分支结构，但结构复杂。switch 是 C51 语言中提供的专门处理多分支结构的多分支选择语句。它的格式如下：

```
switch (表达式)
{case 常量表达式1:{语句1;}break;
case 常量表达式2:{语句2;}break;
……
case 常量表达式n:{语句n;}break;
default:{语句n+1;}
```

说明如下：

(1) switch 后面括号内的表达式，可以是整型或字符型表达式；

(2) 当该表达式的值与某一“case”后面的常量表达式的值相等时，就执行该“case”后面的语句，然后遇到 break 语句退出 switch 语句；若表达式的值与所有“case”后常量表达式的值都不相同，则执行 default 后面的语句，然后退出 switch 结构；

(3) 每一个 case 常量表达式的值必须不同否则会出现自相矛盾的现象；

(4) case 语句和 default 语句的出现次序对执行过程没有影响；

(5) 每个 case 语句后面可以有“break”，也可以没有。有 break 语句，执行到 break 则退出 switch 结构，若没有，则会顺次执行后面的语句，直到遇到 break 或结束；

(6) 每一个 case 语句后面可以带一个语句，也可以带多个语句，还可以不带，语句可以用花括号括起，也可以不括；

(7) 多个 case 可以共用一组执行语句。

例 4-9 switch/case 语句的使用。

```
#include<stdio.h>
```

```
main()
{
    float a,b;
    char c;
    printf("input expression:a+(-,*,/)b\n);");
    scanf("%f%c%f",&a,&c,&b);
    switch(c)
    {
        case'+':printf("%f\n",a+b);break;
        case'-':printf("%f\n",a-b);break;
        case'*':printf("%f\n",a*b);break;
        case'/':printf("%f\n",a/b);break;
        default: printf("input error\n");
    }
}
```

4.7.4　while 语句

while 语句在 C51 语言程序中用于实现当型循环结构，它的格式如下：

```
while(表达式)
    {语句;}  //循环体
```

while 语句后面的表达式是能否循环的条件，后面的语句是循环体。当表达式为非 0(真)时，就重复执行循环体内的语句；当表达式为 0(假)，则中止 while 循环，程序将执行循环结构之外的下一条语句。它的特点：先判断条件，后执行循环体。在循环体中对条件进行改变，然后再判断条件，如条件成立，则再执行循环体，如条件不成立，则退出循环。如条件第一次就不成立，则循环体一次也不执行。

例 4-10　while 语句的使用：

```
#include <stdio.h>
main()
{
    int sum=0,i=1;
    while (i<=100)
    {
        sum=sum+i;
        i++;
    }
printf("1+2+3+…+100=%d\n",sum);
}
```

程序运行结果：1+2+3+…+100=5050

4.7.5 do while 语句

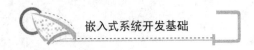

do while 语句在 C51 语言程序中用于实现直到型循环结构，它的格式如下：

```
do
    {语句;}  //循环体
while(表达式);
```

它的特点：先执行循环体中的语句，后判断表达式。如表达式成立(真)，则再执行循环体，然后又判断，直到表达式不成立(假)时，退出循环，执行 do while 结构的下一条语句。do while 语句在执行时，循环体内的语句至少会被执行一次。

例 4-11 do while 语句的使用。

```
#include<stdio.h>
main()
{
    int sum=0,i=1;
    do
    {
        sum=sum+i;
        i++;
}
while(i<=100);
printf("1+2+3+…+100=%d\n",sum);
```

程序运行结果：1+2+3+…+100=5050

4.7.6 for 语句

在 C51 语言中，for 语句是使用最灵活、用得最多的循环控制语句，同时也最为复杂。它可以用于循环次数已经确定的情况，也可以用于循环次数不确定的情况。它完全可以代替 while 语句，功能最强大。它的格式如下：

```
for(表达式 1;表达式 2;表达式 3)
{语句;}  //循环体
```

for 语句后面带 3 个表达式，它的执行过程如下。

(1) 先求解表达式 1 的值。

(2) 求解表达式 2 的值，如表达式 2 的值为真，则执行循环体中的语句，然后执行下一步(3)的操作，如表达式 2 的值为假，则结束 for 循环，转到最后一步。

(3) 若表达式 2 的值为真，则执行完循环体中的语句后，求解表达式 3，然后转到第(4)步。

(4) 转到(2)继续执行。

(5) 退出 for 循环，执行下面的一条语句。

在 for 循环中，一般表达式 1 为初值表达式，用于给循环变量赋初值；表达式 2 为条件表达式，对循环变量进行判断；表达式 3 为循环变量更新表达式，用于对循环变量的值进行更新，使循环变量能不满足条件而退出循环。

例 4-12　for 语句的使用。

```
#include<stdio.h>
main()
{
    int sum=0,i=1;
    for (i=1;i<=100;i++)
    sum= sum+i;
    printf("1+2+3+…+100=%d\n",sum);
```

程序运行结果：1+2+3+…+100=5050

4.7.7　循环的嵌套

在一个循环的循环体内又包含一个完整的循环结构，这种两重循环结构称为循环的嵌套，在 C51 语言中，允许 3 层循环嵌套，循环嵌套多用在软件延时程序中。

例 4-13　循环嵌套程序。

```
void delay(unsigned char CNT)
{
    unsigned int i;

    while (CNT-- !=0)
    for (i=20000; i !=0; i--);
}
```

4.7.8　break 和 continue 语句

break 和 continue 语句通常用于循环结构中，用来跳出循环结构。但是二者又有所不同，下面分别介绍。

1. break 语句

前面已介绍过用 break 语句可以跳出 switch 结构，使程序继续执行 switch 结构后面的一个语句。使用 break 语句还可以从循环体中跳出循环，提前结束循环而接着执行循环结构下面的语句。它不能用在除了循环语句和 switch 语句之外的任何其他语句中。

例 4-14　break 语句的应用，计算圆的面积，当面积大于 100 时，程序结束。

```
for (r=1;r<=10;r++)
{
    area=pi*r*r;
    if(area>100) break;
```

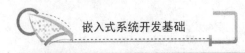

```
    printf("%f\n", area);
}
```

2. continue 语句

continue 语句用在循环结构中，用于结束本次循环，跳过循环体中 continue 下面尚未执行的语句，直接进行下一次是否执行循环的判定。

例 4-15 continue 语句的应用，输出 100～200 间不能被 3 整除的数。

```
for (i=100;i<=200;i++)
{
    if(i%3= =0) continue;
    printf("%d",i);
}
```

continue 语句和 break 语句的区别在于：continue 语句只是结束本次循环而不是终止整个循环；break 语句则是结束循环，不再进行条件判断。

4.7.9 return 语句

return 语句一般放在函数的最后位置，用于终止函数的执行，并控制程序返回调用该函数时所处的位置。返回时还可以通过 return 语句带回返回值。return 语句格式有两种：

```
(1) return;
(2) return (表达式);
```

如果 return 语句后面带有表达式，则要计算表达式的值，并将表达式的值作为函数的返回值。若不带表达式，则函数返回时将返回一个不确定的值。通常用 return 语句把调用函数取得的值返回给主调用函数。在 C51 语言的函数中，如果该函数没有返回值，return 语句可以省略。

习　题

1. C51 语言与 C 语言不同的数据类型有几个？都是什么？
2. C51 语言存储器类型有几个？它们表示的存储区是什么？
3. C51 语言存储种类有几个？有哪些与 C 语言不同？
4. C51 语言编译器支持哪 3 种存储模式？实际使用是哪种？有几种方法来设置存储模式？
5. 绝对地址的访问需引用哪个头文件？能访问几种地址？数据宽度是多少？
6. C51 语言程序结构有几种？各是什么？
7. C51 语言程序循环结构分为哪两种？
8. if 语句是 C51 语言中的一个基本条件选择语句，它通常有哪 3 种格式？
9. 什么是循环的嵌套？C51 语言允许几层？它们多用在何处？
10. break 和 continue 语句有什么不同？它们都用在什么地方？

11. return 语句一般放在程序的什么位置？是否可以省略？
12. 按给定的变量数据类型和存储类型定义变量 val：
    (1) data，ASCII 字符；
    (2) idata，整型；
    (3) xdata，无符号字节；
    (4) xdata，char 指针；
    (5) 位寻址变量；
    (6) 特殊功能寄存器变量；
    (7) P0 的 bit0 位。
13. 写出下列逻辑表达式结果，设 A=3，B=4，C=5。
    (1) A+B>C&&B= =C
    (2) A||B+C&&B-C
    (3) !(A>B)&&!C||1
    (4) !(A+B)+C-1&&B+C
14. 写出程序运行结果。

```
#include <stdio.h>
extern serial_initial();//串口初始化,省略
main()
{
    int x,y ,z;
    serial_initial();
    printf("input data x,y\n");
    scanf ("%d,%d,",&x,&y);
    printf("\n  x  y  x<y  x<=y  x>y  x>=y  x!=y  x= =y");
    printf("\n");
    printf(\n%3d,%3d",x,y);
    if  z=x<y   printf("%5d",z);
    else  if  z=x<=y  printf("%5d",z);
    else  if  z=x>y   printf("%5d",z);
    else  if  z=x!=y  printf("%5d",z);
    else  if  z=x=y   printf("%5d",z);
    while(1);
}
```

第 5 章

C51 函数

本章知识架构

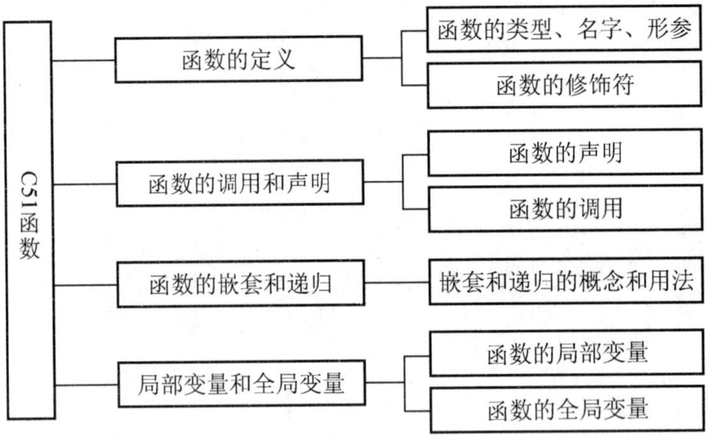

本章教学目标和要求

- 熟练掌握函数定义的一般格式；
- 熟练掌握函数的调用和声明；
- 了解并熟练掌握函数的嵌套调用；
- 了解并熟练掌握函数局部变量和全局变量的定义和使用。

5.1　函数的定义

函数定义的一般格式如下：

```
函数类型  函数名(形式参数表)  [reentrant][interrupt  m][using  n]
形式参数说明
{
      局部变量定义
      函数体
}
```

前面部分称为函数的首部，后面部分称为函数的体，格式说明：

1. 函数类型

函数类型说明了函数返回值的类型。

2. 函数名

函数名是用户为自定义函数取的名字以便调用函数时使用。

3. 形式参数表

形式参数表用于列录在主调函数与被调用函数之间进行数据传递的形式参数。

4. reentrant 修饰符

这个修饰符用于把函数定义为可重入函数。所谓可重入函数就是允许被递归调用的函数。函数的递归调用是指当一个函数正被调用尚未返回时，又直接或间接调用函数本身。一般的函数不能做到这样，只有重入函数才允许递归调用。

关于重入函数，注意以下几点：

(1) 用 reentrant 修饰的重入函数被调用时，实参表内不允许使用位(bit)类型的参数。函数体内也不允许存在任何关于“位”变量的操作，更不能返回“位”(bit)类型的值。

(2) 编译时，系统为重入函数在内部或外部存储器中建立一个模拟堆栈区，称为重入栈。重入函数的局部变量及参数被放在重入栈中，使重入函数可以实现递归调用。

(3) 在参数的传递上，实际参数可以传递给间接调用的重入函数。无重入属性的间接调用函数不能包含调用参数，但是可以使用定义的全局变量来进行参数传递。

重入函数使系统软件结构复杂，除了在某些阶乘运算中使用外，嵌入式系统很少使用。

5. interrupt m 修饰符

interrupt m 是 C51 函数中非常重要的一个修饰符，这是因为中断函数必须通过它进行定义。在 C51 语言程序设计中，当函数定义时用了 interrupt m 修饰符，系统编译时把对应函数转化为中断函数，自动加上程序头段和尾段，并按 MCS-51 系统中断的处理方式自动把它安排在程序存储器中的相应位置。

在该修饰符中，m 的取值为 0～4，对应的中断情况如下：

0——外部中断 0；

1——定时/计数器 T0；

2——外部中断 1；

3——定时/计数器 T1；

4——串行口中断；

其他值预留。

编写 MCS-51 中断函数注意如下几点。

(1) 中断函数不能进行参数传递，如果中断函数中包含任何参数声明都将导致编译出错。

(2) 中断函数没有返回值，如果企图定义一个返回值将得不到正确的结果，建议在定义中断函数时将其定义为 void 类型，以明确说明没有返回值。

(3) 在任何情况下都不能直接调用中断函数，否则会产生编译错误。因为中断函数的返回是由 MCS-51 单片机在中断函数完成后自动返回的。

如果在没有实际中断情况下直接调用中断函数，操作结果会产生一个致命的错误。

(4) 如果在中断函数中调用了其他函数，则被调用函数所使用的寄存器必须与中断函数相同。否则会产生不正确的结果。

(5) C51 编译器对中断函数编译时会自动在程序开始和结束处加上相应的内容，具体如下：在程序开始处对寄存器入栈，结束时出栈。中断函数加 using n 修饰符的，是工作寄存器组选择位，C51 语言编程看不到这些寄存器组，一般不用加 using n 修饰符，由编译器决定工作寄存器组选择。

(6) C51 编译器根据中断号，也即 interrupt 后面的数字产生一个到中断函数入口地址的绝对跳转。

(7) 中断函数最好写在文件的尾部，并且禁止使用 extern 存储类型说明。防止其他程序调用。

6. using n 修饰符

修饰符 using n 用于指定本函数内部使用的工作寄存器组，其中 n 的取值为 0～3，表示寄存器组号。上面讲过，C51 语言编程时看不到这些寄存器组，不用加 using n 修饰符，由 C51 编译器自动选择。

5.2 函数的调用与声明

1. 函数的调用

函数调用的一般形式如下：

```
函数名(实参列表);
```

对于有参数的函数调用，若实参列表包含多个实参，则各个实参之间用逗号隔开。

按照函数调用在主调函数中出现的位置，函数调用方式有以下 3 种。

(1) 函数语句。把被调用函数作为主调用函数的一个语句。

(2) 函数表达式。函数被放在一个表达式中，以一个运算对象的方式出现。这时的被调用函数要求带有返回语句，以返回一个明确的数值参加表达式的运算。

(3) 函数参数。被调用函数作为另一个函数的参数。

2. 自定义函数的声明

在 C51 语言中，函数原型一般形式如下：

[extern]　函数类型　函数名(形式参数表)；

函数的声明是把函数的名字、函数类型以及形参的类型、个数和顺序通知编译系统，以便调用函数时系统进行对照检查。函数的声明后面要加分号。

如果声明的函数在文件内部，则声明时不用 extern，如果声明的函数不在文件内部，而在另一个文件中，声明时须带 extern，指明使用的函数在另一个文件中。

例 5-1　函数的调用。

```
# include <reg52.h>
# include <stdio.h>
int max(int x,in y) ;                   //定义了一个函数,有 2 个 int 型参数
//--------------------------------------------------------------------
//  主函数
//--------------------------------------------------------------------
void main(void)
{
    int a,b ;
    SCON=0x52 ;                         //串口初始化,串口工作原理后面讲解
    TMOD=0x20;
    TH1=0xF3;
    TR1=1;
    scanf("please input a,b:%d,%d,",&a,&b);  //通过键盘输入 2 个十进制数
    printf("max is :%d\n",max(a,b));         //函数调用方式是函数表达式
    while(1);
}
//--------------------------------------------------------------------
//  比较两数大小并返回其中较大数函数
//--------------------------------------------------------------------
int max(int a,int b)
{
    int z;
    z=(x>=y ?x :y) ;
    return(z) ;
}
```

例 5-2 外部函数的使用。

(1) 程序 1：串口初始化。

```
#include <reg52.h>
# include <stdio.h>
//----------------------------------------------------------------------
//  串口初始化函数
//----------------------------------------------------------------------
void serial_init(void)
{
    SCON=0x52 ;
    TMOD=0x20;
    TH1=0xF3;
    TR1=1;
}
```

(2) 程序 2：外部函数调用。

```
#include<reg52.h>
# include<stdio.h>
extern serial_init();                    //在程序 1 中定义,外部定义的函数
extern int max(int a,int b) ;            //在例 5-1 中定义,外部定义的函数
//----------------------------------------------------------------------
//  主函数
//----------------------------------------------------------------------
void main(viod)
{
    serial_init();
    scanf("please input a,b:%d,%d,",&a,&b);
    printf("max is :%d\n",max(a,b));
    while(1);
}
```

5.3 函数的嵌套与递归

1. 函数的嵌套

在一个函数的调用过程中调用另一个函数。C51 编译器通常依靠堆栈来进行参数传递，堆栈设在片内 RAM 中，而片内 RAM 的空间有限，因而嵌套的深度比较有限，一般在几层以内。如果层数过多，就会导致堆栈空间不够而出错。

例 5-3 函数的嵌套调用。

```
#include <reg52.h>
```

```
# include <stdio.h>
extern serial_init();

//----------------------------------------------------------------------
//  比较两数大小并返回其中较大数函数
//----------------------------------------------------------------------
int max(int a,int b) ;
{
    int z;
    z=(x>=y ?x :y) ;
    return(z) ;
}
//----------------------------------------------------------------------
//  求两数和函数
//----------------------------------------------------------------------
int add(int a,int b, int c,int d);
{
    int result;
    result=max(a,b)+max(c,d);
    return(result);
}
//----------------------------------------------------------------------
//  主函数
//----------------------------------------------------------------------
main()
{
    int y;
    serial_init();
    y=add(7,4,3,2);
    printf("%d", y);
    while(1);
}
```

在主函数中调用 add()，而在 add()中又调用 max()，形成嵌套调用。

2. 函数的递归

递归调用是嵌套调用的一个特殊情况。如果在调用一个函数过程中又出现了直接或间接调用该函数本身的情况，则称为函数的递归调用。

在函数的递归调用中要避免出现无终止的自身调用，应通过条件控制结束递归调用，使得递归的次数有限。

函数的嵌套调用在实际工作中常见，但函数的递归调用使用较少，只用在专门的计算中，如阶乘。

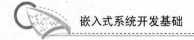

例 5-4 函数的递归调用，求阶乘。

```
//-----------------------------------------------------------------
//  求阶乘函数
//-----------------------------------------------------------------
double fact(int n);
{
    if(n= =0||n= =1)
    return(1);
    else
    return(n*(fact(n-1));
}
//-----------------------------------------------------------------
//  主函数
//-----------------------------------------------------------------
main()
{
    int num;
    printf("\n input num");
    scanf("%d",&num);
    printf("\n %d!=%.01f",num,fact(num));
}
```

5.4 局部变量和全局变量

5.4.1 局部变量

在一个函数内部定义的变量是局部变量，它只在本函数内部有效。关于局部变量有以下几点要注意。

(1) 主函数中定义的变量也是局部变量，而不能因为是在主函数中定义的，就在程序中其他地方使用。主函数也不能使用其他函数中定义的局部变量。

(2) 不同函数可以使用相同名字的变量，它们只在所定义的函数中有效，互不干扰。

(3) 函数的形参也是局部变量，只在本函数中有效，其他函数不能引用。

(4) 在一个函数内部，复合语句中可以定义变量，这种变量只在本复合语句中有效。

例 5-5 局部变量的定义。

```
//-----------------------------------------------------------------
//  f1 函数,局部变量的使用
//-----------------------------------------------------------------
int f1(int a)              //形参 a 也是局部变量,它只在函数 f1 中有效
{
    int b,c;               //变量 b,c 只在函数 f1 中有效
```

```
    ⋮
    {
        int d;    //变量 d 只在本复合语句中有效

        d=b+c;    //变量 b,c 在函数 f1 中定义,本复合语句在函数 f1 中,变量 b,c 有效
    }
}
//------------------------------------------------------------------
//  主函数,局部变量的使用
//------------------------------------------------------------------
void main(void)
{
    int b,c;//变量 b,c 只在主函数中有效,它与 f1 中变量 b,c 使用相同名字,互不干扰
    ⋮
}
```

5.4.2　全局变量

在所有函数外部定义的变量称为外部变量，外部变量也称全局变量。它的有效范围是定义变量的位置开始到整个程序的结束。关于全局变量有以下几点要注意。

(1) 在整个程序中，每个函数都可以引用全局变量，通过全局变量各函数间建立了联系。

(2) 如果一个函数中改变了全局变量的值，则在整个程序中，此全局变量的值均改变。

(3) 全局变量的名字和局部变量的名字不能相同，否则会产生干扰。

(4) 使用全局变量可以减少函数实参和形参个数，从而可以节省内存空间。

(5) 由于全局变量在整个程序运行期间都占有内存空间，而且函数的通用性、清晰性有所降低，所以在程序中，应尽量少用。

例 5-6　全局变量的使用。

```
#include <stdio.h>
float max,min;    //定义全局变量
void sum (void); //定义 sum 函数
//------------------------------------------------------------------
//    main 函数,给全局变量赋值
//------------------------------------------------------------------
void main(void)
{
    ⋮
    max=10;        //
    min=0;
    sum ();       //调用 sum,利用全局变量传参数,减少函数实参和形参个数。
    ⋮
```

```
}
//---------------------------------------------------------------------
//  在 sum 函数中使用全局变量
//---------------------------------------------------------------------
void sum (void)
{
    ⋮
    printf("max=%d,min=%d, sum=%d",max,min,max+min);//
    ⋮
}
```

习　题

1. 说明函数定义的一般格式。
2. 函数定义格式中，函数的类型、函数的形式参数表有什么作用？
3. 什么函数声明时需带 extern？
4. 什么叫函数的递归调用？它多用在什么地方？
5. 什么叫函数的嵌套？它使用时有什么限制？
6. 什么叫局部变量？什么叫全局变量？它们使用时有什么不同？
7. 中断服务函数和一般函数在定义和函数返回值方面有什么不同？

第 6 章

C51 构造数据类型

本章知识架构

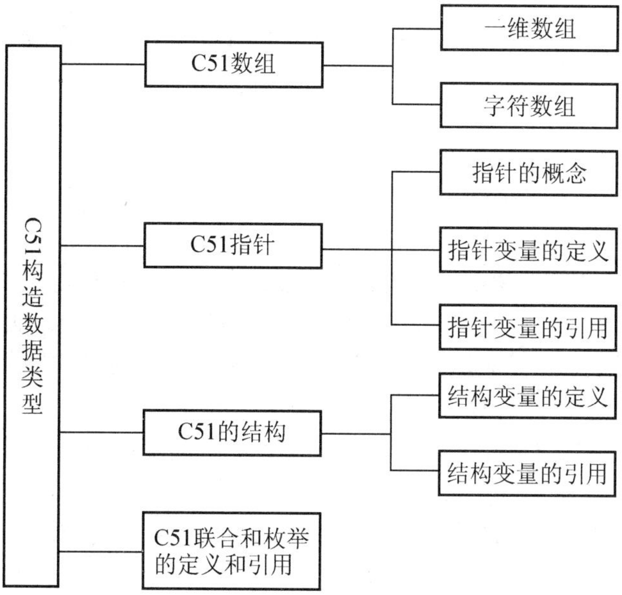

本章教学目标和要求

- 了解一维数组的定义和使用；
- 了解字符数组的定义和使用；
- 了解字符数组和字符串的定义和区别；
- 熟练掌握指针的概念，熟悉指针变量的定义和引用；
- 熟练掌握结构变量的定义和使用；
- 了解联合和枚举的定义和使用。

6.1 数　　组

1. 一维数组

一维数组只有一个下标，例如，下面是定义一维数组的两个例子。

```
unsigned  char  x[5];
unsigned  int  y[3]={1,2,3};
```

第一语句定义了一个无符号字符数组，数组名为 x，数组中的元素个数为 5。

第二语句定义了一个无符号整型数组，数组名为 y，数组中元素个数为 3，定义的同时给数组中的 3 个元素赋初值，初值分别为 1、2、3。

需要注意的是，C51 语言中数组的下标是从 0 开始的，因此上面第一句定义的 5 个元素分别是：x[0]、x[1]、x[2]、x[3]、x[4]。第二句定义的 3 个元素分别是：y[0]、y[1]、y[2]。赋值情况为：y[0]=1；y[1]=2；y[2]=3。

C51 语言规定在引用数组时，只能逐个引用数组中的各个元素，而不能一次引用整个数组。但如果是字符数组则可以一次引用整个数组。

数组的定义：

```
数据类型说明符  数组名[常量表达式][={初值,初值……}]
```

各部分说明如下。

(1)“数据类型说明符”说明了数组中各个元素存储的数据的类型。

(2)“数组名”是整个数组的标识符，它的取名方法与变量的取名方法相同。

(3)“常量表达式”，常量表达式要求取值要为整型常量，必须用方括号“[]”括起来，用于说明该数组的长度，即该数组元素的个数。

(4)“初值部分”用于给数组元素赋初值，这部分在数组定义时属于可选项。对数组元素赋值，可以在定义时赋值，也可以定义之后赋值。在定义时赋值，后面须带等号，初值须用花括号括起来，括号内的初值两两之间用逗号间隔，可以对数组的全部元素赋值，也可以只对部分元素赋值。初值为 0 的元素可以只用逗号占位而不写初值 0。

例 6-1　用数组计算并输出 Fibonacci 数列的前 20 项。

Fibonacci 数列在数学中很有用，Fibonacci 数列中第一个数是 0，第二个数是 1，之后每个数都是前面两个数字之和。设计时通过数组存放 Fibonacci 数列，从第三项开始可通过累加的方法得到。

程序如下：

```
#include <reg52.h>
# include <stdio.h>
extern serial_init();//串口初始化,省略
main()
{
```

```
int fib[20];//定义数组 fib,数组中元素个数为 20
int i;
fib[0]=0;
fib[1]=1;
serial_init();
for (i=2;i<20;i++)
fib[i]= fib[i-1]+ fib[i-2];
for (i=2;i<20;i++)//在屏上输出计算结果
{
    if (i%5==0) printf("\n")//输出时一行 5 个数
    printf("%6d", fib[i]);//每个数宽度 6 位
    while(1);
}
```

程序执行结果：

```
0       1       1       12      3
5       8       13      21      34
55      89      144     233     377
610     987     1597    2584    4181
```

2. 字符数组

用来存放字符数据的数组称为字符数组，它是 C51 语言程序中常用的一种数组。字符数组中的每一个元素都用来存放一个字符，也可用字符数组来存放字符串。字符数组的定义与一般数组相同，只是在定义时把数据类型定义为 char 型。C 语言中没有字符串数据类型，定义字符串，只能通过定义字符数组来实现，在数组中最后一项加“\0”，就可以把该字符数组当成字符串使用。

就是说，字符数组有两种，最后一项有“\0”，就是字符串；没有“\0”就是普通字符数组。

例 6-2　对字符数组输入输出。

```
#include <reg52.h>
# include <stdio.h>
extern serial_init();
main()
{
    char string[20];
    serial_init();
    printf("please type any character:");
    scanf("%s",string);
    printf("%s\n",string);
    while(1);
}
```

6.2 指　　针

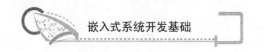

指针是 C51 语言中的一个重要概念。指针类型数据在 C51 语言编程中使用十分普遍，正确地使用指针类型数据，可以有效地表示复杂的数据结构；可以动态地分配存储器，直接处理内存地址。

1. 指针的概念

了解指针的基本概念，先要了解数据在内存中的存储和读取方法。

在 C51 语言中，可以通过地址方式来访问内存单元的数据，但 C51 作为一种高级程序设计语言，数据通常是以变量的形式进行存放和访问的。在一个程序中定义了一个变量，编译器在编译时就在内存中给这个变量分配一定的字节单元进行存储。如对整型变量(int)分配 2 个字节单元，对于浮点型变量(float)分配 4 个字节单元，对于字符型变量分配 1 个字节单元等。变量在使用时要分清两个概念：变量名和变量的值。前一个是数据的标识，后一个是数据的内容。变量名相当于内存单元的地址，变量的值相当于内存单元的内容。对于内存单元的数据访问方式有两种，对于变量也有两种访问方式：直接访问方式和间接访问方式。

(1) 直接访问方式。对于变量的访问，我们大多数时候是直接给出变量名。例如：printf(“%d”, a)，直接给出变量 a 的变量名来输出变量 a 的内容。在执行时，根据变量名得到内存单元的地址，然后从内存单元中取出数据按指定的格式输出。这就是直接访问方式。

(2) 间接访问方式。例如，要存取变量 a 中的值时，可以先将变量 a 的地址放在另一个变量 b 中，访问时先找到变量 b，从变量 b 中取出变量 a 的地址，然后根据这个地址从内存单元中取出变量 a 的值。这就是间接访问。在这里，从变量 b 中取出的不是所访问的数据，而是访问的数据(变量 a 的值)的地址，这就是指针，变量 b 称为指针变量。

关于指针，注意两个基本概念：变量的指针和指向变量的指针变量。变量的指针就是变量的地址。对于变量 a，如果它所对应的内存单元地址为 0x2000，它的指针就是 0x2000。指针变量是指一个专门用来存放另一个变量地址的变量，它的值是指针。上面变量 b 中存放的是变量 a 的地址，变量 b 中的值是变量 a 的指针，变量 b 就是一个指向变量 a 的指针变量。

如上所述，指针实质上就是各种数据在内存单元的地址，在 C51 语言中，不仅有指向一般类型变量的指针，还有指向各种组合类型变量的指针。在本书中只讨论指向一般变量的指针的定义与引用，对于指向组合类型变量的指针，大家可以参考其他书籍学习它的使用。

2. 指针变量的定义

指针变量的定义与一般变量的定义类似，定义的一般形式为：

```
数据类型说明符 [存储器类型] *指针变量名;
```

其中：

“数据类型说明符”说明了该指针变量所指向的变量的类型。

“存储器类型”是可选项，它是 C51 编译器的一种扩展，如果带有此选项，指针被定义为基于存储器的指针。无此选项时，被定义为一般指针，这两种指针的区别在于它们占的存储字节不同。

一般指针在内存中占 3 个字节，第一个字节存存储器代码，具体如图 6-1 所示，第二和第三个字节存该指针存放的 16 位地址。

存储器类型	idata	xdata	pdata	data	code
代码	1	2	3	4	5

图 6-1　存储器代码

如想把某 int 型指针存放在 data 0x0234 中，可以定义：int　0x40234L *p;

在上面的定义中 int 是数据类型说明符，指该指针变量所指向的变量的类型；0x40234L 是存储器类型，是可选项，数字 4 是存储器代码，表示指针存放在片上数据存储区低 128 字节 data 数据存储区地址，0234 是片上 data 数据存储区地址，L 表示按长整型数据类型存放。

实际上，用 C51 语言编程时，这个可选项常不写，由编译器决定指针存放的地址。

3. 指针变量的引用

指针变量是存放另一变量地址的特殊变量，指针变量只能存放地址。指针变量使用时注意两个运算符：“&”和“*”。这两个运算符在前面已经介绍，其中：“&”是取地址运算符，“*”是指针运算符。通过“&”取地址运算符可以把一个变量的地址送给指针变量，使指针指向该变量；通过“*”指针运算符可以实现通过指针变量访问它所指向的变量的值。

例如：

```
int x,*px,*py;
px=&x;//取变量 x 的地址给指针,指针 px 就成了指向变量 x 的指针
*px=5;//把 5 赋指针 px 所指地址,实际就是 x=5
py =px;// px 值给 py,py 也成了指向变量 x 的指针
```

注意，在变量定义时，如果在变量前面加“*”，说明该变量是指针变量，如果在程序中，指针变量前面加“*”，是指针变量所指向的地址里的值。

例 6-3　指针变量的引用。

输入两个整数 x 和 y，利用指针比较后按大小顺序输出。

```
#include <reg52.h>
# include <stdio.h>
extern serial_init();
main()
{
    int x,y;
    int *p,*p1,*p2;
```

```
        serial_init();
        printf("input x,y\n");
        scanf(" %d,%d" ,&x,%y);
        p1=&x;p2=&y;
        if(x<y) {p=p1;p1=p2;p2=p}
        printf("max=%d,min=%d",*p1,*p2);
        while(1);
    }
```

程序结果：

```
input x ,y
4,8
max=8,min=4
```

6.3 结　构

结构是一种组合数据类型，它是将若干个不同类型的变量结合在一起而形成的一种数据的集合体。组成该集合体的各个变量称为结构元素或成员。整个集合体使用一个单独的结构变量名。

6.3.1 结构与结构变量的定义

结构与结构变量是两个不同的概念，结构是一种组合数据类型，结构变量是取值为结构这种组合数据类型的变量，相当于整型数据与整型变量的关系。对于结构与结构变量的定义有两种方法。

1. 先定义结构类型再定义结构变量

结构的定义形式如下：

```
struct  结构名
{结构元素表};
```

结构变量的定义如下：

```
struct  结构名  结构变量名 1,结构变量名 2,……;
```

其中，“结构元素表”为结构中的各个成员，它可以由不同的数据类型组成。在定义时须指明各个成员的数据类型。

例 6-4　结构的定义，先定义结构类型再定义结构变量。

```
struct date
{
    int year;
    char month,day;
```

```
    };
    struct date d1,d2;
```

2. 定义结构类型的同时定义结构变量名

这种方法是将两个步骤合在一起，格式如下：

```
    struct  结构名
    {结构元素表} 结构变量名 1,结构变量名 2,……;
```

例 6-5　定义结构类型的同时定义结构变量名。

对于上面的日期结构变量 d1 和 d2 可以按以下格式定义：

```
    struct  date
    {
        int  year;
        char month,day;
    }d1,d2;
```

对于结构的定义说明如下。

(1) 结构中的成员可以是基本数据类型，也可以是指针或数组，还可以是另一个结构类型变量，形成结构的结构，即结构的嵌套。结构的嵌套可以是多层次的，但这种嵌套不能包含其自身。

(2) 定义的一个结构是一个相对独立的集合体，结构中的元素只在该结构中起作用，因而一个结构中的结构元素的名字可以与程序中其他变量的名称相同，它们两者代表不同的对象，在使用时互相不影响。

(3) 在定义结构变量时也可以像其他变量的定义一样，加各种修饰符对它进行说明。

(4) 在 C51 语言中允许将具有相同结构类型的一组结构变量定义成结构数组，定义时与一般数组的定义相同，结构数组与一般变量数组的不同就在于结构数组的每一个元素都是具有同一结构的结构变量。

6.3.2　结构变量的引用

结构元素的引用一般格式如下：

```
    结构变量名.结构元素名
```

或

```
    结构变量名->结构元素名
```

其中，“.”是结构的成员运算符，例如：d1.year 表示结构变量 d1 中的元素 year，d2.day 表示结构变量 d2 中的元素 day 等。如果一个结构变量中结构元素又是另一个结构变量，即结构的嵌套，则需要用到若干个成员运算符，一级一级找到最低一级的结构元素，而且只能对这个最低级的结构元素进行引用，形如 d1.time.hour 的形式。

例 6-6　结构变量的引用。

输入 3 个学生的语文、数学和英语成绩，分别统计总成绩并输出。

```
#include <reg52.h>
#include <stdio.h>
extern serial_init();
struct student
{
    unsigned char name[10] ;
    unsigned int chinese ;
    unsigned int math ;
    unsigned int english;
    unsigned int total ;
}p1[3];
main()
{
    unsigned char i ;
    serial_init();
    printf("input 3 students' names and results:\n");
    for(i=0;i<3;i++)
    {
        printf("input  name :\n");
        scanf("%s",p1[i]. name);
        printf("input  result :\n");
        scanf("%d,%d,%d",&p1[i] .chinese, &p1[i] . math, & p1[i] .
english);
    }
    for(i=0;i<3;i++)
    {
        p1[i] . total =p1[i] .chinese+ p1[i] . math+ p1[i] . english;
    }
    for(i=0;i<3;i++)
    { printf("%s total is %d\n", p1[i] . name ,p1[i] . total);
    }
    while(1);
}
```

程序执行结果：

```
input 3 students' names and results:
input  name:wang
input  result : 76,87,69
input  name:yang
input  result : 75,77,89
input  name:zhang
```

```
input  result : 72,81,79
wang total is 232
yang total is 241
zhang total is 232
```

通过以上例子可以看出，利用结构处理一组有联系的数据非常方便。

6.4　联　　合

前面介绍的结构能够把不同类型的数据组合在一起使用，另外，在 C51 语言中，还提供一种“联合”组合类型，也能够把不同类型的数据组合在一起使用，但它与结构又不一样，结构中定义的各个变量在内存中占用不同的内存单元，在位置上是分开的，而联合中定义的各个变量在内存中都是从同一个地址开始存放，即采用了所谓的“覆盖技术”。这种技术可使不同的变量分时使用同一内存空间，提高内存的利用效率。

6.4.1　联合的定义

1. 先定义联合类型再定义联合变量

定义联合类型，格式如下：

```
union  联合类型名
{成员列表};
```

定义联合变量，格式如下：

```
union  联合类型名  变量列表;
```

如下例：

例6-7　定义联合变量，先定义联合类型再定义联合变量。

```
union data1
{
    float i;
    int j;
    char k;
};
union data1 a,b,c;
```

2. 定义联合类型的同时定义联合变量

格式如下：

```
union  联合类型名
{成员列表}变量列表;
```

如下例：

例 6-8　定义联合类型的同时定义联合变量。

```
union data1
{
    float i;
    int j;
    char k;
} a,b,c;
```

6.4.2 联合变量的引用

联合变量中元素的引用与结构变量中元素的引用格式相同，形式如下：

```
联合变量名.联合元素
```

或

```
联合变量名->联合元素
```

例如：对于前面定义的联合变量 a、b、c 中的元素可以通过下面形式引用。

```
a.i;
b.j;
c.k;
```

分别引用联合变量 a 中的 float 型元素 i，联合变量 b 中的 int 型元素 j，联合变量 c 中的 char 型元素 k。

例 6-9 利用联合数据类型，把从某一地址开始的两个单元分别用字节和字方式使用。

```
#include <reg52.h>
union
{
    unsigned int word;
    struct{ unsigned char high; unsigned char low;}bytes;
}count;
```

这样定义之后，联合数据类型 count 对应两个字节，如果用 count . word 则按字访问，如果用 count . bytes 则按字节访问。

虽然用联合数据类型节省了内存，但程序结构复杂，容易产生不必要的错误，随着计算机内存容量的增加，联合数据类型使用较少。

6.5 枚　　举

枚举数据类型是一个有名字的某些整型常量的集合。这些整型常量是该类型变量可取的所有的合法值。枚举定义时应当列出该类型变量的所有可取值。

枚举定义的格式与结构和联合基本相同，也有两种方法。

先定义枚举类型，再定义枚举变量，格式如下：

```
enum  枚举名  {枚举值列表};
enum  枚举名  枚举变量列表;
```

或在定义枚举类型的同时定义枚举变量，格式如下：

```
enum  枚举名  {枚举值列表}枚举变量列表。
```

例如：定义一个取值为星期几的枚举变量 d1。

```
enum  week  {Sun,Mon,Tue,Wed,Thu,Fri,Sat};
enum  week  d1;
```

或

```
enum  week  {Sun,Mon,Tue,Wed,Thu,Fri,Sat} d1;
```

以后就可以把枚举值列表中各个值赋值给枚举变量 d1 进行使用了。

习　　题

1. C51 语言中如何定义数组？如何给数组赋初值？如何引用数组中元素？
2. C51 语言中字符数组和字符串有什么区别？
3. C51 语言中数组的数据类型说明符有什么用途？
4. 什么是指针变量？什么是变量的指针？两者的区别是什么？
5. 指针变量定义的一般形式是什么？
6. 指针变量的定义中数据类型说明符说明了什么？
7. 指针变量的定义中“存储器类型”有什么用途？
8. 一般指针在内存中占几个字节？各字节的意义是什么？
9. 结构和联合是如何定义的？它们有什么不同？
10. 了解枚举数据类型的定义及其用法。

第 3 篇

MCS-51 单片机内部资源及编程

第 7 章

MCS-51 单片机可编程并行 I/O 接口

本章知识架构

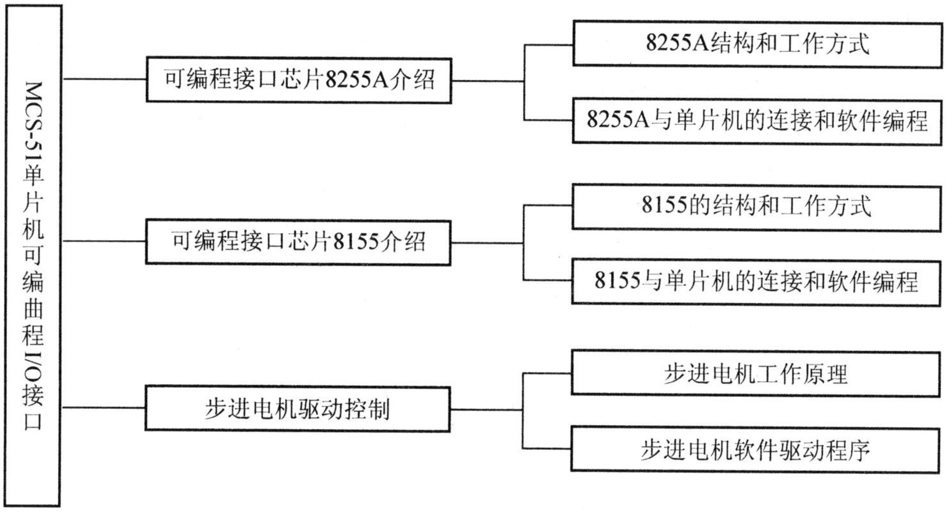

本章教学目标和要求

- 熟练掌握 8255A 工作方式控制字的定义和设置；
- 熟练掌握 8255A 和单片机的连接及软件编程；
- 熟练掌握 8155 控制字格式和设置；
- 熟练掌握 8155 的 I/O 工作方式；
- 熟练掌握 8155 和单片机的连接及软件编程；
- 熟练掌握步进电机工作原理和软件编程。

7.1 可编程并行 I/O 接口芯片 8255A

7.1.1 8255A 的结构和工作方式

前面在 2.7 节介绍了简单 I/O 接口，本章介绍可编程 I/O 接口。首先介绍可编程 I/O 接口芯片 8255A。

8255A 是在嵌入式系统中使用较广泛的可编程 I/O 扩展芯片，它有 3 个 8 位并行 I/O 接口 PA、PB、PC，有 3 种工作方式。

1. 8255A 的结构和功能

8255A 的内部结构如图 7-1 所示。

8255A 内部有 3 个可编程的并行 I/O 端口，PA、PB、PC 口。每口 8 位，共提供 24 位 I/O 口线，每个口都有一个数据输入寄存器和一个数据输出寄存器，输入时有缓冲，输出时有锁存。其中 C 口又可分为两个独立的 4 位端口：PC0～PC3，PC4～PC7。

A 口和 C 口高 4 位合在一起称为 A 组，通过 A 口控制器寄存器控制。B 口和 C 口低 4 位合在一起称为 B 组，通过 B 口控制器寄存器控制。

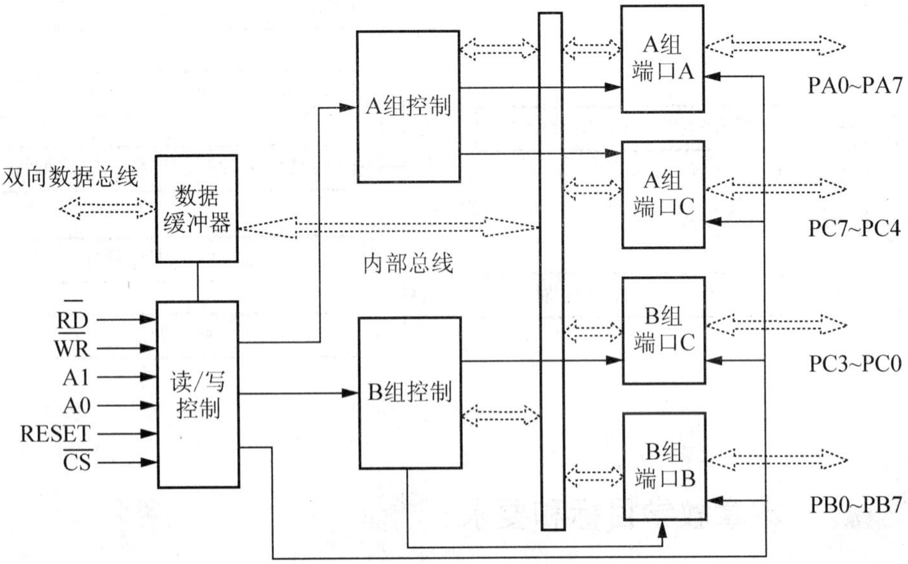

图 7-1　8255A 的内部结构

A 口有 3 种工作方式：无条件输入/输出方式、选通输入/输出方式和双向选通输入/输出方式。B 口 2 种工作方式：无条件输入/输出方式和选通输入/输出方式。当 A 口和 B 口工作于选通输入/输出方式和双向选通输入/输出方式时，C 口中一部分线用作 A 口和 B 口输入/输出的应答信号线，否则 C 口也可以工作在无条件输入/输出方式。

8255A 有 4 个端口寄存器：A 口数据寄存器、B 口数据寄存器、C 口数据寄存器和端口控制口寄存器，对这 4 个寄存器访问需要有 4 个端口地址。通过控制信号和地址信号对

4 个端口寄存器操作如表 7-1 所示。

表 7-1　8255A 4 个端口寄存器操作控制

$\overline{CS}$	A1	A0	$\overline{RD}$	$\overline{WR}$	I/O 操作
0	0	0	0	1	读 A 口
0	0	1	0	1	读 B 口
0	1	0	0	1	读 C 口
0	0	0	1	0	写 A 口
0	0	1	1	0	写 B 口
0	1	0	1	0	写 C 口
0	1	1	1	0	控制口

2. 8255A 的引脚信号

8255A 有 40 个引脚信号，采用双列直插封装，如图 7-2 所示。

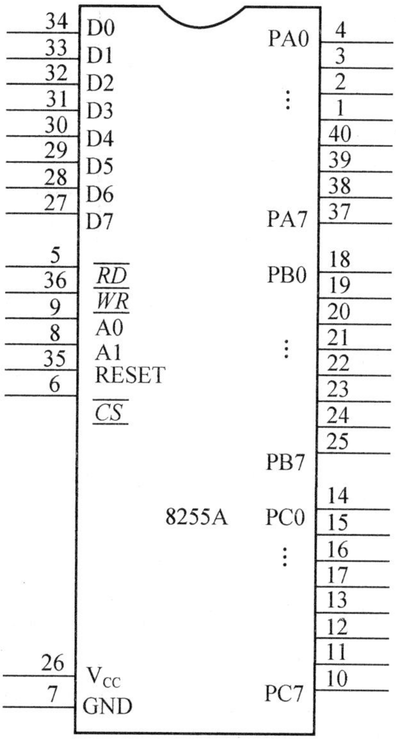

图 7-2　8255A 40 个引脚信号

D0～D7：三态双向数据线，和 MCS-51 单片机的数据总线相连。

$\overline{CS}$：8255A 片选。低有效，用来选中 8255A。

$\overline{RD}$：读信号线，低有效，控制从 8255A 读出信息，和 MCS-51 的 $\overline{RD}$ 相连。

$\overline{WR}$：写信号线，低有效，控制向 8255A 写信息，和 MCS-51 的 $\overline{WR}$ 相连。

A1，A0：地址线，用来选择 8255A 内部端口。

PA0～PA7：A 口 I/O 信号线。

PB0～PB7：B 口 I/O 信号线。

PC0～PC7：C 口 I/O 信号线。

RESET：复位线，常与 MCS-51 的复位线相连。

V_{CC}：+5V 电源。

GND：5V 地。

3. 8255A 控制字

8255A 有两个控制字：工作方式控制字和 C 口按位置位/复位控制字。这两个控制字是通过控制口寄存器写入来实现的，通过写入的特征位来区分是工作方式控制字还是 C 口按位置位/复位控制字。

1) 工作方式控制字

通过向 8255A 的控制端口地址写工作方式控制字设定 8255A 的 3 个端口的工作方式，工作方式控制字的格式如图 7-3 所示。

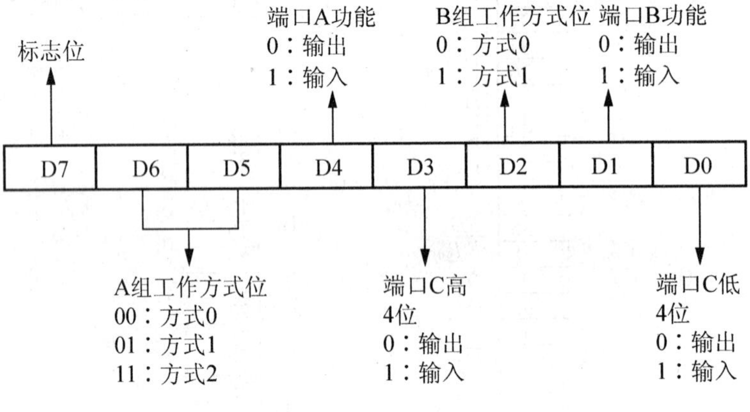

图 7-3　8255A 的工作方式控制字

D7：为标志位，D7=1 表示为工作方式控制字。

D6、D5：A 组的工作方式。

D4、D3：分别设定 A 口和 C 口的高 4 位是输入还是输出。

D2：设定 B 组的工作方式。

D1、D0：设定 B 口和 C 口的低 4 位是输入还是输出。

2) C 口按位置位/复位控制字

C 口按位置位/复位控制字用于对 C 口按位置 1 或清 0，它的格式如图 7-4 所示。

D7：特征位，D7=0 表示为 C 口按位置位/复位控制字。

D6、D5、D4：这 3 位不用。

D3、D2、D1：这 3 位用于选择 C 口当中的某一位。

D0：用于置位/复位设置，D0 =0 选中位复位，D0=1 选中位置位。

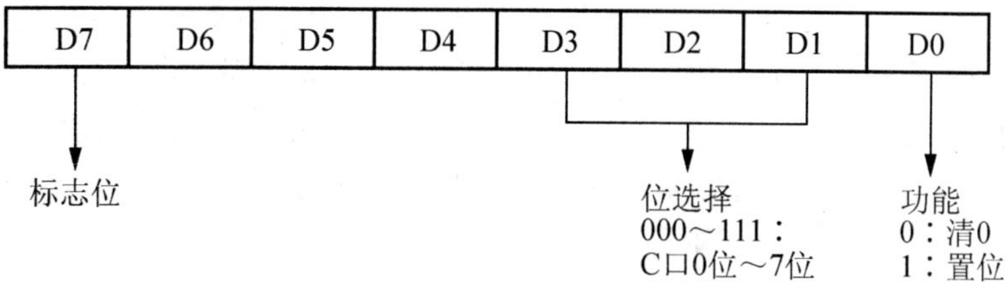

图 7-4　C 口按位置位/复位控制字

4. 8255A 的工作方式

1) 方式 0

方式 0 是一种基本的输入/输出方式。在这种方式下，每个端口都可以由程序设置为输入或输出，没有固定的应答信号。方式 0 的特点如下：

(1) 具有两个 8 位端口(A、B)和两个 4 位端口(C 口的高 4 位和 C 口的低 4 位)；

(2) 任何一个端口都可以设定为输入或者输出；

(3) 每一个端口输出时带锁存，输入时不带锁存但有缓冲。

方式 0 输入/输出时没有专门的应答信号，通常用于无条件传送。方式 0 也是使用最多的工作方式。

2) 方式 1

方式 1 是一种选通输入/输出方式。在这种工作方式下，A 口和 B 口作为数据输入/输出口，C 口用作输入/输出的应答信号。A 口和 B 口既可以作输入，也可以作输出，输入和输出都具有锁存功能。

(1) 方式 1 的输入。无论是 A 口输入还是 B 口输入，都用 C 口的 3 位作应答信号，1 位作中断允许控制位。具体情况如图 7-5 所示。

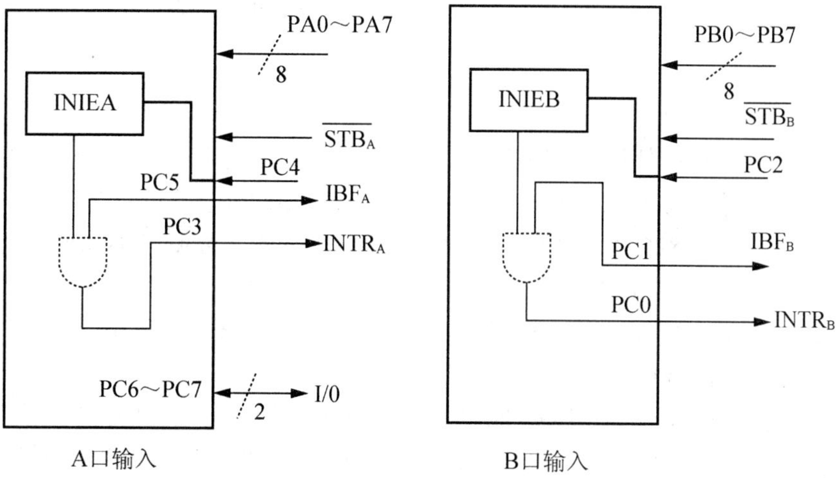

图 7-5　方式 1 的输入

各应答信号含义如下。

$\overline{STB}$：外设送给 8255A 的“输入选通”信号，低电平有效。当外设准备好数据时，外设向 8255A 发送$\overline{STB}$信号，把外设送来的数据锁存到输入数据寄存器中。

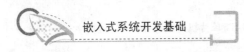

IBF：8255A 送给外设的“输入缓冲器满”信号，高电平有效。此信号是对$\overline{STB}$信号的响应信号。当 IBF=1 时，8255A 告诉外设送来的数据已锁存于 8255A 的输入锁存器中，但 CPU 还未取走，通知外设不能送新的数据，只有当 IBF=0，输入缓冲器变空时，外设才能给 8255A 发送新的数据。

INTR：8255A 发送给 CPU 的“中断请求”信号，高电平有效。

INTE：8255A 内部为控制中断而设置的“中断允许”信号，当 INTE=1 时，允许 8255A 向 CPU 发送中断请求，当 INTE=0 时，禁止 8255A 向 CPU 发送中断请求。INTE 由软件通过对 PC4(A 口)和 PC2(B 口)的置位/复位来允许或禁止。

(2) 方式 1 输出。无论是 A 口输出还是 B 口输出，也都用 C 口的 3 位作为应答信号，1 位作中断允许控制位。具体结构如图 7-6 所示。

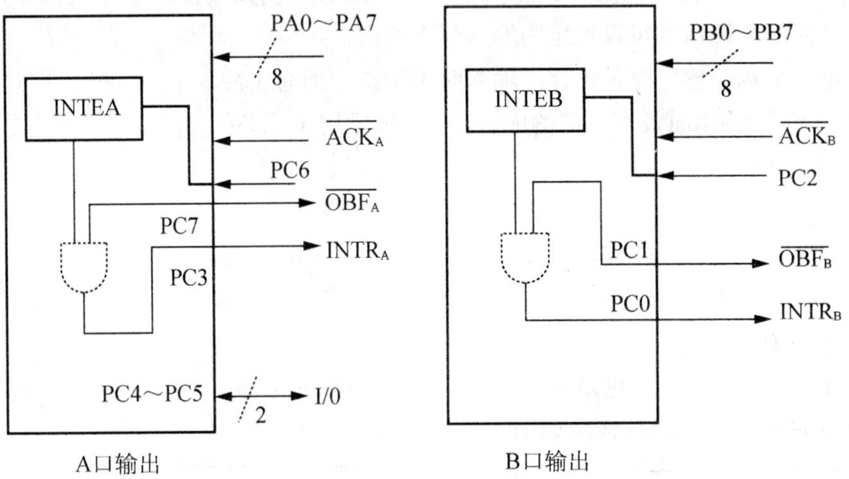

图 7-6　方式 1 输出

应答信号含义如下。

$\overline{OBF}$：8255A 送给外设的“输出缓冲器满”信号，低电平有效。当$\overline{OBF}$有效时，表示 CPU 已将一个数据写入 8255A 的输出端口，8255A 通知外设可以将其取走。

$\overline{ACK}$：外设送给 8255A 的“应答”信号，低电平有效，当$\overline{ACK}$有效时，表示外设已接收到从 8255A 端口送来的数据。

INTR：8255A 送给 CPU 的“终端请求”信号，高电平有效。当 INTR=1 时，向 CPU 发送中断请求，请求 CPU 再向 8255A 写入数据。

INTE：8255A 内部为控制中断而设置的“中断允许”信号，含义与输入情况相同，只是对应 C 口的位数与输入不同，它是通过对 PC6(A 口)和 PC2(B 口)的置位/复位来允许/禁止中断的。

3) 方式 2

方式 2 是一种双向选通输入/输出方式，只适合于端口 A。这种方式能实现外设与

8255A 的 A 口之间的双向数据传送。并且输入和输出都是锁存的。它使用 C 口的 5 位作为应答信号，两位作为中断允许控制位。具体结构如图 7-7 所示。其中 INTE1 是输入中断允许，它由 PC4 置位/复位控制；INTE2 是输出中断允许，它由 PC6 置位/复位控制。

其他应答信号的含义与方式 1 相同，只是 INTR 具有双重含义，既可作为输入时向 CPU 的中断请求，也可作为输出时向 CPU 的中断请求。

系统扩展 8255A 主要是用来作并口 I/O 使用。方式 2 可以实现数据双向传送，并行传送速度快，但数据只能分时使用口线，属半双工通信，电平是 TTL，距离不能太远。所以方式 2 使用不多。

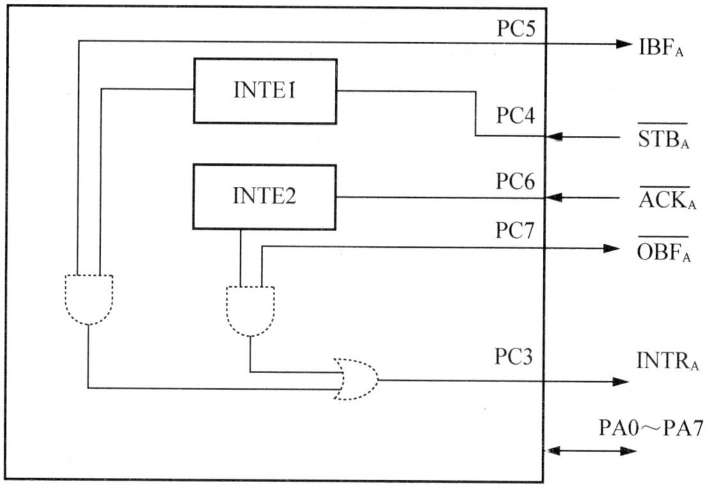

图 7-7　8255A 方式 2

7.1.2　8255A 与 MCS-51 单片机的硬件接口与编程

1. 8255A 与 MCS-51 单片机的接口

8255A 与 MCS-51 单片机的连接包含数据线、地址线、控制线。其中，数据线直接和 MCS-51 单片机的数据总线相连；8255A 的地址线 A0 和 A1 一般与 MCS-51 单片机地址总线的 D0、D1 相连，用于对 8255A 的 4 个端口进行选择；8255A 控制线中的读信号线、写信号线与 MCS-51 单片机的片外数据存储器读/写信号线直接相连，片选信号线 $\overline{CS}$ 的连接和存储器芯片的片选信号线连接方法相同，用于决定 8255A 的内部端口地址范围。图 7-8 就是 8255A 与单片机的一种连接方式。

图 7-8 中，8255A 的数据线与 MCS-51 单片机的数据总线相连，读/写信号线对应相连，地址线 A0、A1 与 MCS-51 单片机地址总线的 D0 和 D1 相连，片选信号线 $\overline{CS}$ 与 MCS-51 单片机 P2.0 相连。如果要选中 8255A 的 A 口，$\overline{CS}$ 为低，即 P2.0 为 0，A0、A1 为 00，其他无关位假定为高(为低也可)，A 口地址是 0xFEFC(0x0000)；同理 B 口、C 口和控制口的地址分别是 0xFEFD(0x0001)，0xFEFE(0x0002)，0xFEFF(0x0003)。

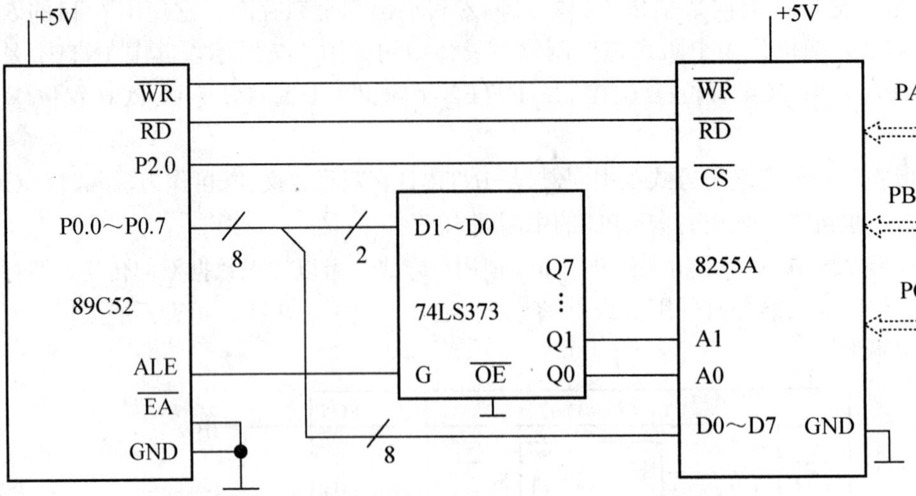

图 7-8 8255A 与单片机的一种连接方式

2. 软件编程

例 7-1 如果设定 8255A 的 A 口为方式 0 输入，B 口为方式 0 输出，编写初始化程序。

软件：

```
#include  <reg52.h>
#include  <absacc.h> //定义绝对地址访问
void main(void)
{
    unsigned char i;
    XBYTE[ 0xFEFF ]=0x90;
    //0xFEFF 是控制口地址，使用 8255A，先要向控制口写方式字
    //  D7   D6   D5   D4        D3          D2          D1        D0
    //  1    0    0    1         0           0           0         0
    //标志 A组方式0  A口输入 C口高4位输出 B组方式0  B口输出  C口低4位输出
    ⋮
    i= XBYTE[ 0xFEFC];// A口输入
    XBYTE[ 0xFEFD]=i;// B口输出
}
```

例 7-2 将 8255A 的端口 C 中的 PC5 置 1，其他位不变。

程序：

```
#include  <reg52,h>
#include  <absacc.h> //定义绝对地址访问
void main(void)
{
unsigned char i;
```

```
XBYTE[ 0xFEFF ]=0x0B;//向控制口写 C 口按位复位/置位方式字
// D7    D6  D5  D4     D3  D2  D1     D0
// 0      0   0   0      1   0   1      1
//标志   这 3 位不用     位选择 ,PC5     置位
```

7.2　可编程 I/O 扩展接口 8155

7.2.1　8155 的结构和工作方式

8155 也是 MCS-51 单片机常用的可编程 I/O 扩展接口，它除了具有 22 个 I/O 端口以外，还具有 256B 的 RAM 和一个 14 位的减 1 计数器，如需要上述功能的扩展，可以选择 8155。

1. 8155 芯片介绍

8155 有 40 个引脚，采用双列直插封装，各引脚功能如图 7-9 所示。

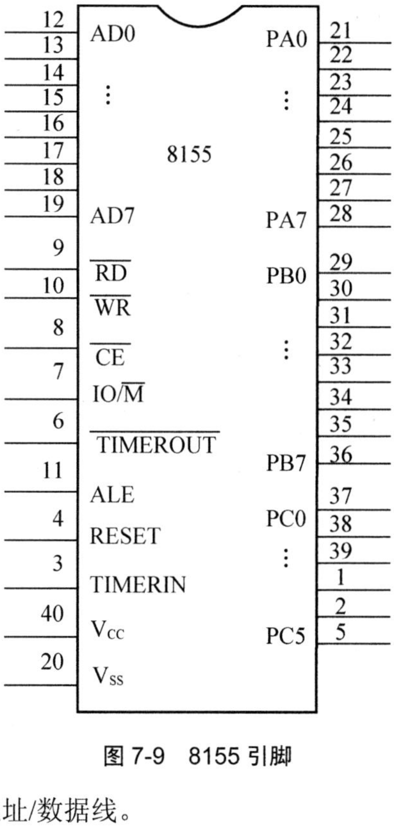

图 7-9　8155 引脚

(1) AD0～AD7，8 条地址/数据线。

(2) PA0～PA7，通用 I/O 线。

(3) PB0～PB7，通用 I/O 线。

(4) PC0～PC5，通用 I/O 线/控制线。

(5) $\overline{RD}$ 、 $\overline{WR}$ ，读写控制线。

(6) RESET，复位线。

(7) $\overline{CE}$、IO/$\overline{M}$，$\overline{CE}$为 8155 片选，IO/$\overline{M}$为 I/O 口和 RAM 选择线。IO/$\overline{M}$=1，选 8155 某 I/O 口；IO/$\overline{M}$=0，选 8155 内部 RAM。

(8) ALE，允许地址输入线。ALE=1，8155 允许 MCS-51 单片机通过 AD0～AD7 发出的地址锁存到 8155 内部的地址锁存器。ALE 常和 MCS-51 单片机的 ALE 相连。

(9) TIMERIN 和$\overline{TIMEOUT}$，TIMERIN 是计数脉冲输入线，$\overline{TIMEOUT}$是计数为 0 时在该线输出的脉冲，具体与计数方式有关。

(10) V_{CC}、V_{SS}为电源线，±5V。

2. I/O 端口控制

1) CPU 对各端口的控制

8155 内部有 7 个寄存器，需要 3 位译码线控制，一般接 MCS-51 单片机的 A0～A2。这 3 位地址线和 MCS-51 的几个控制信号配合实现对 8155 各端口的控制，详见表 7-2。

表 7-2 I/O 端口控制

$\overline{CE}$	IO/$\overline{M}$	A2	A1	A0	所 选 端 口
0	1	0	0	0	控制/状态寄存器
0	1	0	0	1	A 口
0	1	0	1	0	B 口
0	1	0	1	1	C 口
0	1	1	0	0	计数器低 8 位
0	1	1	0	1	计数器高 4 位
0	0	x	x	x	RAM 单元

2) 8155 控制字

8155 有一个控制字寄存器和一个状态寄存器。控制字寄存器只能写，状态寄存器只能读。

控制字格式如图 7-10 所示。其中低 4 位用来设置 PA、PB、PC 口工作方式，D4、D5 位用来控制 PA 口和 PB 口的中断，D6、D7 用来设置计数器工作方式。

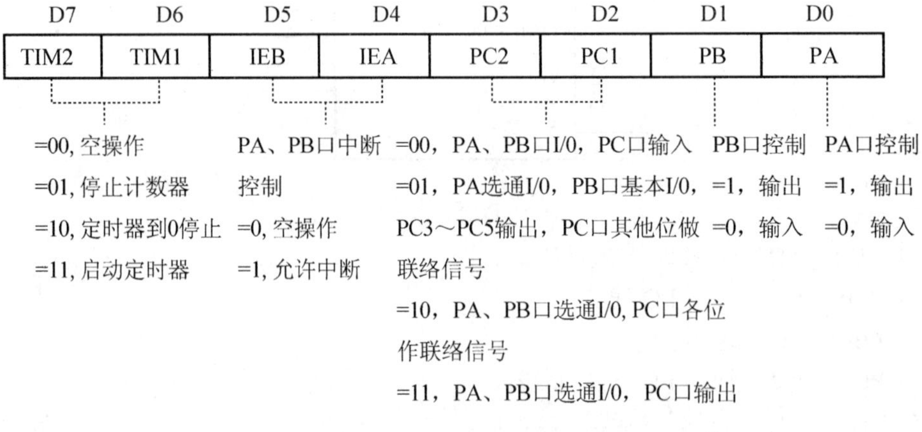

图 7-10 8155 控制字

3) 8155 状态字

8155 状态字格式如图 7-11 所示，状态字用来存放 PA 口和 PB 口状态，它的地址与控制字寄存器地址相同。控制字寄存器只能写，状态寄存器只能读，所以操作不会混淆。

MCS-51 单片机常通过读状态寄存器来查询 PA 口和 PB 口状态。

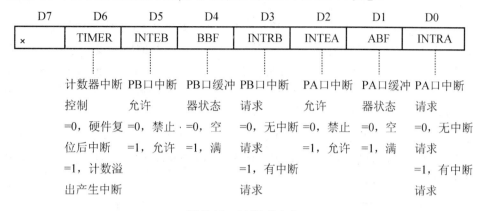

D7	D6	D5	D4	D3	D2	D1	D0
×	TIMER	INTEB	BBF	INTRB	INTEA	ABF	INTRA
	计数器中断控制 =0，硬件复位后中断 =1，计数溢出产生中断	PB口中断允许 =0，禁止 =1，允许	PB口缓冲器状态 =0，空 =1，满	PB口中断请求 =0，无中断请求 =1，有中断请求	PA口中断允许 =0，禁止 =1，允许	PA口缓冲器状态 =0，空 =1，满	PA口中断请求 =0，无中断请求 =1，有中断请求

图 7-11　8155 状态字

3. 8155 的工作方式

8155 有 3 种工作方式，分别介绍如下。

1) 存储器工作方式

存储器工作方式用于对片内 256 个字节 RAM 单元进行读写，如果 $\overline{CE}$=0，IO/$\overline{M}$=0，则可以通过 AD0～AD7 对 8155 片内 RAM 单元进行读写。

2) 基本 I/O 和选通 I/O 工作方式

基本 I/O 工作方式是使用最多的工作方式，在这种工作方式下，3 个口作普通 I/O。选通 I/O 工作方式中，PA、PB 作数据口，PC 口作 PA、PB 口的联络信号。

其中：PC0 作 A 口的输入/输出中断请求信号，向 CPU 申请输入/输出中断；PC1 作 A 口缓冲器满标志；PC2 作 A 口选通输入。PC3 作 B 口的输入/输出中断请求信号，向 CPU 申请输入/输出中断；PC4 作 B 口缓冲器满标志；PC5 作 B 口选通输入。

3) 计数器/定时器工作方式

8155 内部的计数器/定时器是 14 位的，工作方式由写入控制字决定，控制字格式如图 7-12 所示。控制字格式要分别写入计数器低 8 位 T_L (地址 0x04)和高 8 位 T_H (地址 0x05)。控制字中 T0～T13 是计数初值。M2～M1 是计数时间到，$\overline{TIMEOUT}$ 引脚输出方波：M2M1=00，输出单方波；M2M1=01，输出连续方波；M2M1=10，输出单脉冲；M2M1=11，输出连续脉冲。由于方波的特点，计数初值最小不能低于 2。

	D7	D6	D5	D4	D3	D2	D1	D0
T_L	T7	T6	T5	T4	T3	T2	T1	T0

	D7	D6	D5	D4	D3	D2	D1	D0
M_H	M2	M1	T13	T12	T11	T10	T9	T8

图 7-12　计数器/定时器工作方式

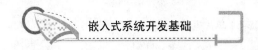

7.2.2 8155与MCS-51单片机的连接和软件编程

1. 8155与MCS-51单片机的连接

8155与MCS-51单片机的连接，如图7-13所示。

图7-13中，P2.7接8155的$\overline{CE}$，P2.0接IO/$\overline{M}$，如果8155工作在输入/输出方式，除$\overline{CE}$要为低电平外，IO/$\overline{M}$此时要为高，其他地址线无关。其他地址线假定为高(假定为低)时，8155控制口地址为0x7FF8 (0x0100)，PA口地址为0x7FF9 (0x0101)，PB口地址为0x7FFA(0x0102)，PC口地址为0x7FFB(0x0103)，片内计数器地址为T_L为0x7FFC(0x0104)，T_H为0x7FFD(0x0105)，具体可参见表7-2。

要访问8155片内256B的RAM，P2.7和P2.0这两个信号要为低，其他地址线无关，其他地址线假定为高(假定为低)，则8155片内256B的RAM地址为0x7E00～0x7EFF(0x0000～0x00FF)。

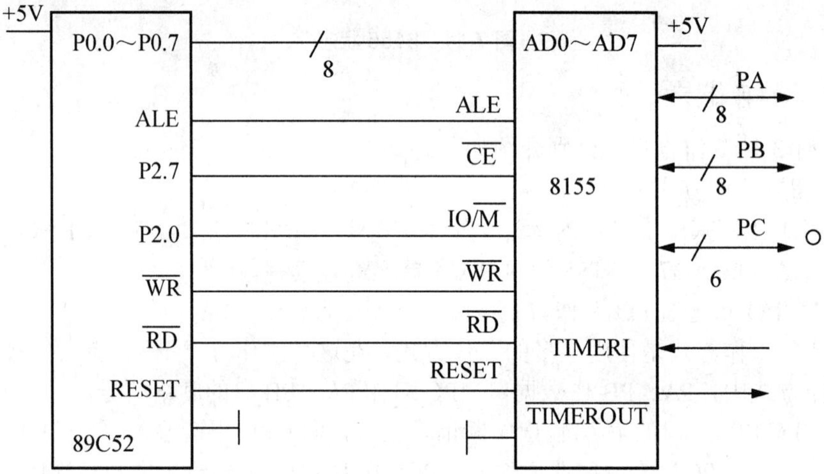

图7-13 8155与MCS-51单片机的连接

2. 8155编程

例7-3 8155 PA口定义为基本输入，PB口定义为基本输出，PC口定义为输入，计数器输出连续方波，方波对输入计数脉冲20分频。

分析：8155 PA口定义为基本输入，PB口定义为基本输出，启动计时器，按图7-12和表7-2，命令口地址为0x7FF8，命令字为0xC2。

方波对输入计数脉冲20分频就是计数器计数，满20溢出1次。M2M1=01，输出连续方波。

程序：

```
#include  <reg52.h>
#include  <absacc.h> // 定义绝对地址访问
void main(void)
```

```
{
    unsigned char i,j;
    XBYTE[ 0x7FF8 ]=0xC2;// 命令字为 0xc2
    XWORD[0x7FFC]=0x4014;//给 0x7FFC,0x7FFD 输入计数初值 20,M2M1=01
    i= XBYTE[ 0x7FF9 ];//读 PA 口
    XBYTE[ 0x7FFA]=i;//向 PB 口输出
    j= XBYTE[ 0x7FFB ];//读 PC 口
    ⋮
}
```

例 7-4　将 8155 中 0x7E00 单元内容读出赋给 8155 0x7EFF 单元。

程序：

```
#include  <reg52.h>
#include  <absacc.h> // 定义绝对地址访问
void main(void)
{
    unsigned char i,j;
    j= XBYTE[ 0x7E00 ];//读 8155 RAM
    XBYTE[ 0x7EFF ]=j;//赋给 8155 0x7EFF
⋮}
```

7.3　步进电机控制电路

步进电机也称脉冲电机，是工业和各种实验系统上常用的功率驱动设备。它可以通过功率转换设备，即驱动源或驱动芯片接收计算机发来的脉冲信号，使电机旋转一定角度。每一个脉冲信号使电机旋转一步，一步旋转3.6°或1.8°，利用驱动源角度还可以细分，利用机械结构很容易将转动变成平动，进而达到机械运动的精确定位。通过控制脉冲频率，可以控制电机转速。

步进电机根据其线圈绕组数量，分为二相、三相或四相。比如三相步进电机，其线圈绕组分为 A，B，C 三相，它的控制方式有多种，如使用最多的三相六拍控制方式，通电顺序：A→AB→B→BC→C→CA→A，电机正转；通电顺序：A→AC→C→CB→B→BA→A 电机反转。

由于步进电机定位精确、调速容易、方向控制方便，在自动控制系统中使用较多。

例 7-5　通过 P1 口控制四相步进电机 42BYGH602 以单/双八拍、双四拍、单四拍工作方式工作，启动时有加速。

42BYGH602 是四相小功率步进电机，工作电流 0.4A，步距角 1.8°，采用驱动芯片 L298N，通过单片机 89C52 的 P1.0～P1.3 控制，具体电路如图 7-14 所示。如果现场条件复杂，P1.0～P1.3 和 IN1～IN4 之间应加光电隔离。

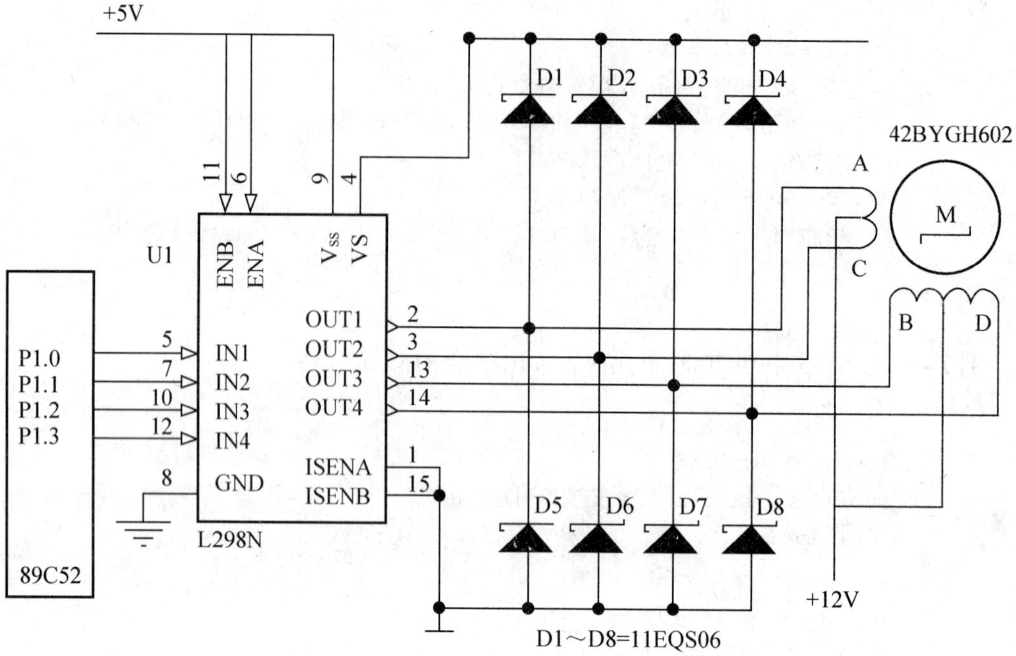

图 7-14　步进电机控制电路

程序如下：

```
#include  <reg52.h>
#define Astep 0x01
#define Bstep 0x02
#define Cstep 0x04
#define Dstep 0x08
unsigned char dly_c;
//-------------------------------------------------------------------
//  延时程序
//-------------------------------------------------------------------
void delay()
{
    unsigned char tt,cc;
    cc = dly_c;
    tt = 0x0;
    do{
        do {
        }while(--tt);
    }while(--cc);
}
//-------------------------------------------------------------------
```

```
//  主程序
//--------------------------------------------------------------
void main()
{
    unsigned char mode;
    mode = 2;
    dly_c = 0x10;
    //单/双八拍工作方式
    if(mode ==1)
    while(1)
    {
        P1|= Astep;
        delay();
        P1|= Astep+Bstep;
        delay();
        P1|= Bstep;
        delay();
        P1= Bstep+Cstep;
        delay();
        P1|= Cstep;
        delay();
        P1|= Cstep+Dstep;
        delay();
        P1|= Dstep;
        delay();
        P1|= Dstep+Astep;
        delay();
        if(dly_c>2) dly_c --;
    };
    //双四拍工作方式
    if(mode == 2)
    while(1)
    {
        P1|= Astep+Bstep;
        delay();
        P1|= Bstep+Cstep;
        delay();
        P1|= Cstep+Dstep;
        delay();
        P1|= Dstep+Astep;
        delay();
```

```
        if(dly_c>3) dly_c --;
    };
    // 单四拍工作方式
    if(mode == 3)
    while(1)
    {
        P1|= Dstep;
        delay();
        P1|= Cstep;
        delay();
        P1|= Bstep;
        delay();
        P1|= Astep;
        delay();
        if(dly_c>4) dly_c --;
    }

    while(1);
}
```

小资料：

步进电机调速、转动方向和位置控制都非常容易，缺点是低速时容易抖动，高速时容易丢步。常见做法是在驱动软件中增加升降速度程序。

7.4　输入/输出程序编写

在 2.7 节中讨论了 I/O 口使用应注意的隔离问题，本节结合软件编程对此做进一步讨论，上面已说过，并行口的输入和输出是 8 位并行的，但实际使用是按“位”的，它的 1“位”可以控制 1 个外围设备或输入 1 路外部状态信号。因此，在输入和输出时，特别是输出时对一个设备的控制不能影响其他设备的工作，常用的方法是用一个字节的变量记录一个端口的输入/输出状态，当某位输出高电平时(1)，就用一个相应位为 1 的字节与这个变量相位“或”，然后把或的结果输出出去；当某位输出低电平时，就用一个相应位为 0 的字节与这个变量位“与”，然后把与的结果输出出去。具体见例 7-6。

例 7-6　图 7-15 中 P1.0～P1.3 各位分别接 4 个发光二极管，P1.4～P1.7 接什么外围设备不清楚，二极管的阴极经电阻接 P1 口引脚，阳极接 5V 电源，P1.0～P1.3 口某位输出低电平，相应发光二极管亮；输出高电平，相应发光二极管灭，现编写程序，先使发光二极管全亮；然后 LED0、LED2 灭，LED1、LED3 亮。

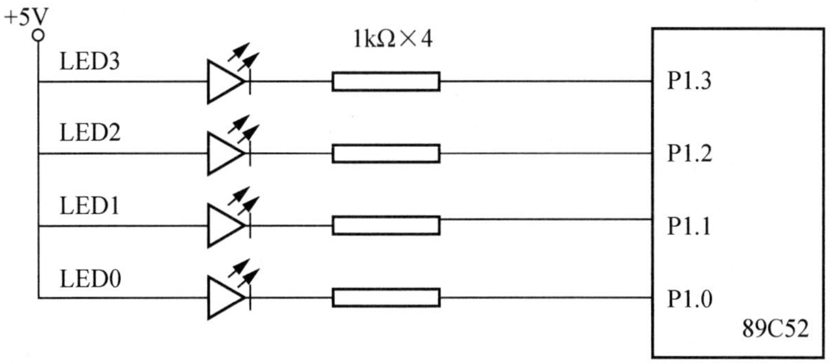

图 7-15　发光二极管控制电路

控制程序如下：

```
#include <reg52.h>
main()
{
    unsigned char port1;        //定义一个字节型变量,记录 P1 口状态
    P1= 0xFF;                   //P1 口先送 1,准备读
    port1= P1;                  //读 P1 状态送 port1
    port1&=0xF0;                // P1 口低 4 位输出 0,LED0~LED3 亮,P1 口高 4 位不变
    P1= port1;
    delay();                    //延时
    port1=(port1&0xF5)|0x05 ;      // port1&0xF5 使 LED1、LED3 亮;
                                   //|0x05 使 LED0、LED2 灭
    P1= port1;
    while(1) ;
}
```

通过以上简单例子可以看出：

(1) 在并行口按位控制输出时不能影响其他位，程序较长，容易产生误操作时，可以像本例一样，用一个字节的变量记录一个端口的输入/输出状态，利用按位“与”、“或”操作来进行位控。

(2) 本例中，二极管的阴极经电阻接 P1 口引脚，阳极接 5V 电源，当某口低电平时，电流从电源流向并行端口；当然二极管的阳极接 P1 口引脚，阴极经电阻接 5V 地，某口高电平时相应二极管亮也可以，但像例子这样做可以减轻 CPU 负担。电流“倒灌”是工程上减轻 CPU 负担的常用方法。

(3) 本例中，并口只接一个二极管，负载很小，采用直接相连，在实际嵌入式控制系统中，这种情况很少，一般都应加光电耦合元件隔离或晶体管放大电路。详细介绍可参见 2.7 节。

习　　题

1. 熟练掌握 8255A 的各引脚功能。

2. 熟练掌握 8255A 工作方式控制字的定义和设置。
3. 熟练掌握 8255A 中 C 口按位置位和复位控制字的定义和运用。
4. 8255A 有几种工作方式？熟练掌握 8255A 的工作方式 0。
5. 熟练掌握 8255A 和单片机的连接和软件编程。
6. 熟练掌握 8155 结构和工作方式。
7. 熟练掌握 8155 控制字格式和设置。
8. 熟练掌握 8155 状态字格式和使用。
9. 8155 有几种工作方式？熟练掌握 8155 的 I/O 工作方式。
10. 熟练掌握 8155 和单片机的连接和软件编程。
11. 在例 7-5 中，步进电机驱动程序在停止前应有减速，请加上软件减速程序。
12. 如何控制步进电机正转、反转和加减速？
13. 看懂例 7-5、例 7-6 的软件程序。
14. 上网查询 L293、L298 的用法。

第 8 章 MCS-51 单片机的中断系统

本章知识架构

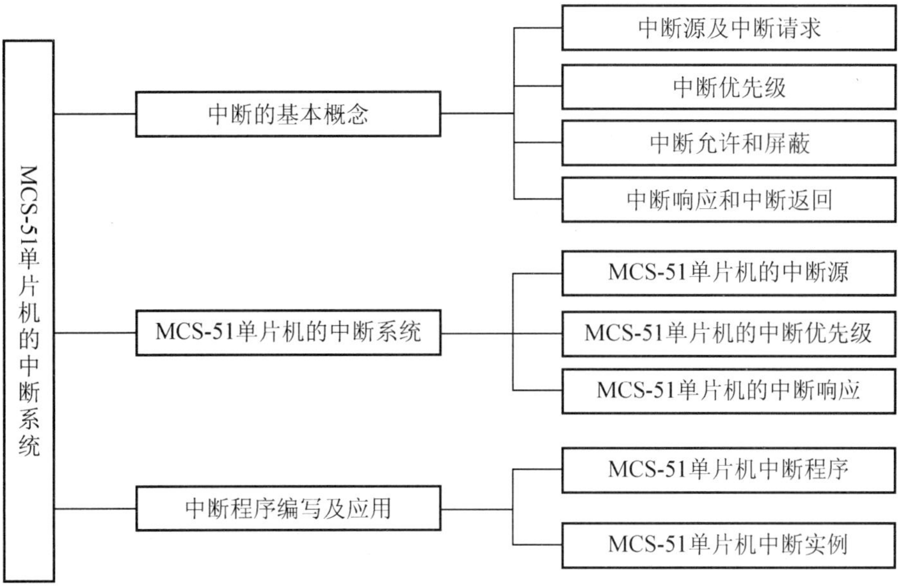

本章教学目标和要求

- 了解中断的基本概念，包括中断请求、中断允许和屏蔽；
- 熟悉 MCS-51 单片机的中断源、中断请求；
- 熟悉 MCS-51 单片机的中断优先级、中断允许和屏蔽、中断响应；
- 熟悉 MCS-51 单片机的中断程序编写；
- 读懂 MCS-51 单片机的中断实例程序。

8.1 中断的基本概念

中断是计算机中很重要的一个概念，中断系统也是MCS-51单片机的重要组成部分。实时控制、故障处理往往通过中断来实现，计算机与外部设备之间的信息传递常常采用中断处理方式。什么是中断？在计算机中，由于计算机内/外部的原因，使CPU从当前正在执行的程序中暂停下来，而自动转去执行预先安排好的为处理该原因所应对的服务程序；执行完服务程序后，再返回被暂停的位置继续执行原来的程序，这个过程称为中断，实现中断的硬件系统和软件系统称为中断系统。

中断处理涉及以下几个方面的问题。

1. 中断源及中断请求

产生中断请求信号的事件、原因称为中断源。根据中断源产生的原因，中断可分为软件中断和硬件中断。当中断源请求CPU中断时，就通过软件或硬件的形式向CPU提出中断请求。对于一个中断源，中断请求信号产生一次，CPU中断一次，不能出现中断请求产生一次，CPU响应多次的情况。这就要求中断请求信号及时撤除。

2. 中断优先级

能产生中断的原因很多，当系统有多个中断源时，有时会出现几个中断源同时请求中断的情况，但CPU在某个时刻只能对一个中断源响应，响应哪一个，就涉及中断优先权控制问题。在实际系统中，往往根据中断源的重要程度给不同的中断源限定等级。当多个中断源同时提出中断请求时，优先级高的先响应，优先级低的后响应。

3. 中断允许与中断屏蔽

当中断源提出中断请求，CPU检测到后不一定立即进行中断处理。CPU要响应中断，还受到中断系统多个方面的控制，其中最主要的是中断允许和中断屏蔽的控制。如果某个中断源被系统设置为屏蔽状态，则无论中断请求是否提出，都不会响应；当中断源设置为允许状态，又提出了中断请求，则CPU才会响应。另外，当有更高优先级中断正在响应时，也会屏蔽同级中断和低优先级中断。

4. 中断响应与中断返回

当CPU检测到中断源提出的中断请求，且中断又处于允许状态，CPU就会响应中断，进入中断服务程序。首先对当前的断点地址进行入栈保护。然后把服务程序的地址送给程序指针PC，转移到中断服务程序，在中断程序中进行相应的中断处理。中断服务程序结束，结束中断，返回断点位置。在中断服务程序中往往还涉及现场保护和恢复现场以及其他处理。

8.2 MCS-51单片机的中断系统

8.2.1 MCS-51单片机的中断源

MCS-51单片机提供5个(52子系列提供6个)硬件中断源：两个外部中断源INT0(P3.2)

和 INT1(P3.3)，2 个定时/计数器 T0 和 T1 的中断源 TF0 和 TF1；1 个串行口中断(发送 TI 和接收 RT 共用一个中断向量，算 1 个中断源) 。

1. 外部中断 INT0 和 INT1

外部中断源 INT0 和 INT1 的中断请求信号通过 MCS-51 单片机的并口引脚 P3.2 和 P3.3 输入，主要用于自动控制实时处理、单片机掉电和设备故障处理。

外部中断请求 INT0 和 INT1 有两种触发方式：电平触发及脉冲(边沿)触发。这两种触发方式可以通过特殊功能寄存器 TCON 来选择。特殊功能寄存器 TCON 除在定时计数器中使用外(其高 4 位用于定时/计数器控制，后面介绍)，低 4 位用于外部中断控制，形式如图 8-1 所示。

TCON	D7	D6	D5	D4	D3	D2	D1	D0
	TF1	TR1	TF0	TR0	IE1	IT1	IE0	IT0

图 8-1　定时/计数器控制寄存器 TCON

IT0(IT1)：外部中断 0(或 1)触发方式控制位，IT0(IT1)被设置为 0 ，则选择外部中断为电平触发方式；IT0(IT1)被设置为 1，则选择外部中断为脉冲触发方式。

IE0(IE1)：外部中断 0(或 1)的中断请求标志位。在电平触发方式时，CPU 在每个机器周期采样 P3.2(或 P3.3)，若 P3.2(或 P3.3)引脚为高电平，则 IE0(IE1)清零，若 P3.2(或 P3.3)引脚为低电平，则 IE0(IE1)置 1，向 CPU 请求中断；在脉冲触发方式时，若第一个机器周期采样到 P3.2(或 P3.3)引脚为高电平，第二个机器周期采样到 P3.2(或 P3.3)引脚为低电平时，由 IE0(或 IE1)置 1，向 CPU 请求中断。

在脉冲触发方式时，CPU 在每个机器周期都采样 P3.2(或 P3.3)。为了保证检测到负跳变，输入到 P3.2(或 P3.3)引脚的高电平与低电平至少应保持 1 个机器周期。CPU 响应后能够由硬件自动将 P3.2(或 P3.3)清零。

对于电平触发方式，只要 P3.2(或 P3.3)引脚为低电平，IE0(IE1)就置 1，请求中断，CPU 响应后不能够由硬件自动将 IE0(或 IE1)清零。如果在中断服务程序返回时，P3.2(或 P3.3)引脚还为低电平，则又会中断，这样就会发出一次请求、中断多次的情况。为避免这种情况，只有在中断服务程序返回前撤销 P3.2(或 P3.3)的中断请求信号，就是使 P3.2 (或 P3.3)为高电平。

2. 定时/计数器 T0 和 T1 中断

当定时/计数器 T0(或 T1)溢出时，由硬件置 TF0(或 TF1)为“1”向 CPU 发送中断请求，当 CPU 响应中断后，将由硬件自动清除 TF0(或 TF1)。

3. 串行口中断

MCS-51 单片机的串行口中断源对应两个中断标志位：串行口发送中断标志位 TI 和串行口接收中断标志位 RI。无论哪个位置“1”。都请求串行口中断。到底是发送中断 TI 还是接收中断 RI，只有在中断服务程序中通过指令查询来判断。串行口中断响应后，不能由硬件自动清零，必须由软件对 TI 或 RI 清零。

4. 中断允许控制

MCS-51 单片机对各个中断源的中断允许和屏蔽是由内部的中断允许寄存器 IE 的各位来控制的。中断允许寄存器可以进行位寻址，各位的定义如图 8-2 所示。

IE	D7	D6	D5	D4	D3	D2	D1	D0
	EA		ET2	ES	ET1	EX1	ET0	EX0

图 8-2　中断允许寄存器

其中各位的功能如下。

EA：中断允许总控制位。EA=0，屏蔽所有的中断请求；EA=1，开放中断。EA 的作用是使中断允许形成两级控制。即各中断源首先受 EA 位的控制；其次还要受各子中断源的中断控制。

ET2：定时/计数器 T2 的中断允许位，只用于 52 系列，51 系列无此位。ET2=0，禁止 T2 中断；ET2=1，允许 T2 中断。

ES：串行口中断允许位。ES=0，禁止串行口中断；ES=1 允许串行口中断。

ET1：定时/计数器 T1 的中断允许位。ET1=0，禁止 T1 中断：ET1=1，允许 T1 中断。

EX1：外部中断 INT1 的中断允许位。EX1=0，禁止外部中断 INT1；EX1=1，允许外部中断 INT1。

ET0：定时/计数器 T0 的中断允许位。ET0=0，禁止 T0 中断；ET0=1，允许 T0 中断。

EX0：外部中断 INT0 的中断允许位。EX0=0，禁止外部中断 INT0；EX0=1 允许外部中断 INT0。

系统复位时，中断允许寄存器 IE 的内容为 0x00，如果要开放某个中断源，则必须使 IE 中的总控制位和对应的子中断允许位置“1”。

8.2.2　MCS-51 单片机的优先级控制

MCS-51 单片机有 5 个中断源，为了处理方便，每个中断源有两级控制：高优先级和低优先级。通过内部的中断优先级寄存器 IP 来设置，中断优先级寄存器 IP 可以进行位寻址，各位定义如图 8-3 所示。

IP	D7	D6	D5	D4	D3	D2	D1	D0
			PT2	PS	PT1	PX1	PT0	PX0

图 8-3　中断优先级寄存器 IP 各位定义

其中各位功能说明如下。

PT2：定时/计数器 T2 的中断优先级控制位，只用于 52 系列。

PS：串行口的中断优先级控制位。

PT1：定时/计数器 T1 的中断优先级控制位。

PX1：外部中断 INT1 的中断优先级控制位。

PT0：定时/计数器 T0 的中断优先控制位。

PX0：外部中断 INT0 的中断优先级控制位。

如果某位被置“1”，则对应的中断源被设为高优先级；如果某位被清零，则对应的中断源被设定为低优先级。对于同级中断源，系统有默认的优先级顺序，默认的优先级顺序如表 8-1 所示。

表 8-1　同级中断源的优先级顺序

中　断　源	优先级顺序
外部中断 0	最高
定时/计数器 T0	次最高
外部中断 1	中等
定时/计数器 T1 中断	次最低
串行口中断	最低

通过中断优先级寄存器 IP 改变中断源的优先级顺序可以实现两方面的功能：改变系统中断源的优先级顺序和实现两级中断嵌套。

通过设置中断优先级寄存器 IP 能够改变系统默认的优先级顺序。例如，要把外部中断 INT1 的中断优先级设为最高，其他的按系统默认顺序，则把 PX1 位设为 1，其余位设置为 0，5 个中断源的优先级顺序就为：INT1→INT0→T0→T1→ES。

通过使用中断优先级寄存器组成的两级优先级，可以实现二级中断嵌套。

对于中断优先级和中断嵌套，MCS-51 单片机有以下 3 条规定。

(1) 正在进行中的中断过程不能被新的低优先级的中断请求所中断，直到该中断服务程序结束，返回主程序且执行了主程序中的一条指令后，CPU 才响应新的中断请求。

(2) 正在进行的低优先级中断服务程序能被高优先级中断请求所中断，实现两级中断嵌套。

(3) CPU 同时接收到几个中断请求时，首先响应优先级最高的中断请求。

8.2.3　MCS-51 单片机的中断响应

1. 中断响应条件

MCS-51 单片机中断响应条件是：中断源有中断请求且中断允许。MCS-51 单片机工作时在每个机器周期，对所有的中断源按优先级顺序进行检查，如有中断请求，并满足以下条件，则在下一机器周期响应中断，否则忽略检查结果。

(1) 无同级或高级中断正在处理。

(2) 现行指令已执行结束。

2. 中断响应过程

MCS-51 单片机中断响应过程是：

(1) 对相应的优先级状态作标志；

(2) 保护断点；

(3) 清除中断请求标志，例如，IE0、IE1、TF0、TF1。

把被响应的中断服务程序入口地址送 PC，转入相应的中断服务程序执行。在用 C51 语言编写中断服务程序时，MCS-51 单片机中 5 个中断源服务程序入口地址是用关键字 interrupt 加一个 0～4 的代码组成的。它们的规定如表 8-2 所示。

表 8-2　MCS-51 单片机中 5 个中断源服务程序代码

中断源	中断源服务程序入口地址代码
外部中断 0	0
定时/计数器 T0	1
外部中断 1	2
定时/计数器 T1 中断	3
串行口中断	4

例 8-1　中断服务程序的编写。

由于 MCS-51 单片机中断是两级控制，在主程序中，要总中断允许，即令 EA=1；然后还要相应的子中断允许，参见图 8-2。在中断服务程序部分，要正确书写关键字 interrupt 和中断源代码，参见表 8-2。中断服务程序的名字可任意，只要符合 C51 语言语法即可。

```
//---------------------------------------------------------------------
//  主程序
//---------------------------------------------------------------------
void main(void)
{
    EA=1;//开中断
    ES=1;//允许串口中断
    IT0 = 1;//允许定时器 T0 中断
    …
}
//---------------------------------------------------------------------
//  串口中断服务程序,4 是串口中断服务程序入口地址代码
//---------------------------------------------------------------------
void com_isr(void) interrupt 4
{…//串口程序
}
//---------------------------------------------------------------------
//  定时器 T0 中断服务程序,1 是 T0 中断服务程序代码
//---------------------------------------------------------------------
void T0_Int() interrupt 1
{
    …//定时器 T0 程序
}
```

8.2.4 中断应用举例

例 8-2 某工业监控系统，要对温度、压力和湿度进行监测，中断源和 MCS-51 单片机的连接如图 8-4 所示，当出现某参数超限时，进入相应的中断服务程序处理。

分析：监测系统通过外中断 $\overline{\text{INT0}}$ 与 MCS-51 连接，所有信号通过“或”的关系接 $\overline{\text{INT0}}$ (P3.2)口，当任一参数超限时，都进入 $\overline{\text{INT0}}$ 中断。这些信号同时还接在 P1 口相应位，以便在 $\overline{\text{INT0}}$ 中断服务程序查询具体哪个信号超限。

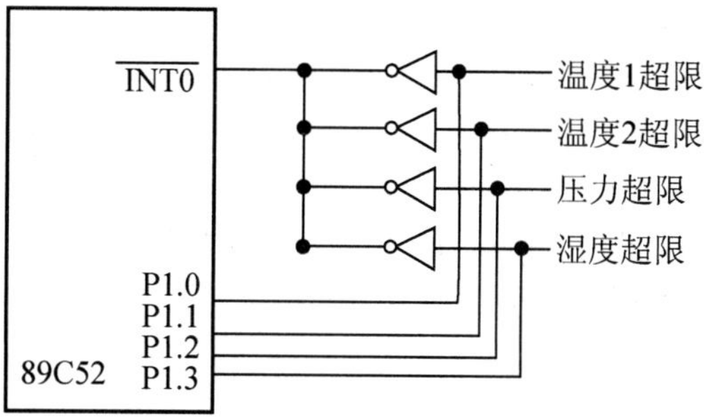

图 8-4 温度、压力和湿度监测

程序：

```
#include <reg52.h>
sbit P1_0=P1^0;
sbit P1_1=P1^1;
sbit P1_2=P1^2;
sbit P1_3=P1^3;
void int00();//温度 1 超限处理
void int01();//温度 2 超限处理
void int02();//压力超限处理
void int03();//湿度超限处理
//---------------------------------------------------------------------
// 主程序
//---------------------------------------------------------------------
void main(void)
{
   EA=1;
   EX0=1
   while(1);
}
//---------------------------------------------------------------------
// 中断服务程序,数字 0 是外部中断 0 服务程序代码
//---------------------------------------------------------------------
```

```
void into_int(void) interrupt 0
{
    if (P1_0= =0x01) int00();
    else if (P1_1= =0x01) int01();
    else if (P1_2= =0x01) int02();
    else if (P1_3= =0x01) int03();
}
```

习　　题

1. 什么是中断、中断优先级和中断源？
2. MCS-52 单片机有几个中断源？都叫什么名字？有什么用途？
3. MCS-51 单片机中断响应条件是什么？
4. MCS-51 单片机中断响应过程是什么？
5. MCS-51 单片机中断触发方式有几个？如何进行设置？
6. MCS-51 单片机如何设置中断嵌套？
7. 串行中断只有一个中断向量，在中断服务程序中如何区别是发送中断还是接收中断？
8. 多个中断源共用一个电路向 CPU 申请中断，如何在中断服务程序中区别？

第 9 章 MCS-51 单片机定时/计数器接口

本章知识架构

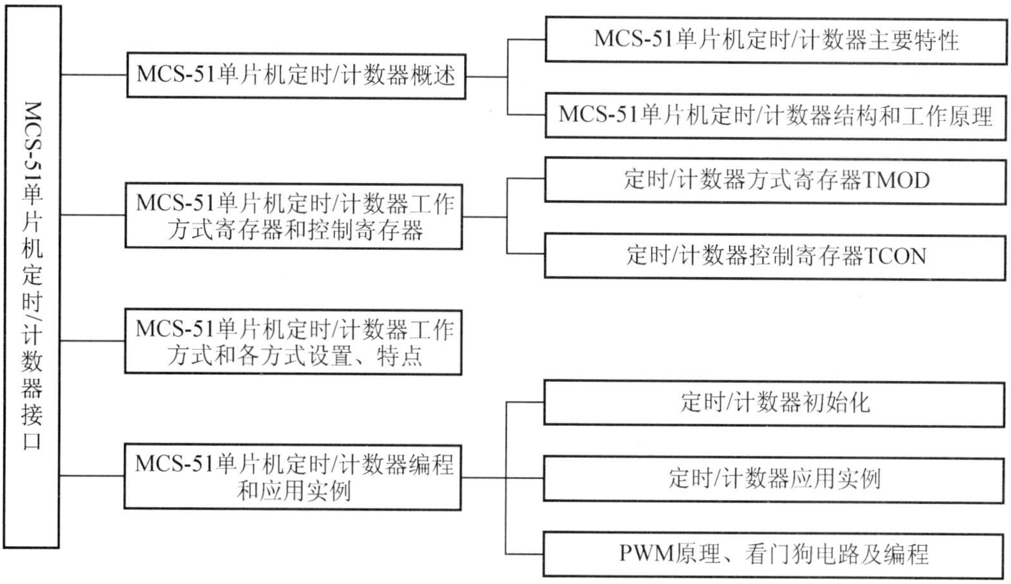

本章教学目标和要求

- 了解 MCS-51 单片机定时/计数器主要特性，熟悉其工作原理；
- 熟悉并掌握 MCS-51 单片机定时/计数器工作方式寄存器和控制寄存器的定义和使用；
- 熟练掌握 MCS-51 单片机定时/计数器工作方式 1 和 2；
- 熟悉并掌握 PWM 工作原理和看门狗电路及编程。

9.1 定时/计数器接口概述

9.1.1 定时/计数器的主要特性

(1) MCS-51 单片机中有两个 16 位的可编程定时/计数器：定时/计数器 T0 和定时/计数器 T1，MCS-52 单片机中还有一个定时/计数器 T2。

(2) 每个定时/计数器既可以对系统时钟计数实现定时，也可以对外部信号计数实现计数功能，通过编程设定来实现不同功能的选择。

(3) 每个定时/计数器都有多种工作方式，其中 T0 有 4 种工作方式；T1 有 3 种工作方式，T2 有 3 种工作方式。通过编程可设定工作于某种方式。

(4) 每一个定时/计数器定时或计数时间到时产生溢出，使相应的溢出位置位，溢出可通过查询或中断方式处理。

9.1.2 定时/计数器 T0、T1 的结构及工作原理

定时/计数器 T0、T1 的结构如图 9-1 所示，它由加法器、方式寄存器 TMOD、控制寄存器 TCON 等组成。

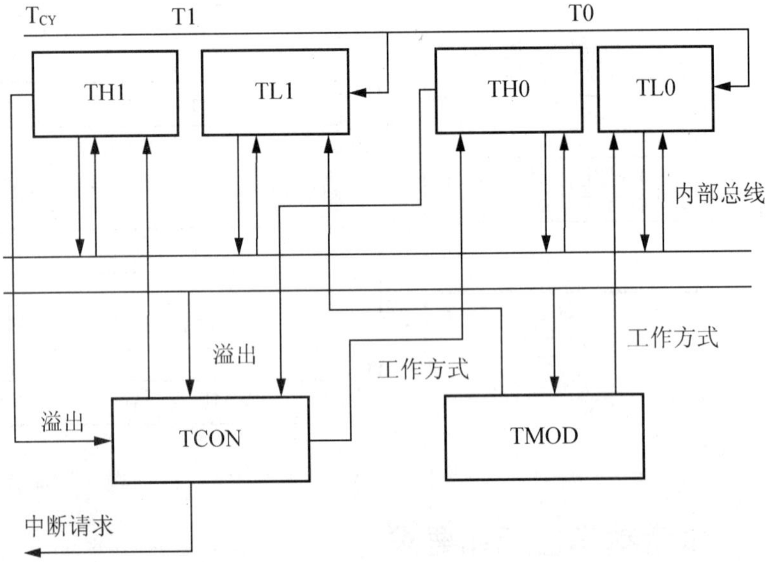

图 9-1 定时/计数器 T0、T1 的结构

定时/计数器的核心是 16 位加法器，在图 9-1 中就是 TH1、TL1；TH0、TL0，它们都是 8 位的特殊功能寄存器，它们可以单独使用，也可以连起来使用，TH1 和 TL1 连起来使用就是 T1 的 16 位加法器；TH0 和 TL0 连起来使用就是 T0 的 16 位加法器。

TMOD 用来设定 T1 和 T0 的工作方式，控制寄存器 TCON 用来控制定时/计数器的启动、停止和溢出。

当定时/计数器用来定时时，加法器对内部机器周期 T_{CY} 计数，由于机器周期 T_{CY} 是个定值，所以对 T_{CY} 的计数就是定时。如 MCS-51 单片机常使用的主频有 6MHz 和 12MHz 两种，主频 6MHz 的 MCS-51 单片机，一个机器周期 T_{CY} 就是 2μs；主频 12MHz 的 MCS-51 单片机，一个机器周期 T_{CY} 就是 1μs，例如,使用主频 12MHz 的 MCS-51 单片机，计数 100 次，就是定时 100μs。

当定时/计数器用来计数时，T0 计数脉冲从 P3.4 输入，T1 计数脉冲从 P3.5 输入。每来一个脉冲计数器加 1，当计数器加满再加 1 时，就会产生溢出，此时计数器清 0，同时使 TCON 中的溢出标志置 1，T0 溢出标志是 TF0，T1 溢出标志是 TF1。此标志可以用软件查询，也可以向 CPU 申请中断。

加法计数器在使用时注意两个方面。

(1) 由于它是加法计数器，每来一个计数脉冲，加法器中的内容加 1 个单位，当由全 1 再加 1，计满溢出。因而，如果要计 N 个单位，则首先应向计数器置初值为 X，且有：

X=最大计数值(满值)M−计数值 N

在不同的计数方式下，最大计数值(满值)不一样，一般来说，当定时/计数器工作于 R 位计数方式时，它的最大计数值(满值)为 2 的 R 次幂。

(2) 当定时/计数器工作于计数方式时，对芯片引脚 T0(P3.4)或 T1(P3.5)上的输入脉冲计数，计数过程如下：在每一个机器周期的固定时刻对 T0(P3.4)或 T1(P3.5)上信号采样一次，如果上一个机器周期采样到高电平，下一个机器周期采样到低电平，则计数器加 1，计数一次。因而需要两个机器周期才能识别一个计数脉冲，由于一个机器周期需要 12 个主频周期，所以外部计数脉冲的频率应小于振荡频率的 1/24。

9.2　定时/计数器的工作方式寄存器和控制寄存器

9.2.1　定时/计数器的方式寄存器 TMOD

方式寄存器 TMOD 用于设定定时/计数器 T0 和 T1 的工作方式，格式如图 9-2 所示。

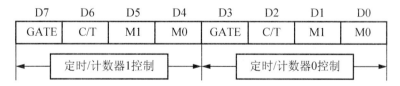

D7	D6	D5	D4	D3	D2	D1	D0
GATE	C/T	M1	M0	GATE	C/T	M1	M0
定时/计数器1控制				定时/计数器0控制			

图 9-2　定时/计数器的方式寄存器 TMOD

TMOD 高 4 位控制 T1，低 4 位控制 T0，每位都有一个大写的、在头文件 reg52.h 中定义过的名字，在程序中，引用头文件 reg52.h 后，可以对 TMOD 按位访问。

在 TMOD 中，M1，M0 是工作方式选择位，定时/计数器的 T0 有 4 种工作方式，T1 有 3 种工作方式，方式选择如表 9-1 所示。

表 9-1　定时/计数器的方式选择

M1	M0	工 作 方 式	方 式 说 明
0	0	0	13 位定时/计数器
0	1	1	16 位定时/计数器
1	0	2	8 位自动重置
1	1	3	两个 8 位的定时/计数器(只 T0 有)

C/T：定时/计数方式选择，C/T=1，定时/计数器工作在计数方式；C/T=0，定时/计数器工作在定时方式。

GATE：门控位，用于定时/计数的启动是否受外部中断请求信号控制，GATE=1，定时/计数器 T0 的启动除受 TR0 控制外，还受外部中断请求信号 $\overline{\text{INT0}}$(P3.2)的控制，只有 $\overline{\text{INT0}}$ 为高电平并且 TR0=1，T0 才能启动。定时/计数器的 T1 的启动除受 TR1 控制外，还受外部中断请求信号 $\overline{\text{INT1}}$(P3.3)的控制，只有 $\overline{\text{INT1}}$ 为高电平并且 TR1=1，T1 才能启动。这在定时/计数器工作需要与外部信号同步时非常有用。

如果 GATE=0，定时/计数器的启动不受外部中断请求信号控制。一般情况下，GATE=0。

9.2.2　定时/计数器的控制寄存器 TCON

控制寄存器 TCON 用于控制定时/计数器的启动、停止和记载溢出情况。控制寄存器 TCON 的结构如图 9-3 所示。

D7	D6	D5	D4	D3	D2	D1	D0
TF1	TR1	TF0	TR0	IE1	IT1	IE0	IT0

图 9-3　定时/计数器的控制寄存器 TCON

TF1：定时/计数器 T1 的溢出标志位，当 T1 计满溢出时，由硬件使 TF1=1，可以使用此信号向 CPU 申请中断，在中断程序中要清 TF1。

TF0：定时/计数器 T0 的溢出标志位，当 T0 计满溢出时，由硬件使 TF0=1，可以使用此信号向 CPU 申请中断，在中断程序中要清 TF0。

TR1：定时/计数器 T1 的启动位，TR1=1，定时/计数器 T1 启动；TR1=0，定时/计数器 T1 停止。该信号可由软件置位或清 0。

TR0：定时/计数器 T0 的启动位，TR0=1，定时/计数器 T0 启动；TR0=0，定时/计数器 T0 停止。该信号可由软件置位或清 0。

TCON 的低 4 位用于中断控制，前面章节已介绍。

9.3　定时/计数器的工作方式

1. *方式 0*

方式 0 是 13 位的定时/计数方式，因而最大计数值(满值)为 2 的 13 次幂，等于 8192。

如计数值为 N，则置入的初值 X 为：

$$X=8192-N$$

如定时/计数器 T0 的计数值为 1000，则初值为 8192-1000=7192，TH0=7192/256，TL0=7192%256。

2. 方式 1

方式 1 的结构与方式 0 结构相同，只是把 13 位变成 16 位，16 位的加法计数器被全部用上。由于是 16 位的定时/计数方式，因而最大计数值(满值)为 2 的 16 次幂，等于 65536。如计数值为 N，则置入的初值 X 为：

$$X=65536-N$$

如定时/计数器 T0 的计数值为 1000，则初值为 65536-1000=64536，TH0=64536/256，TL0=64536%256。

3. 方式 2

方式 2 下，16 位的计数器只用了 8 位来计数，用的是 TL0(或 TL1)这 8 位来进行计数，而 TH0(或 TH1)用于保存初值。当 TL0(或 TL1)计满时则溢出，一方面使 TF0(或 TF1)置位，另一方面 TH0(或 TH1)的值就自动装入 TL0(或 TL1)。

由于是 8 位的定时/计数方式，因而最大计数值(满值)为 2 的 8 次幂，等于 256。如计数值为 N，则置入的初值 X 为：

$$X=256-N$$

如定时/计数器 T0 的计数值为 100，则初值为 256-100=156，则 TH0= TL0=156。

注意：

由于方式 2 计满后，自动地把 TH0(或 TH1)的值装入 TL0(或 TL1)中，因此使用方便，T1 工作方式 2 常用作串行通信的波特率发生器或信号发生器的信号源。

4. 方式 3

方式 3 只有定时/计数器 T0 才有，当 M1 M0 两位为 11 时，定时/计数器 T0 工作于方式 3。

方式 3 下，定时/计数器 T0 被分为两个部分 TL0 和 TH0，其中，TL0 可作为定时/计数器使用，占用 T0 的全部控制位：GATE、C/T、TR0 和 TF0；而 TH0 固定只能作定时器使用，对机器周期进行计数，这时它占用定时/计数器 T1 的 TR1 位、TF1 位和 T1 的中断资源。

由于使用复杂，在实际应用中，如果定时/计数器数目不够，常使用 MCS-52 系列单片机(MCS-52 系列多一个定时/计数器)，而不用 MCS-51 系列单片机的方式 3。

9.4　定时/计数器的初始化编程及应用

9.4.1　定时/计数器的初始化

MCS-51 单片机定时/计数器初始化过程如下：

(1) 根据要求选择方式，确定方式控制字，写入方式控制寄存器 TMOD；

(2) 根据要求计算定时/计数器的计数值，再由计数值求得初值，写入初值寄存器；

(3) 根据需要开放定时/计数器中断(后面须编写中断服务程序)；

(4) 设置定时/计数器控制寄存器 TCON 的值，启动定时/计数器开始工作；

(5) 等待定时/计数时间到，则执行中断服务程序；如用查询处理则编写查询程序判断溢出标志，溢出标志等于 1，则进行相应处理。

9.4.2 定时/计数器的应用

通常利用定时/计数器来产生周期性的波形。利用定时/计数器产生周期性波形的基本思想是：利用定时/计数器产生周期性的定时，定时时间到则对输出进行相应的处理。如产生周期性的方波只需定时时间到对输出端取反一次即可。

不同的方式定时最大值不同，使用场合也不一样，如定时时间短，希望形成周期性的定时，可以选方式 2，因为它是自动重装的，形成周期性的定时不需重置初值，程序简单。

如定时时间较长，可选方式 0 或方式 1；如果一个定时器定时时间满足不了要求，可以采用两个连用或软硬件结合方式。

例 9-1 设系统时钟频率为 12MHz，用定时器 T0 控制在 P1.0 口输出周期为 500μs 的方波。

分析：周期为 500μs 的方波，实际上就是在 P1.0 口产生每 250μs 高低变化一次的周期性波形。系统时钟频率为 12MHz，一个机器周期是 1μs， 250μs 就是计数 250 次。定时/计数器工作在方式 2，能满足要求，计数初值 X=256−250=6，则 TH0=TL0=6。

(1) 采用中断方式编程。

```
#include <reg52.h>
sbit P1_0=P1^0;
//----------------------------------------------------------------------
//  主程序
//----------------------------------------------------------------------
void main(void)
{
    TMOD=0x02;              //T0 工作方式 2
    TH0=TL0=0x06;           //计数初值 6
    EA=1;ET0=1;             //总中断允许,T0 中断允许
    TR0=1;                  //启动 T0
    while(1);               //等中断
}
//----------------------------------------------------------------------
//  T0 中断服务程序 ,1 是 T0 中断服务程序代码
//----------------------------------------------------------------------
void time0_int(void) interrupt 1
{ P1_0=! P1_0;}// P1.0 取反,产生周期为 500μs 的方波
```

前面已讲过中断程序编写，通过每个语句后面的注释可以看出，定时/计数器方式 2

中断方式编程很简单。

(2) 采用查询方式编程。

```
#include <reg52.h>
sbit P1_0=P1^0;
//------------------------------------------------------------------------
//  主程序
//------------------------------------------------------------------------
void main(void)
{
    TMOD=0x02;
    TH0=TL0=0x06;
    TR0=1;
    while(1)
    {
        if(TF0) { TF0=0; P1_0=! P1_0;}
    };
}
```

系统时钟频率为 12MHz 时，定时时间在 256 μs 以内，用方式 2 处理很方便。如果定时时间大于 256 μs 而小于 8192 μs，则可用方式 0 直接处理。如果定时时间大于 8192 μs 而小于 65536 μs，则可用方式 1 直接处理。如果定时时间大于 65536 μs 则要考虑用两个定时/计数器共同处理或采用一个定时/计数器配合软件处理。

系统时钟频率为 6MHz 时，定时时间可比上述情况大一倍。

例 9-2　设系统时钟频率为 12MHz，用定时器控制在 P1.1 口输出周期为 1s 的方波。根据上例，这时应产生 500ms 的周期性定时，定时到 P1.1 口取反即可。但是 500ms 太长，用一个定时器不能实现，这时有两个办法，一是用 T0 先产生 10ms(10000 μs)的定时，然后利用一个变量对定时次数进行计数，计 50 次 P1.1 口取反。二是利用 T1 计 T0 中断次数，到一定次数时间到 500ms，P1.1 口取反也可。

下面看第一种方法：

T0 产生 10ms(10000 μs)的定时，只能选方式 1，初值 X=65536−10000=55536，则 TH0=55536/256，TL0=55536%256。

程序如下：

```
#include <reg52.h>
sbit P1_1=P1^1;
int i;
//------------------------------------------------------------------------
//  主程序
//------------------------------------------------------------------------
void main(void)
{
```

```
    TMOD=0x01;// T0 工作方式 1
    TH0=(65536-10000)/256;
    TL0=(65536-10000)%256;
    EA=1;ET0=1;//总中断允许,T0 中断允许
    i=0;
    TR0=1;//启动 T0
    While(1)
}
//-----------------------------------------------------------------------
//  T0 中断服务程序,1 是 T0 中断服务程序代码
//-----------------------------------------------------------------------
void time0_int(void) interrupt 1
{
    TH0=(65536-10000)/256;
    TL0=(65536-10000)%256;
    i++;
    if(i= =50){ P1_1=! P1_1; i=0;}
}
```

第二种方法：用定时/计数器 T1 计数，工作于方式 2，定时/计数器 T1 计数时，计数脉冲从 P3.5 输入。

设 T0 为定时器，定时时间为 20ms，定时时间到，P3.5 输入一个计数脉冲，T1 计数到 25 次，时间是 500 ms，P1.1 口取反。

程序如下：

```
#include<reg51.h>
sbit P1_1=P1^1;
sbit P3_5=P3^5;
//-----------------------------------------------------------------------
//  主程序
//-----------------------------------------------------------------------
void main(void)
{
    TMOD=0x61;                    //T0 定时,工作方式 1;T1 计数,工作方式 2
    TH0=(65536-20000)/256;        // T0 定时 20ms
    TL0=(65536-20000)%256;
    TH1=256-25;                   // T1 计数,25 次
    TL1=256-25;
    EA=1;ET0=1;ET1=1;             //总中断允许,T0 中断允许、T1 中断允许
    TR0=1;                        //启动 T0
    TR1=1;                        //启动 T1
    While(1)
}
//-----------------------------------------------------------------------
//  T0 中断服务程序,1 是 T0 中断服务程序代码
```

```
//-------------------------------------------------------------------
void time0_int(void) interrupt 1
{
    TH0=(65536-20000)/256;
    TL0=(65536-20000)%256;
    P3_5=!P3_5
}
//-------------------------------------------------------------------
//  T1 中断服务程序,3 是 T1 中断服务程序代码
//-------------------------------------------------------------------
void time0_int(void) interrupt 3
{
    P1_1=!P1_1
}
```

例 9-3　利用 T0 计数点动开关闭合次数，并通过 P1 口在 D1～D8 上显示，原理图如图 9-4 所示。D1～D8 上显示的是二进制数，计数范围 0x00～0xFF。

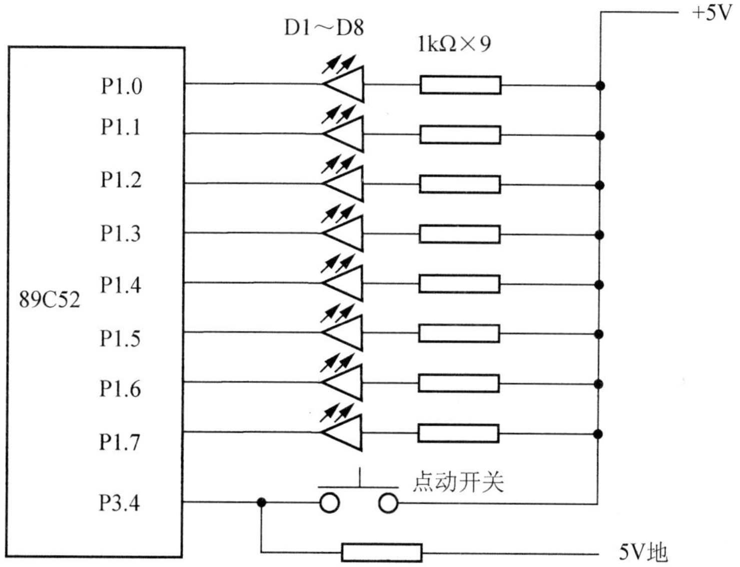

图 9-4　利用 T0 计数点动开关闭合次数

程序如下：

```
#include <reg52.h>

//-------------------------------------------------------------------
//  主程序
//-------------------------------------------------------------------
void main(void)
```

```
{
    TMOD = 0x05;                    //T0 方式 1,计数器
    TH0  = 0;
    TL0  = 0;
    TR0  = 1;                       //开始计数
    while (1) P1 = TL0;             //将计数结果送 P1 口
}
```

定时/计数器在嵌入式控制系统中的应用很广，T1 常用来作串行通信的波特率发生器，为减轻成本，虽然有专门硬件时钟芯片，但也常用定时/计数器作时钟或定时。

特别是定时/计数器作计数器使用，在工业上有广泛用途，例如，常需要对机械移动作精确定位，当这种移动是转动时，利用光电码盘将转动量转换为脉冲个数送微处理器；当这种移动是平动时，利用光栅尺或瓷栅尺将平动量转换为脉冲个数送微处理器，微处理器利用计数器来处理这类反馈。

定时/计数器在各类信号发生器中也有广泛应用。

例 9-4 用定时/计数器做电子时钟。

利用 CPU 的定时器和数码显示电路，设计一个电子时钟。格式如下：

XX XX XX 由左向右分别为：时、分、秒

设定时器工作于方式 2，系统主频 6MHz，每 100μs 中断一次，在中断服务程序中，对中断次数进行计数，计数 10000 次就是 1s。然后再对秒计数得到分和小时值，并送入显示缓冲区。显示子程序内容后面讲解，这里供参考。

程序如下：

```
#include <reg52.h>
#define LEDLen  6
#define Tick   10000           //10000×100μs = 1s
#define T100us  (256-50)       //100μs 时间常数(系统主频 6MHz,一个机器周期为 2μs)
unsigned char Hour, Minute, Second;
unsigned int C100us;           //100us 记数单元
xdata unsigned char OUTBIT _at_ 0x8002;  //数码管位控制口,数码管显示后面介绍
xdata unsigned char OUTSEG _at_ 0x8004;  //数码管段控制口
unsigned char LEDBuf[LEDLen];            //显示缓冲区
code unsigned char LEDMAP[] = {          //八段管显示码
    0x3F, 0x06, 0x5B, 0x4F, 0x66, 0x6D, 0x7D, 0x07,
    0x7F, 0x6F, 0x77, 0x7C, 0x39, 0x5E, 0x79, 0x71
};
//-------------------------------------------------------------------
//  显示程序
//-------------------------------------------------------------------
void DisplayLED(void)
{
    unsigned char i, j;
```

```
    unsigned char Pos;
    unsigned char LED;
    Pos = 0x20;                          //从左边开始显示
    for (i = 0; i < LEDLen; i++)
    {
        OUTBIT = 0;                      //关所有八段管
        LED = LEDBuf[i];
        OUTSEG = LED;
        OUTBIT = Pos;                    //显示一位八段管
        Delay(1);
    Pos >>= 1; }                         //显示下一位
}
//-----------------------------------------------------------------------
// 主程序
//-----------------------------------------------------------------------
void main(void)
{
    TMOD = 0x02;                         // T0 方式 2, 定时器
    TH0  = T100us;
    TL0  = T100us;
    IE = 0x82;                           // EA=1, IT0 = 1
    Hour   = 0;
    Minute = 0;
    Second = 0;
    C100us = Tick;
    TR0    = 1;                          //启动定时器 0
    while (1) {
        LEDBuf[0] = LEDMAP[Hour/10];                    //小时十位显示码
        LEDBuf[1] = LEDMAP[Hour%10] | 0x80;             //小时个位显示码和小数点
        LEDBuf[2] = LEDMAP[Minute/10];                  //分十位显示码
        LEDBuf[3] = LEDMAP[Minute%10] | 0x80;           //分个位显示码和小数点
        LEDBuf[4] = LEDMAP[Second/10];                  //秒十位显示码
        LEDBuf[5] = LEDMAP[Second%10];                  //秒个位显示码
    DisplayLED(); }
}
//-----------------------------------------------------------------------
// 定时器中断服务程序
//-----------------------------------------------------------------------
void T0_Int() interrupt 1
{
    C100us--;
    if (C100us = = 0) C100us = Tick;         //100μs 计数器为 0, 重置计数器
```

```
        {
            Second++;
            if (Second == 60) Second = 0;
            {
                Minute++;
                if (Minute == 60) Minute = 0;
                {
                    Hour++;
                    if (Hour == 24) Hour = 0;
                }
            }
        }
    }
```

9.4.3 PWM 调制与直流电机调速、直流电机位置控制

人们知道，步进电机可以利用给定脉冲个数控制距离、利用给定脉冲频率控制速度、利用给定脉冲相序控制转动方向。如果驱动直流电机如何解决以上问题呢？

1. 直流电机转向控制

直流电机给定直流电压就可以旋转，改变给定电压极性，即正负电压反向连接，直流电机就反转，一般驱动装置都可以通过简单控制实现直流电机转向控制。

2. 直流电机位置控制、脉冲当量、闭环控制系统

直流电机位置控制比步进电机复杂，常见做法是在电机轴上安装一个光电码盘，直流电机每转一圈，根据光电码盘精度可以发几百到数千个脉冲反馈给控制系统，控制系统对脉冲个数计数，再根据脉冲当量(一个脉冲使机械移动距离 δ 叫脉冲当量，δ 一般等于几μm～几十μm)计算出机械移动距离，进而控制位置。

步进电机位置控制系统是先根据脉冲当量和应走距离计算出应发多少脉冲，控制系统发出这些脉冲后并不对机械移动距离进行检测。这套系统在工业上叫“开环控制系统”；

直流电机位置控制系统是根据机械移动反馈脉冲和脉冲当量控制位置，这套系统在工业上叫“闭环控制系统”，由于驱动器一般是模拟电路，这套系统也称“数模混合闭环伺服控制系统”。闭环控制系统比开环控制系统复杂，但精度高，性能好，在精度要求较高场合应用很广。

3. 直流电机速度控制、PWM 调制、占空比

直流电机给定直流电压就可以旋转，给定的电压高，电机转速就高；给定的电压低，电机转速就低，这样控制给定电压大小就可以控制电机的转速。

在例 9-1 中，用定时器 T0 控制在 P1.0 口输出周期为 500μs 的方波，一个周期中高低电平各占 250μs。把高电平占整个周期的时间比率称为“占空比”，上面周期为 500μs 的方波的占空比为 50%。用占空比可以改变的方波控制直流电机，就可以改变直流电压输入平

均电压，进而控制电机速度。占空比可以改变的方波称为 PWM(Pulse-Width Modulation，脉宽调制)。

闭环伺服控制系统前向通道是利用 PWM 控制直流电机转速，后向通道利用反馈脉冲控制位置。数模混合闭环伺服控制系统框图如 9-5 示，下面仅给出 PWM 调制程序。

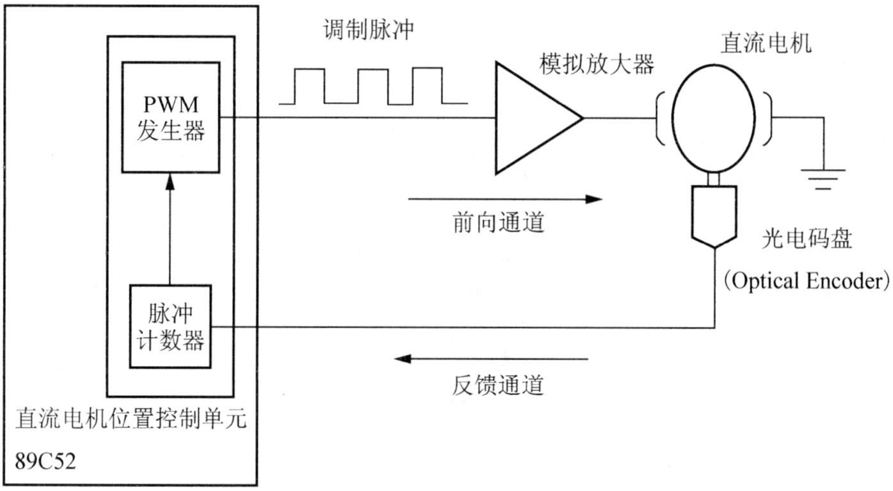

图 9-5　数模混合闭环伺服控制系统框图

例 9-5　PWM 调制程序。

```
#include <reg52.h>
sbit P1_0=P1^0; //启动、停止控制,P1_0=0,电源断开;P1_0=1,电源接通
sbit P1_1=P1^1; //加速键
sbit P1_2=P1^2; //减速键

unsigned char PWMH;          //高电平保持时间(以定时器定时时间的倍数计算)
unsigned char PWM;           //PWM 周期(以定时器定时时间的倍数计算)
unsigned char COUNTER;       //定时器定时时间
void K1CHECK();              //加速函数,占空比增加
void K2CHECK();              //减速函数,占空比减少
//--------------------------------------------------------------------
//  定时器 0 定时时间到中断服务函数
//--------------------------------------------------------------------
void INTT0() interrupt 1
{
    COUNTER++;                                 //计数值加 1
    if((COUNTER!=PWMH)&&(COUNTER= =PWM))       //如果一个周期时间到
    {
        COUNTER=1;                             //计数器复位
        P1_0=1;                                //P1.0 为高电平,进入下一周期
    }
```

```
    else if(COUNTER==PWMH)   //如果高电平时间到,发低电平
    P1_0=0;                  // P1.0 变为低电平
}
//------------------------------------------------------------------
//  主函数
//------------------------------------------------------------------
void main(void)
{
    PWMH=0x02;            //高电平保持时间,暂定 2 倍定时器定时时间
    COUNTER=0x01;         //定时器定时时间倍数,暂定 1 倍
    PWM=0x15;             //一个脉冲周期,暂定定时器定时时间的 15 倍
    TMOD=0x02;            //定时器 0 在模式 2 下工作
    TL0=256-200;          //定时器每 200μs 产生一次溢出,设 MCS-51 单片机主频 12MHz
    TH0=256-200;          //自动重装的值
    ET0=1;                //使能定时器 0 中断
    EA=1;                 //使能总中断
    TR0=1;                //开始计时
    while(1)
    {
    if(P1_1==0)
        K1CHECK();        //扫描 KEY1,如果按下,加速
        if(P1_2==0)
        K2CHECK();        //扫描 KEY2,如果按下,减速
    }
}


//------------------------------------------------------------------
//  加速函数,占空比增加
//------------------------------------------------------------------
void K1CHECK()            //加速函数
{
    while(P1_1= =0);      //等键松开再动作
    if(PWMH!=PWM)         //如果占空比不等于 100%,占空比增加
    {
        PWMH++;
        if(PWMH==PWM)     //如果占空比等于 100%
        {
            TR0=0;        //定时器停
            P1_0=1;       //最高速运行
        }
```

```
    }
}
//------------------------------------------------------------------
//  减速函数,占空比减少
//------------------------------------------------------------------
void K2CHECK()//减数函数
{
    while(P1_2= =0);        //等键松开再动作
    if(PWMH!=0x01)          //如果占空比不小于 2 倍定时时间,可以减速
    {
        PWMH--;
        if(PWMH= =0x01); //如果占空比变为最小
        {
            TR0=0;          //定时器停
            P1_0=0;         //电源停
        }

    }
}
```

例 9-6　看门狗电路设计。

嵌入式控制系统运行时受到外部干扰或者系统错误，程序有时会出现“跑飞”，导致整个系统瘫痪。为了防止这一现象的发生，在对系统稳定性要求较高的场合往往要加入看门狗(Watchdog)电路。看门狗电路的作用就是当系统“跑飞”而进入死循环时，恢复系统的运行。

看门狗电路的基本原理为：设本系统程序完整运行一周期的时间是 tp，看门狗的定时周期为 ti，且 ti>tp，在程序运行 1 个周期中修改 1 次(重新设定看门狗的定时周期为 ti)定时器的计数值(俗称“喂狗”)，只要程序正常运行，定时器就不会溢出；若由于干扰等原因使系统不能在 tp 时刻修改定时器的计数值，定时器将在 ti 时刻溢出，引发系统复位，使系统得以重新运行，从而起到监控作用。

在一个完整的嵌入式系统或单片机最小系统中通常都有看门狗定时器，且一般集成在处理器芯片中或用软件实现。看门狗实际上就是一个定时器，只是它在定时时间到时将自动引起系统复位。

程序：

```
#include <reg52.h>
(* reset)();//定义一个函数的指针
//------------------------------------------------------------------
//  主函数
//------------------------------------------------------------------
void main(void)
{
```

```
        TMOD=0x01;//T0 工作方式 1
        TH0=(65536-10000)/256;//定时时间假定 10ms,要比主程序执行时间长一些
        TL0=(65536-10000)%256;
        EA=1;ET0=1;//总中断允许,T0 中断允许
        TR0=1;//启动 T0
        while(1)//系统进入正常运行
        {
            …//运行主程序
        /*主程序运行结束,重新给 TH0 和 TL0 赋初值,(俗称"喂狗"),定时器就不会溢出*/
            TH0=(65536-10000)/256;
            TL0=(65536-10000)%256;
        }
    }
    //--------------------------------------------------------------------
    //  定时器 0 定时时间到中断服务函数
    //--------------------------------------------------------------------
    void to_int(void) interrupt 1 /*如果系统"跑飞"而进入死循环时,定时器将在 ti 时
刻溢出进入此定时器中断*/
    {
        reset= 0;//将 0 强制转换为函数的指针数据类型并赋给函数的指针 reset
        reset();//执行 reset,从 0 地址开始执行
    }
```

习　　题

1. 简述定时/计数器 T0、T1 工作原理和工作过程。
2. 定时/计数器 T0、T1 的方式寄存器 TMOD 各位的意义是什么？
3. 定时/计数器的控制寄存器 TCON 各位的意义是什么？
4. 简述定时/计数器 T0、T1 初始化过程。
5. 举身边例子，说明定时/计数器的应用。
6. 主频 12MHz 系统，采用方式 1，最大定时时间是多少？主频 6MHz 系统，方式 1，最大定时时间是多少？
7. 如果用一个定时器定时时间不够，有几种解决办法？
8. 定时/计数器作计数时对外部输入脉冲频率有什么限制？
9. 编写程序，使用 T0 工作于方式 2，在 P1.0 口输出周期为 400μs 的方波，占空比为 10∶1 的脉冲。

第 10 章

MCS-51 单片机串行接口

本章知识架构

- MCS-51单片机串行接口
  - 通信的基本概念
    - 串行通信和并行通信的概念
    - 同步通信和异步通信
    - 波特率
  - MCS-51单片机串行口结构和功能
    - 串行口功能、结构和控制
  - MCS-51单片机串口行工作方式
    - 串行口工作方式和方式设定
    - 串行口各工作方式过程
  - MCS-51单片机串行口编程和应用
  - RS-232、RS-422、RS-485通信介绍
    - 串行口波特率计算、初始化
    - 串口应用实例
  - 串行数据处理
    - 握手信号，数据校验，字符串操作

本章教学目标和要求

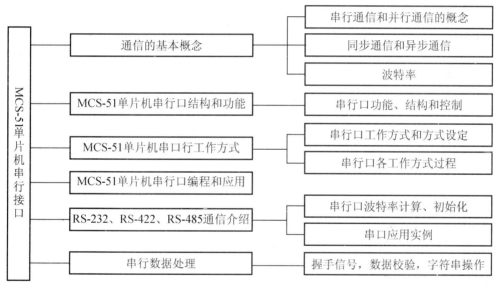

- 了解同步通信和异步通信的概念；
- 熟悉 MCS-51 单片机串行口的结构和功能；
- 熟练掌握串行口工作方式，特别是工作方式 1 的工作原理、工作方式字的设定；
- 熟练掌握串行口编程、特别是单机点对点通信；
- 熟练掌握 RS-232、RS-485 工作原理和软件编程。

10.1 通信的基本概念

1. 并行通信和串行通信

计算机与外界的通信有两种基本方式：并行通信和串行通信。

并行通信是一次发送和接收以字节为单位，发送信息量大，速度快，处理方便，缺点是需要硬件资源多，特别适合距离较近、需要传输速度快的场合。串行通信一次发送和接收以二进制位(bit)为单位，发送信息量小、速度慢、数据处理比并行通信复杂，但它的最大优点是节省资源，特别适合距离较远、对速度要求不高的场合。

2. 同步通信和异步通信

串行通信按信息的格式又可分为异步通信和同步通信两种方式。

串行异步通信方式的特点是数据在线路上传送时是以一个字符(字节)为单位逐位地传送，未传送时线路处于空闲状态。空闲线路约定为高电平“1”。传送的一个字符又称为一帧信息，传送时每一个字符前加一个低电平的起始位，然后是数据位，数据位可以是5～8位，低位在前，高位在后，数据位后可以带一个奇偶校验位，最后是停止位，停止位用高电平表示，它可以是1位、1位半或2位。

异步通信时字符间可以有间隔，间隔的位数不限，对发送和接收的时钟要求不高。在实际应用时，常采用三线制，因此线路简单。在嵌入式控制系统中用得最多。

根据通信设备的功能，异步通信有发送和接收可同时进行的双工，发送和接收分时进行的半双工，只能单方向进行的单工。MCS-51 单片机有一个能同时发送和接收数据的双工串口。

串行同步通信方式的特点是数据在线路上传送时以字符块为单位，一次传送多个字符，传送时须在前面加上一个或两个同步字符，后面加上校验字符。串行同步通信方式传送数据多，速度快，但要求控制线路复杂。在嵌入式控制系统中用得不多。

3. 波特率

波特率是指串行通信中，单位时间传送的二进制位数，单位为 bps。常用波特率表示串行通信的速度。在异步通信中，波特率一般为 50～115200bps。

10.2 MCS-51 单片机串行口功能与结构

1. 功能

MCS-51 单片机具有一个全双工的串行异步通信接口，可以同时发送、接收数据，发送、接收数据可通过查询或中断方式处理，使用十分灵活。

它有 4 种工作方式，分别是方式 0、方式 1、方式 2 和方式 3。其中：

方式 0，称为同步移位寄存器方式，一般用于外接移位寄存器芯片扩展 I/O 接口；

方式 1，10 位的异步通信方式，通常用于双机点对点通信，方式 1 在嵌入式控制系统中用得最多；

方式 2 和方式 3，11 位的异步通信方式，原来通常用于多机通信，现在由于有了功能强、价格低廉的 485 转换芯片，在工业上多采用方式 1、485 接口标准的多机通信，方式 2 和方式 3 用得不多。

2. 结构和工作原理

MCS-51 单片机串行口主要由发送数据寄存器、发送控制器、输出控制器、接收数据寄存器、接收控制器、输入移位寄存器等组成。

从用户使用的角度，它由 3 个特殊功能寄存器组成：发送数据寄存器和接收数据寄存器，它们都称为 SBUF(串行口数据寄存器)，但一个用于发送，一个用于接收。使用时由于操作指令不同，不会混淆。还有一个串行口控制寄存器 SCON。电源控制寄存器有一位 PCON 和串行信有关系。

MCS-51 单片机串行口结构如图 10-1 所示。

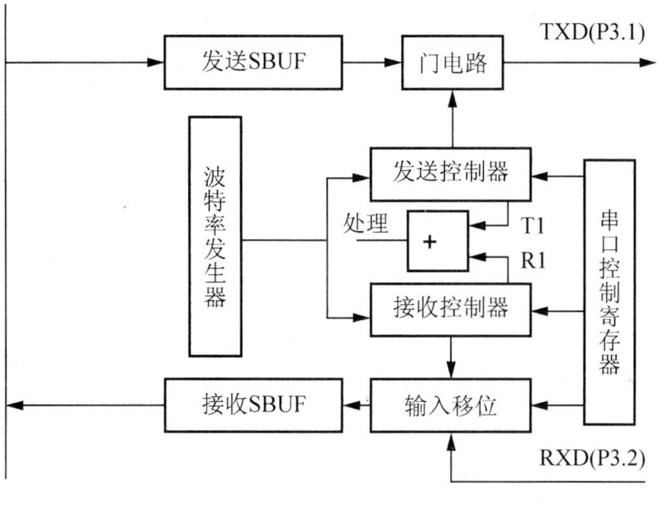

图 10-1　MCS-51 单片机串行口结构

发送数据时，执行一条向 SBUF 写入数据的指令，把数据写入串口数据发送寄存器，就启动了发送过程。在发送时钟的控制下，先发送一个低电平的起始位，接着把发送寄存器中的数据，按低位在前、高位在后的顺序一位一位地发送出去。最后发送一个高电平的停止位。一个字节发送完毕，数据发送寄存器“空”标志 TI 置位。

接收数据时，当串口控制寄存器中的 REN 位为 1，即串口允许接收数据时，接收器开始工作，经过一系列采样和条件判定，如果接收有效，则把接收的数据放到接收数据寄存器中，数据接收寄存器“有数据”标志 RI 置位。

利用标志 TI 和 RI，可以使用中断或查询方式处理数据的串行发送或接收。

3. 串口控制寄存器 SCON

串口控制寄存器 SCON 的结构如图 10-2 所示，它是 MCS-51 单片机的一个特殊功能寄存器，已在头文件<reg52.h>中定义，它每位有一个大写的名称，可以通过位名称进行位寻址，也可以以字节访问。

	D7	D6	D5	D4	D3	D2	D1	D0
SCON	SM0	SM1	SM2	REN	TB8	RB8	TI	RI

图 10-2　串口控制寄存器 SCON 的结构

SM0、SM1 是串口工作方式选择位，具体功能如表 10-1 所示。

表 10-1　串口工作方式选择

SM0	SM1	方　式	功能和使用	波　特　率
0	0	0	移位寄存器	主频/12
0	1	1	8 位异步通信	可变
1	0	2	9 位异步通信	主频/32 或主频/64
1	1	3	9 位异步通信	可变

SM2：多机通信控制位。当 SM2=1，是多机通信状态，在方式 2 或方式 3 接收数据时，如果 RB8=0，则接收的是对方寻址地址；如果 RB8=1，接收的是对方发来的数据。当寻址地址正确，此数据进入接收 SBUF，RI=1。SM2=0，是点对点的单机通信，接收数据不受 RB8 状态影响，数据进入接收 SBUF，RI=1。方式 0 和 1，SM2 应置 0。

REN：允许接收控制位。当 REN=1，则允许接收，当 REN=0，则禁止接收。

TB8：发送数据的第 9 位。用于多机通信。TB8=1，发送地址，TB8=0，发送数据。

RB8：接收数据的第 9 位。用于多机通信，用来存放对方发来的数据的第 9 位，在方式 1，SM2=0 时它实际接收到的是停止位。多机通信时 RB8=1，接收的是地址，RB8=0，接收的是数据。

TI：发送中断标志位。当发送 SBUF 空时，系统硬件使 TI=1，此时可以利用它向 CPU 申请中断，如中断允许，在中断服务程序中向发送 SBUF 写下一字节数据；如果采用查询方式发送数据，查询到 TI=1，说明发送 SBUF 空，可向发送 SBUF 写下一字节数据。

不管中断方式还是查询方式发送数据，发送数据后都要手工使 TI=0，以便当对方将数据取走后 TI 又变为 1，进入下一次发送。

RI：接收中断标志位。当接收 SBUF 有数据时，系统硬件使 RI=1，此时可以利用它向 CPU 申请中断，如中断允许，在中断服务程序中接收 SBUF 一字节数据；如果采用查询方式接收数据，查询到 RI=1，说明接收 SBUF 有数据，可读 SBUF 一字节数据。

不管中断方式还是查询方式接收数据，接收数据后都要手工使 RI=0，当对方发送下一字节数据时，RI 又变为 1，进入下一次接收。

在 MCS-51 系统中，串行通信的发送和接收中断共用一个中断向量，即一个中断服务程序入口，到底是发送还是接收中断，通过在程序中查 RI 和 TI 状态确定。

系统复位或上电时 SCON 清 0。

4. 电源控制寄存器 PCON

电源控制寄存器 PCON 结构如图 10-3 所示。它只有一位 SMOD，称波特率加倍位。

	D7	D6	D5	D4	D3	D2	D1	D0
PCON	SMOD							

图 10-3 电源控制寄存器 PCON 结构

当 SMOD 位为 1，则串行口方式 1、方式 2、方式 3 的波特率加倍。系统复位或上电时 PCON 清 0。由于 MCS-51 单片机工作频率常采用 6MHz 或 12MHz，相对较低，要想获得较高的通信速率，SMOD 位应置 1。在满足系统要求的情况下，通信频率选择低频，可以降低功耗，减少发热，有利系统稳定。

10.3 MCS-51 单片机串行口工作方式

10.3.1 方式 0

方式 0 通常用来外接移位寄存器，用作扩展 I/O 口。方式 0 工作时波特率固定为系统主频 fosc 的 1/12。工作时，串行数据通过 RXD 输入和输出，同步时钟通过 TXD 输出。发送和接收数据时低位在前，高位在后，长度为 8 位。

1. 发送过程

在 TI=0 时，当 CPU 执行一条向 SBUF 写数据的指令时，如 SBUF=i，就启动发送过程。经过一个机器周期，写入发送数据寄存器中的数据按低位在前、高位在后从 RXD 依次发送出去，同步时钟从 TXD 送出。8 位数据(一帧)发送完毕后，由硬件使发送中断标志 TI 置位，向 CPU 申请中断。

2. 接收过程

在 RI=0 的条件下，将 REN(SCON.4)置“1”就启动一次接收过程。串行数据通过 RXD 接收，同步移位脉冲通过 TXD 输出。在移位脉冲的控制下，RXD 上的串行数据依次移入移位寄存器。当 8 位数据(一帧)全部移入移位寄存器后，接收控制器发出控制信号，将 8 位数据并行送入接收 SBUF 中，同时，由硬件使接收中断标志 RI 置位，向 CPU 申请中断。方式 0 应用不多，具体见例 10-1。

例 10-1 利用方式 0 扩展并行 I/O 口，输入一组开关状态。

利用并入串出芯片 74LS165 和 MCS-51 单片机连接，74LS165 的 SH/LD 口接 P1.0，控制将并行数据置入寄存器中，74LS165 的输出 Qh 接 RXD，CP 接 TXD，CPINH 接地，如图 10-4 所示。

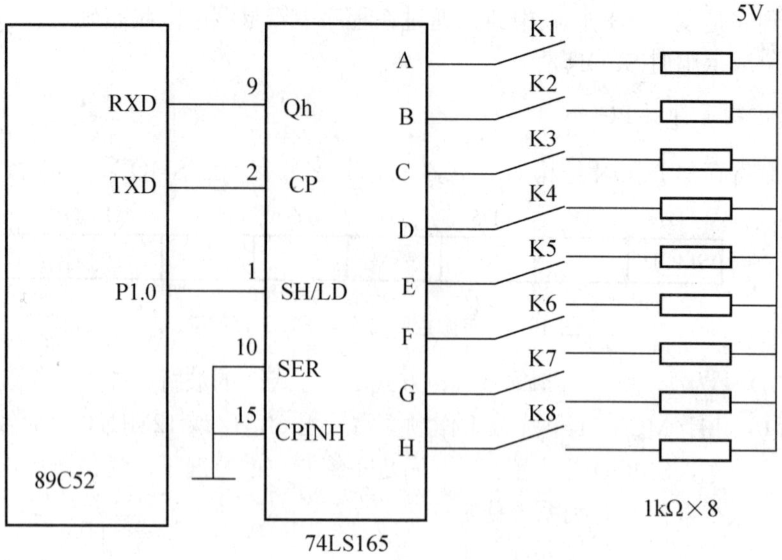

图 10-4　利用方式 0 扩展并行 I/O 口，输入一组开关状态

程序如下：

```
#include <reg52.h>
sbit LOAD=P1^0; //用 P1^0 控制 SH/LD 管脚
//--------------------------------------------------------------------
//  主程序
//--------------------------------------------------------------------
void main(void)
{
    unsigned char PA_data;
    LOAD=0;
    LOAD=1;                  //P1.0 输出高电平,74LS165 将并行数据置入寄存器中
    SCON =0x10;              //没串行口方式 0,允许接收,启动接收过程
    ES=0;                    //禁止串口中断
    while(RI==0);            //循环等待,接收到一个完整字节,RI=1,跳出循环
    RI=0;
PA_data=SBUF; }              //开关状态送 PA_data
```

10.3.2　方式 1

方式 1 为 8 位异步通信方式，在方式 1 下，一帧信息为 10 位：1 位起始位(低电平)，8 位数据位(低位在前)和 1 位停止位(高电平)。TXD 为发送数据端，RXD 为接收数据端。波特率可变，由定时/计数器 T1 的溢出率和电源控制寄存器 PCON 中的 SMOD 位决定。

即：波特率=2^{SMOD}×(T1 的溢出率)/32。

1. 发送过程

在 TI=0 时，当 CPU 执行一条向 SBUF 写数据的指令时，如 SBUF=i，就启动了发送过程。数据由 TXD 引脚送出，发送时钟由定时/计数器 T1 送来的溢出信号经过 16 分频或 32 分频后得到，在发送时钟的作用下，先通过 TXD 端送出一个低电平的起始位，然后是 8 位数据(低位在前)，其后是一个高电平的停止位，当一帧数据发送完毕后，由硬件使发送中断标志 TI 置位，向 CPU 申请中断，完成一次发送过程。

2. 接收过程

当允许接收控制位 REN 被置 1，接收器就开始工作，接收器以所选波特率的 16 倍速率对 RXD 引脚上的电平进行采样。当采样到从“1”到“0”的负跳变时(采样到启动位)，启动接收控制器开始接收数据。在接收移位脉冲的控制下依次把所接收的数据移入移位寄存器，当 8 位数据及停止位全部移入后，如果 RI=0、SM2=0，接收控制器发出“装载 SBUF”信号，将输入移位寄存器中的 8 位数据装入接收数据寄存器 SBUF，停止位装入 RB8，并置 RI=1，向 CPU 申请中断。

10.3.3　方式 2 和方式 3

方式 2 和方式 3 都为 9 位异步通信接口，接收和发送一帧信息长度为 11 位，即 1 个低电平的起始位，9 位数据位，1 个高电平的停止位。发送的第 9 位数据放于 TB8 中，接收的第 9 位数据放于 RB8 中。TXD 为发送数据端，RXD 为接收数据端。方式 2 和方式 3 的区别在于波特率不一样，其中方式 2 的波特率只有两种：fosc/32 或 fosc/64，方式 3 的波特率与方式 1 的波特率相同，由定时/计数器 T1 的溢出率和电源控制寄存器 PCON 中的 SMOD 位决定，即：波特率= 2^{SMOD} ×(T1 的溢出率)/32。

1. 发送过程

方式 2 和方式 3 发送的数据为 9 位，其中发送的第 9 位在 TB8 中，在启动发送之前，必须把要发送的第 9 位数据装入 SCON 寄存器中的 TB8 中。准备好 TB8 后，就可以通过向 SBUF 中写入发送的字符数据来启动发送过程，发送时前 8 位数据从发送数据寄存器中取得，发送的第 9 位从 TB8 中取得。一帧信息发送完毕，置 TI 为 1。

2. 接收过程

方式 2 和方式 3 的接收过程与方式 1 类似，当 REN 位置 1 时也启动接收过程，所不同的是接收的第 9 位数据是发送过来的 TB8 位，而不是停止位，接收到后存放到 SCON 中的 RB8 中，对接收是否有效判断也是用接收的第 9 位，而不是用停止位。其余情况与方式 1 相同。

10.4　MCS-51 单片机串行口编程和应用

10.4.1　串行口波特率计算

1. 串行口控制寄存器 SCON 位的确定

根据工作方式确定 SM0、SM1 位；对于方式 2 和方式 3 还要确定 SM2 位；如果是接收端，则置允许接收位 REN 为 1；如果是方式 2 和方式 3 发送数据，则应将发送数据的第

9 位写入 TB8 中。

2. 波特率计算

对于方式 0，不需要对波特率进行设置。

对于方式 2，设置波特率仅需对 PCON 中的 SMOD 位进行设置。

对于方式 1 和方式 3，设置波特率不仅需对 PCON 中的 SMOD 位进行设置，还要对定时/计数器 T1 进行设置，这时定时/计数器 T1 一般工作于方式 2(8 位可重置方式)，初值可由下面公式求得：

由于 $$波特率=2^{SMOD}\times(T1的溢出率)/32,$$

所以，$$T1的溢出率=波特率\times32/2^{SMOD}。$$

而 T1 工作于方式 2 的溢出率又可由下式表示：

$$T1的溢出率=fosc/(12\times(256-T1的初值))$$

所以，

$$T1的初值=256-fosc\times2^{SMOD}/(12\times波特率\times32)$$

MCS-51 单片机多使用 6MHz 或 12MHz 的主频，方式 1 常用波特率的 T1 初值见表 10-2。12MHz 的主频使用 11.0592MHz 晶振，所以表中只列主频 11.0592MHz 的情况。

表 10-2　常用波特率 T1 的初值表

工 作 方 式	波 特 率	主频 6MHz T1 的初值	主频 11.0592MHz T1 的初值
方式 1 或 3	19200		0xFD(SMOD=1)
	9600		0xFD(SMOD=0)
	4800		0xFA(SMOD=0)
	2400	0xF3(SMOD=1)	0xF4(SMOD=0)
	1200	0xE6(SMOD=1)	0xE8(SMOD=0)

10.4.2　串行口的编程步骤

1. 串口初始化

MCS-51 单片机的串口使用之前，必须对串口初始化。串口初始化的内容是指定串口工作方式、设置波特率、启动发送和接收。具体如下：

串口控制寄存器 SCON 各位的确定，根据工作方式确定 SM0、SM1 位；如果是多机通信还要确定 SM2；如果是接收端，REN 置 1；如果是方式 2 或方式 3，则应将发送数据的第 9 位写入 TB8 中。

2. 设置波特率

对方式 0，不用设置波特率。

对方式 2，设置波特率仅对 PCON 中的 SMOD 位进行设置。

对方式 1 或方式 3，波特率不仅对 PCON 中的 SMOD 位进行设置，因为在此方式下，串行通信的波特率由 T1 的溢出率决定，T1 要工作在 8 位自动重装方式，因此要根据波特率计算 T1 的初值。

常用波特率对应的 T1 初值在表 10-2 中可查到，如果查不到可按 10.4.1 中公式进行计算。

波特率= 2^{SMOD} ×(T1 的溢出率)/32

则 T1 的溢出率=波特率×32/ 2^{SMOD} = f_{OSC} /(12×(256−T1 的初值))

所以 T1 的初值=256 − f_{OSC} × 2^{SMOD} /(12×波特率×32)

通过相关公式可以看出，由于受到 f_{osc} 的限制，MCS-51 单片机串行通信的波特率不能太高，为了加速，SMOD 应置 1，但就是这样，波特率也达不到常用的 115200 bps。

对大多数嵌入式控制系统来说，MCS-51 单片机串行通信的波特率已能满足要求。

在满足系统要求的情况下，通信频率选择低频，可以降低功耗，减少发热，有利系统稳定。

74LS164 的 A&B 串行输入，CP 是串行输入的移位脉冲，$\overline{Rd}$ 是清除端，低电平有效。MCS-51 单片机的串口工作在方式 0，RXD 接 A，TXD 接 CP，如图 10-5 所示。开始 P1.0=0，Qa～Qh 输出低电平，D1～D8 全亮；延时一段时间后，串口按方式 0 输出，P1.0=1，$\overline{Rd}$ 无效，一个字节按低位在前。高位在后通过 RXD 串行移出，一个字节输出结束，TI 变 1，Qh 输出为 1，Qg～Qa 输出为 0，D8 灭，D1～D7 亮；延时后进行下一字节输出……。

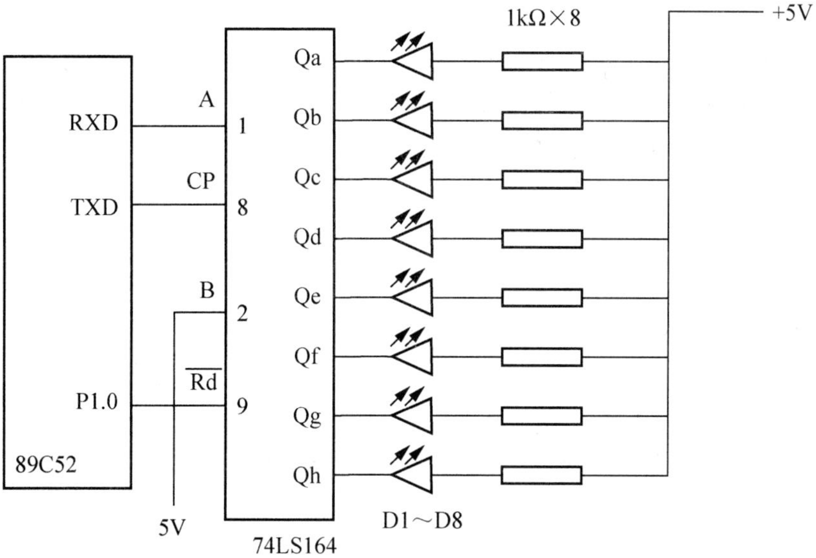

图 10-5　利用方式 0 扩展并行 I/O 口

程序如下：

```
#include <reg52.h>
P1_0=P1^0;
//----------------------------------------------------------------
//  主程序
//----------------------------------------------------------------
```

```
void main(void)
{ unsigned int i,j;
    SCON=0x00;
    j=0x01;
    P1_0=0;//全亮
    for(i=0;i<1000;i++);//延时
    while(1)
    { P1_0=1;
        SBUF=j;//从下到上延时轮流熄灭
        while(TI);// 一个字节输出结束,TI 变 1
        TI=0;
        for(i=0;i<1000;i++);
        j<<=1;
        if(j= =0x00)j=0x01;
    }
}
```

例 10-2 利用方式 1，实现点对点的双机通信。

在嵌入式控制系统中，如果通信的双方距离非常近，如在一个机械装置中，或只有几米并没有干扰，双机通信可以采用 TTL 电平的点对点通信。此时通信双方只用 3 根线实现简单连接。甲机的 TXD 接乙机的 RXD，甲机的 RXD 接乙机的 TXD，双方的地线相连。

具体如图 10-6 所示。将甲机片内 RAM 0x30～0x3F 的内容传到乙机片内 RAM 0x40～0x4F。

波特率选 1200bps，主机频率 12MHz，查表 10-2 可知，T1 初值 0xE8。

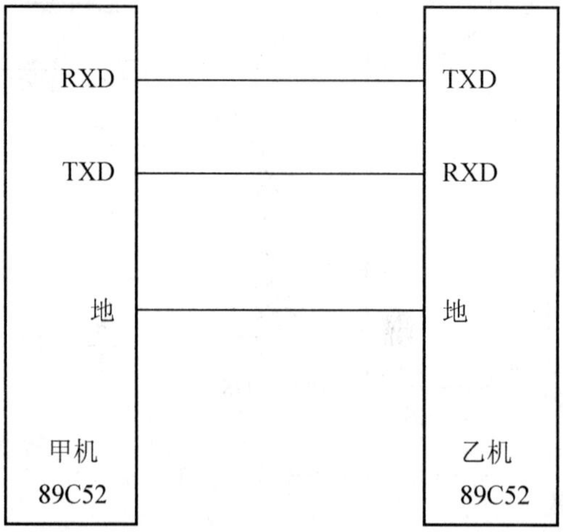

图 10-6　点对点的双机通信

甲机程序：

```
#include <reg52.h>
#include <absacc.h>
//----------------------------------------------------------------------
```

```
//  主程序
//-----------------------------------------------------------------
void main(void)
{
    unsigned char i;
    TMOD=0x20;//T1 方式 2,做波特率发生器
    TH1=TL1=0xE8;
    PCON=0x00;
    SCON=0x40;
    TR1=1;
    for(i=0;i<16;i++)
    {
        SBUF=DBYTE[0x30+i];
        while(TI= =0);
        TI=0;
    }
}
```

乙机程序：

```
#include <reg52.h>
#include <absacc.h>
//-----------------------------------------------------------------
//  主程序
//-----------------------------------------------------------------
void main(void)
{
    unsigned char i;
    TMOD=0x20;
    TH1=TL1=0xE8;
    PCON=0x00;
    SCON=0x50;
    TR1=1;
    for(i=0;i<16;i++)
    {
        while(RI= =0);
        RI=0;
        DBYTE[0x40+i] =SBUF;
    }
}
```

例 10-3　实现有握手信号和校验的双机通信。

在实际嵌入式系统中，虽然在距离很近时可以采用 TTL 电平的点对点通信，但为了通信的可靠性，一般在通信前通过握手信号建立链路，在通信中采用各种校验来保证信息传

输正确。在本例中，波特率选 1200bps，并假定甲机为主机，乙机是从机。

通信开始甲机先发一个查询信号 0xAA，乙机收到后应答 0xBB，甲机收到 0xBB 后，说明链路已建立，开始发送数据。假定发 10 个数据，在发送过程中，甲机对发送数据求和，在 10 个数据发送完毕后将数据和作为第 11 个数据发给乙方。然后接收乙方是否数据传输正确的代码，如果代码是 0x00，说明数据传输正确，结束通信。如果是 0xFF，说明数据传输不正确，甲方要重新发送。

乙方上电初始化后，接收允许，收到查询信号 0xAA 并回答 0xBB 后开始接收数据并对数据求和，接收结束，把此和与甲方发来的累加结果对比，如果相同说明数据传输正确，给对方发 0x00，结束通信。如果结果不正确则给甲方发 0xFF，要求甲方重新发送。

程序如下。

甲机发送：

```
#include <reg52.h>
unsigned char buf[10];
unsigned char pf;

//----------------------------------------------------------------------
//  主程序
//----------------------------------------------------------------------
void main(void)
{
    unsigned char i;
    TMOD=0x20;                 //定时器/计数器波特率选 1200bps 工作方式 2
    TL1=OxE8;                  //波特率选 1200bps,T1 初值
    TH1=OxE8;
    PCON=0x00;
    TR1=1;                     //启动 T1
    SCON=0x50;                 //串口工作方式 1,接收允许
    do{
        SBUF=0xAA;             //甲机给乙机发握手信号
        while(TI= =0);         //等乙机取走
        TI=0;                  //手工清 TI,准备下次发送
        while(RI= =0)          //等对方应答
        RI=0;                  //收到对方应答,手工清 RI,准备下次接收
      }
    while((SBUF^0xbb)!=0);     //应答信号是否 0xBB,是,链路建立,传数据
    do{
        pf=0;                  //累加器清 0
        for(i=0;i<10;i++)      //循环 10 次,每次发一个字节
        {
            SBUF=buf[i];       //发一个字节
```

```
            pf+=buf[i];        //累加器求和
            while(TI==0);      //等乙机取走
            TI=0;              //乙机取走,手工清 TI,准备下次发送
        }
    SBUF=pf;                   //最后发累加器和
    while(TI==0);              //等乙机取走
    TI=0;                      //手工清 TI,准备下次发送
    while(RI==0);              //等对方信息
    RI=0;                      //手工清 RI,准备下次接收
      }
    While(SBUF!=0);          //对方回答 0x00,发送正确,结束发送。如回答非 0x00,
回到前面
    }                          // do while()循环开始，重新发送
```

乙机接收：

```
    #include <reg52.h>
    unsigned char buf[10];
    unsigned char pf;
    //---------------------------------------------------------------------
    //  主程序
    //---------------------------------------------------------------------

    void main(void)
    {
        unsigned char i;
        TMOD=0x20;
        TL1=OxE8;
        TH1=OxE8;
        PCON=0x00;
        TR1=1;
        SCON=0x50;               //串口工作方式 1,接收允许
        do{
            while(RI= =0);   //接收握手信号,不是 0xAA,等。
            RI=0;
          }
        while(SBUF^0xAA!=0);
        SBUF=0xBB;               //收到甲方握手信号 0xAA,给甲方应答 0xBB
        while(TI==0);
        TI=0;

        while(1)
        {
            pf=0;
```

```
        for(i=0;i<10;i++)
        {
            while(RI==0);
            RI=0;
            buf[i]=SBUF;
            pf+=buf[i];
        }
        while(RI==0);
        RI=0;
        if((SBUF^pf)==0)          //校验,正确给甲方发 0x00
        {
            SBUF=0x00;break;
        }
        else
        {   //不正确给甲方发 0xFF
            SBUF=0xFF;
            while(TI==0);
            TI=0;
        }
    }
}
```

10.5 RS-232 和 RS-422、RS-485 通信

10.5.1 RS-232 通信

在嵌入式控制系统中，计算机串行接口在距离非常近和无干扰的情况下可以采用上述的 TTL 电平直接相连。此外，为了解决传输距离远，提高数据传输可靠性和抗干扰能力，还经常使用 RS-232 和 RS-422/RS-485 接口标准来完成串行通信。

RS-232C 是美国电子工业联盟(Electronic Industies Association，EIA)制定的串行数据通信的接口标准，全称是 EIA-RS-232，简称 RS-232。它被广泛用于计算机串行接口与外设连接。

RS-232 接口是标准串行接口，其通讯距离小于 15m，传输速率小于 20Kb/s。RS-232 标准是按负逻辑定义的，它的“1”电平在－5～－15V 之间，“0”电平在＋5～＋15V 之间。

从软件编程序来说，使用 TTL 接口和 RS-232 接口是一样的，只是在硬件接口要使用专用芯片将 TTL 电平转换为 RS-232 电平。这种转换芯片很多，如图 10-7 所示，是一款美信 TTL/RS-232 电平转换芯片。

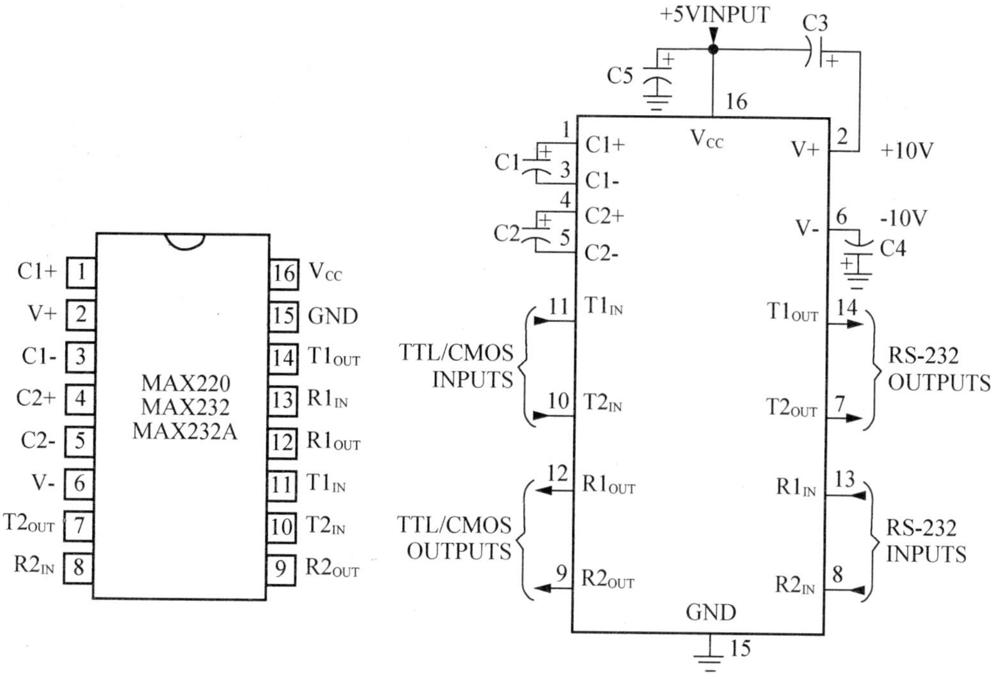

图 10-7 美信 TTL/RS-232 电平转换芯片

该芯片有两路输入和两路输出，接口非常简单，适合经常使用的三线制连接。

RS-232 常使用 9 针连接器，其中 5 脚是公共地，3 脚是发送 TD，2 脚是接收 RD。

虽然 RS-232 应用很广，但由于数据传输速率慢，通讯距离短，特别是在 100m 以上的远程通讯中难以让人满意，因此通常采用 RS-422，RS-449，RS-423 及 RS-485 等接口标准来实现远程通信。

10.5.2 RS-422 与 RS-485 串行接口

RS-422 由 RS-232 发展而来，它是为弥补 RS-232 之不足而提出的。为改进 RS-232 通信距离短、速率低的缺点，RS-422 定义了一种平衡通信接口，将传输速率提高到 10Mb/s，传输距离延长到 4000 英尺(速率低于 100Kb/s 时)，并允许在一条平衡总线上连接最多 10 个接收器。RS-422 是一种单机发送、多机接收的单向、平衡传输规范，被命名为 TIA/EIA-422-A 标准。为扩展应用范围，EIA 又于 1983 年在 RS-422 基础上制定了 RS-485 标准，增加了多点、双向通信能力，即允许多个发送器连接到同一条总线上，同时增加了发送器的驱动能力和冲突保护特性，扩展了总线共模范围。在高达 1000Kbps 速率下，通信长度可达 1200m，如果通信距离短，最大速率可达 10Mbps。RS-485 总线允许带 128 个驱动接收器，一般一个为主站，其他为从站。RS-485 是半双工工作模式，允许数据双向传输，但要分时使用总线。

RS-422、RS-485 与 RS-232 不一样，为提高抗干扰能力，数据信号采用差分传输方式，也称为平衡传输，它使用一对双绞线，将其中一线定义为 A，另一线定义为 B。

通常情况下，发送驱动器 A、B 之间的正电平在+2～+6V，是一个逻辑状态，负电平在-2～-6V，是另一个逻辑状态。另有一个信号地 C，在 RS-485 中还有一“使能”端，而在 RS-422 中这是可用可不用的。发送驱动器“使能”端是用于控制发送驱动器与传输线的切断与连接。当“使能”端无效时，发送驱动器处于高阻状态，称作“第三态”。

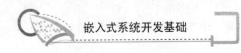

接收器端也有与发送端相对应的规定。收、发端通过平衡双绞线将 AA 与 BB 对应相连，当在接收端 AB 之间有大于+200mV 的电平时，输出正逻辑电平，小于-200mV 时，输出负逻辑电平。接收器接收平衡线上的电平范围通常在 200mV～6V。

将 TTL 电平转换为 RS-485 电平的转换芯片很多，如图 10-8 所示，是一款美国 TI 公司 TTL/RS-485 电平转换芯片 SN75LBC184 芯片。

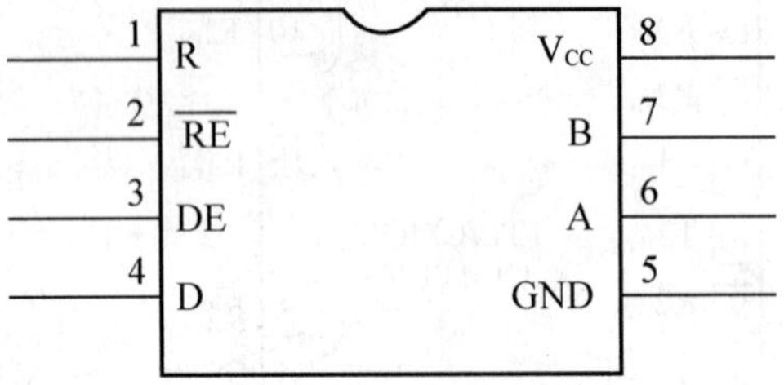

图 10-8　TI SN75LBC184 TTL/RS-485 电平转换芯片

单片机和 RS-485 接口之间可以直接连接，不必加其他芯片，但 PC 机只能和 RS-232 接口连接，要使 PC 和 RS-485 通讯的话，必须加上一个 485-232 转换器。

例 10-4　RS-485 串行接口通信。

RS-485 串行接口与 MCS-51 单片机可直接相连，但为了保护 MCS-51 单片机和系统稳定，应加光电隔离。硬件连接如图 10-9 所示。

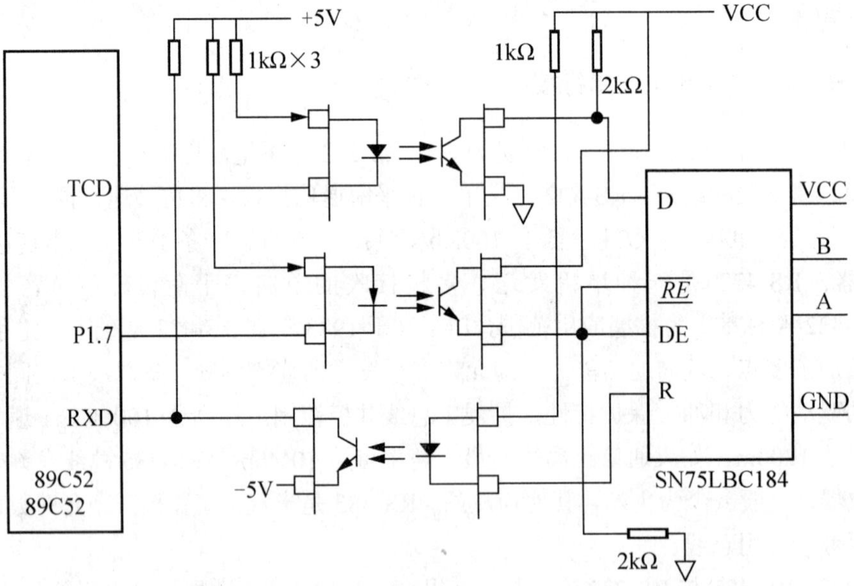

图 10-9　RS-485 接口与 MCS-51 单片机相连

RS-485 接口从站点程序如下：

```
#include <reg52.h>
#define sbit SFCTRL=P1^7//接收和发送控制
#define ADDRESS 0x01//本站地址
//------------------------------------------------------------------
//  主程序
//------------------------------------------------------------------
void main(void)
{
    SMODE=0x00;
    TMODE=0x20;//定时器 1 设为方式 2,作波特率发生器
    EA=0;
    TH1=0xF3;//主机频率 6MHz,波特率 1200bps,TH1=TL1 赋初值
    TL1=0xF3;
    SCON=0xD8;//串口模式 3,接收允许。TB8=1,发送数据的 9 位,发送地址标志。
    SFCTRL=0;
    TR1=1;//启动 TR1
    EA=1;//开中断
    ES=1;允许串口中断
    …
}
//------------------------------------------------------------------
//  串行通信中断程序
//------------------------------------------------------------------
void com_isr(void) interrupt 4
{
    char c;
    if(RI)
    {
        RI=0;
        c=SBUF;
        if(c= =0xFF)//是系统复位命令,复位
        {SM2=1;
            EA=1;//开中断
        }
    elseif(c= =0x01)//是呼叫本站
{SM2=0;
SFCTRL=1;
SBUF= ADDRESS;//将本站地址发给主机
while(TI= =0);
    TI=0;
    SFCTRL=0;//准备接收数据
```

```
//开始接收
...
    }
//不是呼叫本站,中断返回
}
```

例 10-5 MCS-51 单片机使用 RS-485 串行接口与台达变频器通信，控制电机转速。

分析：台达变频器可以远程控制，MCS-51 单片机使用 RS-485 串行接口，给变频器发命令，改变变频器的输出频率，进而控制电机转速。

利用变频器控制面板，设置变频器工作在远程控制模式，采用 RS-485 通信接口，站点号为 01，波特率 1200bps，无校验。变频器和 MCS-51 单片机的 RS-485 通信接口间采用三线制连接。

程序如下：

```
#include <reg52.h>
#define uchar unsigned char
#define uint unsigned int
uchar idata trdata[]={': ', '01', 'x1', '1500','CR','LF',0x00};
//起始字符 =':',站点=1,正转= x1,转速=1500,回车换行,结束
//-----------------------------------------------------------------------
//  主程序
//-----------------------------------------------------------------------
void main(void)
{
    uchar i;
    uint j;
    SMODE=0x00;
    TMODE=0x20;//定时器 1 设为方式 2,作波特率发生器
    EA=0;
    TH1=0xF3;//主机频率 6MHz,波特率 1200bps,TH1=TL1 赋初值
    TL1=0xF3;
    SCON=0xD8;//串口模式 3,接收允许。TB8=1,发送数据的 9 位,发送地址标志。
    TR1=1;//启动 TR1
    i=0;
    while(trdata[i]!=0x00)
    {
        SBUF= trdata[i];
        while(TI= =0);
        TI=0;
        i++;
    }
    for(j=0;j<10000;j++);
}
```

10.6 串行数据处理

1. 握手信号

在工业领域，传感器、控制仪表在和 MCS-51 单片机通信时大多采用字符串形式进行信息交换，单片机需要设备上传数据时会先发一个命令字串给传感器；当设备收到请求字符串，并经解析确定后便会送出单片机所需数据；单片机收到设备传回来的字符串会进行检查校验，如正确会传给设备一个接收成功字串；如传送失败，也会给设备一个接收失败并要求重新发送的字符串。

在双方数据传送中，一般使用 ASCII 中的控制字符作先导符或命令字符串中的分隔符，最常用的有：

```
NUL(nul,0x00),该字符含义是空项,删除或增加 NUL 可以修改信息格式;
SOH(0x01),表头开始符,表示每个文件名开始,而后才是文件的开始;
STX(0x02),表头结束,信息数据开始;
ETX(0x03),文本结束;
EOT(0x04),发送结束;
ACK(0x06),握手信号,认可;
NAK(0x25),握手信号,否认;
LF(0x0a),换行;
CR(0x0d),回车。
```

2. 传输数据校验

传输数据校验，最常用的数据校验方式有奇校验、偶校验和 CRC 校验。

奇偶校验有两种：偶校验与奇校验。如果选择偶校验，一组给定数据位中 1 的个数是奇数，那么校验位就置为 1，从而使得总的 1 的个数是偶数；如果给定一组数据位中 1 的个数是偶数，那么校验位就置为 0，使得总的 1 的个数还是偶数。

如果选择奇校验，一组给定数据位中 1 的个数是奇数，那么校验位就置为 0，从而使得总的 1 的个数是奇数；如果给定一组数据位中 1 的个数是偶数，那么校验位就置为 1，使得总的 1 的个数还是奇数。

如果传输过程中奇偶校验错，表示传输过程有错误发生。因此，奇偶校验是一种错误检测，但是由于没有办法确定哪一位出错，所以它不能进行错误校正。发生错误时必须扔掉全部的数据，然后从头开始传输数据。在噪声很多的媒介上成功传输数据可能要花费很长的时间，甚至根本无法实现。但是奇偶校验位也有它的优点，就是很容易用硬件实现。

在串行数据通信中，常用的格式是 7 个数据位、1 个校验位、1～2 个停止位。这种格式非常适合 7 位 ASCII 字符和 1 位奇偶校验位的传输。

在串行通信中，奇偶校验位通常是由 UART 这样的接口硬件生成、校验的。在接收方，通过接口硬件中的寄存器的状态位传给 CPU 以及操作系统。错误数据的恢复通常是通过重新发送数据。

循环校验码(CRC 码)校验：是数据通信领域中最常用的一种差错校验码，其特征是信息字段和校验字段的长度可以任意选定。

由于产生 CRC 校验码较复杂，一般需要 CRC 校验的设备多给出 CRC 生成函数 g(x)，用户只要按 g(x)计算即可。

3. 字符串的操作

在工业上由于通信时大多采用字符串形式进行信息交换，所以经常使用一些字符串操作函数来对接收的信息进行操作。这些函数大多在头文件 string.h 中，所以程序要引用头文件 string.h。

例如，接收到一串信息后要计算字符长度，用：

```
int  strlen(char * src);
```

strlen(char * src) 返回串 src 中的字符个数，包括结束符。

又例如信息字串中多用“，”作数据分隔符、用“！”作结束符，所以要查找这些字符的位置，就要用到：

```
char  *strchr (const  char *string ,char  c);
int  strpos(const  char *string,char  c);
```

strchr 搜索 string 串中第一个出现的字符 c，如果找到则返回指向该字符的指针，否则返回 null。被搜索的字符可以是串结束符，此时返回值是指向串结束符的指针。strpos 的功能与 strchr 类似，但返回的是字符 c 在串中出现的位置值，string 中首字符的位置值是 0。

此外字符串的拆分、组合、连接、比较还要用到其他一些函数，此处不一一列举。

习　题

1. 什么是同步通信？什么是异步通信？
2. 单工、半双工、双工通信的区别是什么？
3. MCS-51 单片机串行口有几种工作方式，各种工作方式适用场合是什么？
4. 串口工作方式 1 用什么作波特率发生器？
5. 学会用查表的方法计算串口工作方式 1 时 T1 初值。
6. MCS-51 单片机主频较低，如何提高串行通信的波特率？
7. TTL、RS-232 和 RS-422/RS-485 通信标准有哪些不同？各适用哪些场合？
8. 看懂例 10-4 实现有握手信号和校验的双机通信程序。
9. 上网查询美信 TTL/RS-232 电平转换芯片的使用。
10. 上网查询 CRC 校验原理和程序编写。
11. 如何将以字符串形式传输的数据转换为十进制整数？
12. 如何去掉传送来的信息串中前后多余空格和控制字符？
13. 如何查找传送来的信息串中“，”和“！”位置？
14. 如何将传送来的信息串中“，”前字串和“，”后字串分成两个字串分别保存？

第 4 篇

MCS-51 单片机与外设接口

第 11 章 MCS-51 单片机与键盘和显示器的接口

本章知识架构

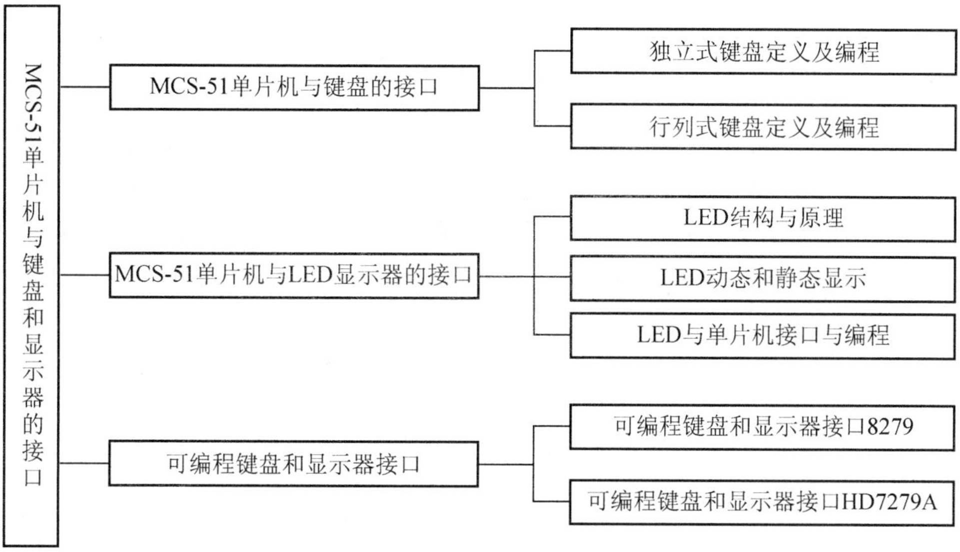

本章教学目标和要求

- 了解 MCS-51 单片机与独立式键盘的连接及编程;
- 了解 MCS-51 单片机与行列式键盘的连接及编程;
- 了解 LED 结构与原理;
- 了解 LED 与 MCS-51 单片机的连接及编程;
- 熟悉并掌握可编程键盘/显示器接口芯片 8279 与 MCS-51 单片机的连接及编程;
- 熟悉并掌握可编程键盘/显示器接口芯片 HD7279A 与 MCS-51 单片机的连接及编程。

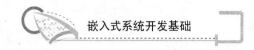

11.1 MCS-51 单片机与键盘的接口

11.1.1 独立式键盘

键盘实际上是一组开关的集合，平时开关总是处于断开(称常开键)或闭合(称常闭键)状态，当按下键时它才闭合(对常开键而言)或断开(对常闭键而言)。在计算机接口电路中常用的开关如图 11-1 所示。

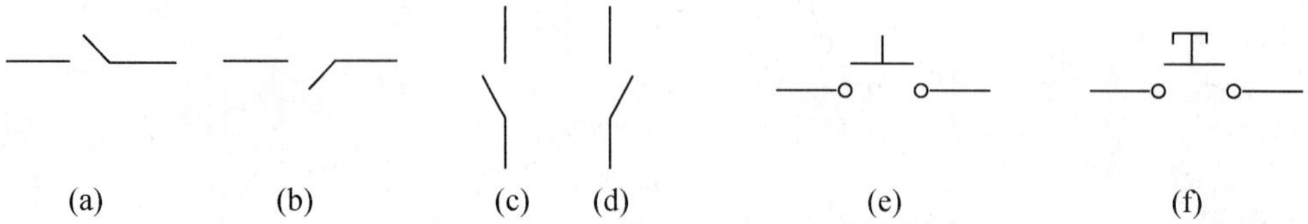

图 11-1 接口电路中常用的开关

图 11-1(a)、图 11-1(b)常用来表示继电器接点或手动钮子开关，上表示常开(a)，下表示常闭(b)；(c)、(d)常用来表示继电器接点，左表示常开(c)，右表示常闭(d)；(e)表示常开点动按钮，按下接通，松开恢复断开；(f)表示常开点动按钮，按下接通，并自锁，再次按恢复断开。在计算机键盘接口电路中，(e)使用最多。为防止干扰，一般(e)使用时按下接通计算机并不反应，接通后断开才反应。所有的计算机键盘接口电路都是这样设计的。

为了节省 I/O 口线，增加输入信息量，工业上还经常使用 8421 编码开关，8421 编码开关按“位”输出的 4 条线和单片机相应的 I/O 口线相连，可以输入 0x00～0x0F 这 16 个数字，占用 4 条口线表示 16 种状态，具体如图 11-2 所示。

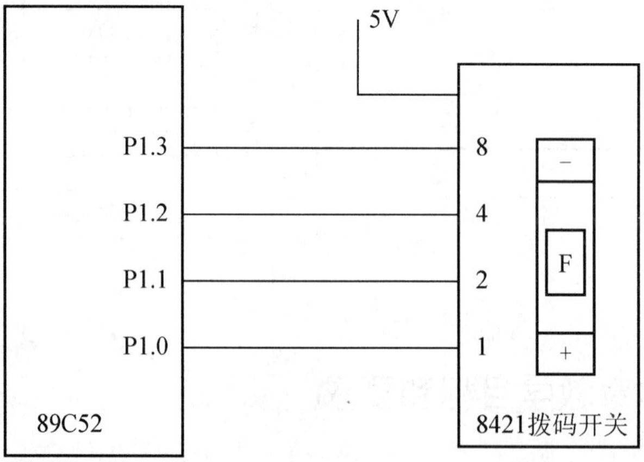

图 11-2 8421 编码开关按“位”和单片机口线相连

键盘或键是人机交流的输入设备，嵌入式控制系统大多具有小、巧、轻、灵、薄的特点，键用得很少，此时可以采用所谓“独立式”键盘，个别系统使用键盘较多可以采用专用键盘/显示接口芯片 8279 或 HD7279A。

独立式键盘如图 11-3 所示，由于占用口线较多，采用 I/O 扩展口来连接。如果键数较少，可每个键占用一条口线，通过查询或中断方式判断哪个键按下，程序简单，如图 11-4 所示。

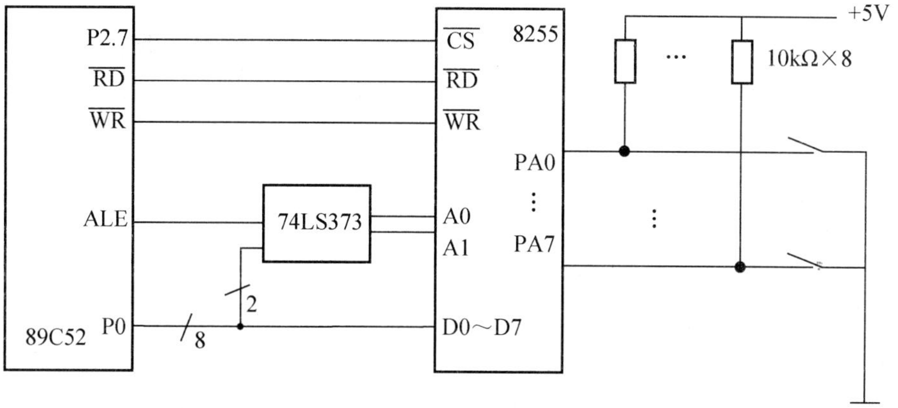

图 11-3　采用 I/O 扩展口连接独立式键盘

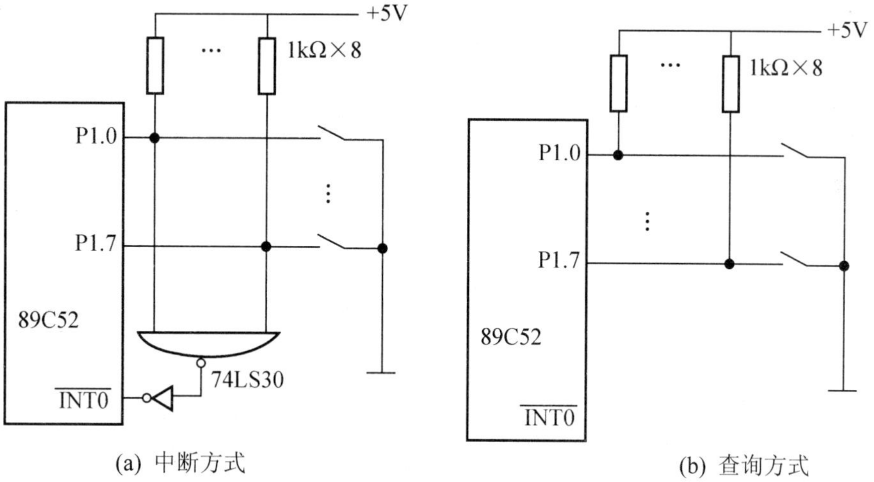

(a) 中断方式　　(b) 查询方式

图 11-4　独立式键盘每个键占用一条口线

图 11-4 中，每个口线的上拉电阻是必需要加的，在没有键按下时，口线通过上拉电阻被钳位到+5V，有键按下时口线接地，使信号电平明确，增加系统抗干扰能力。图 11-4 中 74LS30 是 8 输入与非门，它的原理图见图 11-5。

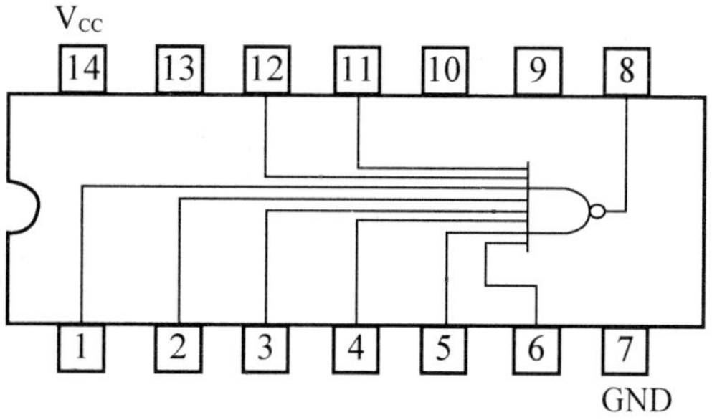

图 11-5　74LS30　8 输入与非门原理图

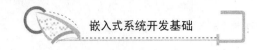

11.1.2 行列式键盘

行列式键盘也称矩阵式键盘。用 I/O 口线组成行、列结构，键位设置在行列的交点上。

矩阵键盘的连接方法有多种，可直接连接于单片机的 I/O 口线；可利用扩展的并行 I/O 口连接；也可利用可编程的键盘、显示接口芯片(如 8279、HD7279A)进行连接。在图 11-6 中，通过 8255A 扩展芯片接 4×8 行列式键盘。

行列式键盘的工作过程可分 3 步。

1. 首先检测键盘上是否有键按下

检测键盘上是否有键按下处理方法是：首先将列线送入全扫描字，读入行线的状态来判别。以图 11-6 为例，其具体做法是：PA 口输出 0x00，即所有列线置成低电平，然后将行线 PC0～PC3 电平状态读 CPU 中。如果有键按下，总会有一根行线电平被拉至低电平，从而使行输入状态不全为“1”。

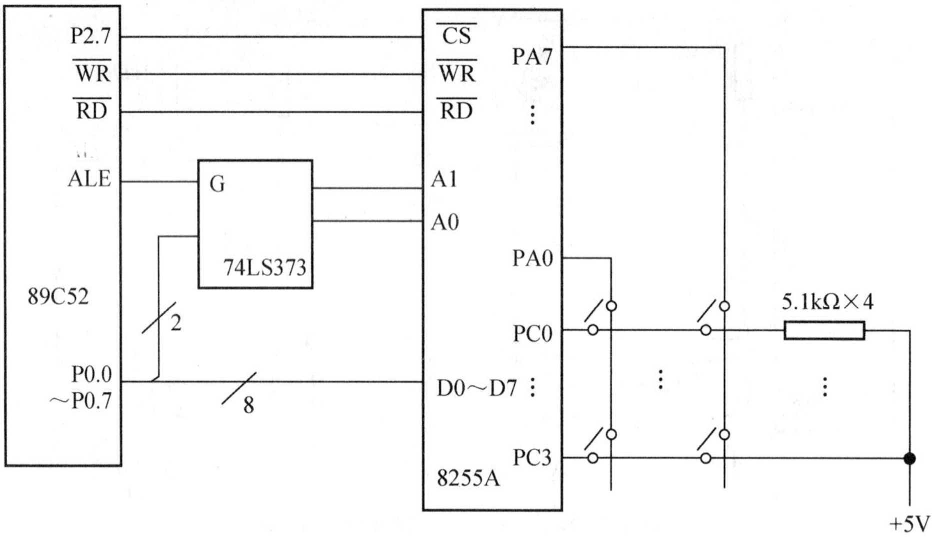

图 11-6 通过 8255 芯片接 4×8 行列式键盘

2. 识别键盘中具体哪一个键按下

将列线逐列置低电平，检查行输入状态，称为逐列扫描。其具体做法是：从 PA0 开始，依次输出“0”，置对应的列线为低电平，然后从 PC 口读入行线状态，如果全为“1”，则按下的键不在此列；如果不全为“1”，则按下的键必在此列，而且是该列与“0”电平行线相交的交点上的那个键。键盘编码方法很多，在逐列扫描时，记录下当前扫描列的列号，检测到第几行有键按下，利用行列号得到当前按键的编码。

3. 行列式键盘的软件编程

1) 查询工作方式

这种方式是直接在主程序中插入键盘检测子程序，主程序每执行一次键盘检测子程序被执行一次，如果没有键按下，则跳过键识别，直接执行主程序；如果有键按下，则通过键盘扫描子程序识别按键，得到按键的编码值，然后根据编码值进行相应的处理，处理完后再回到主程序执行。

例 11-1　键盘检测子程序

图 11-6 中，8255 的 A 口、B 口、C 口和控制口地址分别为 0x7F00、0x7F01、0x7F02、0x7F03。设 8255 在主程序中初始化时，已设定为 A 口方式 0 输出，C 口的低 4 为方式 0 输入。

```
#include <reg52.h>
#include <absacc.h>    //定义绝对地址访问
#define  uchar  unsigned  char
#define  uint  unsigned  int
#define PA_port XBYTE[0x7F00]
#define PB_port XBYTE[0x7F01]
#define PC_port XBYTE[0x7F02]
#define Ctrl_port XBYTE[0x7F03]
uchar  scankey(void)
uchar  keyscan(void)
//-----------------------------------------------------------------
//  主程序
//-----------------------------------------------------------------
void  main(void)
{
    uchar   key;
    Ctrl_port=0x81;//A 口方式 0 输出,C 口的低 4 为方式 0 输入。
    while(1)
    {key=keyscan();
        delay(2000);
    }
}
//-----------------------------------------------------------------
//  检测有无键按下函数,有返回 0xFF,无返回 0
//-----------------------------------------------------------------
uchar   checkkey()
{
    uchar   i;
    PA_port =0x00;
    i= PC_port;
    i&=0x0F;//去掉高 4 位
    if  (i= =0x0F)  return(0);
    else   return(0xFF);
}
//-----------------------------------------------------------------
```

```
//  键盘扫描函数,如果有键按下,则返回编码,无键按下,返回 0xFF
//------------------------------------------------------------------
uchar   keyscab()
{
    uchar   scancode;                              //定义列扫描码变量
    uchar   codevalue;                             //定义返回的编码变量
    uchar    m;                                    //定义行首编码变量
    uchar    k;                                    //定义行检测码
    uchar    i,j;
    if  (checkkey()==0)   return(0xFF);           //检测有无键按下,无则返回 0xFF
    else
    {
        delay(200);                                //延时消抖,延时程序略
        if(checkkey()= =0 ) return (0xFF);   //确认无键按下,返回 0xFF
        else//有键按下处理
        {
            scancode=0xFE;m=0x00          //列扫描码 scancode,行首码 m 赋初值
            for  (j=0; j < 8;j++)
            {
                k=0x01;
                PA_port =scancode;        //送列扫描码,第一次 PA0=0,
                for  (j=0; j < 4;j ++)     //从 PC0 到 PC3 逐行扫描,K 记录行号
                {
                 if (PC_port &k= =0)          //检测当前行是否有键按下
                 {  codevalue=m+j;            //按下,求编码
                    while(checkkey()! =0); //等待键位释放
                    return(codevalue);      //返回编码
                 }
                 k<<=1; //行检测码左移一位
                }
                m=m+8;                        //计算下一行的行首编码
                Scancode<<=1;                 //列扫描码左移一位,扫描下一列
            }
        }
    }
}
```

2) 定时扫描工作方式

定时扫描方式利用单片机的内部定时器产生定时中断(如 10ms)，当定时时间到时，CPU 执行定时器中断服务程序，对键盘进行扫描。如果有键位按下则识别出该键位，并执行相应的处理程序。定时扫描方式的键盘硬件电路与查询方式的电路相同，软件处理过程也大体相同

3) 中断工作方式

在计算机应用系统中，大多数情况下并没有键输入，但无论是查询方式还是定时扫描方式，CPU 都不断地对键盘检测，这样会大量占用 CPU 执行时间。为了提高效率，可采用中断方式，中断方式通过增加一根中断请求信号线(可参考图 11-4 (a))，当没有按键时无中断请求，有按键时，向 CPU 提出中断请求，CPU 响应后执行中断服务程序，在中断服务程序中对键盘进行扫描。具体处理与查询方式相同，可参考查询程序。

11.2　MCS-51 单片机与 LED 显示器接口

11.2.1　LED 显示器的结构与原理

在 MCS-51 单片机应用系统中，经常用到 LED 数码管作为显示输出设备。LED 数码管显示器显示信息简单，具有显示清晰、亮度高、使用电压低、寿命长、与单片机接口方便等特点。

LED 数码管显示器是由发光二极管按一定的结构组合起来的显示器件，在单片机应用系统中通常使用的是 8 段式 LED 数码管显示器，它有共阴极和共阳极两种，如图 11-7 所示。

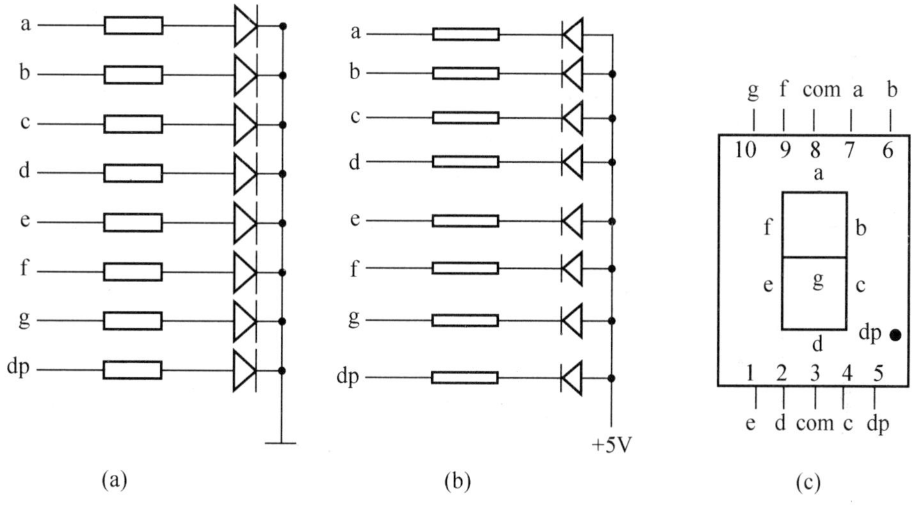

图 11-7　8 段式 LED 数码管结构图

图 11-7(a)是共阴极结构，使用时公共端接地，要哪根发光二极管亮，则使对应的阳极高电平。图 11-7(b)为共阳极结构，8 段发光二极管的阳极端连接在一起，阴极段分开控制，公共端接电源，要哪根发光二极管亮，则使对应的阴极端接地。

其中 7 段发光二极管构成 7 笔的字形“日”，一根发光二极管构成小数点。图 11-7(c)为引脚图，从 a～g 引脚输入不同的 8 位二进制编码，可实现不同的数字或字符，通常把控制发光二极管的 7(或 8)位二进制编码称为字段码。不同数字或字符其字段码不一样，对于同一个数字或字符，共阴极连接和共阳极连接的字段码也不一样，共阴极和共阳极的字段码互为反码，常见数字和字符的共阴极和共阳极字段码见表 11-1。

小知识：

除 8 段式 LED 数码管外，嵌入式系统有时会用到米字管，米字管在结构上和 8 段式 LED 显示器基本相同，只是比××段式 LED 多使用 9 支发光二极管，它们的结构比 8 段式 LED 管脚多，控制复杂，占用 I/O 口线多，所以很少使用。多用来表示一些符号，如显示±、∓、×、*等。

表 11-1　共阴极和共阳极字段码表

显 示 字 符	共阴极字段码	共阳极字段码	显 示 字 符	共阴极字段码	共阳极字段码
0	0x3F	0xC0	C	0x39	0xC6
1	0x06	0xF9	D	0x5E	0xA1
2	0x5B	0xA4	E	0x79	0x86
3	0x4F	0xB0	F	0x71	0x8E
4	0x66	0x99	P	0x73	0x8C
5	0x6D	0x92	U	0x3E	0xC1
6	0x7D	0x82	T	0x31	0xCE
7	0x07	0xF8	Y	0x6E	0x91
8	Ox7F	0x80	L	0x38	0x7C
9	0x6F	0x90	8	0xFF	0x00
A	0x77	0x88	全灭	0x00	0xFF
B	0x7C	0x83	…	…	…

11.2.2　LED 数码管显示器的译码方式

1. 硬件译码方式

硬件译码方式是指利用专门的硬件电路来实现显示字符到字段码的转换，这样的硬件电路有很多，比如 MOTOROLA 公司生产的 MC14495 芯片就是其中的一种，MC14495 是共阴极 1 位十六进制数到字段码转换芯片，能够输出用 4 位二进制表示形式的 1 位十六进制数的七位字段码，不带小数点。电路如图 11-8 所示。

MC14495 内部有由 2 部分组成：内部锁存器和译码驱动电路，在译码驱动电路部分还包括一个字段码 ROM 阵列，内部锁存器锁存输入的 4 位二进制数并对锁存器的 4 位二进制数进行译码。引脚信号 $\overline{LE}$ 是数据锁存控制器，当 $\overline{LE}$ =0 是输入数据，当 $\overline{LE}$ =1 时数据锁存于锁存器中，A、B、C、D 为 4 位二进制数输入端，a～g 7 位为字段码输出端，h 引脚为大于等于 10 的指示端，当输入数据大于等于 10 时，h 引脚为高电平，$\overline{VCR}$ 为输入 15 的指示端。

硬件译码时，要显示一个位数字，在 A、B、C、D 输入端输入该数的二进制形式即可，A 是最低位，D 是最高位。

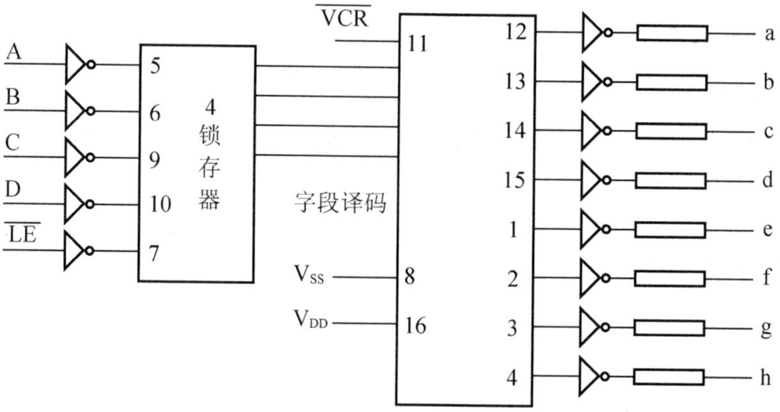

图 11-8　MC14495 结构

2. 软件译码方式

软件译码方式就是通过编写软件译码程序，通过译码程序来得到要显示的字符的字段码。

11.2.3　LED 数码管的显示

1. LED 静态显示

LED 静态显示时，其公共端直接接地(共阴极)或接电源(共阳极)，各段选线分别与 I/O 口线相连。要显示字符，直接在 I/O 线送相应的字段码。 由于占用 I/O 口线较多，实际上很少采用。

2. LED 动态显示方式

LED 动态显示是将所有数码管的段选线并接在一起，用一个 I/O 口控制，公共端不是直接接地(共阴极)或电源(共阳极)，而是通过相应的 I/O 口线控制。

设数码管为共阳极，它的工作过程为：第一步使右边第一个数码管的公共端 D0 为 1，其余数码管的公共端为 0，同时在 I/O 口线上送右边第一个数码管的共阳极字段码，这时，只有右边第一个数码管显示，其余不显示；第二步使右边第二个数码管的公共端 D1 为 1，其余的数码管的公共端为 0，同时在 I/O 口线上送右边第二个数码管的字段码，这时，只有右边第二个数码管显示，其余不显示，依此类推，直到最后一个，这样数码管轮流显示相应的信息，一个循环完后，下一循环又这样轮流显示，从计算机的角度看是逐个显示，但由于人的视觉滞留，只要循环的频率足够快，看起来所有的数码管都是一起显示了。这就是动态显示的原理。

11.2.4　LED 显示器与单片机的接口

LED 显示器从译码方式上有硬件译码方式和软件译码方式。从显示方式上有静态显示方式和动态显示方式。在使用时可以把它们组合起来。在实际应用时，如果数码管个数较少，通常用硬件译码静态显示，在数码管个数较多时，则通常用软件译码动态显示。

例 11-2　使用较多 LED 软件译码动态显示。硬件连接见图 11-9。图中 8 个 LED 显示器通过 8255 扩展口与 89C52 单片机相连，8255A 控制口、PA 口、PB 口地址分别是 0x7FF3、

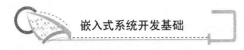

0x7FF0、和 0x7FF1。使用共阴极 LED 管。

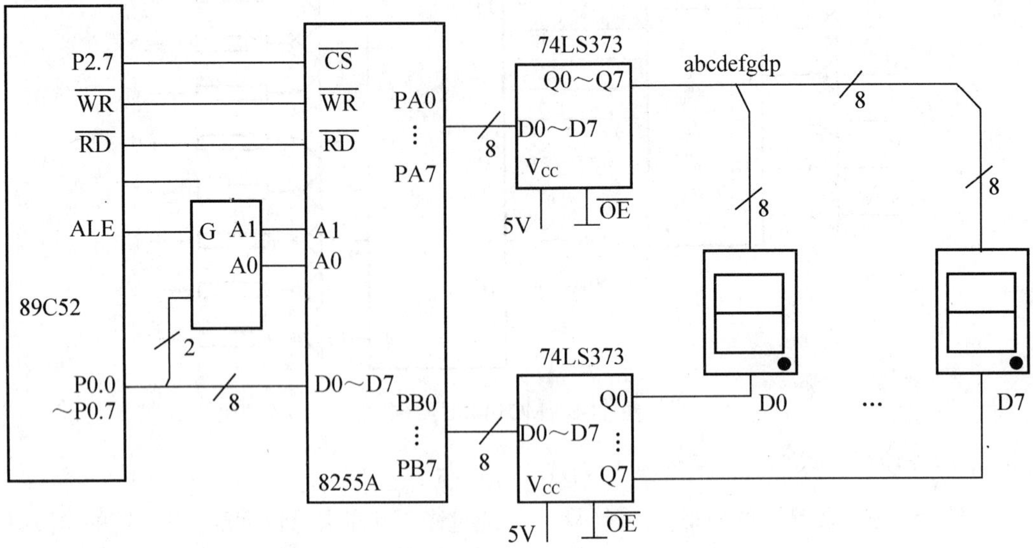

图 11-9　8 个数码管的控制电路

动态显示程序：

```
#include <reg52.h>
#include <absacc.h>    //定义绝对地址访问
#define uchar unsigned  char
#define uint  unsigned  int
void  delay(uint);    //声明延时函数
void  display(void);  //声明显示函数
uchar  disbuffer[8]={0,1,2,3,4,5,6,7};   //定义显示缓冲区
//-------------------------------------------------------------------
//  主程序
//-------------------------------------------------------------------
void  main(void);
{
    XBYTE[ 0x7FF3]=0x80;//8255A 初始化,PA 口、PB 口输出
    while(1)
    {
        display( );  //调显示函数
    }
}
//-------------------------------------------------------------------
//  延时程序
//-------------------------------------------------------------------
void  delay(uint i)      //延时函数
```

```
    {
        for  (j=0; j<i; j++);
    }
    //------------------------------------------------------------------
    //  显示程序
    //------------------------------------------------------------------
    void  display(void);
    {  uchar  codevalue[16]={0x3F,0x06,0x5B,0x4F,0x66,0x6D,0x7D,0x07,0x7F,
0x6F,0x77,0x7C, 0x39, 0x5E,0x79,0x71};    //0～F 的共阴极字段码表,
        uchar chocode[8]={0xFE, 0xFD, 0xFB, 0xF7, 0xEF, 0xDF, 0xBF, 0x7F};
// 位选码表
        uchar i, p,temp;
        for (i=0; i<8; i++)
        {
            p=disbuffer[i];                    //取当前显示的字符
            temp=codevalue[p];                 //查得显示字符的字段码
        XBYTE[0x7FF0]=temp;                    //PA 口送出字段码
        temp=chocode[i];                       //取当前的位选码
        XBYTE[0x7FF1]=temo;                    //PB 口送出位选码
        Delay(20);                             //延时
    }  }
```

程序中延时时间要在程序执行中调整，以达到最佳显示效果。

例 11-3　编写 6 位 8 段码 LED 显示电路驱动程序，实现对 LED 显示器的控制，用动态方式显示。8 位段码、6 位位码由两片 74LS374 输出。位码经 MC1413 倒相驱动后，选择相应显示位。

段码地址为 $\overline{CS1}$ =0x0000，位码输出地址为 $\overline{CS2}$ = 0x2000。硬件电路见图 11-10。

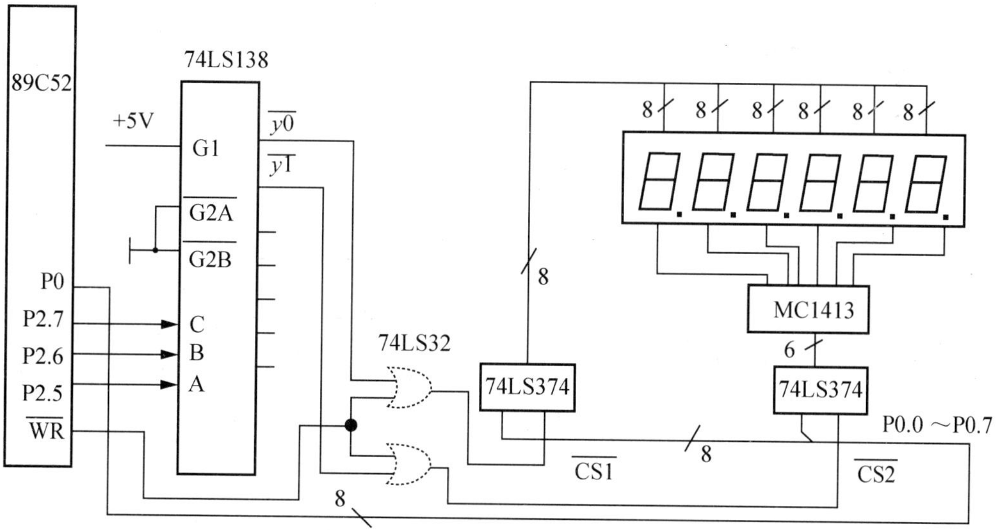

图 11-10　6 位 8 段码 LED 显示驱动电路

图 11-10 所示电路中使用了两片 74LS374，一片 MC1413，芯片原理如图 11-11 所示，74LS374 真值表见图 11-12。74LS374 的输出端 O0～O7 可直接与总线相连。允许控制端 $\overline{CE}$ 为低电平时，O0～O7 为正常逻辑状态，可用来驱动负载或总线。当 $\overline{CE}$ 为高电平时，O0～O7 呈高阻态，不驱动总线，也不为总线的负载。在时钟端 CP 脉冲上升沿的作用下，O0～O7 随数据 D0～D7 而变。

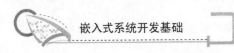

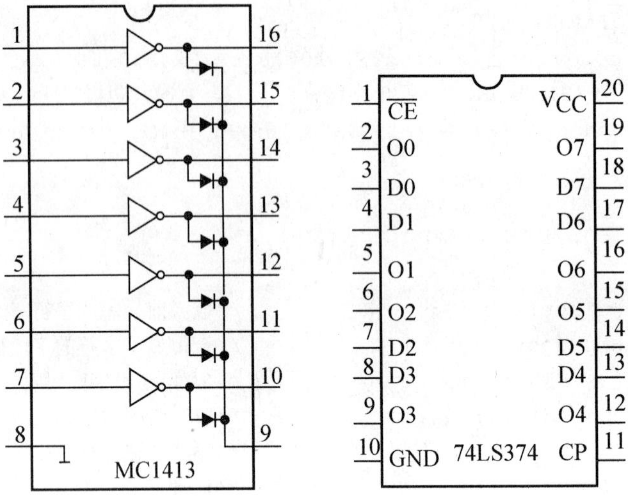

图 11-11　MC1413 和 LS374 芯片

D_N	CP	$\overline{CE}$	O_N
L	↑	L	L
H	↑	L	H
×	×	H	×

图 11-12　74LS374 真值表

MC1413 是反相驱动芯片，9 脚是续流保护输出端，当外负载断路时给反电动势一个泄流回路。图中使用的 74LS32 是 2 输入端 4 或门，它的原理图和真值表见图 11-13。

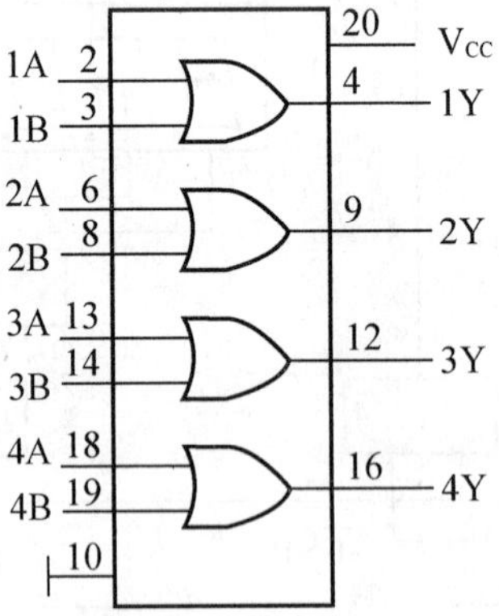

(a)

INPUT A	INPUT B	OUPUT
H	×	H
×	H	H
L	L	L

(b)

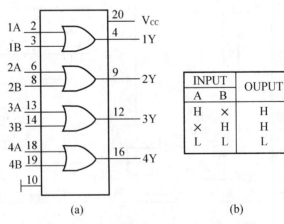

图 11-13　74LS32 2 输入端 4 或门原理图和真值表

参考程序：

```
#define LedLen 6
xdata unsigned char OutBit _at_ 0x2000;       //位控制口
xdata unsigned char OutSeg _at_ 0x0000;       //段控制口
unsigned char LedBuf[LedLen];                 //显示缓冲
code unsigned char LedMap[] = {               //8 段管显示码
    0x3F, 0x06, 0x5B, 0x4F, 0x66, 0x6D, 0x7D, 0x07,
    0x7F, 0x6F, 0x77, 0x7C, 0x39, 0x5E, 0x79, 0x71
};
//---------------------------------------------------------------------
//  延时程序
//---------------------------------------------------------------------
void delay(unsigned char cnt)
{
    unsigned char i;
    while (cnt-- !=0)
    for (i=100; i !=0; i--);
}
//---------------------------------------------------------------------
//  显示程序
//---------------------------------------------------------------------
void displayled()
{
    unsigned char i, j;
    unsigned char pos;
    unsigned char led;
    pos = 0x20;                           // 从左边开始显示
    for (i = 0; i < LedLen; i++) {
        OutBit = 0;                       // 关所有 8 段管
        led = LedBuf[i];
        OutSeg = led;
        OutBit = pos;                     // 显示一位 8 段管
        delay(1);
        pos >>= 1;                        // 显示下一位
    }
    OutBit = 0;                           // 关所有 8 段管
}
//---------------------------------------------------------------------
// 主程序
//---------------------------------------------------------------------
void main(void)
```

```
{
    unsigned char i = 0;
    unsigned char j;
    while(1) {
        LedBuf[0] = LedMap[ i & 0x0F];
        LedBuf[1] = LedMap[(i+1) & 0x0F];
        LedBuf[2] = LedMap[(i+2) & 0x0F];
        LedBuf[3] = LedMap[(i+3) & 0x0F];
        LedBuf[4] = LedMap[(i+4) & 0x0F];
        LedBuf[5] = LedMap[(i+5) & 0x0F];
        i++;
        for(j=0; j<30; j++)
        displayled();   // 调显示程序
    }
}
```

11.3 可编程键盘/显示接口芯片 8279

11.3.1 8279 内部结构和引脚

8279 是可编程的键盘显示接口芯片。能自动完成键盘扫描输入和 LED 扫描显示输出。键盘部分提供的扫描方式，可以与具有 64 个触点的键盘或传感器相连，能自动清除按键抖动，并实现多键同时按下的保护。

图 11-14 是 8279 内部结构框图，主要分为以下 6 个部分。

(1) I/O 控制及数据缓冲器。

(2) 定时器寄存器及定时控制。

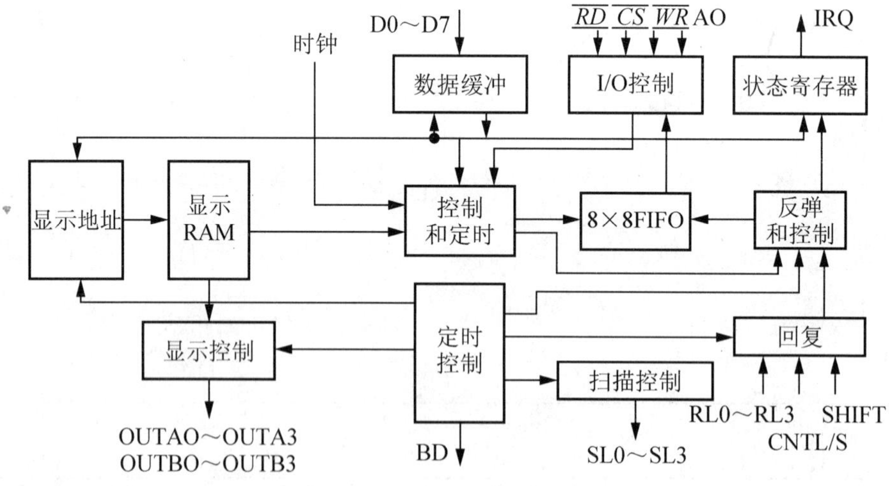

图 11-14 8279 内部结构框图

(3) 扫描计数器。

扫描计数器有两种工作方式。

① 编码工作方式。这时计数器作二进制计数，4 位扫描线 SL0～SL3 输出 4 位计数状态。这种计数状态只有经外部译码后，方可作为键盘和显示的扫描码。

② 译码工作方式。这时扫描计数器的最低 2 位经内部译码后，由 SL0～SL3 扫描线输出，其输出可直接用做键盘和显示的扫描码。

(4) 回复缓冲器，键盘反弹与控制。

自 RL0～RL7 输入 8 个回复信号线作为键盘的检测输入线，由回复缓冲器缓冲并锁存。

当某一键闭合时，该键的地址、附加的移位和控制状态、扫描码以及回复信号拼装成 1 字节键盘数据，送入 8279 内的 FIFO(先进先出)RAM，输入的键盘数据格式如下：

D7	D6	D5　D4　D3	D2　D1　D0
控制	移位	扫描	回复

其中，控制(D7)和移位(D6)的状态由引脚外接的两个互相独立的附加开关(Ctrl,Shift)决定，扫描(D5、D4、D3)是行(列)扫描编码，回复(D2、D1、D0)是回复线 RL0～RL7 的编码。扫描编码和回复编码反映了被按键的行、列位置。

(5) FIFO/传感器 RAM 是一个双功能的 8 字节 RAM，在键盘或选通方式工作时，它是 FIFO 寄存器。状态寄存器寄存 FIFO 的当前工作状态。

(6) 显示 RAM 和显示地址寄存器

显示 RAM 容量为 16B，在显示过程中，显示数据轮流从显示寄存器输出显示。

8279 的引脚如图 11-15 所示，引脚功能如图 11-16 所示。

OUTA0～OUTA3 和 OUTB0～OUTB3 用作外接显示器件的段选码端口，内部实现动态扫描显示，位选线由扫描线 SL0～SL3 提供。

D0～D7：双向三态总线，与系统数据总线相连。

CLK：时钟输入端。

RESET：复位输入。

$\overline{CS}$：片选。

A0：当 A0=1 时，为命令/状态；当 A0=0 时，为数据。

$\overline{RD}$, $\overline{WR}$：8279 的读/写信号线。

IRQ：中断请求输出线，高电平有效。

SL0～SL3：扫描输出线。

RL0～RL7：回复线。

SHIFT：移位控制信号，用于上、下档功能键切换。

CNTL/STB：控制/选通信号线，作为控制功能键。

OUTA0～OUTA3：A 组显示信号输出线。

OUTB0～OUTB3：B 组显示信号输出线。

$\overline{BD}$：显示消隐输出线。

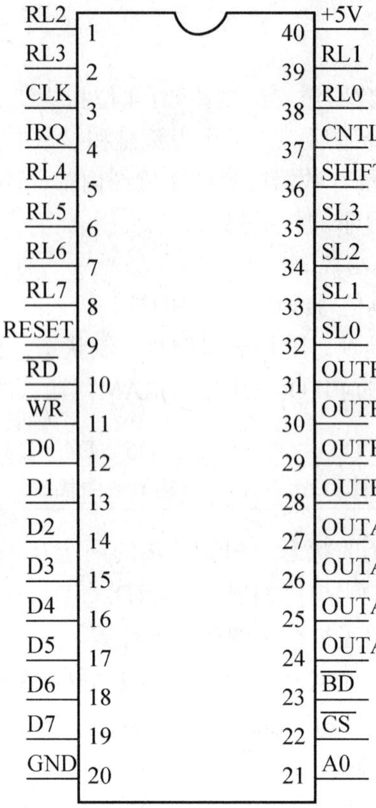

图 11-15　8279 的引脚

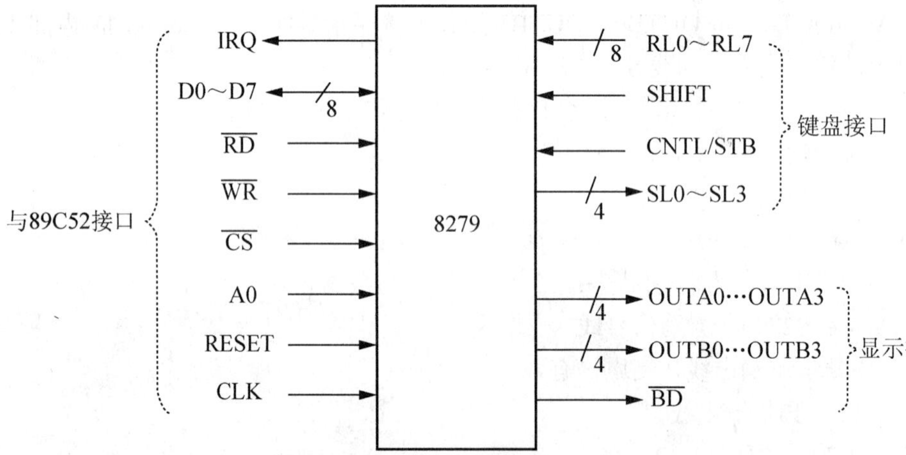

图 11-16　8279 引脚功能

11.3.2　8279 的命令字和状态字

8279 有 8 个可编程的命令字，用来设定键盘(传感器)、LED 显示器的工作方式和实现对各种数据的读、写操作。

1. 8279 的命令字

1) 键盘/显示方式设置命令

D7	D6	D5	D4	D3	D2	D1	D0
0	0	0	D	D	K	K	K

(1) D7、D6、D5=000，为方式设置命令字标志。

(2) DD(D4、D3)设定显示方式：

DD =00，8 个字符显示，左入口；

DD =01，16 个字符显示，左入口；

DD =10，8 个字符显示，右入口；

DD =11，16 个字符显示，右入口。

(3) KKK(D2、D1、D0)：用来设定 7 种键盘工作方式：

KKK =000，编码扫描键盘，双键锁定；

KKK =001，译码扫描键盘，双键锁定；

KKK =010，编码扫描键盘，N 键轮回；

KKK =011，译码扫描键盘，N 键轮回；

KKK =100，编码扫描传感器矩阵；

KKK =101，译码扫描传感器矩阵；

KKK =110，选通输入，编码显示扫描；

KKK =111，选通输入，译码显示扫描。

2) 编程时钟命令

D7	D6	D5	D4	D3	D2	D1	D0
0	0	1	P	P	P	P	P

D7、D6、D5=001：时钟分频次数命令标志。

PPPPP(D4、D3、D2、D1、D0)：用来设定对 CLK 端输入时钟的分频次数 N，N=2～31。

3) 读 FIFO/传感器 RAM 命令

D7	D6	D5	D4	D3	D2	D1	D0
0	1	0	AI	×	A	A	A

D7、D6、D5=010 是读 FIFO/传感器 RAM 命令标志。

AAA(D2、D1、D0)是要读传感器 RAM 地址。

AI(D4)是自动 RAM 地址增加标志，AI=0，每读出一个字节后地址指针加 1，AI=1，每读出一个字节后地址指针不加。

4) 读显示 RAM 命令

D7	D6	D5	D4	D3	D2	D1	D0
0	1	1	AI	A	A	A	A

D7、D6、D5=011 是读显示 RAM 命令标志。

AI 意义同上条指令。

AAAA(D3、D2、D1、D0)是要读的显示 RAM 地址。

5) 写显示 RAM 命令

D7	D6	D5	D4	D3	D2	D1	D0
1	0	0	AI	A	A	A	A

D7、D6、D5=100 是写显示 RAM 命令标志。

AI 意义同上条指令。

AAAA(D3、D2、D1、D0)是要写入的显示 RAM 地址。

6) 显示禁止写入/消隐命令

D7	D6	D5	D4	D3	D2	D1	D0
1	0	1	×	IW/A	IW/B	BL/A	BL/B

D7、D6、D5=101 是显示禁止写入/消隐命令标志。

IW/A(D3)，IW/B(D2)：A，B 组显示 RAM 屏蔽位，为 1 时显示 RAM 屏蔽，为 0 时允许写入。

BL/A，BL/B(D1、D0)：消隐设置位。当 BL=1 时，显示输出消隐；当 BL=0 时，恢复显示。

7) 清除命令

D7	D6	D5	D4	D3	D2	D1	D0
1	1	0	C_D	C_D	C_D	C_F	C_A

D7、D6、D5=110 是清除命令标志。

C_D C_D C_D (D4、D3、D2)是用于设定清除 RAM 方式：

10X 将显示 RAM 全部清零；

110 将显示 RAM 清成 0x20；

111 将显示 RAM 全部清成 1。

C_F (D1)用来置空 FIFO RAM。

C_A (D0)为总清特征值，它兼有 C_D 和 C_F 的联合效用。

8) 结束中断/错误方式设置命令

D7	D6	D5	D4	D3	D2	D1	D0
1	1	1	E	×	×	×	×

D7、D6、D5=111 是结束中断/错误方式设置命令标志。

E：结束中断/错误方式设置，E=1 有效。

2. 8279 的状态字

8279 有一个状态字，用于反映键盘的 FIFO RAM 的工作状态。

D7	D6	D5	D4	D3	D2	D1	D0
DU	S/E	O	U	F	N	N	N

DU(D7)：为 1 表示显示无效。

S/E(D6)：为 1 表示出现多键同时按下错误。

O，U(D5，D4)：数据超出、RAM 不足标志。

F(D3)：F=1 为 FIFO RAM 中 8 个数据已满。

NNN(D2、D1、D0)：指明 FIFO RAM 中数据个数。

11.4　8279 和 89C52 的接口

图 11-17 是 89C52、8279 与键盘和 LED 显示器的接口电路。当有键按下时，8279 可用中断方式通知 89C52，编程实现功能是：当有键 0x00～0x0F 按下时，完成键值获取，并用 LED 输出显示键值。

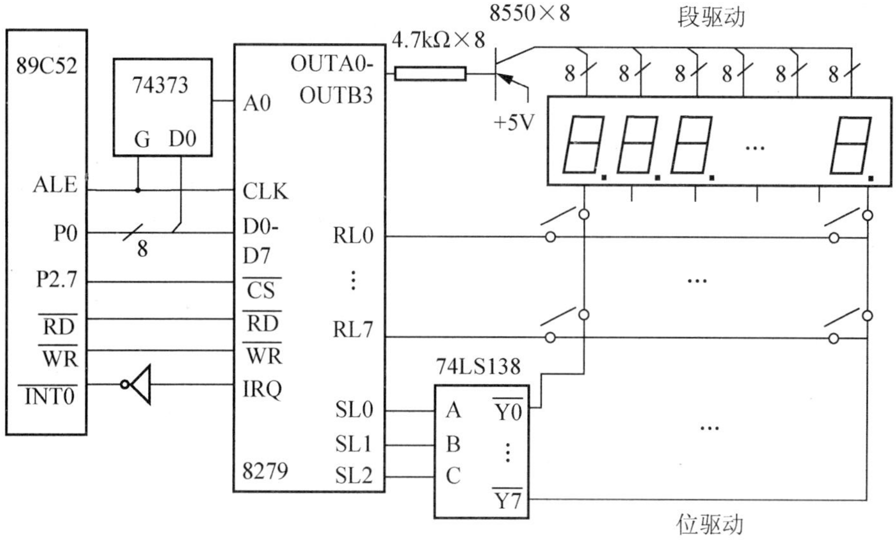

图 11-17　8279 与 89C52、键盘和 LED 显示器的接口

根据接口电路中 8279 片选信号和 A0 的接法，8279 的端口地址为：

数据口：0x7FFE；

命令/状态口：0x7FFF。

设 f_{osc}=6MHz，则 f_{ALE}=1MHz，分频次数 N=10。

例 11-4　8279 显示和键盘控制。

程序名为 8279.c，主程序调用显示和键盘输出函数，采用 diss 数组作缓冲区。table 为 0x00～0x0F 所对应的段码表。

```
#include  <reg52.h>
```

```
#include  <absacc.h>
#define  COM  XBYTE [0x7FFF]                              //命令、状态口
#define  DAT  XBYTE [0x7FFE]                              //数据口
#define  uchar  unsigned  char
uchar  code table [ ] ={0x3F,0x06,0x5B,0x4F,0x66,0x6D,0x7D,
0x07,0x7F,0x6F,0x77,0x7C,0x39,0x5E,0x79,0x71};//段码表,共阴极
uchar  idata diss[8] = {0,1,2,3,4,5,6,7 };
sbit clflag =ACC^7;
uchar  keyin( );
uchar deky ( );
void disp (uchar  idata *d);
//------------------------------------------------------------------
// 主程序
//------------------------------------------------------------------
void  main(void)
{
    uchar i;
    COM =0xD1;                 //总清除命令 D7=1,D6=1,D5=0,D4=1,D3D2D1D0=0001

    do {ACC=COM;}              //读状态
    while(clflag = =1);        //等待清除结束,状态字最高位=1,8279 忙,不接受外部命令
    COM=0x00;                  //方式设置,8 个字符显示,左入口,编码扫描
    COM=0x2A;                  //时钟分频 N=10
    while(1)                   //无限循环
    {
        for(i=0;i<8;i++)
        { disp(diss);                 //调用显示函数,参数是数组名字,也是数组指针,
也是数组
                                      //第一个成员的地址
            diss[i]=keyin( );         //键盘输入到显示缓冲
        }
    }
}
//------------------------------------------------------------------
// 显示函数
//------------------------------------------------------------------
void disp(d)
uchar idata *d;
{  uchar  i;
    COM = 0x90          //显示 RAM 地址为 0 开始,每写一字节,地址不增加
    for(i=0;i<8;i++)
```

```
    {
        COM=i+0x80;             //显示 RAM 地址从 0 开始,每写一字节,地址加 1
        DAT=table[ * d]         //向显示 RAM 地址写数据
        d++;
    }
}
//------------------------------------------------------------------
//   取键值函数
//------------------------------------------------------------------
uchar  keyin(void)
{
    uchar i;
    COM=0x40;                       //读 FIFO RAM 命令,每读一次, 地址加 1
    while(deky( )= =0);             //无键按下等待
    i=DAT;i&=0x3F;                  //取键盘数据低 6 位
    return(i);                      //返回键值
}
//------------------------------------------------------------------
//   判 FIFO 有键按下函数
//------------------------------------------------------------------
uchar  deky (void)
{ uchar k;
    k=COM;                          //读状态寄存器
    return(k&0x0F);                 //非 0 时,有键按下
}
```

11.5　串行键盘/显示芯片 HD7279A 介绍

11.5.1　HD7279A 简介

HD7279A 是串行键盘/显示芯片，与 8279 相比，占用系统 I/O 口线较少，驱动 LED 电流大，不加放大电路可直接驱动 8 个共阴极 LED 管，因此外围电路简单。但软件驱动程序比 8279 稍复杂，特别是对时序要求比较严。

HD7279A 引脚如图 11-18 所示。

其中，各引脚功能如下。

V_{DD}，电源+5V。

NC，空脚。

V_{SS}，地。

$\overline{CS}$，片选。

CLK，同步时钟。

DATA，串行数据输入/输出端。

KEY，按键输出端。

SG～SA，LED 码段输出控制。

DP，码段小数点输出控制。

DIG0～DIG7，LED 位驱动。

CLKO，振荡输出端。

RC，RC 振荡连接端。

$\overline{\text{RESET}}$，复位线，低电平有效。

HD7279A 和单片机连接只用 4 条口线：$\overline{\text{CS}}$，DATA，CLK 和 KEY。

DIG0～DIG7、DP 和 SG～SA 除驱动 LED 管外，还分别是 8×8 键盘的列线和行线。8×8 键盘的键值可用读键盘命令读出，范围是 0x00～0x3F。

HD7279A 控制命令有 6 条单字节命令和 7 条双字节命令，此外还单有 1 条读键盘命令。

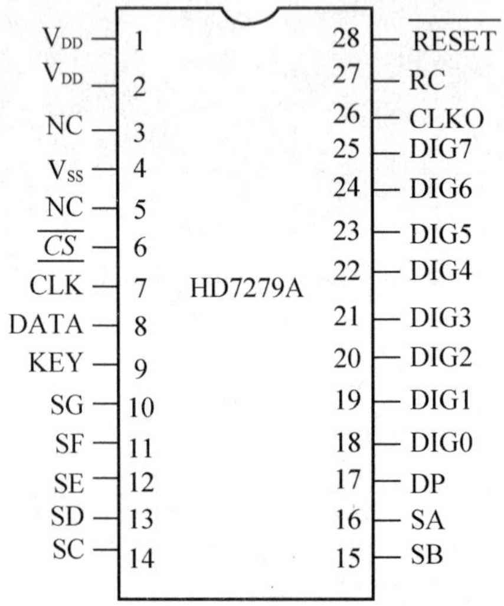

图 11-18　HD7279A 引脚

1. 单字节命令，共 6 条

(1) 右移命令 0xA0，控制 LED 显示右移 1 位，最左 1 位清 0，其他功能不变。格式：

D7	D6	D5	D4	D3	D2	D1	D0
1	0	1	0	0	0	0	0

(2) 左移命令 0xA1，控制 LED 显示左移 1 位，最右 1 位清 0，其他功能不变。格式：

D7	D6	D5	D4	D3	D2	D1	D0
1	0	1	0	0	0	0	1

(3) 循环右移命令 0xA2，控制 LED 循环显示右移 1 位，最右 1 位移到最左，其他功能不变。格式：

D7	D6	D5	D4	D3	D2	D1	D0
1	0	1	0	0	0	1	0

(4) 循环左移命令 0xA3，控制 LED 循环显示左移 1 位，最左 1 位移到最右，其他功能不变。格式：

D7	D6	D5	D4	D3	D2	D1	D0
1	0	1	0	0	0	1	1

(5) 复位命令 0xA4，控制 LED 复位，原来所有设置无效，格式：

D7	D6	D5	D4	D3	D2	D1	D0
1	0	1	0	0	1	0	0

(6) 测试命令 0xBF，控制 LED 全亮并闪烁，用于测试，格式：

D7	D6	D5	D4	D3	D2	D1	D0
1	1	0	1	1	1	1	1

2. 双字节命令，第一字节是功能，第二字节是数据，共 7 条

(1) 控制 LED 按十进制显示，格式：

第一字节

D7	D6	D5	D4	D3	D2	D1	D0
1	0	0	0	0	a2	a1	a0

第二字节

D7	D6	D5	D4	D3	D2	D1	D0
dp	×	×	×	d3	d2	d1	d0

第一字节中 D7=1，D6～D3=0000 是该命令标志，a2～a0 控制哪一位 LED 显示，a2～a0=000 是最低位显示，a2～a0=111 是最高位显示。

第二字节中 D7 控制小数点位，D7=1，小数点位亮；D7=0，小数点位灭。d3～d0 控制显示十进制数据 1～9，d3～d0 超过 9，显示不确定。

(2) 控制 LED 按十六进制显示，格式：

第一字节

D7	D6	D5	D4	D3	D2	D1	D0
1	1	0	0	1	a2	a1	a0

第二字节

D7	D6	D5	D4	D3	D2	D1	D0
dp	×	×	×	d3	d2	d1	d0

第一字节中 D7，D6=11，D5，D4=00，D3=1 是该命令标志，a2～a0 控制哪一位 LED 显示，a2～a0=000 是最低位显示，a2～a0=111 是最高位显示。

第二字节中 D7 控制小数点位，D7=1，小数点位亮；D7=0，小数点位灭。d3～d0 控制显示十六进制数据 0x1～0xF。

(3) 控制 LED 小数点显示位置，格式：

第一字节

D7	D6	D5	D4	D3	D2	D1	D0
1	0	0	1	0	a2	a1	a0

第二字节

D7	D6	D5	D4	D3	D2	D1	D0
dp	A	B	C	D	E	F	G

第一字节中 D7～D3=10010，是该命令标志，a2～a0 控制哪一位 LED 显示，a2～a0=000 是最低位显示，a2～a0=111 是最高位显示。

第二字节中 D7 控制小数点位，D7=1，小数点位亮；D7=0，小数点位灭。A～G 控制 A～G 相应码段，该值=1 相应码段亮，该值=0 相应码段灭。

(4) 控制 LED 闪烁，格式：

第一字节

D7	D6	D5	D4	D3	D2	D1	D0
1	0	0	0	1	0	0	0

第二字节

D7	D6	D5	D4	D3	D2	D1	D0
d7	d6	d5	d4	d3	d2	d1	d0

第一字节中 D7～D0=10001000，是该命令标志，第二字节控制 LED 闪烁，该值=0 相应码段闪烁，该值=1 相应码段不闪烁。

(5) 控制 LED 显示开关，格式：

第一字节

D7	D6	D5	D4	D3	D2	D1	D0
1	0	0	1	1	0	0	0

第二字节

D7	D6	D5	D4	D3	D2	D1	D0
d7	d6	d5	d4	d3	d2	d1	d0

第一字节中 D7～D0=10011000，是该命令标志，第二字节控制 LED 显示开关，该值=1 相应码段显示，该值=0 相应码段不显示。

(6) 控制 LED 某一段显示开，格式：

第一字节

D7	D6	D5	D4	D3	D2	D1	D0
1	1	1	0	0	0	0	0

第二字节

D7	D6	D5	D4	D3	D2	D1	D0
×	×	d5	d4	d3	d2	d1	d0

第一字节中 D7～D0=11100000，是该命令标志，第二字节控制某一位 LED 的某一码段亮。d5～d0 可以有 2^6=64 种取值，该命令把 64 分成 8 组，每组控制一个 LED 管，各组的 8 位又分别控制本组 LED 管的 8 段。我们把 LED 管从低位到高位依此编号为 L0～L7，则(d5～d0)/8 控制 L0～L7，(d5～d0)%8 控制 g～dp。具体如图 11-19 所示。

L0 段显示控制

LED 管	L0							
d5～d0 取值	0x00	0x01	0x02	0x03	0x04	0x05	0x06	0x07
控制段	g	f	e	d	c	b	a	dp

L1 段显示控制

LED 管	L1							
d5～d0 取值	0x08	0x09	0x0A	0x0B	0x0C	0x0D	0x0E	0x0F
控制段	g	f	e	d	c	b	a	dp

⋮

L7 段显示控制

LED 管	L7							
d5～d0 取值	0x38	0x39	0x3A	0x3B	0x3C	0x3D	0x3E	0x3F
控制段	g	f	e	d	c	b	a	dp

图 11-19　控制 LED 某一段显示

(7) 控制 LED 某一段显示关，格式：

第一字节

D7	D6	D5	D4	D3	D2	D1	D0
1	1	0	0	0	0	0	0

第二字节

D7	D6	D5	D4	D3	D2	D1	D0
×	×	d5	d4	d3	d2	d1	d0

第一字节中 D7～D0=11000000，是该命令标志，第二字节控制某一位 LED 的某一码段灭。其他同上一指令，即(d5～d0)/8 控制 L0～L7，(d5～d0)%8 控制 g～dp。

3. 读键盘命令

读键盘命令只有一条，格式：

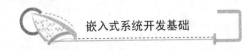

第一字节

D7	D6	D5	D4	D3	D2	D1	D0
0	0	0	1	0	1	0	1

第二字节

D7	D6	D5	D4	D3	D2	D1	D0
d7	d6	d5	d4	d3	d2	d1	d0

第一字节中 D7～D0=00010101，是读键盘命令标志。第二字节中 D7～D0 是读的键值，键值范围 0x00～0x3F。使用时先将第一字节逐位串行写入 HD7279A，然后从 HD7279A 中逐位串行读出一字节键值，放入第二字节中。实际第二字节只是输入缓冲区，没具体指定位置。

11.5.2 HD7279A 命令时序

HD7279A 与 MCS-51 单片机之间是串行通信。串行通信程序对时序要求较严，往往因为时序不正确导致系统不稳定。现介绍 HD7279A 与 MCS-51 单片机之间串行通信时序，编写串行通信程序时请参考进行。

(1) 单字节命令指令时序，见图 11-19。

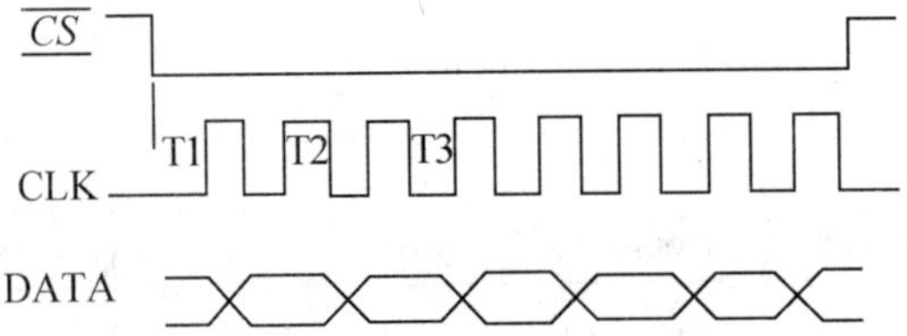

图 11-19 单字节命令时序

单字节命令时序中，T1 典型值为 50μs，最大 250μs，最小 25μs。

T2 典型值为 8μs，最大 250μs，最小 5μs。

T3 典型值为 8μs，最大 250μs，最小 25μs。

(2) 双字节命令时序，见图 11-20。

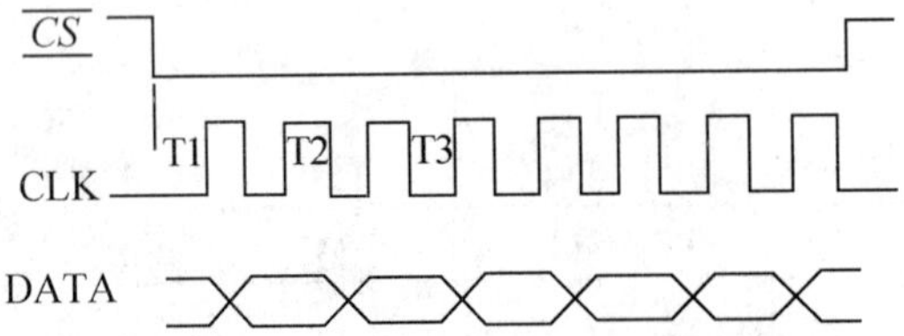

图 11-20 双字节命令时序

双字节命令时序 T1、T2、T3 同单字节命令，T4 典型值为 25μs，最大 250μs，最小 15μs。

(3) 读键盘命令时序见图 11-21。

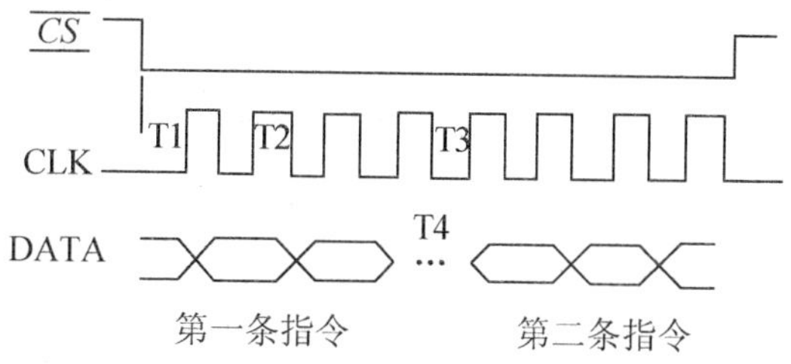

图 11-21　读键盘命令时序

读键盘命令时序，T1、T2、T3 同单字节命令，T5 典型值为 25μs，最大 250μs，最小 15μs。

11.5.3　HD7279A 与 MCS-51 单片机接口

HD7279A 与 MCS-51 单片机接口比较简单，见图 11-22。图中，HD7279A 要求 LED 管使用共阴极，对于不使用的键盘和 LED 可以不接。如果 MCS-51 单片机的主频为 12MHz，上电 15～18ms 就可正常工作。图中，HD7279A 与 MCS-51 单片机接口中的 10 kΩ 上拉电阻增加单片机负载能力和抗干扰能力；HD7279A 的 DP～SG 与 LED 连接的 200 Ω 电阻起限流作用；下拉电阻 100 kΩ 的作用与上拉电阻相同，这些电阻不应少。

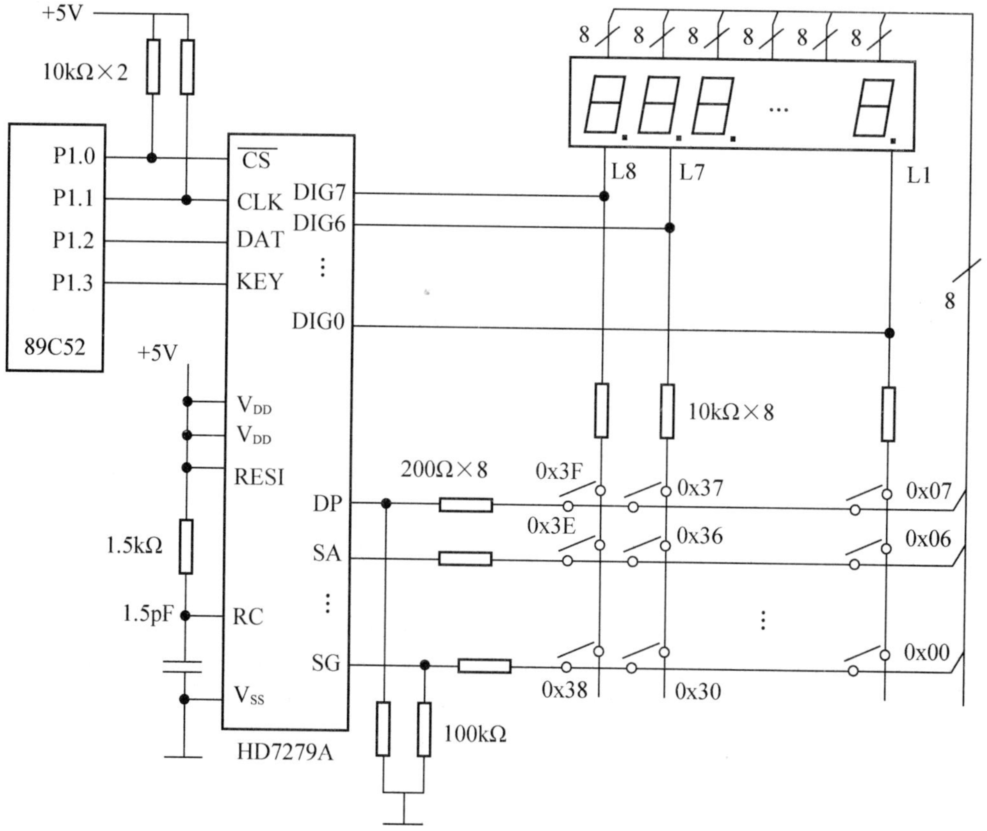

图 11-22　HD7279A 与 MCS-51 单片机接口

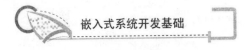

11.5.4 HD7279A 驱动程序

驱动程序包括主程序、发送一字节数据程序、接收一字节数据程序和延时程序。

由于串行通信程序对时序要求较严，程序中的延时采用定时/计数器 T0，T0 工作在方式 1。设系统主频为 12MHz，一个机器周期是1μs，延时多少μs，初值就是多少，方便准确。

计时时间采用查询方式，定时时间到 TF0=1。

读的键值用十进制在 L1、L0 上显示，时序参考图 11-19；命令参考 11.5.2 节 HD7279A 控制命令说明；发送一字节数据时高位在前，低位在后；接收键盘数据时也是高位在前，低位在后；硬件接线同图 11-23。

例 11-5 HD7279A 驱动程序。

```
#include  <reg52.h>
#define  uchar  unsigned  char
void delay (uchar n);                    //通用延时函数
void  send (uchar b);                    //发送一字节数据给 HD7279A
uchar rese (void );                      //从 HD7279A 接收一字节数据
sbit CS =P1^0;
sbit CLK =P1^1;
 sbit DATA= P1^2;
sbit KEY= P1^3;
sbit cflag =ACC^7;
sbit cflag0 =ACC^0;
//---------------------------------------------------------------------
//  发送一字节数据程序
//---------------------------------------------------------------------
void  send (uchar b)
{
    uchar i;
    CS=0;
    CLK=0;
    delay(50);                           //延时 50μs
    ACC= b;                              //要发送数送 ACC 中
    for(i=0;i<8;i++)                     //按位发送
    {
        DATA= cflag;                     // ACC 第 7 位放数据线
        CLK =1;                          //置 CLK 高电平,数据放数据线上发送
        ACC<<=1;                         //数据左移一位,把下次要发的位放 ACC 最高位
        delay(8);                        //延时 8μs
        CLK=0;                           //置 CLK 低电平,准备下次发送
        delay(8);                        //延时 8μs
    }
    DATA=0;                              //发送完毕， DATA 低电平,输出状态
```

```
}

//--------------------------------------------------------------------
//  从 HD7279A 接收一字节数据
//--------------------------------------------------------------------
uchar rese (void )
{
    uchar i,j;
    CS=0;
    CLK=0;
    DATA=1;                    //P1.2 作输入,为高,准备接收
    delay(25);                 //延时 25μs
    for(i=0;i<8;i++)
    {
        CLK=1;                 //置 CLK 高电平,数据放数据线上
        delay(8);              //延时 8μs
        ACC<<=1;               //ACC 左移 1 位
        cflag0=DATA;           //数据给 ACC 最低位
        CLK=0;//置 CLK 低电平,准备下次接收
        delay(8);              //延时 8μs
    }
    DATA=0;
    j=ACC;
    return ( j );
}
//--------------------------------------------------------------------
//  通用延时函数
//--------------------------------------------------------------------
void delay (uchar n)
{
    TMOD=0x01;// T0 工作方式 1
    TH0=(65536-n)/256;
    TL0=(65536- n)%256;
    EA=0;
    TR0=1;// 启动 T0
    while(TF0==0) ;
    TF0=0;
    TR0=0;
}
//--------------------------------------------------------------------
//    主程序,读键盘并用十进制显示键值
//--------------------------------------------------------------------
```

```
void  main(void)
{
    uchar i;
    P1=0xF9;            // CS=1,KEY=1,CLK=0,DATA=0
    delay(25);          //延时 25μs
    send (0xA4);        //复位命令
    CS=1;
    while(KEY= =1);     //判断有无键盘按下,当有键盘按下时,KEY 由高变低,直到键释放
    send (0x15);        //发读键盘命令
    i= rese ( );        //读得结果放 i 中
    CS=1;
    send (0x81);        //在 L2 位用十进制显示键值"十"位
    delay(25);          //延时 25μs
    send (i/10);        //显示键值"十"位
    CS=1;
    send (0x80);        //在 L1 位用十进制显示键值"个"位
    delay(25);          //延时 25μs
    send (i%10);        //显示键值"个"位
    while(KEY= =0);     //等键松开,当按键释放时,KEY 由低变高
    CS=1;//停止 HD7279A
    while(1);
}
```

习　　题

1. 什么是独立式键盘？什么是行列式键盘？
2. 行列式键盘可以用几种方法检测？学会编写用查询方法检测行列式键盘的程序。
3. 共阴极和共阳极 8 段数码管有什么不同？它们的段码有什么特点？
4. 学会 8 段数码管的动态驱动程序。熟悉例 11-2 和例 11-3。
5. 8279 芯片功能有哪些？
6. 了解和熟悉 8279 芯片命令字、与 MCS-51 单片机的连接和软件驱动程序。
7. 了解和熟悉 HD7279A 芯片的时序，指令代码和软件程序。
8. 熟悉例 11-4 和例 11-5，并能按例子编写 HD7279A 软件驱动程序。

第 12 章 MCS-51 单片机与 D/A、A/D 的接口

本章知识架构

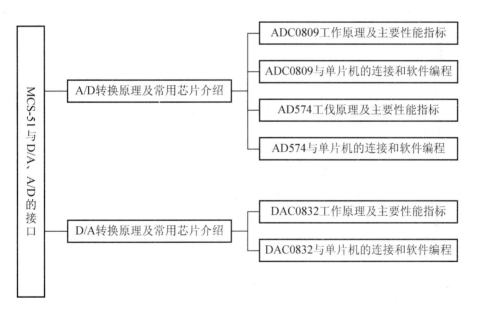

- MCS-51与D/A、A/D的接口
  - A/D转换原理及常用芯片介绍
    - ADC0809工作原理及主要性能指标
    - ADC0809与单片机的连接和软件编程
    - AD574工伐原理及主要性能指标
    - AD574与单片机的连接和软件编程
  - D/A转换原理及常用芯片介绍
    - DAC0832工作原理及主要性能指标
    - DAC0832与单片机的连接和软件编程

本章教学目标和要求

- 熟练掌握 ADC0809 工作原理及软件编程;
- 熟练掌握 AD574 工作原理及软件编程;
- 熟练掌握 DAC0832 工作原理及软件编程。

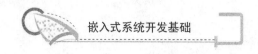

12.1 A/D 转换原理及常用芯片介绍

12.1.1 A/D 转换器原理

1. A/D 转换器的类型及原理

A/D 转换器(ADC)的作用是把模拟量转换成数字量，以便于计算机进行处理。

随着超大规模集成电路技术的飞速发展，现在有很多类型的 A/D 转换器芯片，不同的芯片，它们的内部结构不一样，转换原理也不同，各种 A/D 转换芯片根据转换原理可分为计数型、逐次逼近型、双重积分型和并行式 A/D 转换器等；按转换方法可分为直接 A/D 转换器和间接 A/D 转换器；按其分辨率可分为 4～16 位的 A/D 转换器芯片。

1) 计数型 A/D 转换器

计数型 A/D 转换器由 D/A 转换器、计数器和比较器组成，工作时，计数器由零开始计数，每计一次数后，计数值送往 D/A 转换器进行转换，并将生成的模拟信号与输入的模拟信号在比较器内进行比较，若前者小于后者，则计数值加 1，重复 D/A 转换及比较过程，依此类推，直到当 D/A 转换后的模拟信号与输入的模拟信号相同，则停止计数，这时，计数器中的当前值就为输入模拟量对应的数字量。这种 A/D 转换器结构简单、原理清楚，但它转换速度慢、转换精度低，所以在实际中很少使用。

2) 逐次逼近型 A/D 转换器

逐次逼近型 A/D 转换器是由一个比较器、D/A 转换器、寄存器及控制电路组成。与计数型相同，也要进行比较以得到转换的数字量，但逐次逼近型是用一个寄存器从高位到低位依次开始逐位试探比较。转换过程如下：开始时寄存器清 0，转换时，先将最高位置 1，送 D/A 转换器转换，转换结果与输入的模拟量比较，如果转换的模拟量比输入的模拟量小，则 1 保留，如果转换的模拟量比输入模拟量大，则 1 不保留，然后从第二位依次重复上述过程直至最低位，最后寄存器中的内容就是输入模拟量对应的数字量。一个 n 位的逐次逼近型 A/D 转换器转换只需比较 n 次，转换时间只取决于位数和时钟周期。

3) 双重积分型 A/D 转换器

双重积分型 A/D 转换器将输入电压先变换成与其平均值成正比的时间间隔，然后再把此时间间隔转换成数字量，它属于间接型转换器。它的转换过程分为采样和比较两个过程。采样即用积分器对输入模拟电压进行固定时间的积分，输入模拟电压值越大，采样值越大，比较就是用基准电压对积分器进行反向积分，直至积分器的值为 0，由于基准电压值固定，所以采样值越大，反向积分时时间越长，积分时间与输入电压值成正比，最后把积分时间转换成数字量，则该数字量就为输入模拟量对应的数字量。由于在转换过程中进行了两次积分，因此称为双重积分型。双重积分型 A/D 转换器转换精度高，稳定性好，测量的是输入电压在一段时间的平均值，而不是输入电压的瞬间值，因此它的抗干扰能力强，但是转换速度慢，双重积分型 A/D 转换器在工业上应用也比较广泛。

2. A/D 转换器的主要性能指标

①分辨率，②转换时间，③量程，④转换精度。

12.1.2　ADC0809 芯片介绍

1. ADC0809 芯片

ADC0809 是 CMOS 单片型逐次逼近型 A/D 转换器，具有 8 路模拟量输入通道，有转换起停控制，模拟输入电压范围为 0～+5V，转换时间为 100μs。

2. ADC0809 的引脚

ADC0809 芯片有 28 个引脚，采用双列直插式封装，具体如图 12-1 所示。

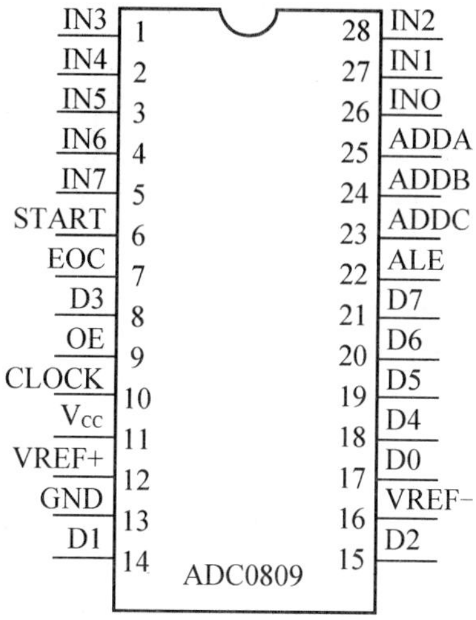

图 12-1　ADC0809 芯片引脚

其中：

IN0～IN7，8 路模拟量输入端；

D0～D7，8 位数字量输出端；

ADDA、ADDB、ADDC 是 3 位地址译码线，译码结果决定转换 8 路模拟量中的某一路，译码情况见表 12-1；

表 12-1　ADC0809 通道选择

ADDC	ADDB	ADDA	选择通道
0	0	0	IN0
0	0	1	IN1
0	1	0	IN2
0	1	1	IN3
1	0	0	IN4
1	0	1	IN5
1	1	0	IN6
1	1	1	IN7

ALE，地址锁存信号，输入，高有效；
START，A/D 转换启动信号，输入，高有效；
EOC，A/D 转换结束信号，输出，高有效；
OE，数据输出允许信号，输入，高有效；
CLK，时钟脉冲输入端，决定 A/D 转换频率，一般不超过 640kHz。
VREF+、VREF−，基准电压；
V_{CC}，+5V；
GND，地。

3. ADC0809 的工作流程

(1) 输入待转换模拟量端口地址，并使 ALE=1，将地址存入地址锁存器中，经地址译码器译码从 8 路模拟通道中选通一路模拟量送到比较器。

(2) 送 START 脚高脉冲，START 的上升沿使逐次逼近寄存器复位，下降沿启动 A/D 转换，并使 EOC 信号为低电平。

(3) 当转换结束时，转换的结果送入到输出三态锁存器，并使 EOC 信号回到高电平，通知 CPU 已转换结束。

(4) 当 CPU 执行一读数据指令，使 OE 为高电平，则从输出端 D0～D1 读出数据。

12.2 ADC0809 与 MCS-51 单片机的连接和软件驱动

12.2.1 硬件连接

图 12-2 中，ADC0809 的转换时钟由 89C52 定时/计数器 T0 定时并由 P1.0 输出脉冲提供，因为 ADC0809 的最高时钟频率为 640kHz，如果晶振频率为 12MHz，一个机器周期是 1μs，定时/计数器 T0 工作在方式 2，假定初值是 400，则 ADC0809 的转换时钟为 2.5kHz。

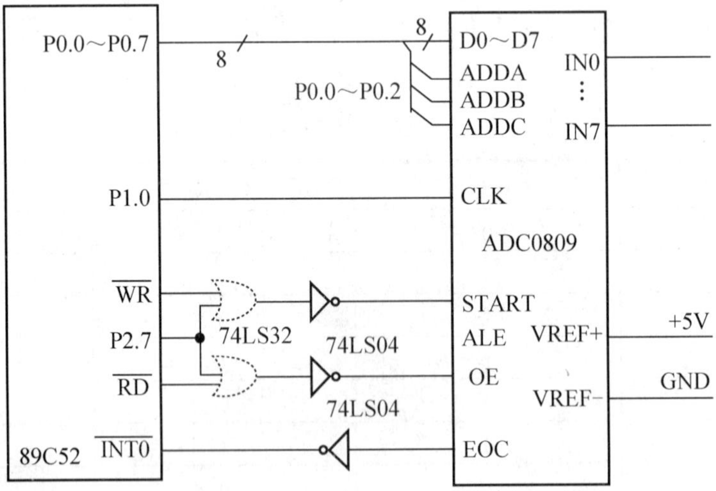

图 12-2　ADC0809 与 MCS-51 单片机的连接

89C52 通过地址线 P2.7 和读、写信号线来控制，ADC0809 的锁存信号 ALE、启动信号 START 连接在一起，锁存的同时启动。当 CPU 执行一条向 0x7FF0 地址(P2.7 为低的地址均可)写数据指令，不管该数据是什么，都可启动 ADC0809 开始转换，考虑到 IN0～IN7 是由 ADDA～ADDC(接 P0.0～P0.2)译码决定，所以在中断服务程序中有效转换地址是 0x7FF0～0x7FF7。

转换结束 EOC 变高电平，该信号取反后向 89C52 送中断请求，CPU 响应中断后，在中断服务程序中通过读操作来取得转换的结果。

在中断服务程序中读取转换结果时，CPU 执行一条读有效转换地址指令，使 P2.7 和读信号 $\overline{RD}$ 同时为低，该信号反相后变高，使 ADC0809 的输出允许信号 OE 有效，ADC0809 的转换数据送到数据线，读入 CPU。

12.2.2　软件编程

例 12-1　设接口电路用于一个 8 路模拟量输入的巡回检测系统，使用中断方式采样数据，把采样转换所得的数字量按顺序存于片内 RAM 的 0x30～0x37 单元中。采样完一遍后停止采集。

硬件接口电路见图 12-2。

参考程序：

```
#include  <reg52.h>
#include  <absacc.h>                        //定义绝对地址访问
#define   clk=P1^0;
#define  uchar  unsigned  char
#define  IN0  XBYTE[0x7FF0]                 //定义 IN0 为通道 0 的地址
uchar  DATA  *p;                            //定义一个指向 DATA 的指针,存放结果
uchar  xdata  *ad_adr;                      //定义指向通道的指针
uchar  i=0;
//---------------------------------------------------------------------
// 主程序
//---------------------------------------------------------------------
void  main(void)
{
    TMOD=0x02;                          //T0 工作于方式 2
    TH0=256-400;                        //T0 初值
    TL0=256-400;
    p=0x30;                             //p 指向 DATA 存储区 0x30
    IT0=1;                              //外部中断 0 脉冲触发
    EX0=1;                              //外部中断 0 允许
    ET0=1;                              //T0 中断允许
    EA=1;                               //总中断允许
    TR0=1;                              //T0 启动
```

```
    i=0;
    ad_adr=&IN0;                        //指针指向通道 0
    *ad_adr=i;                          //启动转换,i 是什么数都可启动
    for  (;;) {;}                       //等待中断
}
//-------------------------------------------------------------------
//  一路转换结束中断函数
//-------------------------------------------------------------------
void  int_adc(void)  interrupt  0
{
    * p =*ad_adr;                       //接收当前通道转换结果送 0x30~0x37
    p+=1;                               //i 控制转换次数
    i++;
    ad_adr++;                           //指向下一个通道
    if (i<8)
    {
        *ad_adr=i;                      //8 个通道未转换完,启动下一个通道转换
    }
    else
    {
        EA=0;EX0=0;                     //8 个通道转换完,关中断返回
    }
}
//-------------------------------------------------------------------
//   T0 中断函数,ADC0809 时钟
//-------------------------------------------------------------------
void  int_T0(void)  interrupt  1
{
    clk=!clk;
}
```

12.3 12 位 A/D 转换芯片 AD574 介绍

12.3.1 AD574 的结构和引脚

AD574 是快速 12 位逐次逼近型 A/D 转换器，它无须外接元器件就可以独立完成 A/D 转换功能，转换时间为 15μs～35μs；可以并行输出 12 位数字量，也可以分为 8 位和 4 位两次输出。图 12-3 是 AD 574 的管脚图。

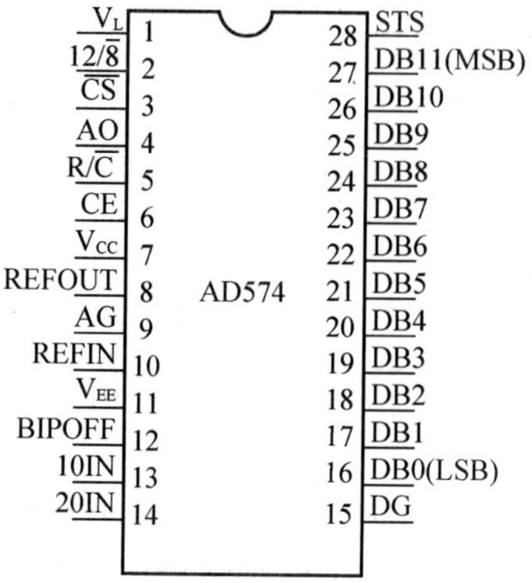

图 12-3　AD574 的引脚图

其中，各引脚功能如下。

STS：工作状态指示位。STS=1 时转换正在进行；STS=0 时转换结束。

REFIN、REFOUT：用作增益满刻度校准。

BIPOFF：补偿输入，用作零点校正。

AG，DG：模拟地、数字地

DB0～DB11：12 位数据输出线，带三态控制。

$R/\overline{C}$：读或启动转换控制，$R/\overline{C}$ 位 1 时，读选通；$R/\overline{C}$ 位为 0 时，启动转换。

CE：芯片允许工作控制。

$\overline{CS}$：片选信号。

$12/\overline{8}$：用于控制数据格式，$12/\overline{8}$ 接+5V 时，12 位并行输出有效；接地时，输出为 8 位接口，这时 12 位数据分两次输出。

A0：A0 为 0 期间输出高 8 位，A0 为 1 期间输出低 4 位，在启动时，若 A0 为 0，则作 12 位转换；若 A0 为 1，则作 8 位转换。

AD574 模拟量为单通道输入，范围有 0～+10V、0～+20V、−5～+5V 和−10V～+10V 共 4 种。

表 12-2 是 AD574 的信号组合功能表。

小提示：

AD574 虽然比 ADC0809 转换电压范围宽、精度高、速度快，但价格要比后者贵 10 倍左右，在满足系统精度和速度的情况下，一般采用 ADC0809。

表 12-2　AD574 信号组合功能表

CE	$\overline{CS}$	$R/\overline{C}$	$12/\overline{8}$	工 作 状 态
0	×	×	×	禁止
×	1	×	×	禁止
1	0	0	×	启动 12 位转换

续表

CE	$\overline{CS}$	R/$\overline{C}$	12/$\overline{8}$	工 作 状 态
1	0	0	×	启动 8 位转换
1	0	1	接 1 脚(+5V)	12 位并行输出有效
1	0	1	接 15 脚(0V)	高 8 位并行输出有效
1	0	1	接 15 脚(0V)	低 4 位加上尾随 4 个 0 有效

12.3.2 AD574 与 89C52 的接口和驱动软件

1. AD574 与 89C52 的接口电路

图 12-4 是 AD574 与 89C52 的接口电路，由于 AD574 输出带三态控制，故其输出直接挂在数据总线上，图中为 12 位数据分高 8 位和低 4 位两次输出的接线方式。高 8 位 DB4～DB11 直接与数据线 P0.0～P0.7 相连；低 4 位 DB0～DB3 也与数据线高 4 位 P0.4～P0.7 相连，由于是分两次输出，分时使用数据线，数据不会混淆。

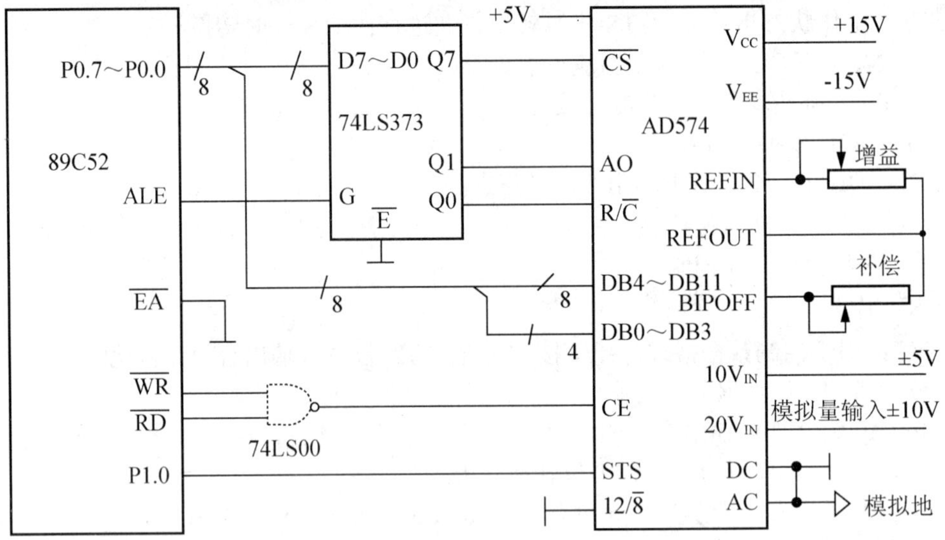

图 12-4 AD574 与 89C52 的接口电路

当 89C52 执行向外部数据存储器 0xFF7E 写指令时，不管写什么数，都会使 CE=1，$\overline{CS}$=0，R/$\overline{C}$=0，A0=0，启动 12 位转换有效。然后 89C52 通过 P1.0 线查询 STS 端口状态，当 STS 为 0 时，表明转换结束。之后 89C52 执行两条读外部数据存储器指令，分别读取转换结果的高 8 位(第一次 A0=0，高 8 位并行输出有效)和低 4 位(第二次 A0=1，低 4 位加上尾随 4 个 0 有效)数据。

2. AD574 软件驱动程序

例 12-2 AD574 驱动程序。

硬件接线同图 12-4，程序如下：

```
#include  <absacc.h>                //定义绝对地址访问
#include  <reg52.h>
#define  uint   unsigned  int
#define  uchar   unsigned  char
#define  adcom   XBYTE [0xFF7C]     //使 A0=0,R/C C=0,CS=0 启动 12 位转换
#define  adlo  XBYTE [0xFF7F]       //使 R/C=1,A0=1,CS=0 低 4 位加随 4 个 0
#define  adhi  XBYTE [0xFF7D]       //使 R/C=1,A0=0,CS=0 高 8 位输出有效
sbit   adbusy=P1^0;
//------------------------------------------------------------------
//   AD574 转换函数
//------------------------------------------------------------------
uint  ad574(void)
{
    adcom=0;                            //写指令,WR 有效,CE=1,A0=0,R/C=0,
CS=0 启动转换
    while(adbusy= =1);                          //等待转换结束
    return( (uint)( adhi<<4+adlo>>4) ); //返回 12 位采样值
}
//------------------------------------------------------------------
//   主函数
//------------------------------------------------------------------
main( )
{
    uint idata  result;                         //存转换结果
    result=ad574( );                            //启动 AD574 进行一次转换,得转换结果
}
```

在程序中，CPU 执行 adhi<<4 指令时，地址 adhi 有效，即使 R/$\overline{C}$=1，A0=0，$\overline{CS}$=0，转换数据高 8 位输出有效并出现在数据线上，然后该数据左移 4 位。

CPU 执行 adlo 时，地址 adlo 有效，即使 R/$\overline{C}$=1，A0=1，$\overline{CS}$=0，低 4 位加 4 个 0 出现在数据线上，然后该数据右移 4 位，与高 8 位相加形成 12 位数据。

12.4　MCS-51 单片机与 DAC 的接口

12.4.1　D/A 转换器概述

人们知道，计算机只能进行数字运算，那么它如何控制外部按连续模拟量运行的设备呢？这就需要一种将数字量转换为模拟量的设备或芯片。这种设备或芯片称为 D/A 转换器，D/A 转换器工作过程称为 D/A 转换。

1. D/A 转换器的性能指标

根据需要，D/A 转换器的性能指标应有以下几个。

1) 分辨率

分辨率是指D/A 转换器所能产生的最小模拟量的增量，是数字量最低有效位(LSB)所对应的模拟值。这个参数反映D/A 转换器对模拟量的分辨能力。分辨率的表示方法有多种，一般用最小模拟值变化量与满量程信号值之比来表示。例如，8 位的D/A 转换器的分辨率为满量程信号值的1/256，12 位的D/A 转换器的分辨率为满量程信号值的1/4096。

2) 精度

精度用于衡量D/A 转换器在数字量转换成模拟量时，所得模拟量的精确程度，它表明了模拟输出实际值与理论值的偏差。精确度可分为绝对精度和相对精度。绝对精度指在输入端加入给定数字量时，在输出端实测的模拟量与理论值之间的偏差。相对精度指当满量程信号值校准后，任何输入数字量的输出值与理论值的误差，实际上是D/A 转换器的线性度。

3) 线性度

线性度指D/A 转换器的实际转换特性与理想转换特性之间的误差，一般来说，D/A 转换器的线性误差应小于±1/2LSB。

4) 温度灵敏度

这个参数表明D/A 转换器受温度变化影响的特性。

5) 转换速度

转换速度是指从数字量输入端发生变化开始，到模拟输出稳定在额定值1/2LSB 时所需要的时间，它是描述D/A 转换器转化速率快慢的一个参数。

2. D/A 转换器分类

D/A 转换器品种繁多、性能各异。按输入数字量的位数可以分为8 位、10 位、12 位、和16 位等；按输入的数码可以分为二进制方式和BCD 码方式；按传输数字量的方式可以分为并行方式和串行方式；按输出形式可以分为电流输出型和电压输出型，电压输出型又有单极性和双极性之分；按与单片机的接口可以分为带输入锁存的和不带输入锁存的。下面介绍几种常用的D/A 转换芯片。

1) DAC0830 系列

DAC0830 系列是美国National Semiconductor 公司生产的具有两个数据寄存器的8 位D/A 转换芯片，该系列产品包括DAC0830、DAC0831、DAC0832，管脚完全兼容，20 脚，采用双列直插式封装。

2) DAC82 系列

DAC82 是B-B 公司生产的8 位、能完全与微处理器兼容的D/A 转换芯片，片内带有基准电压和调节电阻。无须外接器件及微调即可与单片机8 位数据线相连，芯片工作电压为±15V，可以直接输出单性级或双性级的电压(0～+10V，±10V)和电流(0～1.6mA，±0.8mA)

12.4.2 8 位DAC0832 转换器与单片机的连接

1. DAC0832 芯片介绍

DAC0832 是8 位的数/模转换器芯片，是DAC0830 系列中的一种。DAC0832 与单片机接口方便、转换控制容易，价格便宜，在实际工作中使用广泛。DAC0832 是一种电流型

D/A 转换器，数字输入端具有双重缓冲功能，可以双缓冲、单缓冲或直通方式输入，它的内部结构如图 12-5 所示。

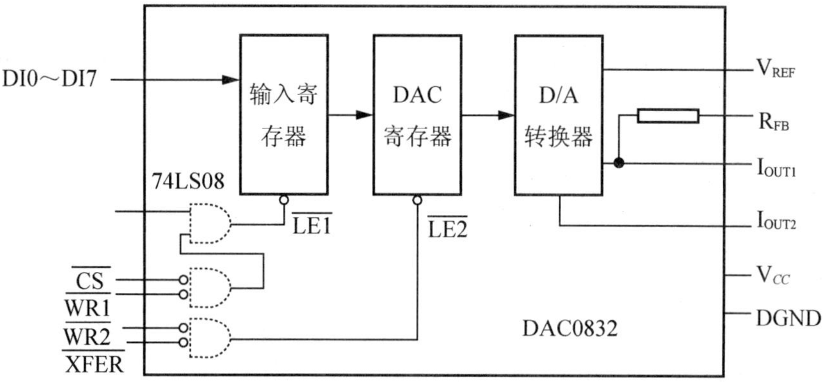

图 12-5 DAC0832 内部结构

DAC0832 内部主要由 8 位输入寄存器、8 位 DAC 寄存器、8 位 D/A 转换器和控制逻辑电路组成。8 位输入寄存器接收从外部发送来的 8 位数字量，锁存于内部的锁存器中，8 位 DAC 寄存器从 8 位输入寄存器中接收数据，并把接收的数据锁存到它内部的寄存器，8 位 D/A 转换器对 8 位 DAC 寄存器发送来的数据进行转换，转换的结果通过 I_{OUT1} 和 I_{OUT2} 输出。8 位输入寄存器和 8 位 DAC 寄存器分别都有自己的控制端 $\overline{LE1}$ 和 $\overline{LE2}$，$\overline{LE1}$ 和 $\overline{LE2}$ 通过相应的控制逻辑电路控制。通过它们 DAC0832 可以方便地实现双缓冲、单缓冲或直通方式处理。

DAC0832 芯片管脚图如 12-6 所示。

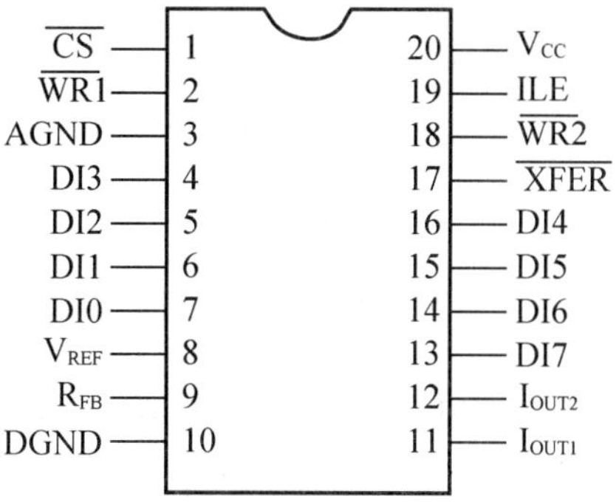

图 12-6 DAC0832 芯片管脚图

DAC 0832 有 20 个 引脚，采用双列直插式封装，其中各管脚功能如下。

DI0～DI7：8 位数字量输入端。DI0 为最低位，DI7 为最高位。

ILE：数据允许控制输入线，高电平有效。

$\overline{CS}$：片选信号。

$\overline{WR1}$：写信号线 1。

$\overline{WR2}$：写信号线 2。

$\overline{XFER}$：数据传送控制信号输入线，低电平有效。

I_{OUT1}：模拟电流输出线 1，它是数字量输入为“1”的模拟电流输出端。

I_{OUT2}：模拟电流输出线 2，它是数字量输入为“0”的模拟电流输出端。采用单极性输出时，I_{OUT2} 常常接地。

RFB：片内反馈电阻引出线，反馈电阻制作在芯片内部，作外接运算放大器的反馈电阻。

VREF：基准电压输入线，电压范围-10V～+10V。

V_{CC}：工作电源输入端，可接+5～15V 电源。

AGND ：模拟地

DGND：数字地。

2. DAC0832 的工作方式

通过改变控制引脚 ILE、$\overline{WR1}$、$\overline{WR2}$、$\overline{CS}$、$\overline{XFER}$ 的连接方法，DAC0832 具有单缓冲方式、双缓冲方式和直通方式 3 种工作方式。

1) 直通方式

当引脚 $\overline{WR1}$、$\overline{WR2}$、$\overline{CS}$、$\overline{XFER}$ 直接接地时，ILE 接电源，DAC0832 工作处于直通方式下，此时，8 位输入寄存器和 8 位 DAC 寄存器都直接处于导通状态，当 8 位数字到达 DI0～DI7，就立即进行 D/A 转换，从输出端得到转换的模拟量，这种方式处理简单，但 DI0～DI7 不能直接和 MCS-51 单片机的数据线相连，只能通过独立的 I/O 接口来连接。

2) 单缓冲方式

通过连接 ILE、$\overline{WR1}$、$\overline{WR2}$、$\overline{CS}$、$\overline{XFER}$ 引脚，使得两个锁存器中的一个处于直通状态，另一个处于受控制状态，或者两个同时被控制，DAC0832 就工作于单缓冲方式，例如图 12-7 就是一种单缓冲方式的连接，

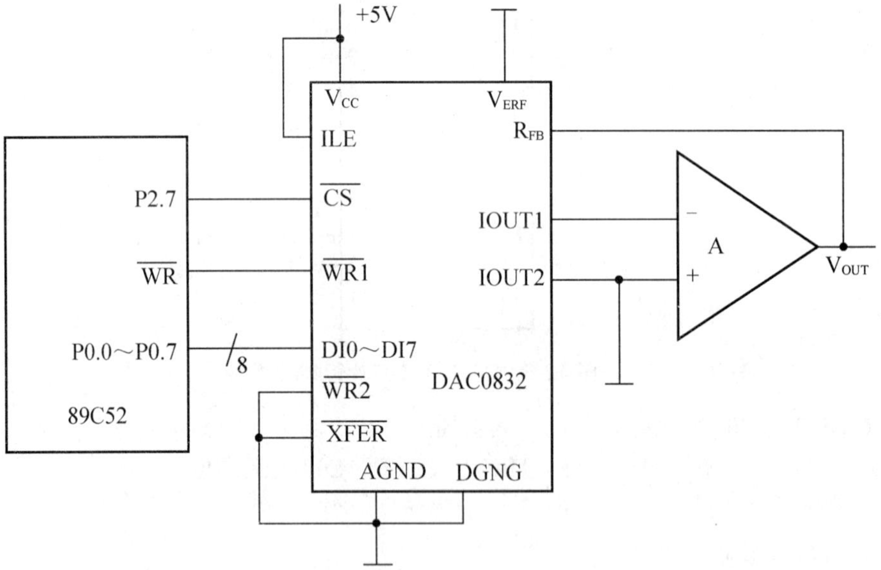

图 12-7 一种单缓冲方式的连接

$\overline{WR2}$、$\overline{CS}$、$\overline{XFER}$ 直接接地，ILE 接电源，WR1 接 89C52 的 $\overline{WR}$，$\overline{CS}$ 接 89C52

的 P2.7。

对于图 12-7 的单缓冲连接，只要数据写入 DAC0832 8 位输入锁存器，就立即开始转换，转换结果通过输出端输出。

3) 双缓冲方式

当 8 位输入锁存器和 8 位 DAC 寄存器分开控制导通时，DAC0832 工作处于双缓冲方式，此时单片机对 DAC0832 的操作分为两步：第一步，使 8 位输入锁存器导通，将 8 位数字量写入 8 位输入锁存器中；第二步，使 8 位 DAC 寄存器导通，8 位数字量从 8 位输入锁存器送入 8 位 DAC 寄存器。第二步只使 DAC 寄存器导通，在数据输入端写入的数据无意义。图 12-8 就是一种双缓冲方式的连接。

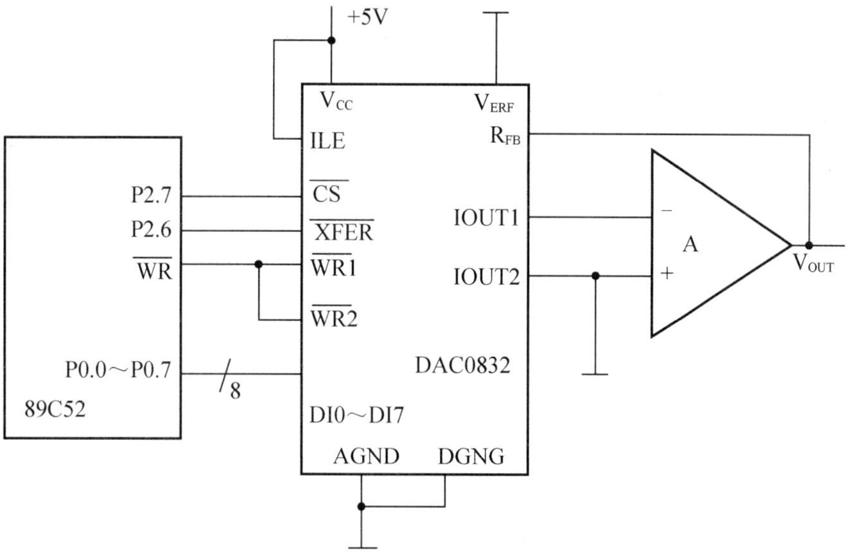

图 12-8　一种双缓冲方式的连接

3. DAC0832 的应用

D/A 转换器在实际工作中经常作为波形发生器使用，通过它可以产生各种各样的波形，它的基本原理如下：利用 D/A 转换器输出模拟量和数字量成正比这一点，通过程序控制 CPU 向 D/A 转换器送出随时间呈一定规律变化的数字，则 D/A 转换器输出端就可以输出随时间按一定规律变化的波形。

例 12-3　根据图 12-7 采用单缓冲方式编程，从 DAC0832 输出端分别产生锯齿波、三角波和方波。根据图 12-7 的连线，DAC0832 的口地址为 0x7FFF。

参考程序：

```
//---------------------------------------------------------------
//  锯齿波
//---------------------------------------------------------------
# include  <reg52.h>
# include  <absacc.h>                     //定义绝对地址访问
# define  uchar  unsigned  char
```

```
#define  DAC0832   XBYTE [0x7FFF]
void  main (void)
{
    uchar     i;
    while  (1)
    {
        for  (i=1,i<0xFF,i++)
        { DAC0832=i;}
    }
}
//-----------------------------------------------------------------------
//  三角波
//-----------------------------------------------------------------------
# include  <reg52.h>
#include  <absacc.h>              //定义绝对地址访问
#define  uchar  unsigned  char
#define  DAC0832   XBYTE [0x7FFF]
void  main   (void)
{
    uchar  i;
    while  (1)
    {
        for  (i=1,i<0xFF,i++)
        { DAC0832=i;}
        for  (i=0xFF;,i>0,i--)
        { DAC0832=i;}
    }
}
//-----------------------------------------------------------------------
//  方波:
//-----------------------------------------------------------------------
# include  <reg52.h>
#include  <absacc.h>              //定义绝对地址访问
#define  uchar  unsigned  char
#define  DAC0832  XBYTE [0x7FFF]
void  delay  ( void);
void  main (void )
{
    uchar  i;
    while  (1)
    {
        DAC0832=0;
```

```
            delay ()
            DAC0832=0xFF;
            delay ()
        }
    }
    //延时函数
    void delay ();
    {
        uchar  i;
        for  (i=0,i<0xFF,i++) ;
    }
```

习　　题

1. A/D 转换有几种类型？它们的原理是什么？
2. A/D 转换的性能指标有几个？都是什么？
3. ADC0809 是几位的 A/D 转换器？一片 ADC0809 可以转换几路模拟量？
4. ADC0809 转换路数由几个信号决定？如何决定？
5. EOC 和 OE 信号有什么用？如何控制？
6. 如何在启动的同时，同时锁存转换地址？
7. 熟悉 ADC0809 转换程序的编写。
8. AD574 是多少位 A/D 转换器？转换模拟电压范围是多少？
9. AD574 是什么类型的 A/D 转换器？
10. 熟悉 AD574 转换程序的编写。
11. D/A 转换器的性能指标有几个？都是什么？
12. DAC0832 有几种工作方式？都是什么？工作过程是怎样的？
13. 如何用 DAC0832 产生方波、三角波和锯齿波？

第 13 章

MCS-51 单片机与其他常用外围芯片接口

本章知识架构

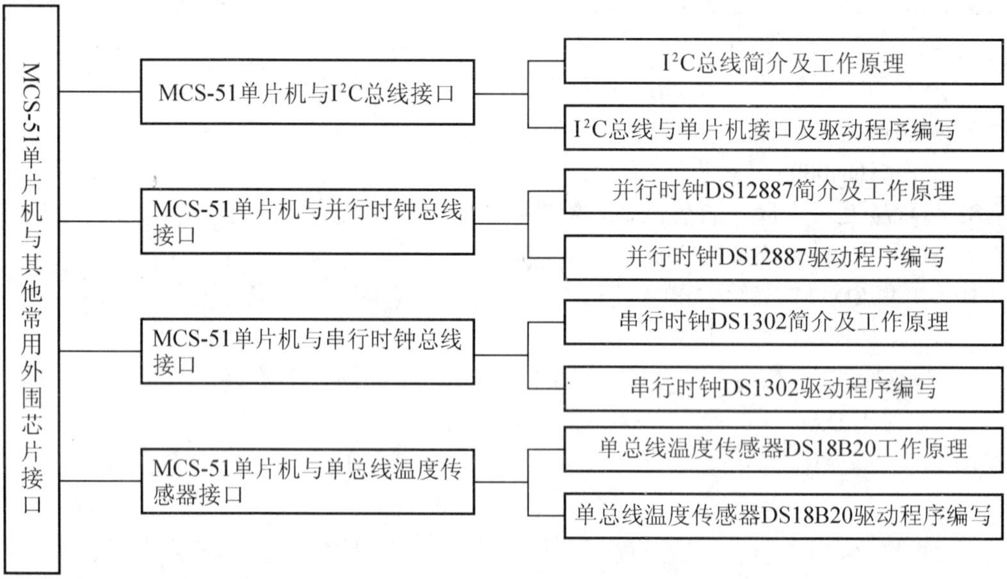

本章教学目标和要求

- 熟悉并掌握 I^2C 总线工作原理和软件驱动程序编写；
- 熟悉并掌握并行时钟 DS12887 工作原理和软件驱动程序编写；
- 熟悉并掌握串行时钟 DS1302 工作原理和软件驱动程序编写；
- 熟悉并掌握单总线温度传感器 DS18B20 工作原理和软件驱动程序编写。

13.1　MCS-51 单片机与 I^2C 总线芯片接口

单片机应用系统中，带有 I^2C 总线接口的电路使用越来越多，采用 I^2C 总线接口的器件连接线和引脚数目少，成本低。与单片机连接简单，结构紧凑，在总线上增加器件不影响系统的正常工作，系统修改和可扩展性好，即使工作时钟不同的器件也可以直接连接到总线上，使用起来很方便，但软件程序稍复杂，速度受系统主频和连接器件的多少影响。

13.1.1　I^2C 总线简介

1. I^2C 总线的主要特点

I^2C 总线是由 PHILIPS 公司开发的一种简单、双向二线制同步串行总线。它只需要两根线即在连接于总线上器件之间传送信息。这种总线的主要特点有：

(1) 总线只有两根线，即串行时钟线(SCL)和串行数据线 (SDA)，这在设计中大大减少了硬件接口；

(2) 每个连接到总线上的器件都有一个用于识别的器件地址，器件地址由芯片内部硬件电路和外部地址引脚同时决定，避免了片选线的连接方法，并建立了简单的主从关系，每个器件既可以作为发送器，又可以作为接收器；

(3) 同步时钟允许器件用不同的波特率进行通信；

(4) 同步时钟可以作为停止或重新启动串行口发送的握手信号；

(5) 串行数据传输位速率在标准模式下可达 100Kb/s，快速模式下可达 400Kb/s，高速模式下可达 3.4Mb/s；

2. I^2C 总线的基本结构

I^2C 总线是由数据线 SAD 和时钟线 SCL 构成的串行总线，可发送和接收数据。各种采用 I^2C 总线标准的器件均并联在总线上，每个器件内部都有 I^2C 接口电路，用于实现与 I^2C 总线的连接，结构形式如图 13-1 所示。

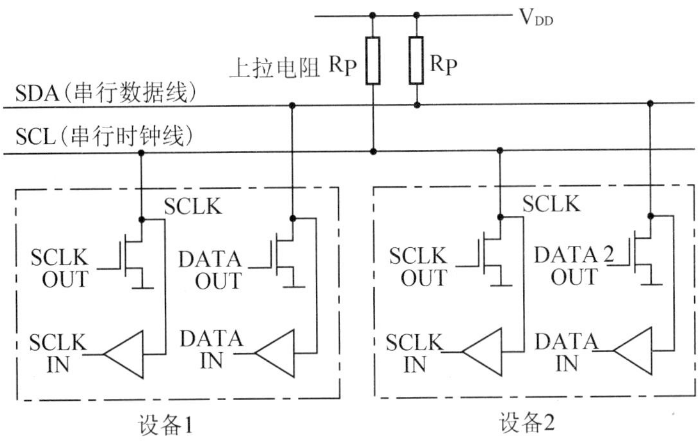

图 13-1　I^2C 总线的结构

每个器件都有唯一的地址，器件两两之间都可以进行信息传送。当某个器件向总线上发送信息时，它就是发送器(也称主控制器)，而当其从总线上接收信息时，它又称为接收器(或称从控制器)。在信息的传输过程中，主控制器发送的信号分为器件地址码、器件单元地址和数据 3 部分，其中器件地址码用来选择从控制器，确定操作的类型(是发送信息还是接收信息)；器件单元地址用于选择器件内部的单元；数据是在各器件间传递的信息。处理过程就像打电话一样，只有拨通号码才能进行信息交流。各控制电路虽然挂在同一条总线上，却彼此独立，互不相关。

3. I^2C 总线信息传送

I^2C 总线没有进行信息传送时，数据线 SDA 和时钟线 SCL 都为高电平。当主控制器向某个器件传送信息时，首先应向总线传送开始信号，信号传输结束应有结束信号。

开始信号和结束信号规定如下。

开始信号：SCL 为高电平时，SDA 由高电平向低电平跳变，开始传送数据。

结束信号：SCL 为高电平时，SDA 由低电平向高电平跳变，结束传送数据。

开始信号和结束信号之间传送的是信息，信息的字节没有限制但是每个字节必须为 8 位，高位在前，低位在后。数据线 SDA 上每一位信息状态的改变只能发生在时钟线 SCL 为低电平的期间，因为 SCL 为高电平的期间 SDA 状态的改变已经被用来表示开始信号和结束信号。每个字节后面必须接收一个应答信号 ACK，ACK 是从控制器在接收到 8 位数据后向主控制器发出的特定的低电平脉冲，用以表示已收到数据，主控制器接收到应答信号 ACK 后，可根据实际情况作出是否继续传递信号的判断。若未收到 ACK，则判断为从控制器出现故障，具体情况如图 13-2 所示。

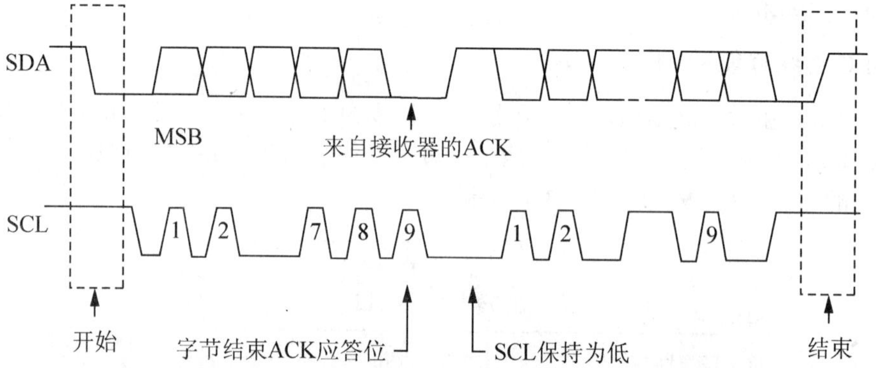

图 13-2 I^2C 总线信号时序

主控制器每次传送的信息中第一个字节必须是器件地址码，第二个字节为器件单元地址，用于实现选择所操作器件的内部单元，从第三个字节开始为传送的数据。其中器件地址码格式如下：

D7	D6	D5	D4	D3	D2	D1	D0
A	A	A	A	B	B	B	R/$\overline{W}$

其中 AAAA(D7～D4)是器件的类型，有固定的定义，EPROM 为 1010；BBB(D3～D1)

为片选，同类器件可接 8 个；$R/\overline{W}$(D0)是读写控制，D0=1 是从总线读信息，D0=0 是向总线写信息。

4. I²C 总线读、写操作时序

1) 指定单元读

该操作从所选器件指定地址读，读的字节数不限，格式如图 13-3 所示。

图 13-3 中，只给出读二个字节 SDA 的时序，当 SCL 为高，SDA 也为低时，I²C 向总线写第一个字节数据，1010 是器件的类型，是 EPROM，1010 后面的 3 位是同类器件的第几个，同类器件可接 8 个，每个可通过各自的 3 个引脚进行 0～7 编码，不会混。

LSB=1 是读命令，接到 ACK 应答后，再发一字节数据，这个数据是 EPROM 内的单元地址；然后收到 ACK 后就可以从 SDA 线上串行读出数据，收到二个完整字节后不用等 ACK，直接发高电平结束本次操作。

开始	$R/\overline{W}$=1	ACK	器件内部地址	ACK	数据 1	ACK	数据 2	ACK	结束

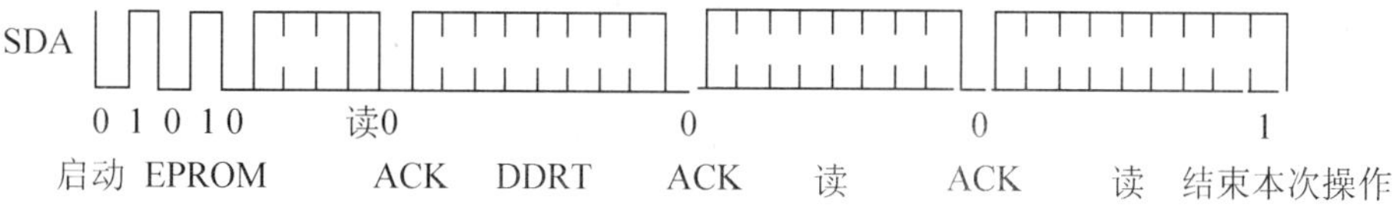

图 13-3　I²C 总线指定单元读信号时序

2) 指定单元写

该操作从所选器件当前地址写，写的字节数不限，格式如图 13-4 所示。

开始	$R/\overline{W}$=0	ACK	器件内部地址	ACK	数据 1	ACK	数据 2	ACK	结束

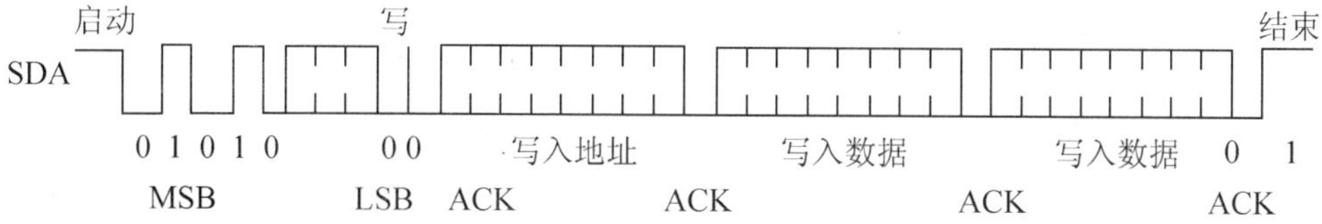

图 13-4　I²C 总线向指定单元写信号时序

图 13-4 中只给出写两个字节 SDA 的时序，当 SCL 为高，SDA 为低时，I²C 向总线写第一个字节数据，1010 是器件的类型，是 EPROM，LSB=0 是写命令，接到 ACK 应答后，再发一字节数据，这个数据是 EPROM 内的单元地址；接到 ACK 后，发一个字节数据，将数据写入 EPROM 内的单元地址。发完一个完整字节后等 ACK，接到 ACK 后，再发一个字节数据，收到 ACK 后发高电平结束本次写操作。

13.1.2 I^2C 总线与 MCS-51 单片机接口

这里通过串行 EEPROM 电路 CAT24WCXX 与 MCS-51 单片机接口来介绍 I^2C 总线的使用。

1. 串行 EEPROM 电路 CAT24WCXX

CAT24WCXX 系列是美国 CATALYST 公司出品的，包含 1～256K 位，支持 I^2C 总线数据传送协议的串行 CMOS EEPROM 芯片，可用电擦除，可编程自定义写周期，自动擦除时间不超过 10ms，典型时间为 5ms。

CAT24WCXX 系列包含 CAT24W01/02/04/08/16/32/64/128/256 共 8 种芯片，容量分别为 1、2、3、4、8、16、32、64、128、256KB。串行 EEPROM 一般具有两种写入方式，一种是字节写入方式，还有一种是页写入方式。允许在一个写周期内同时对一个字节到一页的若干字节的编程写入，一页的大小取决于芯片内的寄存器的大小。其中 CAT24WC01 具有 8 字节数据的页面写能，CAT24WC02/04/08/16 具有 16 字节数据的页面写能力，CAT24WC32/64 具有 32 字节的数据的页面写能力，CAT24WC128/256 具有 64 字节数据的页面写能力。

2. CAT24WCXX 的引脚

CAT24WCXX 系列 EEPROM 提供标准的 8 脚 DIP 封装和 8 脚表面的 SOIC 封装。CAT24WC01/02/04/08/16/32/64、CAT24WC128、CAT24WC256 管脚排列图分别如图 13-5(a)、(b)、(c)所示。

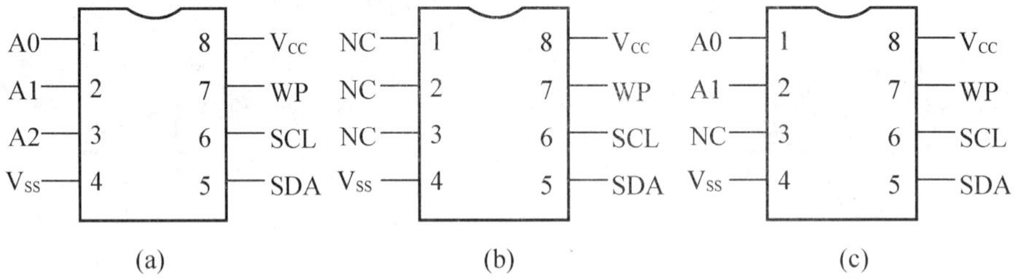

图 13-5 CAT24WCXX 系列 EEPROM 的引脚

SCL：串行时钟线。这是一个输入管脚，用于形成器件所有数据发送或接收的时钟。

SDA：串行数据线，它是一个双向传输线，用于传送地址和所有数据的发送或接收。

它是一个漏极开路端，要求接一个上拉电阻到 V_{CC} 端(速率为 100kHz 时电阻为 10kΩ，400kHz 是为 1kΩ，对于一般的数据传输，仅在 SCL 为低电平期间 SDA 才允许变化。SCL 为高电平时，留给开始信号 START 和停止信号 STOP。

A0、A1、A2：器件地址编码输入端。这些编码输入端用于多个器件级联时设置器件地址，由于只有 3 个输入端，所以该类器件在一个 I^2C 总线上最多可接 8 个，当这些脚悬空时默认值为 0。

WP：写保护。如果 WP 管脚连接到 V_{CC}，所有的内容都被写保护(只能读)。当 WP 管脚连接到 V_{SS} 或悬空，允许对器件进行正常的读/写操作。

V_{CC}：电源

Vss：地线。

3. CAT24WCXX 的器件地址

CAT24WCXX 器件地址的高 4 位 D7～D4 固定为 1010，接下来的 3 位 D3～D1(A2、A1、A0)为器件的片选地址位，片选地址必须与硬件连接线输入脚 A2、A1、A0 相对应。

13.1.3　CAT24WCXX 与单片机的接口与编程

1. CAT24WCXX 与单片机的接口

图 13-6 是 89C52 单片机与串行 EEPROM 芯片 CAT24WCXX 的接口电路。

图 13-6 中用的 EEPROM 芯片为 CAT24WC04，89C52 的 P1.0、P1.1 作为 I^2C 总线与 CAT24WC04 的 SDA 和 SCL 相连，连接时注意 I^2C 总线须经过电阻接电源线。P1.2 与 WP 相连。CAT24WC04 的地址线 A1、A2、A0 直接接地，片选编码为 000，CAT24WC04 的器件地址码高 7 位为 1010000。

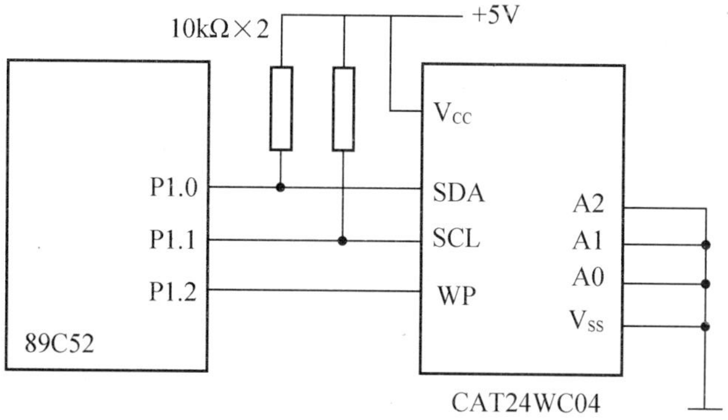

图 13-6　单片机与芯片 CAT24WC04 的接口电路

2. I^2C 总线时序

I^2C 总线是串行通信，系统对各数据和控制信号的时序有严格要求，编程时应参考时序图来进行。I^2C 总线时序主要注意以下几点。

(1) 启动信号，如图 13-7 所示。

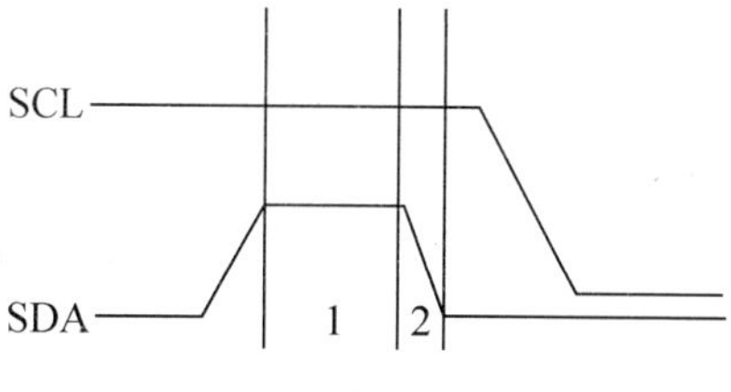

图 13-7　I^2C 启动时序

启动时，SCL 为高，SDA 由高变低，其中 1 是 SDA 由高变低前总线空闲时间，1 应大于 4.7μs；2 是 SDA 由高变低时间，由于下降沿有一定陡度要求，2 最大不能超过 0.3μs。

(2) 停止信号，如图 13-8 所示。

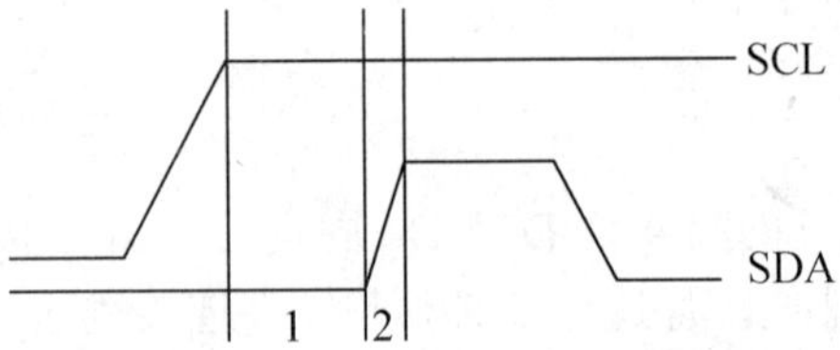

图 13-8 I^2C 停止时序

停止时，SCL 为高，SDA 由低变高，其中 1 是 SDA 由低变高前总线空闲时间，1 应大于 4.7μs；2 是 SDA 由低变高时间，由于上降沿有一定陡度要求，2 最大不能超过 1μs。

(3) 发送应答信号“0”和非应答信号“1”的时序如图 13-9 和图 13-10 所示，信号保持时间最少为 4μs，这也和正常数据一样。另外，SCL 时钟正常为 100～400kHz 范围内。

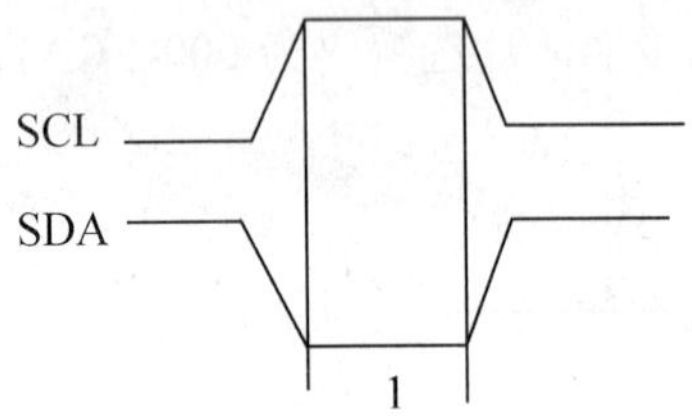

图 13-9 发送应答信号“0”时序

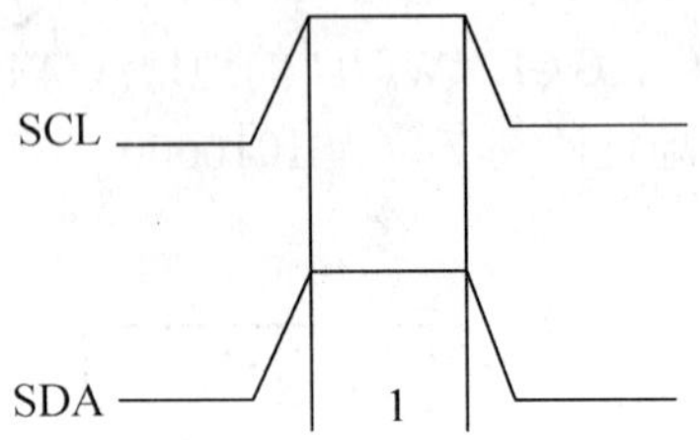

图 13-10 发送非应答信号“1”时序

3. CAT24WC04 的读写驱动程序

例 13-1 I^2C 编程练习。

程序中延时采用空操作指令_nop_()函数，该函数在 intrins.h 头文件中定义。对 12MHz 主频 CPU，执行一次_nop_()函数延时大约 1μs。

```
#include  <reg52.h>
#include  <intrins.h>
#define  uchar unsigned  char
#define  uint  unsigned  int
#define  Nop ()  _nop_()              //定义指令
sbit    SDA=P1^0;                    //定义数据线
sbit    SCL=P1^1;                    //定义时钟线
sbit    WP=P1^2;                     //定义写保护线
bit     ACK;                         //应答信号和发送成功标志
sbit    a7 =ACC^7;                   //定义 ACC 最高位,用于发送
sbit    a0 =ACC^0;                   //定义 ACC 最低位,用于接收

//------------------------------------------------------------------
//  启动 I²C 总线 ,发送 I²C 开始信号
//------------------------------------------------------------------
```

```
void   Start_i2c()
{
    SDA=1;                                        //准备发送开始信号
    Nop();
    SCL=1;
    Nop(); Nop(); Nop(); Nop (); Nop();           //开始建立时间大于 47μs,延时
    SDA=0;                                        //发送开始信号
    Nop(); Nop();Nop(); Nop(); Nop();             //开始信号锁定时间大于 4μs
    SCL =0;                                       //准备下次发送或接收数据
    Nop(); Nop();
}
//-------------------------------------------------------------------
//   发送 I²C 结束信号。
//-------------------------------------------------------------------
void    Stop_i2c ()
{
    SDA=0;                                        //准备发送结束信号
    Nop();
    SCL=1;                                        //发送结束信号的时钟信号
    Nop(); Nop(); Nop(); Nop();Nop();             //结束信号建立时间大于 4μs
    SDA=1;                                        //发送结束信号
    Nop(); Nop();Nop(); Nop();
}
//-------------------------------------------------------------------
//  发送一字节数据
//-------------------------------------------------------------------
void  Sendbyte (uchar i);
{
    uchar   j;
    ACC= i;                             //要发送数送 ACC 中
    SCL=0;
    for (j=0 ;j<8; j++)                 //循环传送 8 位
    {
        SDA= a7;
        ACC<<=1;                        //数据左移一位,把下次要发的位放 ACC 最高位
        Nop();
        SCL=1;                          //发送到数据线上
        Nop(); Nop(); Nop(); Nop(); Nop(); Nop();
        SCL=0;
    }
    Nop(); Nop();
    SDA=1;                              //8 位发送完毕,准备接收应答信号 ACK
```

```
    Nop(); Nop();
    SCL=1;                          //接收应答信号 ACK
    Nop(); Nop(); Nop();
    if(SAD= =1)  ACK=0;             //等待3μs后SAD=1,没收到ACK信号,错误标志ACK=0
    else   ACK=1;                   //接收到应答信号 ACK=0,发送数据成功,标志 ACK=1
    SCL=0,
    Nop(); Nop();
}
//-----------------------------------------------------------------
//   接收一个字节函数
//-----------------------------------------------------------------
uchar  Rcvbyte();
{
    for (i=0 ;i<8; i++)
    {
        Nop();
        SCL=0;                      //置时钟线为低电平,准备接收数据
        Nop(); Nop(); Nop(); Nop(); Nop(); Nop();
        SCL=1;                      //置时钟线为高电平,数据线上数据有效
        Nop(); Nop();
        a0=SDA;
        ACC<<=1;                    //数据左移一位
        Nop(); Nop();
    }
    Nop();
    Nop();
    j=ACC;
    return ( j );                   //返回接收的 8 位数据
}
//-----------------------------------------------------------------
//  应答函数
//-----------------------------------------------------------------
void  Ack_i2c( bit  a);
{
    if (a= =0) SDA =0;              //发应答信号
    else  SDA=1;
    Nop(); Nop(); Nop();
    SCL=1;
    Nop(); Nop(); Nop(); Nop(); Nop();
    SCL =0;
    Nop(); Nop();
}
```

```
//-------------------------------------------------------------------
//   向器件当前地址写一个字节函数,入口参数:器件地址码 sla,器件单元地址 suba,传
//   送的数据 uchar *s,发送数据字节数 no,返回一位,1 表示成功,否则有误
//-------------------------------------------------------------------
bit ISendbyte (uchar sla ,uchar suba, uchar *s ,uchar no)
{
    uchar    i;
    start_i2c()                           //发送开始信号,启动 I2C 总线
    Sendbyte (sla);                       //发送器件地址码
    if(ACK= =0) return (0);               //无应答,返回 0
    Sendbyte(suba);                       //有应答,发送器件单元地址
    if(ACK= =0) return(0);                //无应答,返回 0
    for (i=0;i<no;i++)                    //连续传发送数据字节
    {
        Sendbyte(*s);                     //发送逐句字节
        if(ACK= =0)return(0);             //无应答,返回 0
        s++;
    }
    Stop_i2c ();                  //正常结束,送结束信号,返回 1
    return(1);
}
//-------------------------------------------------------------------
//  读器件当前地址单元数据函数
//  入口参数 2 个:器件地址码、读入位置。读成功返回 1,否则返回 0.
//-------------------------------------------------------------------
bit  IRcvByte (uchar  sla,uchar  *c);
{
    Start_i2c ();                         //发送开始信号,启动 I2C 总线
    SendByte(sla);                        //发送器件地址码
    if(ACK= =0)return(0);                 //无应答,返回 0
    c=Rcvbyte();                          //读入字节,送目的位置
    Ack_i2c(0);                //送应答信号
    Stop_i2c();                   //正常结束,送结束信号,返回 1
    return(1);
}
//-------------------------------------------------------------------
//  从器件指定地址读多个字节
//  入口参数有 4 个:器件地址码 sla、器件单元地址 suba、读入的数据串* s、读入的字节
//  个数 no,读入成功,返回 1,不成功返回 0,使用后必须结束总线。
//-------------------------------------------------------------------
bit   Isendstr (uchar sla, uchar suba, uchar
* s,uchar  no );
```

```
{
    uchar   i;
    Start _i2c ();                     //发送开始信号,启动I²C总线
    Sendbyte (sla);                    //发送器件地址码
    if(ACK= =0) return(0);             //无应答,返回0
    Sendbyte(suba);                    //有应答,发送器件单元地址
    if(ACK= =0) return(0);             //无应答,返回0
    Start_i2c();                       //有应答,重发送开始信号,启动I²C总线
    Sendbyte (sla);                    //发送器件地址码
    if(ACK= =0) return(0);             //无应答,返回0
    for (i=0;i<no-1;i++)               //连续读入数据字节
    {
        *s=RcvByte();
        Ack_i2C(0);
        s++;
    }
    *s=RcvByte();
    Ack_i2c(1);                        //送应答信号
    Stop_i2c ();                       //正常结束,送结束信号,返回1
    return(1);
}
//在对CAT24WC04芯片写操作之前,需要将WP置0,允许写,写操作完成后,将WP置1,禁止对CAT24WC04改写。
```

13.2 MCS-51单片机与并行时钟日历芯片接口

13.2.1 并行日历时钟芯片DS12887介绍

DS12887是美国达拉斯半导体公司(Dallas)推出的并行接口实时时钟芯片，采用CMOS技术制成，具有内部晶振和时钟芯片及备份锂电池，同时它与计算机常用的时钟芯片MC146818B和DS1287管脚兼容，可直接替换。采用DS12887芯片设计的时钟电路无须任何外围电路和器件，并具有良好的微机接口。DS12887芯片具有微功耗，外围接口简单，精度高，工作稳定可靠等优点，广泛用于各种需要较高精度的实时时钟系统中。

1. DS12887 主要功能

(1) 内含一个锂电池，断电后运行10年以上不丢失数据。

(2) 计秒，分，时，天，星期，日，月，年，并有闰年补偿功能。

(3) 二进制数码或BCD码表示时间，日历和定闹。

(4) 12小时或24小时制，12小时时钟模式带有PM和AM知识，有夏令时功能。

(5) Motorola和Intel总线时序选择。

(6) 有 128 个字节 RAM 单元与软件接口，其中：14 个字节作为时钟寄存器和控制寄存器，114 字节为通用 RAM，所有 RAM 单元数据都具有掉电保护功能。

(7) 可编程方波信号输出。

(8) 中断信号输出(IRQ)和总线兼容、定时中断、周期性中断、时钟更新周期结束中断可分别由软件屏蔽，也可分别进行测试。

2. DS12887 基本原理及引脚说明

DS12887 内部有振荡电路、分频电路、周期中断/方波选择电路，14 字节时钟寄存器和控制寄存器，114 字节用户非易失 RAM，十进制/二进制累加器，总线接口电路，电源开关写保护单元和内部锂电池等部分组成。DS12887 引脚如图 13-11 所示。

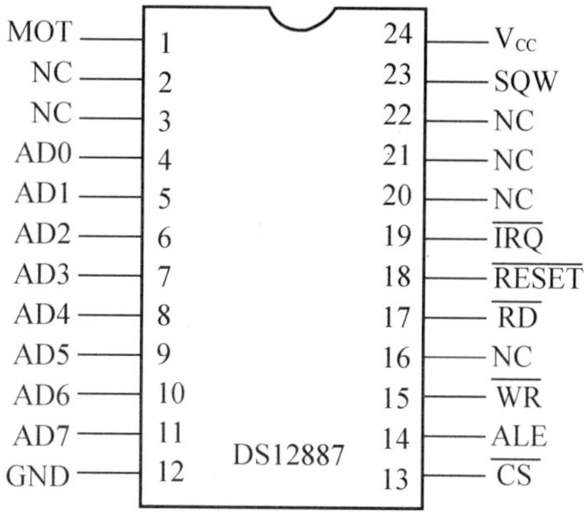

图 13-11　DS12887 引脚图

V_{CC}：直流＋5V 电压。当 V_{CC} 电压在正常范围内时，数据可读写，当 V_{CC} 低于 4.25V 时，读写被禁止，计时功能仍继续；当 V_{CC} 下降到 3V 以下时，RAM 和计时器供电被切换到内部锂电池。

MOT(模式选择)：MOT 引脚接到 VCC 时，选择 Motorola 时序，接到 GND 时，选择 Intel 时序。

SQW(方波输出信号)：SQW 引脚能从时钟内部 15 级分频器的 13 个抽头中选择一个作为输出信号，输出频率可通过对寄存器 A 编程改变。

AD0～AD7(双向地址/数据复用线)：总线接口，可与 Motorola 微机系列和 Intel 微机系列接口。

ALE(地址锁存信号)：在 ALE 的下降沿，AD0～AD7 输入的地址锁存入 DS12887。

$\overline{RD}$ (数据读信号)：低电平有效。

$\overline{WR}$ (数据写信号)：低电平有效。

$\overline{CS}$ (片选信号)：在访问 DS12887 的总线周期内，片选信号必须保持为低。

$\overline{IRQ}$ (中断请求信号)：低电平有效，可作微机处理的中断输入，没有中断条件满足时，$\overline{IRQ}$ 处于高阻态，$\overline{IRQ}$ 线是漏极开路输入，要求外接上拉电阻。

$\overline{RESET}$ (复位信号)：当该引脚保持低电平时间大于 200ms，保证 DS12887 有效复位。

3. 内部寄存器

DS12887 内部有 128 个存储器，其中 10 字节存放实时时钟时间、日历和定闹的 RAM，4 个字节的控制和状态特殊寄存器，114 字节带掉电保护的用户 RAM。所有的 128 个字节都可以直接读写。

1) 时间、日历和定闹单元

时间、日历和定闹钟通过写相应的存储单元字节来设置或初始化，当前时间和日历信息通过读相应的存储单元字节来获取，其字节内容可以是二进制或 BCD 形式。时间可选择 12 小时制或 24 小时制，当选择 12 小时制时，小时字节的高位逻辑“1”代表 PM，逻辑“0”代表 AM。时间、日历和定闹字节是双缓冲的，总是可访问的。每秒钟这 10 个字节走时 1 秒，检查一次定时闹钟条件，如在更新时，读时间和日历可能引起错误。

3 个字节的定时闹钟字节有两种使用方法，第一种，当定时闹钟时间写入相应时、分、秒定闹单元后，在定时闹钟允许位置“1”的条件下，定时闹钟中断每天准时启动一次；第二种，在 3 个定时闹钟字节中填入特殊码。特殊码是从 0xC0～0xFF 十六进制数。当小时闹钟字节填入特殊码时，定时闹钟为每小时中断一次；当小时和分钟闹钟字节填入特殊码时，定时闹钟为每分钟中断一次；当 3 个定时闹钟字节都填入特殊码时，每秒中断一次。

时间，日历和定闹单元的数据格式如表 13-1 所示。

表 13-1　时间、日历和定闹单元的数据格式

地　址	功　能	数 范 围	二进制格式	BCD 格式
0	秒	0～59	0x00～0x3B	0x00～0x59
1	秒闹钟	0～59	0x00～0x3B	0x00～0x59
2	分	0～59	0x00～0x3B	0x00～0x59
3	分闹钟	0～59	0x00～0x3B	0x00～0x59
4	小时(12 小时制)	1～12	0x01～0x0CAM 0x81～0x8CPM	0x01～0x0C AM 0x81～0x8C PM
	小时(24 小时制)	1～23	0x00～0x17	0x01～0x23
5	时闹钟(12 小时制)	1～12	0x01～0x0C AM 0x81～0x8C PM	0x01～0x0C AM 0x81～0x8C PM
	时闹钟(24 小时制)	1～23	0x00～0x17	0x00～0x23
6	星期	1～7	0x00～0X07	0x01～0x07
7	日	1～31	0x01～0x1F	0x01～0x31
8	月	1～12	0x01～0x0C	0x01～0x12
9	年	0～99	0x00～0x63	0x00～0x99

注：定时闹钟字节可以填入特殊码 0xC0-0xFF

2) 寄存器 A

寄存器 A 的格式如下：

D7	D6	D5	D4	D3	D2	D1	D0
UIP	DV2	DV1	DV0	RS3	RS2	RS1	RS0

UIP：更新(UIP)位，用来标志芯片是否进行更新，当 UIP 位为 1 时，更新即将开始，这时不准对时钟日历和闹钟信息寄存器进行读/写操作，当它为 0 时，表示至少 44μs 内芯片不会更新，此时时钟、日历和闹钟信息可以通过读写相应的字节获得和设置。

UIP 位为只读位，并且不受复位信号($\overline{RESET}$)的影响，通过把寄存器 B 中的 SET 位设置为 1，可以禁止更新并将 UIP 位清 0。

DV0、DV1、DV2：这 3 位是用来开关晶体振荡器和复位分频器的。

当 DV0DV1DV2=010 时，晶体振荡器开启并且保持时钟运行；

当 DV0DV1DV2 =11X 时，晶体振荡器开启，但分频器保持复位状态。

RS3、RS2、RS1、RS0：中断周期和 SQW 输出频率选择位，4 位编码与中断周期和 SQW 输出频率的对应关系如表 13-2 所示。

表 13-2　4 位编码与中断周期和 SQW 输出频率的对应关系表

RS3 RS2 RS1 RS0	中 断 周 期	SQW 输出频率(Hz)
0000	—	—
0001	3.9062ms	256
0010	7.812 ms	128
0011	122.070us	8192
0100	244.141us	4069
0101	488.281us	2048
0110	976.562us	1024
0111	1.953125ms	512
1000	3.90625ms	256
1001	7.8125ms	128
1010	15.625ms	64
1011	31.25ms	32
1100	62.5ms	16
1101	125ms	8
1110	250ms	4
1111	500ms	2

3）寄存器 B

寄存器 B 的格式如下：

D7	D6	D5	D4	D3	D2	D1	D0
SET	PIE	AIE	UIE	SQWE	DM	24/12	DSE

SET：当 SET=0 时，芯片更新正常进行；当 SET=1，芯片更新被禁止。SET 位可读写，并不会受复位信号的影响。

PIE：当 PIE=0 时，禁止周期中断输出到 IRQ；当 PIE=1 时，允许周期中断输出到 IRQ。

AIE：当 AIE=0 时，禁止闹钟中断输出到 IRQ；当 AIE=1 时，允许闹钟中断输出到 IRQ。

UIE：当 UIE=0 时，禁止更新结束中断输出到 IRQ；当 UIE=1 时，允许更新结束中断输出到 IRQ。此位在复位或设置 SET 位为高时清 0。

SQWE：当 SQWE=0，SQW 脚为低；当 SQWE =1 时，SQW 输出设定频率的方波。

DM：DM =0，BCD；DM=1，二进制，此位不受复位信号影响。

24/12：此位为 1，24 时制；为 0，12 小时制

DSE：夏令时允许标志，在四月的第一个星期日的 1：59：59AM，时钟调到 3：00：00AM；在十月的最后一个星期日的 1：59：59AM，时钟调到 1：00：00AM。

4) 寄存器 C

寄存器 C 的格式如下：

D7	D6	D5	D4	D3	D2	D1	D0
IRQF	PF	AF	UF	0	0	0	0

IRQF：当有以下情况中的一种或几种发生时，中断请求标志(IRQF)置 1；PF=PIE=1 或 AF=AIE=1 或 UF=UIE=1，即 IRQF=PF.PIE＋AF.AIE＋UF.UIE，IRQF 一旦置 1，IRQ 引脚输出低电平，送出中断请求。所有标志位在读寄存器 C 或复位后清零。

PF：周期中断标志。

AF：闹钟中断标志。

UF：更新中断标志。

第 0 位到第 3 位没用，不能写入，只能读出，且读出的值恒为 0。

5) 寄存器 D

寄存器 D 的格式如下：

D7	D6	D5	D4	D3	D2	D1	D0
VRT	0	0	0	0	0	0	0

VRT：当 VRT=0 时，表示内置电池能量耗尽，此时 RAM 中数据的正确性不能保证。

第 0 位到第 6 位无用，只能读出，且读出的数值恒为 0。

6) 用户 RAM

在 DS12887 中有 114 字节带掉电保护 RAM，它们没有特殊功能，可以在任何时候读写，可被处理器程序用作非易失内存，在更新周期也可访问，它的地址范围为 0x0D～0x7F。如果片选地址 $\overline{\text{CS}}$=0xF000，则 DS12887 内部 128 个存储单元的地址为 0xF000～0xF07F。

13.2.2　DS12887 与单片机的接口和驱动程序

1. DS12887 与单片机的接口

图 13-12 是 89C52 与 DS12887 的接口电路，DS12887 的片选信号接 P2.7。

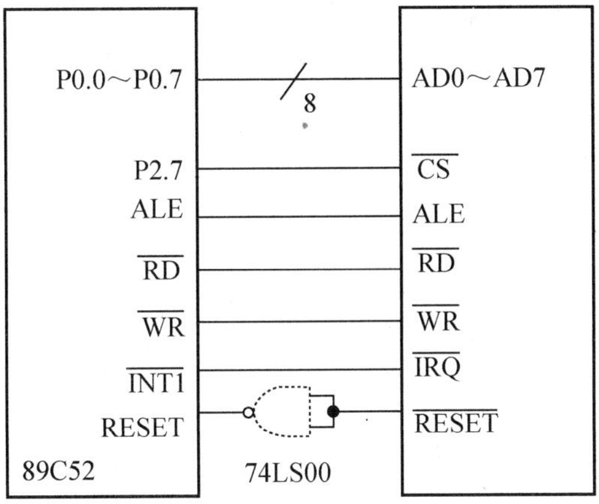

图 13-12　DS12887 与 89C52 的接口电路

2. 参考驱动程序

下面给出 DS12887 的驱动程序。

嵌入式控制系统调试完成，系统开始运行前要“校表”，即对 DS12887 初始化。以后在系统运行中就可以随时读时间，读的结果如送 LED 或 LCD 显示，就要使 DS12887 工作数据为 BCD 码状态(DM=0)，如果用于计算，DS12887 工作数据为二进制状态(DM=1)。

DS12887 内部有 114 个带掉电保护的 RAM 单元，在单片机资源紧张状况下，非常宝贵，应充分利用。如工业机器人、FMS 柔性制造系统的数控制导车、智能电梯等设备，在工作中要随时记忆自己当前位置，以便断电、下班或维修后能从原来位置正常运行，此时在控制程序中就可以把当前位置存储在这些单元。

DS12887 的处理过程为：

(1) 寄存器 B 的 SET 位置 1，芯片停止工作；

(2) 时间、日历和定闹单元置初值；

(3) 读寄存器 C，消除已有的中断标志；

(4) 读寄存器 D，使片内寄存器和 RAM 数据有效；

(5) 寄存器 B 的 SET 位清零，启动 DS12887 开始工作。

例 13-2　DS12887 驱动程序。

```
#include  <reg52.h>
#include  <stdio.h>
#include  <absacc.h>
#include  <math.h>
#include  <string.h>
```

```
#include  <ctype.h>
#include  <stdlib.h>
#define  p128870    XBYTE [0x7F00]
#define  p128871    XBYTE [0x7F01]
#define  p128872    XBYTE [0x7F02]
#define  p128873    XBYTE [0x7F03]
#define  p128874    XBYTE [0x7F04]
#define  p128875    XBYTE [0x7F05]
#define  p128876    XBYTE [0x7F06]
#define  p128877    XBYTE [0x7F07]
#define  p128878    XBYTE [0x7F08]
#define  p128879    XBYTE [0x7F09]
#define  p12887A    XBYTE [0x7F0A]
#define  p12887B    XBYTE [0x7F0B]
#define  p12887C    XBYTE [0x7F0C]
#define  p12887D    XBYTE [0x7F0D]
#define  p12887E    XBYTE [0x7F0E]
#define  p12887F    XBYTE [0x7F0F]
#define  uchar  unsigned  char
#define  uint  unsigned  int
void     setup12887(uchar *p); //设置系统时间,uchar *p 是存放系统时间数组的
指针
void     read12887(uchar *p);
void     srart12887(void  *p);
//-----------------------------------------------------------------------
// 设置系统时间
//-----------------------------------------------------------------------
setup12887(uchar *p)
{
    uchar    i
    i=p12887D;          //读 D,使片内寄存器和 RAM 数据有效
    p12887A=0x70;       //UIP=0,芯片允许读写;DV0~DV2=111,晶振开启,分频器复位
    p12887B=0xA2;       //SET=1,禁止更新;AIE=1,24/1=1,允许定闹中断,24 小时制
    p128870=*p++;       //秒单元置数
    p128871=0xFF;       //秒闹单元置特殊码
    p128872=*p++;       //分单元置数
    p128873=0xFF;       //分闹单元置特殊码
    p128874=*p++;       //小时单元置数
    p128875=0xFF;       //小时闹单元置特殊码,最后每秒闹一次
    p128876=*p++;       //星期单元置数
    p128877=*p++;       //日单元置数
    p128878=*p++;       //月单元置数
```

```
        p128879=*p++;       //年单元置数
        p12887B=0x22;       //24 小时制,允许定闹中断
        p12887A=0x20;       // DV0～DV2=010,晶振开启,并保持时钟正常运行
        i =p12887C;         //读 C,消除已有的中断标志
    }
    //-----------------------------------------------------------------
    //  读系统时间
    //-----------------------------------------------------------------
    void    read12887(uchar  *p)          //uchar *p 存放系统时间数组指针
    {
        uchar  a;
        do { a=p12887A; }  while((a&0x80)= =0x80); //测 UIP 位,UIP=0,系统可读写
        *p++=p128870;  *p++=p128872;  *p++=p128874;  *p++=p128876;   *p++=
p128878;  *p++=p128879;
    }
    //-----------------------------------------------------------------
    //  启动时钟
    //-----------------------------------------------------------------
    void    srart12887(void )
    {
        uchar  i;
        i =p12887D;         //读 D,使片内寄存器和 RAM 数据有效
        p12887A=0x70;       //UIP=0,芯片允许读写;DV0～DV2=111,晶振开启,分频器复位
        p12887B=0xA2;       //SET=1,禁止更新;AIE=1,24/1=1,允许定闹中断,24 小时制
        p128871=0xFF;       //每秒闹一次
        p128875=0xFF;
        p12887B=0x22;       //允许定闹中断,24 小时制
        p12887A=0x20;       //晶振开启,并保持时钟正常运行
        i =p12887C;         //读 C,消除已有的中断标志
    }
```

13.3　MCS-51 单片机与串行日历时钟芯片接口

13.3.1　串行日历时钟芯片 DS1302 简介

现在流行的串行时钟电路很多，如 DS1302、DS1307、PCF8485 等。这些电路的接口简单、价格低廉、使用方便，被广泛地采用。本文介绍的实时时钟电路 DS1302 是 DALLAS 公司的一种具有涓细电流充电(Trickle Charge，连续小电流充电，又称维护充电)能力的电路，主要特点是采用串行数据传输，可为掉电保护电源提供可编程的充电功能，并且可以关闭充电功能。采用普通 32.768kHz 晶振。

DS1302 的引脚排列(图 13-13)中有 2 个电源脚，其中 V_{CC1} 为后备电源，V_{CC2} 为主电源。

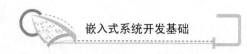

在主电源关闭的情况下，也能保持时钟的连续运行。DS1302 由 V_{CC1} 和 V_{CC2} 中较大者供电。当 V_{CC2} 大于 V_{CC1}+0.2V 时，V_{CC2} 给 DS1302 供电。当 V_{CC2} 小于 V_{CC1} 时，DS1302 由 V_{CC1} 供电。X1 和 X2 是振荡源，外接 32.768kHz 晶振。$\overline{RST}$ 是复位/片选线。

图中要特别说明的是备用电源 B1，可以用电池或者超级电容器(0.1F 以上)。虽然 DS1302 在主电源掉电后的耗电很小，但是，如果要长时间保证时钟正常，最好选用小型充电电池。可以用老式计算机主板上的 3.6V 充电电池。如果断电时间较短(几小时或几天)时，就可以用漏电较小的普通电解电容器代替。100μF 就可以保证 1 小时的正常走时。DS1302 在第一次加电后，必须进行初始化操作。初始化后就可以按正常方法调整时间。

DS1302 存在时钟精度不高、易受环境影响、出现时钟混乱等缺点。DS1302 可以用于数据记录，特别是对某些具有特殊意义的数据的记录，能实现数据与出现该数据的时间同时记录。这种记录对长时间连续测控系统结果的分析及对异常数据出现的原因的查找具有重要意义。传统的数据记录方式是隔时采样或定时采样，没有具体的时间记录，因此，只能记录数据而无法准确记录其出现的时间；若采用单片机计时，一方面需要采用计数器，占用硬件资源，另一方面需要设置中断、查询等，同样耗费单片机的资源，而且，某些测控系统可能不允许。如果在系统中采用时钟芯片 DS1302，则能很好地解决这个问题。

DS1302 内含一个实时时钟/日历和 31 个字节静态 RAM，通过简单的串行接口与单片机进行通信，实时时钟/日历电路提供秒、分、时、日、日期、月、年信息，每月的天数和闰年的天数可自动调整，时钟操作可通过 AM/PM 设置决定采用 24 小时或 12 小时式，DS1302 与单片机之间能简单地采用同步串行的方式进行通信，仅需要用到 3 个口线：RESET 复位、I/O 数据线、SCLK 串行时钟；对时钟、RAM 的读/写，可以采用单字节方式或多达 31 个字节的字符组方式。DS1302 工作时，功耗很低，保持数据和时钟信息时功率小于 1mW。DS1302 广泛用于电话传真、便携式仪器及电池供电的仪器仪表等产品领域中。

1. DS1302 的主要性能指标

(1) DS1302 实时时钟具有计算 2100 年之前的秒、分、时、日、日期、星期、月、年的能力，还有闰年调整功能。

(2) 内部含有 31 个字节静态 RAM，可提供用户访问。

(3) 采用串行数据传送方式，管脚数量最少，使用简单 3 线制接口。

(4) 工作电压范围宽：2.0～5.5V。

(5) 工作电流：2.0V 时，小于 300mA。

(6) 时钟或 RAM 数据的读/写有两种传送方式：单字节传送和多字节传送方式。

(7) 采用 8 脚 DIP 封装或 SOIC 封装。

(8) 与 TTL 兼容，V_{CC}=5V。

(9) 可选工业级温度范围：-40℃～+85℃。

(10) 具有涓流充电功能。

(11) 采用主电源和备份电源双电源供应。

(12) 备份电源可由电池或大容量电容实现。

2. 引脚功能

DS1302 的引脚如图 13-13 所示。

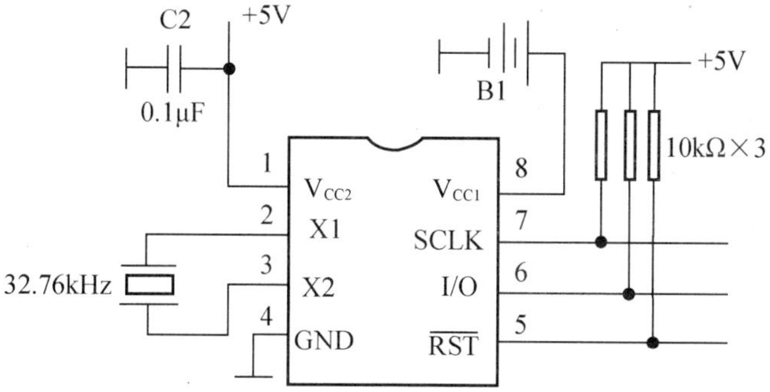

图 13-13　DS1302 的引脚图

X1、X2：32.768kHz 晶振接入引脚。

GND：地。

$\overline{RST}$：复位引脚，低电平有效。

I/O：数据输入/输出引脚，具有三态功能。

SCLK：串行时钟输入引脚。

V_{CC1}：备用电源引脚。

V_{CC2}：工作电源引脚。

3. DS1302 的寄存器及片内 RAM

DS1302 有一个控制寄存器，12 个日历、时钟寄存器和 31 个字节 RAM。

1) 控制寄存器

控制寄存器用于存放 DS1302 的控制命令，DS1302 的 $\overline{RST}$ 引脚回到高电平后写入的第一个字就为控制命令，它用于对 DS1302 续写过程进行控制，它的格式如下：

D7	D6	D5	D4	D3	D2	D1	D0
1	RAM/$\overline{CK}$	A4	A3	A2	A1	A0	RD/$\overline{W}$

D7：固定为 1，是控制命令标志。

D6：RAM/$\overline{CK}$ 位，片内 RAM 或日历、时钟寄存器选择位，当 RAM/$\overline{CK}$ =1 时，对片内 RAM 进行读写，当 RAM/$\overline{CK}$ =0 时，对日历、时钟寄存器进行读写。

D5～D1：地址位，用于选择进行读写的日历、时钟寄存器或片内 RAM。对日历时钟寄存器或片内 RAM 的选择如表 13-3 所示。

D0：读写位，当 RD/$\overline{W}$ =1 时，对日历、时钟寄存器或片内 RAM 进行读操作，当 RD/$\overline{W}$ =0 时，对日历、时钟寄存器或片内 RAM 进行写操作。

表 13-3　日历、时钟寄存器的选择

寄　存　器	D7	D6	D5	D4	D3	D2	D1	D0
	1	RAM/$\overline{CK}$	A4	A3	A2	A1	A0	RD/$\overline{W}$
秒	1	0	0	0	0	0	0	1/0
分	1	0	0	0	0	0	1	1/0
时	1	0	0	0	0	1	0	1/0
日	1	0	0	0	0	1	1	1/0
月	1	0	0	0	1	0	0	1/0
星期	1	0	0	0	1	0	1	1/0
年	1	0	0	0	1	1	0	1/0
写保护	1	0	0	0	1	1	1	1/0
慢充电	1	0	0	1	0	0	0	1/0
时钟突发模式	1	0	1	1	1	1	1	1/0
RAM0	1	1	0	0	0	0	0	1/0
⋮	1	1	0	0	0	0	1	1/0
RAM30	1	1	1	1	1	1	0	1/0
RAM 突发模式	1	1	1	1	1	1	1	1/0

2) 日历、时钟寄存器

DS1302 共有 12 个寄存器，其中有 7 个与日历、时钟相关，存放的数据位是 BCD 码形式。日历时钟寄存器的格式见表 13-4。

表 13-4　日历、时钟寄存器的格式

寄　存　器	值	D7	D6	D5	D4	D3	D2	D1	D0
秒	00～59	CH	秒的十位			秒的个位			
分	00～59	0	分的十位			分的个位			
12 小时制	01～12	1	0	1 上午，0 下午	小时的十位	小时的个位			
24 小时制	00～23	0	小时的十位			小时的个位			
日	00～31	0	0	日的十位		日的个位			
月	1～12	0	0	0	1/0	月的个位			
星期	01～07	0	0	0	0	星期几			
年	01～99	年的十位				年的个位			
写保护		WP	0	0		0	0	0	0
慢充电		TCS	TCS	TCS	TCS	DS	DS	RS	RS

表 13-4 内容说明如下。

(1) 数据都以 BCD 码形式表示。

(2) 小时寄存器的 D7 位为 12 小时制/24 小时制的选择位，当为 1 时选 12 小时制，当为 0 时，选 24 小时制。当 12 小时制时，D5 位为 1 时为上午，D5 位为 0 时为下午，D4 为小时的十位；当 24 小时制时，D5、D4 位为小时的十位。

(3) 秒寄存器中的 CH 位为时钟暂停位，当为 1 时，时钟暂停，为 0 时时钟开始启动。

(4) 写保护寄存器中的 WP 为写保护位，当 WP =1 时，写保护。当 WP=0 时未写保护，当对日历、时钟寄存器或片内 RAM 进行写时 WP 应清零，对日历、时钟寄存器或片内 RAM 进行读时 WP 一般置为 1。

(5) 慢充电寄存器的 TCS 为控制慢充电的选择，当它为 1010 时才能使慢充电工作。DS 为二极管选择位，DS 为 01 选择一个二极管，DS 为 10 选择两个二极管，DS 为 11 或 00 充电器被禁止，与 TCS 无关。RS 用于选择连接在 VCC2 与 VCC1 之间的电阻，RS 为 00，充电器被禁止，与 TCS 无关。电阻选择情况如表 13-5 所示，慢充电电路示意图如图 13-14 所示。

表 13-5　电阻的选择情况表

RS	电　阻	阻　值
00	无	无
01	R1	2kΩ
10	R2	4kΩ
11	R3	8kΩ

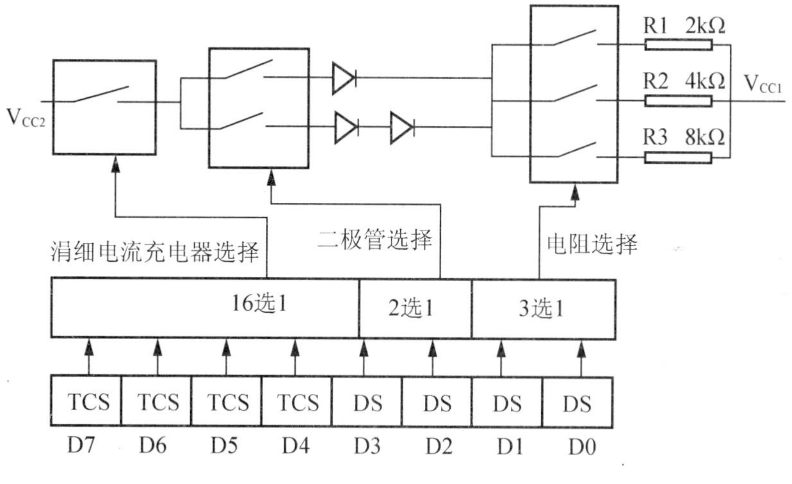

图 13-14　慢充电电路选择示意图

3) 片内 RAM

DS1302 片内有 31 个 RAM 单元，对片内 RAM 的操作有两种方式：单元字节方式和多元字节方式。当控制命令为 0xC0～0xFD 时，为单字节读/写方式，命令字中的 D5～D1 用于选择对应的 RAM 单元，其中奇数为读操作，偶数为写操作。当控制命令字为 0xFE～0xFF 时为多字节操作(表 13-4 中的 RAM 突发模式)，多字节操作可一次把所有的 RAM 单元内容进行读/写，0xFE 为写操作，0xFF 为读操作。

13.3.2 DS1302 的输入/输出、DS1302 与单片机的接口

1. DS1302 的输入/输出过程

DS1302 通过 $\overline{RST}$ 引脚驱动输入/输出过程，当 $\overline{RST}$ 置高电平启动输入输出过程，在 SCLK 时钟的控制下，首先把控制命令字写入 DS1302 的控制寄存器中，然后根据写入的控制命令字，一次读写内部寄存器或片内 RAM 单元的数据。对于日历、时钟寄存器，根据控制命令字，可以一次读写一个日历、时钟寄存器、也可以一次读写 8 个字节(表 13-4 中的时钟突发模式，多字节操作写的控制命令为 0XBE，读的控制命令字为 0XBF)；对于片内 RAM 单元，根据控制命令字，一次可读写一个字节，一次也可以读写 31 个字节(表 13-4 中的 RAM 突发模式，多字节操作可一次把所有的 RAM 单元内容进行读写，0XFE 为写操作，0XFF 为读操作)，当数据读写完后，$\overline{RST}$ 变为低电平结束输入输出过程。无论是命令还是数据，一个字传送时都是低位在前。

2. DS1302 与单片机的接口

图 13-15 中单电源与电池供电的系统中，V_{CC1} 提供低功率的备用电池，V_{CC2} 提供主电源，在没有主电源时能保证时间信息以及数据。

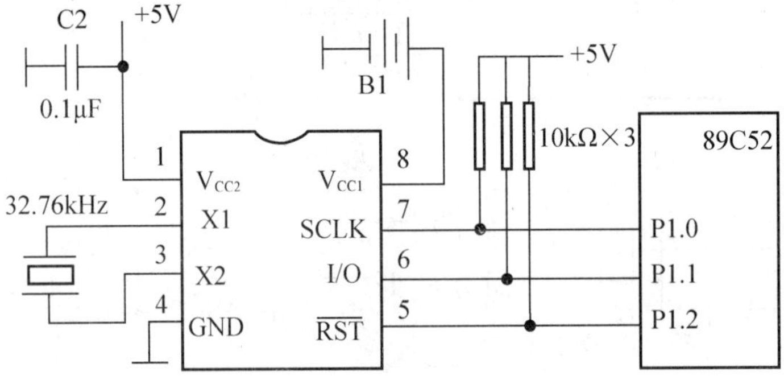

图 13-15 DS1302 与单片机的接口

3. DS1302/读写时序

DS1302 单字节/读写时序如图 13-16 所示，多字节读/写时序如图 13-17 所示。

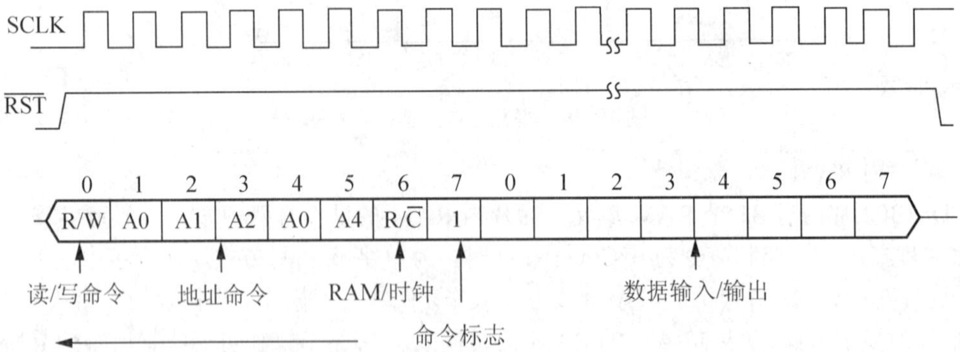

图 13-16 DS1302 单字节读/写时序

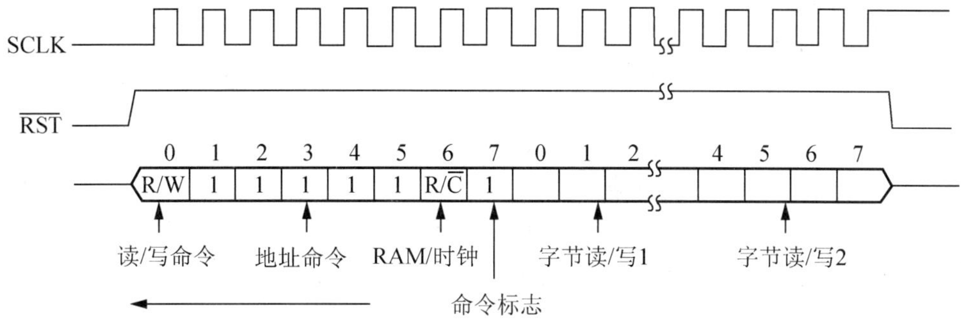

图 13-17　DS1302 多字节读/写时序

4. DS1302 的驱动程序

在程序中用 Nop()函数来延时，该函数在头文件<intrins.h>中定义，因此在程序中引用该文件。在主频 12MHz 时，每调用 Nop()一次，大约延时 1μs。

例 13-3　DS1302 的驱动程序。

```
#include <reg52.h>
#include  <intrins.h>
#deffine  Nop  ()  _nop_()            //定义指令
#defined  uchar  unsigned  char
sbit   T_CLK= P1^0;                   //DS1302 时钟引脚
sbit   T_IO = P1^1;                   //DS1302 数据线引脚
sbit   T_RST= P1^2;                   //DS1302 复位线引脚
sbit   ACC7= ACC^7;
sbit   ACC0= ACC^0;

//-------------------------------------------------------------------------
//  往 DS1302 写入 1 字节数据
//-------------------------------------------------------------------------
void   WriteB(uchar ucDa)
{
    uchar    i;
    ACC= ucDa;
    T_RST=1;                  //开始读写操作
    Nop ();
    for ( i=8; i>0; i--)
    {
        T_IO=ACC0;            //先写低位,后写高位
        Nop ();
        CLK=1;                //时钟上升沿,写入一位数据
        Nop ();
        CLK=0;                //时钟=0,准备下次写
```

```
        Nop ();
        ACC=ACC>>1;              //数据右移一位,要发送位送 ACC0
    }
}
//----------------------------------------------------------------
//   从 DS1302 读 1 字节数据
//----------------------------------------------------------------
uchar   ReadB (void)
{
    uchar   i;
    T_RST=1;                     //开始读写操作
    Nop ();
    for ( i=8; i>0; i--)
    {
        ACC= ACC>>1;             //结果右移一位,先读低位,后读高位
        ACC7=T_IO;               //读一位,放累加器最高位
        Nop ();
        CLK=1;                   //读有效
        Nop ();
        CLK=0;                   //时钟=0,准备下次读
        Nop ();
    }
    return(ACC);                 //返回读的结果
}
//----------------------------------------------------------------
//  单字节写,向 DS1302 某地址写入命令/数据,先写地址 ucAddr,后写命令/数据 ucDa
//----------------------------------------------------------------
void W1302(uchar  ucAddr ,  uchar   ucDa)
{
    T_RST=0;
    T_CLK=0;
    T_RST=1;                     //开始读写操作
    WriteB(ucAddr);              //写地址
    WriteB(ucda);                //写 1 字节数据
    T_CLK=1;
    Nop ();
    T_RST=0;
}
//----------------------------------------------------------------
//  单字节读,读取 DS1302 某个地址的数据,先写地址 ucAddr,后读数据 ucDa
//----------------------------------------------------------------
uchar  R1302(uchar  ucAddr)
```

```
{
    uchar   ucDa;
    T_RST=0;
    T_CLK=0;
    T_RST=1;
    Nop ();
    WriteB(ucAddr);         //写地址
    ucDa= ReadB();          //读 1 字节命令/数据
    T_CLK=1;
    T_RST=0;
    return(ucDa);
}
//------------------------------------------------------------------
// 日历、时钟多字节写,先写地址,后写数据(时钟多字节方式)
//  pSecDa:指向时钟数据地址  格式为:秒、分、时、日、月、星期、年、控制
//------------------------------------------------------------------
void  BurstW1302(uchar  *PsecDa)
{
    uchar    i;
    W1302(0x8E,0x00);           //取消写保护,wp=0,允许写操作
    T_RST=0;
    T_CLK=0;
    T_RST=1;
    Nop ();
    WriteB(0xBE);               // 0xBE:时钟多字节写命令(时钟突发模式)
    for ( i=8; i>0; i--)        // 8B=7B 时钟数据+1B 控制
    {
        WriteB(*PsecDa);        //写 1 字节数据
        PsecDa ++;
    }
    T_CLK=1;
    T_RST=0;
}
//------------------------------------------------------------------
// 读取 DS1302 时钟数据,先写地址,后读取命令/数据(时钟多字节方式)
//  pSecDa:时钟数据地址  格式为:秒、分、时、日、月、星期、年、控制
// 返回值:ucDa,读取的数据
//------------------------------------------------------------------
void  BurstR1302(uchar  *psecDa)
{
    uchar    i;
    T_RST=0;
```

```
    T_CLK=0;
    T_RST=1;
    Nop ();
    WriteB(0xBF);                   //0xBF:时钟多字节读命令
    for ( i=8; i>0; i--)
    {
        *psecDa =ReadB();           //读 1B 数据
        psecDa ++;
    }
    T_CLK=1;
    T_RST=0;
}
//------------------------------------------------------------------
//  成组写 DS1302 的 RAM 数据
//------------------------------------------------------------------
void  BurstW1302R(uchar  *pReDa)
{
    uchar   i;
    W1302(0x8E,0x00);               //写允许
    T_RST=0;
    T_CLK=0;
    T_RST=1;
    Nop ();
    WriteB(0xFE);                   //0xFE:RAM 多字节写命令
    for ( i=31; i>0; i--)           //31B 寄存器数据
    {
        WriteB(*pReDa);             //写 1B 数据
        pReDa ++;
    }
    T_CLK=1;
    T_RST=0;
}
//------------------------------------------------------------------
//  成组读取 DS1302 的 RAM 数据
//------------------------------------------------------------------
void  BurstR1302R(uchar  *pReDa)
{
    uchar   i;
    T_RST=0;
    T_CLK=0;
    T_RST=1;
```

```
    Nop ();
    WriteB(0xFF);                          //0xFF:RAM 多字节读命令
    for ( i=31; i>0; i--)                  //31B 寄存器数据
    {
        *pReDa=ReadB();                    //读 1B 数据
        pReDa ++;
    }
    T_CLK=1;
    T_RST=0;
}
//------------------------------------------------------------------
//  设置初始时间
//  pSecDa:初始时间地址,初始时间格式为秒、分、时、日、月、星期、年
//------------------------------------------------------------------
void  Set1302(uchar  *pSecDa)
{
    uchar    i;
    uchar  ucAddr =0x80;                   //秒地址写
    W1302(0x8E; 0x00);                     //控制命令,WP=0,允许写操作
    for ( i=7; i>0; i--)
    {
        W1302(ucAddr, *pSecDa );           //秒、分、时、日、月、星期、年
        *pSecDa++
        ucAddr +=2;
    }
    W1302(0x8E; 0x01);                     //控制命令,WP=1,写保护
}
//------------------------------------------------------------------
//  读取 DS1302 当前时间
//  ucCurtime:保存当前时间地址,格式为秒、分、时、日、月、星期、年
//------------------------------------------------------------------
void  Get1302(uchar  ucCurtime[])
{
    uchar    i;
    uchar  ucAddr =0x81;                       // 秒地址读
    for ( i=0; i<7; i++)
    {
        ucCurtime[i]= R1302(ucAddr);           //格式为:秒、分、时、日、月、星期、年
        ucAddr  +=2;}                          //下一寄存器地址,参见表 13-4
}
```

13.4 单片机与单总线(1-wire)数字温度传感器的接口

数字温度传感器问世于20世纪90年代中期，它是微电子技术、计算机技术和自动测试技术的结晶。数字温度传感器具有价格低、精度高、封装小、温度范围宽、使用方便等优点。被广泛应用于工业控制、电子测温、医疗仪器等各种温度控制系统中。数字温度传感器一般内部包含温度传感器、A/D转换器、信号处理器、存储器和相应的接口电路，有的还带多路选择器、中央控制器(CPU)、随机存储器(RAM)和只读存储器(ROM)。数字温度传感器的种类繁多，一般总线形式可分为单总线(1-wire)接口、双总线(I^2C)接口和三总线(SPI)接口。下面以单总线温度传感器芯片DS18B20来介绍数字温度传感器的使用。

13.4.1 DS18B20 简介

DS18B20是DALLAS公司生产的单总线数字温度传感器芯片，具有3引脚TO-92小体积封装形式；温度测量范围为-55℃～+125℃，可编程为9～12位A/D转换精度，测温分辨率可达0.0625℃；被测温度用16位补码方式串行输出；其工作电源既可在远端引入，也可采用寄生电源方式产生；多个DS18B20可以并联到3根或2根线上，CPU只需一根端口线就能与诸多DS18B20通信，占用微处理器的端口较少，具体如图13-18所示。

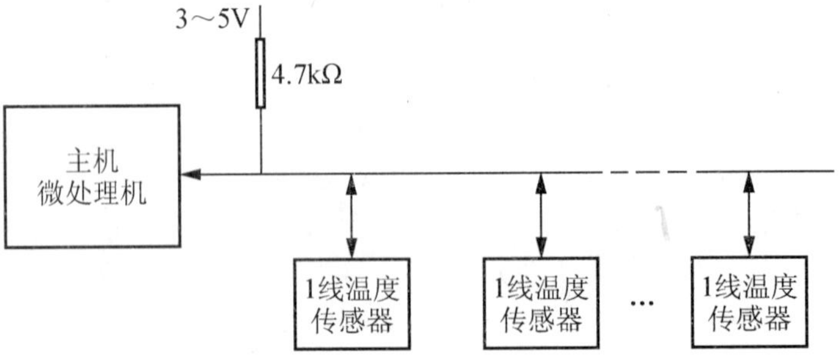

图 13-18 CPU只需一根端口线与诸多DS18B20通信

1. DS18B20的主要特性

(1) 适应电压范围宽：3.0V～5.5V，在寄生电源方式下可由数据线供电。

(2) 在使用中不需要任何外围元件。

(3) 独特的单线接口方式：DS18B20与微处理器连接时仅需要一条信号线即可实现微处理器与DS18B20的双向通信。

(4) 测温范围宽：-55℃～+125℃，在-10℃～+85℃范围内精度为±0.5℃。

(5) 编程可实现分辨率为9～12位，对应的可分辨温度分别为0.5℃、0.25℃、0.125℃和0.0625℃，可实现高精度测温。

(6) 在9位分辨率时最多在93.75ms内把温度值转换为数字，12位分辨率时最多在750ms内把温度值转换成数字。

(7) 支持多点组网功能，多个DS18B20可以并联在唯一的三线上，实现组网多点测温。

(8) 用户可自行设定非易失性的报警上下限值。

(9) 负压特性：电源极性接反时，温度计不会因发热而烧毁，但不能正常工作。

2. DS18B20 的外部结构

DS18B20 可采用 3 脚 TO-92 小体积封装和 8 脚 SOIC 封装，如图 13-19 所示。

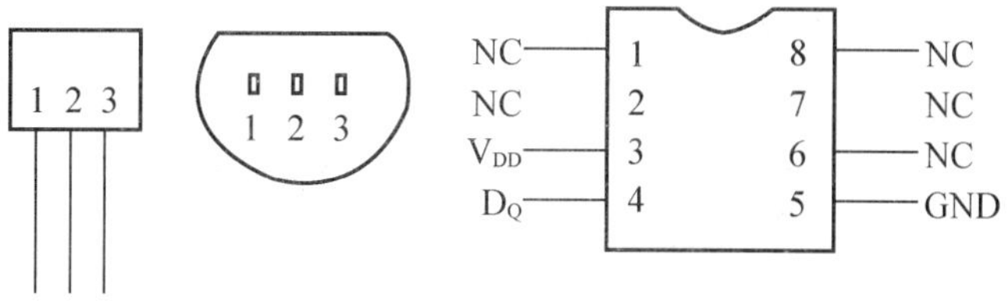

(a) TO-92 封装　　(b) SOIC 封装

图 13-19　DS18B20 的外形及引脚图

图中引脚定义如下。

(1) D_Q：数字信号输入/输出端。

(2) GND：电源地。

(3) V_{DD}：外接供电电源输入端(在寄生电源接线方式时接地)。

13.4.2　DS18B20 的内部结构

DS18B20 内部结构主要由 4 部分组成：64 位只读 ROM、温度传感器、非易失性温度报警触发器 TH 和 TL，配置寄存器等，其内部结构图如图 13-20 所示。

DS18B20 的存储器部件有以下几种。

1. ROM 存储器

ROM 中存放的是 64 位序列号，出厂前已被刻好，它可以看成是该 DS18B20 的地址序列号。每个器件地址序列号不同。64 位序列号的排列是：开始 8 位(0x28)是产品类型标志，接着的 48 位是该 DS18B20 自身的序列号，最后的 8 位是前面 56 位的循环冗余效验码。由于每一个 DS18B20 序列号都不同，这样就可以实现一根总线上挂接多个 DS18B20 的目的。

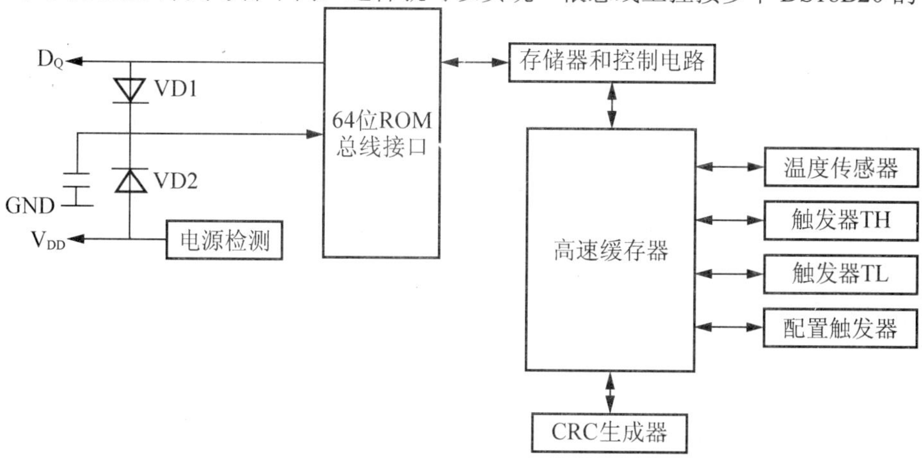

图 13-20　DS18B20 的内部结构

2. 高速暂存存储器

高速暂存存储器由 9 个字节组成，其分配如表 13-6 所示。第 0 个和第 1 个字节存放转换所得的温度值；第 2 个和第 3 个字节分别是高温度触发器 TH 和低温度触发器 TL；第 4 个字节是配置寄存器；第 5、6、7 个字节保留；第 8 个字节是 CRC 校验寄存器。

表 13-6 DS18B20 高速暂存存储器的分配

字节序号	功　能
0	温度转换后的低字节
1	温度转换后的高字节
2	高温触发器 TH
3	低温触发器 TL
4	配置寄存器
5	保留
6	保留
7	保留
8	CRC 校验寄存器

DS18B20 中的温度传感器可完成对温度的测量，当温度转换命令发布后，转换后的温度以补码形式存放在高速暂存存储器的第 0 个和第 1 个字节中。以 12 位转化为例：用 16 位符号扩展的二进制补码数形式提供，以 0.0625℃/LSB 形式表示。图 13-21 是 12 位转化后得到的数据，高字节的前面 5 位 S 是符号位，如果测得的温度大于 0，这 5 位为 0，只要将测到的数值乘以 0.0625 即可得到实际温度；如果温度小于 0，这 5 位为 1，测到的数值需要取反加 1 再乘以 0.0625 即可得到实际温度。

D15	D14	D13	D12	D11	D10	D9	D8	D7	D6	D5	D4	D3	D2	D1	D0
S	S	S	S	S	2^6	2^5	2^4	2^3	2^2	2^1	2^0	2^{-1}	2^{-2}	2^{-3}	2^{-4}

图 13-21 DS18B20 温度值格式表

例如，＋125℃的数字输出为 0x07D0，＋25.0625℃的数字输出为 0x0191，−25.0625℃的数字输出为 0xFF6F，−55℃的数字输出为 0xFC90。表 13-7 列出了 DS18B20 的部分温度值与采样数据的对应关系。

表 13-7 DS18B20 的部分温度数据表

温度/℃	16 位二进制编码	十六进制表示
＋125	0000 0111 1101 0000	0x07D0
＋85	0000 0101 0101 0000	0x0550
＋25.0625	0000 0001 1001 0001	0x0191
＋10.125	0000 0000 1010 0010	0x00A2
＋0.5	0000 0000 0000 1000	0x0008

续表

温度/℃	16 位二进制编码	十六进制表示
0	0000 0000 0000 0000	0x0000
−0.5	1111 1111 1111 1000	0xFFF8
−10.125	1111 1111 0101 1110	0xFF5E
−25.0625	1111 1110 0110 1111	0xFE6F
−55	1111 1100 1001 0000	0xFC90

3. 高温度触发器 TH 和低温度触发器 TL

高温度触发器和低温度触发器分别存放温度报警的上限值 TH 和下限值 TL；DS18B20 完成温度转换后，就把转换后的温度值 T 与温度报警的上限值 TH 和下限值 TL 作比较，若 T>TH 或 T<TL，则把该器件的告警标志置位，并对 CPU 发出告警搜索命令。

配置寄存器用于确定温度值的数字转换分辨率，该字节各位的意义如图 13-22 所示。

D7	D6	D5	D4	D3	D2	D1	D0
TM	R1	R0	1	1	1	1	1

图 13-22　配置寄存器结构

其中：低五位全是 1，是该命令的标志；TM 是测试模式位，用于设置 DS18B20 是在工作模式还是在测试模式，在 DS18B20 出厂时该位被设置为 0，用户不要去改动；R1 和 R0 用来设置分辨率，如表 13-8 所示，DS18B20 出厂时被设置为 12 位。

表 13-8　温度值分辨率设置表

R1	R0	分辨率(位)	温度最大转换时间(ms)
0	0	9	93.75
0	1	10	187.5
1	0	11	275.00
1	1	12	750.00

4. CRC 生成寄存器

CRC 生成寄存器生成和存放前 8 个字节的 CRC 校验码。

13.4.3　DS18B20 的温度转换过程

根据 DS18B20 的通信协议，主机控制 DS18B20 完成温度转化必须经过 3 个步骤：每一次读/写之前都要对 DS18B20 进行复位，复位成功后发送一条 ROM 指令，最后发送 RAM 指令，这样才能对 DS18B20 进行预定的操作。DS18B20 的 ROM 指令和 RAM 指令如表 13-9 和表 13-10 所示。

表 13-9　DS18B20ROM 指令表

指 令	约定代码	功 能
读 ROM	0x33	读 DS18B20 温度传感器 ROM 中的编码(即 64 位地址)
匹配 ROM	0x55	发出此命令之后，接着发出 64 位 ROM 编码，访问单总线上与该编码相对应的 DS18B20，使之作出响应，为下一步对该 DS18B20 的读/写做准备
搜索 ROM	0x0F0	用于确定挂接在同一总线上的 DS18B20 的个数和识别 64 位 ROM 地址，为操作各器件做好准备
跳过 ROM	0xCC	忽略 64 位 ROM 地址，直接向 DS18B20 发温度变换命令。适用于单片工作
告警搜索命令	0xEC	执行后只有温度超过设定值上限或下限的芯片才作出反应

表 13-10　DS18B20RAM 指令表

指　　令	约 定 代 码	功　　能
温度变换	0x44	启动 DS18B20 进行温度转换，12 位转换时最长为 750ms，结果存入内部 9 字节 RAM 中
读暂存器	0xBE	读内部 RAM 中 9 字节的内容
写暂存器	0x4E	发出向内部 RAM 的 3、4 字节写上、下限温度的数据命令，紧跟该命令之后，是传送两字节的数据
复制暂存器	0x48	将 RAM 中第 3、4 字节的内容复制到 EEPROM 中
重调 EEPROM	0xB8	将 EEPROM 中的内容回复到 RAM 中的第 3、4 字节
读供电方式	0xB4	读 DS18B20 的供电模式。寄生供电时 DS18B20 发送“0”，外接电源供电时 DS18B20 发送“1”

上述指令每一步骤都有严格的时序要求，所有的时序都是将主机作为主设备，单总线器件作为从设备。每一次命令和数据的传输都是从主机主动启动写时序开始，如果要求单总线器件回送数据，在进行写命令后，主机需启动读指令完成数据接受。数据和命令的传输都是低位在前。

时序可分为初始化时序、读时序和写时序。初始化复位时要求 CPU 将数据线下拉 500μs，然后释放，DS18B20 收到信号后等待 15～60μs 左右，后发出 60～240μs 的低脉冲。

对于 DS18B20 的写时序可分为写“0”时序和写“1”时序两个过程。DS18B20 写“0”时序和写“1”时序的要求不同：当要写“0”时，单总线要被拉低至少 60μs，以保证 DS18B20 能够在 15μs～45μs 之间正确采样 I/O 线上的“0”电平；当要写“1”时，单总线被拉低后，要在 15μs 内释放单总线。

读时序也分为读“0”时序和读“1”时序两个过程。对于 DS18B20 的读时序是主机把单总线拉低之后在 15μs 之内释放单总线，让 DS18B20 把数据传输到单总线上。DS18B20 完成一个读时序过程至少需要 60μs。

初始化时序、写时序和读时序如图 13-23～图 13-25 所示。

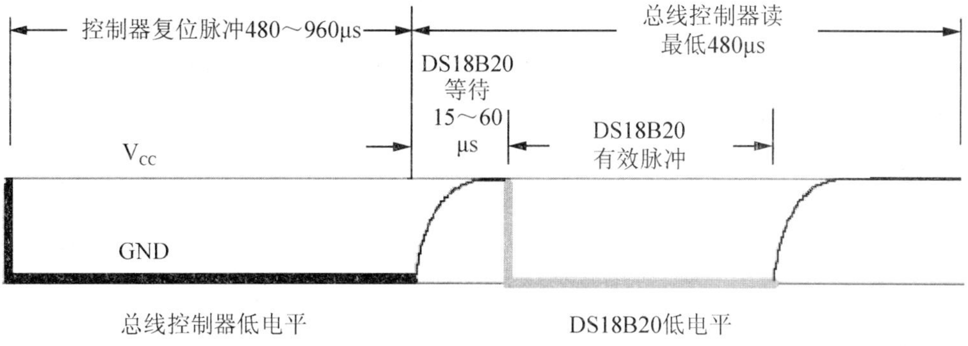

图 13-23　初始化复位时序

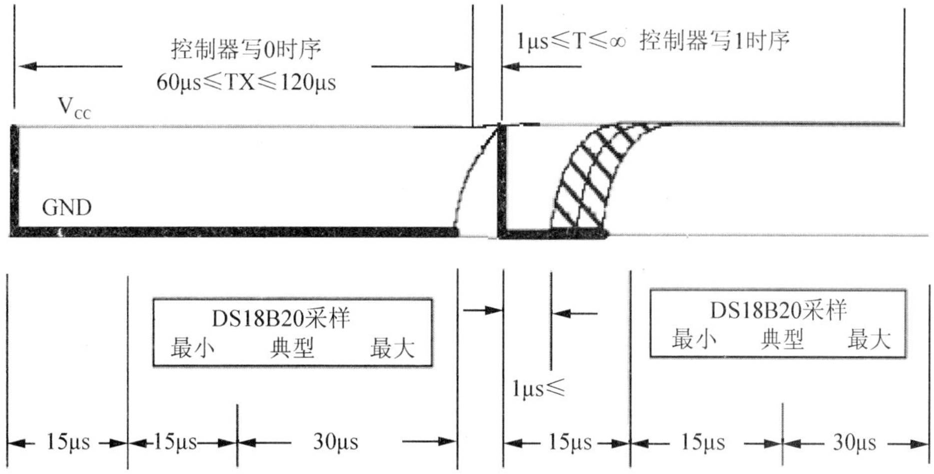

图 13-24　DS18B20 的写时序

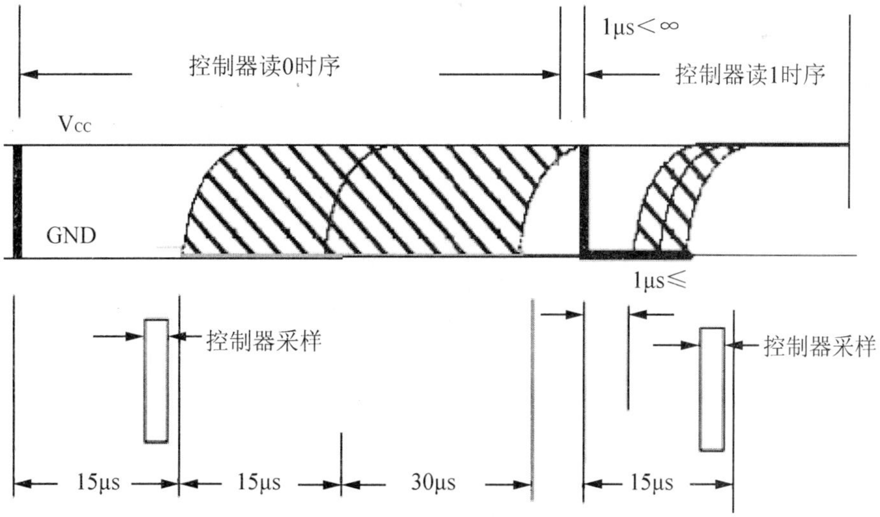

图 13-25　DS18B20 的读时序

13.4.4 DS18B20 的软件驱动程序

DS18B20 与 MCS-51 单片机连接简单，DS18B20 的 BQ 与 P1.0 连接，MCS-51 单片机主频为 12MHz。

例 13-4 DS18B20 驱动参考程序(参照图 13-23～图 13-25 时序)。

```
    #include <reg52.h>
    #define  uchar unsigned char
    #define  uint  unsigned  int
    sbit DQ = P1^0;
    uchar  c[2];      //存 16 位温度值高低字节
    uchar  flag;      //温度正负标志, flag=0, 温度为正;flag=1, 温度为负
    uint cc;          // 16 位温度值
    //-------------------------------------------------------------------
    //  延时 n×1μs
    //-------------------------------------------------------------------
void delay (uchar n)
    {
        TMOD=0x01;              //T0 工作方式 1
        TH0=(65536-n)/256;
        TL0=(65536- n)%256;
        EA=0;                //禁止中断
        TR0=1;               //启动 T0
        while(TF0= =0) ;
        TF0=0 ;
        TR0=0;
    }
    //-------------------------------------------------------------------
    // 复位程序
    //-------------------------------------------------------------------
    uchar  ow_rest(void)
    {
        uchar   feedback;
        DQ = 0 ;                   //DQ 低电平
        delay(500);                //延时 500μs
        DQ =1 ;                    //DQ 高电平
        delay(3);                  //等待 3μs
        feedback =DQ;              //读 DS18B20 反馈信号
        delay(25);                 //等待 25μs
        return (feedback);         //0 允许,1 禁止
    }
    //-------------------------------------------------------------------
```

```
//  从单总线上读取一个字节
//-----------------------------------------------------------------
uchar  read_byte (void)
{
    uchar i ;
    uchar value = 0;
    for  ( i=8; i>0; i--)
    {
        value >>=1;
        DQ=0;
        DQ =1;
        delay(1);  //延时 1μs
        if (DQ= =1) valuel+=0x80;
        delay(6);//延时 6μs
    }
    return (value);
}
//-----------------------------------------------------------------
//  向单总线上写一个字节
//-----------------------------------------------------------------
void write_byte(uchar val)
{
    uchar i;
    for  ( i =8; i>0; i --)   //一次写一个字节
    {
        DQ= 0
        DQ= val&0x01;
        delay(5);
        DQ=1;
        val>>= 1;
    }
    delay(5);
}
//-----------------------------------------------------------------
//  读取温度
//-----------------------------------------------------------------
void read_temperature(void)
{
    ow_rest( );                        //复位
    write_byte(0xCC);                  //单片 DS18B20,忽略编码,不查 ROM
    write_byte (0x44);                 //启动 DS18B20 进行温度转换
    delay(65000);                      //延时 65ms,DS18B20 转换 9 位精度最长 90ms
```

```
        write_byte(0xBE);              //读内部 RAM 中 9 字节内容
        c[1]=read_byte( );             //读低字节
        c[0]=read _byte( );            //读高字节
        ow_reset( );                   //复位
        write_byte(0xCC);              //忽略编码
        write_byte (0x44);             //启动 DS18B20 进行下次温度转换
    }
    //----------------------------------------------------------------------
    //  主程序
    //----------------------------------------------------------------------
    void main (viod)
    {
        delay(10);
        EA=0;
        flag=0;
        read_temperature( );                        //读取双字节温度
        cc= c[0]*256.0+c[1];
        if (c[0]>0xF8)  {flag=1;cc=-cc+1}           //负温度时,读值变反加 1(变正),同时
标志变 1
        cc=cc*0.0625;                               //计算出温度值
        while(1);
    }
```

DS18B20 虽然具有测温系统简单、测温精度高、占用口线少等优点，但在实际应用中较小的硬件开销需要相对复杂的软件进行补偿，由于 DS18B20 与微处理器间采用串行数据传送，因此，在对 DS18B20 进行读/写编程时，必须反复调整读/写时序，严格保证时序正确，否则将无法读取测温结果。

习　　题

1. I^2C 总线启动、停止的条件是什么？
2. 熟悉 I^2C 指定单元读/写时序。
3. 熟悉 I^2C 发送一个字节、接收一个字节的时序和程序。
4. DS12887 芯片主要功能是什么？
5. DS12887 芯片有多少带掉电保护的 RAM 单元，它们有哪些特殊用途？
6. DS12887 芯片内部寄存器有几个？各有什么用途？
7. 熟悉 DS12887 程序编写。
8. 熟悉 DS1302 读/写时序。熟悉 DS1302 读/写一个字节、成组读程序。
9. 熟悉单总线温度传感器 DS18B20 的读/写时序，驱动程序编写。

第 5 篇

嵌入式系统人机界面设计

第 14 章 LED 点阵原理及驱动

本章知识架构

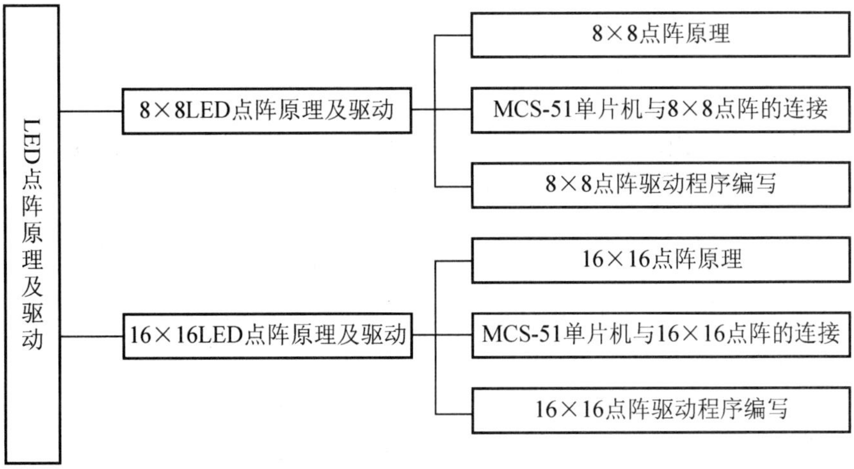

本章教学目标和要求

- 熟悉 8×8 点阵原理和 8×8 点阵与 MCS-51 单片机的连接；
- 掌握 8×8 点阵驱动程序的编写；
- 熟悉 16×16 点阵原理和 16×16 点阵与 MCS-51 单片机的连接；
- 掌握 16×16 点阵驱动程序的编写。

14.1 8×8LED 点阵原理及驱动

14.1.1 发光二极管原理及应用

在进行嵌入式控制系统设计时，首先要进行人机界面设计，根据嵌入式控制系统的特点，人机界面应该具有小、巧、轻、灵、薄和信息量大、价格低廉的特点。

在比较简单的嵌入式控制系统中，常使用发光二极管(Light Emitting Diode，LED)或由发光二极管组成的点阵作显示界面，这种界面显示字体清晰、价格低廉。缺点是显示的信息量少。

在嵌入式控制系统中，最常使用液晶显示器(Liquid Crystal Display，LCD)作显示界面，这种界面显示的信息量大，显示字体的大小和内容可由软件控制。

本章先介绍发光二极管或由发光二极管组成的点阵作显示界面，液晶显示器作显示界面将在后面详细介绍。

1. LED 的类型和显示特点

在嵌入式系统中，主要是选择价格低廉、性能较好的发光二极管。发光二极管的种类非常多，价格从 0.1 元到 1 元不等，图 14-1 列出几种常用的发光二极管。

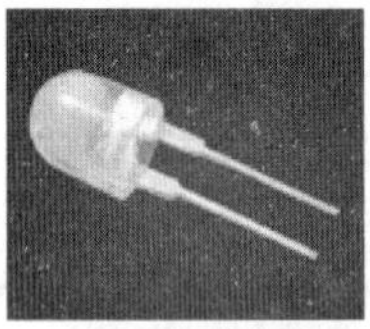
圆头型 LED

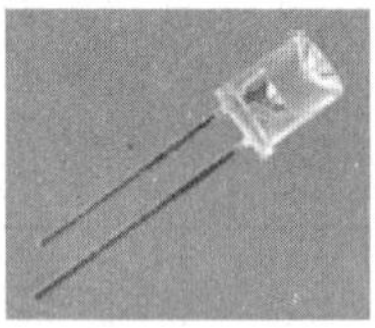
内凹型 LED

草帽型 LED

图 14-1 几种常用的发光二极管

发光二极管还可分为普通单色发光二极管、高亮度发光二极管、超高亮度发光二极管、变色发光二极管、闪烁发光二极管、电压控制型发光二极管、红外发光二极管和负阻发光二极管等。

(1) 普通单色发光二极管具有体积小、工作电压低、工作电流小、发光均匀稳定、响应速度快、寿命长等优点，可用各种直流、交流、脉冲等电源驱动点亮。它属于电流控制型半导体器件，使用时需串接合适的限流电阻。

普通单色发光二极管的发光颜色与发光的波长有关，而发光的波长又取决于制造发光二极管所用的半导体材料。红色发光二极管的波长一般为 650～700nm，琥珀色发光二极管的波长一般为 630～650nm，橙色发光二极管的波长一般为 610～630nm 左右，黄色发光二极管的波长一般为 585nm 左右，绿色发光二极管的波长一般为 555～570nm。

常用的国产普通单色发光二极管有 BT(厂标型号)系列、FG(部标型号)系列和 2EF 系列。

常用的进口普通单色发光二极管有 SLR 系列和 SLC 系列等。

(2) 高亮度单色发光二极管和超高亮度单色发光二极管使用的半导体材料与普通单色发光二极管不同，所以发光的强度也不同。

通常，高亮度单色发光二极管使用砷铝化镓(GaAlAs)等材料，超高亮度单色发光二极管使用磷铟砷化镓(GaAsInP)等材料，而普通单色发光二极管使用磷化镓(GaP)或磷砷化镓

(GaAsP)等材料。

(3) 变色发光二极管是能变换发光颜色的发光二极管。变色发光二极管发光颜色种类可分为双色发光二极管、三色发光二极管和多色(有红、蓝、绿、白 4 种颜色)发光二极管。

变色发光二极管按引脚数量可分为二端变色发光二极管、三端变色发光二极管、四端变色发光二极管和六端变色发光二极管。

常用的双色发光二极管有 2EF 系列和 TB 系列，常用的三色发光二极管有 2EF302、2EF312、2EF322 等型号。

(4) 闪烁发光二极管是一种由 CMOS 集成电路和发光二极管组成的特殊发光器件，可用于报警指示及欠压、超压指示。

闪烁发光二极管在使用时，无须外接其他元件，只要在其引脚两端加上适当的直流工作电压(5V)即可闪烁发光。

(5) 普通发光二极管属于电流控制型器件，在使用时需串接适当阻值的限流电阻。电压控制型发光二极管是将发光二极管和限流电阻集成制作为一体，使用时可直接并接在电源两端。

2. LED 的应用

鉴于 LED 的自身优势，目前主要应用于以下几大方面。

(1) 由于 LED 具有抗震、耐冲击、光响应速度快、省电和寿命长等特点，广泛应用于各种室内照明、户外显示屏、交通信号灯上。

(2) 汽车内部的仪表板、音响指示灯、开关的背光源、阅读灯和外部的刹车灯、尾灯、侧灯以及头灯、高位刹车灯等。

(3) LED 背光源，特别是高效侧发光的背光源最为引人注目，LED 作为 LCD 背光源应用，具有寿命长、发光效率高、无干扰和性价比高等特点，已广泛应用于电子手表、手机、BP 机、电子计算器和刷卡机上，随着便携电子产品日趋小型化，LED 背光源更具优势，因此背光源制作技术将向更薄型、低功耗和均匀一致方面发展。

(4) LED 照明光源早期的产品发光效率低，光强一般只能达到几个到几十个 mcd(光通量的空间密度，即单位立体角的光通量，称为发光强度，是衡量光源发光强弱的量，其中文名称为“坎德拉”，符号是“cd”。前面那个“m”是词头，是千分之一的意思)，适用于室内场合、家电、仪器仪表、通讯设备、微机及玩具等方面应用。目前直接目标是 LED 光源替代白炽灯和荧光灯，这种替代趋势已从局部应用领域开始发展。

(5) 其他应用，例如，受到儿童欢迎的闪光鞋、电动牙刷的电量指示灯。

(6) 家用室内照明的 LED 产品越来越受人欢迎，LED 筒灯，LED 天花灯，LED 日光灯，LED 光纤灯已悄悄地进入家庭。

(7) 除上面介绍的以外，在控制系统中，一位发光二极管可以显示一个控制对象的状态，8 位发光二极管除可以显示 8 个控制对象的状态外，还可以显示一个字节的 8 位数据。

发光二极管控制电路简单，网上有大量资料可借鉴，本书只做简单介绍。

3. 八段数码管和米字管做显示器件

在应用系统中，经常用八段式 LED 数码管作显示输出设备。八段式 LED 数码管显示器显示信息简单，具有显示清晰、亮度高、使用电压低、寿命长、与单片机接口方便等特点。八段式 LED 数码管我们在第 11 章已做详细介绍，这里不再赘述。

米字管在结构上和八段式 LED 显示器基本相同，只是比八段式 LED 多使用 9 支发光二极管，它们的结构如图 14-2 所示。

从图 14-2 中看出，米字管比八段式 LED 管脚多，控制复杂，占用 I/O 口线多，所以很少使用。多用来表示一些符号，如显示±、∓、×、*等。

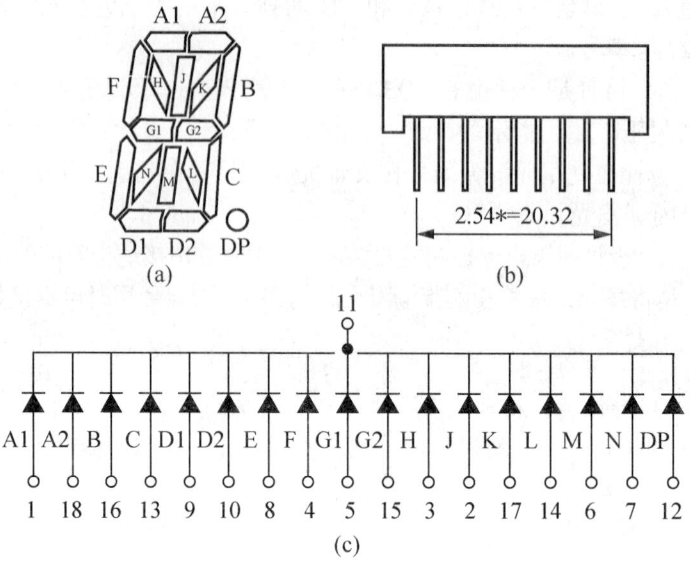

图 14-2 米字管结构

14.1.2 8×8 发光二极管点阵

在控制系统中，有时使用发光二极管点阵做显示器件。这种点阵基础是 8×8LED 点阵模块，一个 8×8LED 点阵模块可以显示一个 ASCII 码字符。图 14-3 显示了两种 8×8LED 点阵的结构。

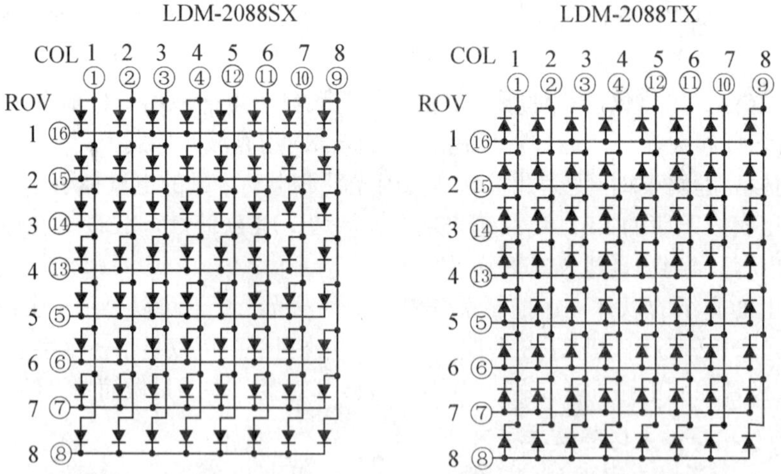

(a) 行共阴极 8×8LED 点阵模块 (b) 行共阳极 8×8LED 点阵模块

图 14-3 8×8LED 点阵模块的结构

其中，图 14-3(a)是行共阴极 8×8LED 点阵模块，图 14-3(b)是行共阳极 8×8LED 点阵模块。

如果要显示汉字或笔画多的图案，则可以把若干 8×8LED 点阵模块组合起来使用，比如要显示 16×16 点阵汉字，需使用 4 块 8×8LED 点阵模块；显示 24×24 点阵汉字，需使用 9 块 8×8LED 点阵模块；显示 48×48 点阵汉字，需使用 36 块 8×8LED 点阵模块。

14.1.3　8×8 二极管点阵驱动

1. 8×8 发光二极管点阵与计算机的连接

此处选 8×8 发光二极管点阵 LNM-1088Bx 为例，LNM-1088Bx 是行共阳极的 LED 点阵，具体电路与图 14-3(b)相同，它和计算机的连接如图 14-4 所示，其中行驱动经 8550×8 放大并反相，因此对数据端来说是低电平有效，行驱动通过 P3 口的几位控制 74164 移位寄存器输出，见图 14-5。列驱动通过 P1 口控制，低有效。程序是在屏上显示一个“X”字。仿此例，可在屏上显示一个 8×8 的 ASCII 字符。

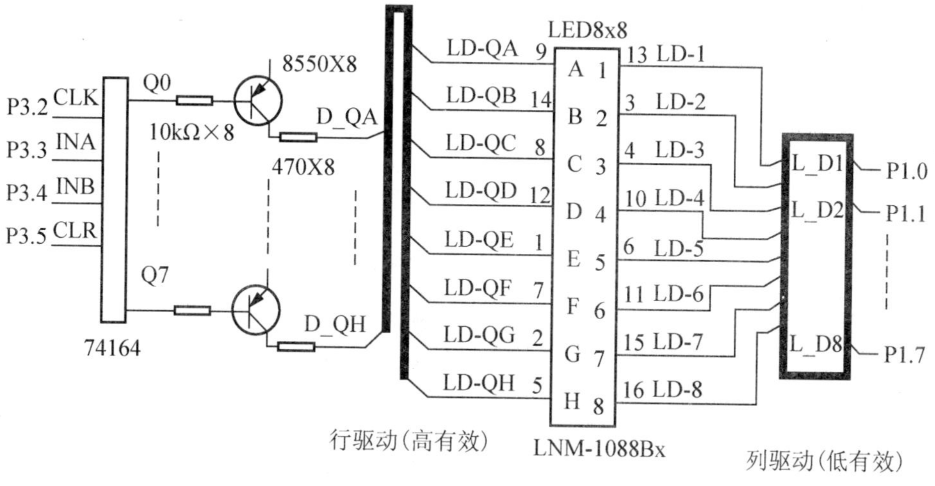

图 14-4　二极管点阵与计算机的连接

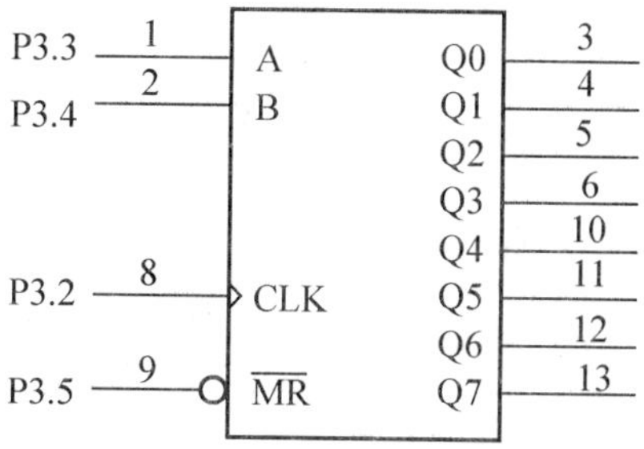

图 14-5　74164 与 LNM-1088Bx 连接

2. 8×8 二极管点阵驱动程序

例 14-1　驱动程序示例。

```
#include <reg52.h>
sbit CLK=P3^2;
sbit DINA=P3^3;
sbit DINB=P3^4;
sbit CLEAR=P3^5;
unsigned char code dispdata[8]={0x7E,0xBD,0xDB,0xE7,0xE7,0xDB,0xBD,
0x7E}; //"X"字模
unsigned char code dispbit[8]={0xFE,0xFD,0xFB,0xF7,0xEF,0xDF,0xBF,0x7F
};  //列控制字
bdata unsigned char kdat;                //定义中间变量
sbit cc=kdat^0;                          //定义位变量,做串行移位数据
void sendto(unsigned char dat);          //发送数据程序
void DELAY();                            //延时
//-----------------------------------------------------------------------
//    主程序
//-----------------------------------------------------------------------
voidmain()
{
    unsigned char i;
    for(i=0;i<200;i++);                  //短延时
    CLEAR=0;
    CLK=1;
    DINA=1;
    DINB=1;
    CLEAR=1;
    while(1)
    {
        for(i=0;i<8;i++)                 //循环发一字节数据
        {
            P1=0xFF;                     //每发一个 BIT,先全灭
            sendto(dispdata[i]);         //发送一字节数据
            P1=dispbit[i];               //点亮一行
            DELAY();
        }
    }
}
//-----------------------------------------------------------------------
//    发送数据
//-----------------------------------------------------------------------
void sendto(unsigned char dat)           //用 164 发送数据 8 位
{
unsigned char i;
    CLK=0;
    kdat=dat;
```

```
        for(i=0;i<8;i++)
        {
            DINA=cc;
            CLK=1;
            CLK=0;
            kdat=kdat>>1;
        }
    }
    //-------------------------------------------------------------------
    //    延时
    //-------------------------------------------------------------------
    void DELAY()
    {
        unsigned char k,j;
        for(k=0;k<10;k++)
        for(j=0;j<50;j++);
    }
```

3. 字符的移动

例 14-1 中，字符在屏上是一个一个显示，如果想实现字符移动，如循环左移，可参考如下程序。

例 14-2　字符移动驱动程序。

```
    #include <reg52.h>
    sbit CLK    =P3^2;
    sbit DINA    =P3^3;
    sbit DINB    =P3^4;
    sbit CLEAR   =P3^5;
    unsigned char code dispdata[32]={0x00,0x00,0x00,0x80,0xFE,0x00,0x00,
0x00,
    0x28,0x7F,0x88,0x3F,0x08,0x08,0x3F,0x00,
    0x00,0xFF,0x52,0x38,0x3E,0x10,0x10,0x10,
    0x08,0x7E,0x42,0x10,0x7E,0x24,0x18,0x16};
    //4 个 8×8 汉字"一生平安"字模
    unsigned char dispdata1[32];
    unsigned char code dispbit[8]={0xFE,0xFD,0xFB,0xF7,0xEF,0xDF,0xBF,
0x7F};
    //列控制字
    bdata unsigned char kdat;                  //定义中间变量
    sbit cc=kdat^0;                            //定义位变量,做串行移位数据
    void sendto(unsigned char dat);            //发送数据程序
    void movdata(void);                        //数据移动
    unsigned char d0,d1,d2,d3;                 //定义 4 个中间变量,暂存移动的高位
    sbit a0=ACC^0;
```

```
sbit a7=ACC^7;
sbit b0=B^0;
sbit b7=B^7;
void DELAY();                                    //延时
//--------------------------------------------------------------------
//    主程序
//--------------------------------------------------------------------
voidmain()
{
    unsigned char i,j;
    for(i=0;i<200;i++);                          //短延时
    CLEAR=0;
    CLK=1;
    DINB=1;
    CLEAR=1;
    d0=0;
    d1=0;
    d2=0;
    d3=0;
    for(i=0;i<32;i++)
    dispdata1[i]= dispdata[i];                   //数据移送中间变量
    while(1)
    {
        for(j=0;j<4;j++)                         //显示 4 个汉字
        {
            for(i=0;i<8;i++)                     //循环发 8 字节数据
            {
                P1=0xFF;                         //每发一个 bit,先全灭
                sendto(dispdata1[i+j*8]);        //发送一字节数据
                P1=dispbit[i];                   //点亮一行
                DELAY();
            }
            movdata();
        }
    }
}
//--------------------------------------------------------------------
//    发送数据
//--------------------------------------------------------------------
void sendto(unsigned char dat)                   //用 74164 发送数据 8 位
{
    unsigned char i;
    CLK=0;
    kdat=dat;
    for(i=0;i<8;i++)
```

```
    {
        DINA=cc;
        CLK=1;
        CLK=0;
        kdat=kdat>>1;
    }
}
//-------------------------------------------------------------------
//    数据移动
//-------------------------------------------------------------------
void movdata(void)
{
    unsigned char i;
    for(i=0;i<8;i++)                              //提各字节最高位
    {
        ACC= dispdata1[i];
        B=d0;
        b0=a7;
        B<<=1;
        d0=B;
        ACC<<=1;
        dispdata1[i]=ACC;
        ACC= dispdata1[i+8];
        B=d1;
        b0=a7;
        B<<=1;
        d1=B;
        ACC<<=1;
        dispdata1[i+8]=ACC;
        ACC= dispdata1[i+16];
        B=d2;
        b0=a7;
        B<<=1;
        d2=B;
        ACC<<=1;
        dispdata1[i+16]=ACC;
        ACC= dispdata1[i+24];
        B=d3;
        b0=a7;
        B<<=1;
        d3=B;
        ACC<<=1;
        dispdata1[i+24]=ACC;
    };
```

```
        for(i=0;i<8;i++) /*各字节最高位,放前一字节最低位,第一字节最高位放第 4 字节
最低位*/
        {
            ACC= dispdata1[i];
            B=d1;
            a0=b7;
            B<<=1;
            d1=B;
            dispdata1[i]=ACC;
            ACC= dispdata1[i+8];
            B=d2;
            a0=b7;
            B<<=1;
            d2=B;
            dispdata1[i+8]=ACC;
            ACC= dispdata1[i+16];
            B=d3;
            a0=b7;
            B<<=1;
            d3=B;
            dispdata1[i+16]=ACC;
            ACC= dispdata1[i+24];
            B=d0;
            a0=b7;
            B<<=1;
            d0=B;
            dispdata1[i+24]=ACC;
        }
    }
    //---------------------------------------------------------------------
    //    延时
    //---------------------------------------------------------------------
    void DELAY()
    {
        unsigned char k,j;
        for(k=0;k<10;k++)
        for(j=0;j<50;j++);
    }
```

14.2　16×16LED 点阵原理及驱动

16×16 发光二极管点阵由 4 块 8×8 发光二极管点阵组成，可以显示一个 16×16 点阵

汉字或 2 个 8×16 英文字符。4 块 8×8 发光二极管点阵连接如图 14-6 所示。

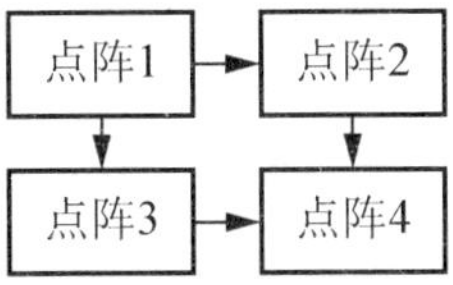

图 14-6　4 块 8×8 发光二极管点阵连接

点阵 1 和 2、点阵 3 和 4 的行连接在一起；点阵 1 和 3、点阵 2 和 4 的列连接在一起。16×16 发光二极管点阵与 MCS-51 单片机的连接如图 14-7 所示。

8×8 发光二极管点阵选 SD411988，类似图 14-3(a)中的 LDM-2088TX 行共阴极模块。

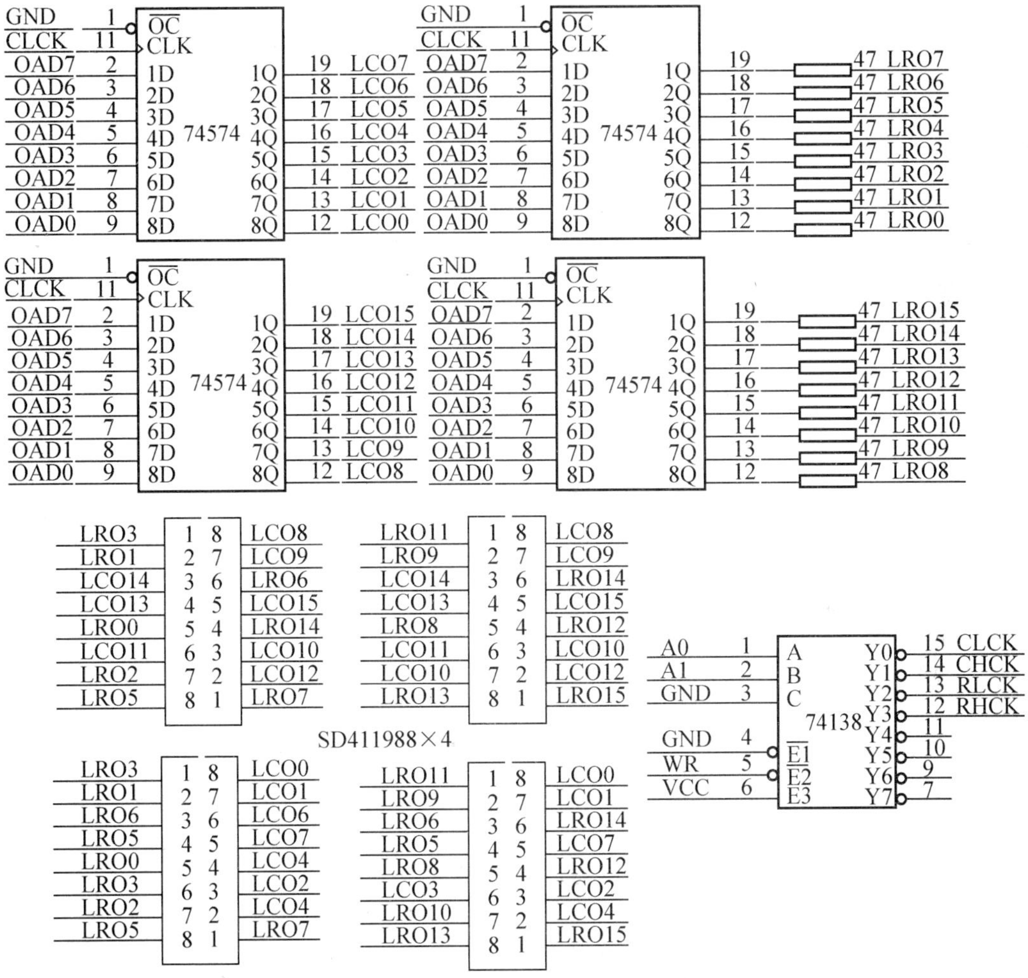

图 14-7　16×16 发光二极管点阵与计算机的连接

14.2.1　16×16 发光二极管点阵与计算机的连接

图 14-7 中 16×16 点阵需要 32 个驱动，分别为 16 个列驱动及 16 个行驱动。行低电平

与列高电平可以使连接在该行和列上的发光管亮，共有256个发光管，采用动态驱动方式。每次显示一行，10ms 后再显示下一行。为了保证显示效果，每字显示 50 次，共显示 10 个汉字，10 汉字显示完毕，再重新循环。

选 4 片 74574 分别驱动行的高 8 位、低 8 位；列的高 8 位、低 8 位。

选 74138 译出 4 个地址，分别为 CLCK，驱动行的低 8 位，CHCK，驱动行的高 8 位；RLCK，驱动列的低 8 位，RHCK，驱动列的高 8 位。根据 74138 译码器的接法，它们的地址分别是：0x0000，0x0001，0x0002 和 0x0003。

其中，CLCK 接第 1 片 74574 的 CLK，控制输出 LCO0～LCO7，CHCK 接第 2 片 74574 的 CLK，控制输出 LCO8～LCO15；RLCK 接第 3 片 74574 的 CLK，控制输出 RCO0～RCO7，RHCK 接第 4 片 74574 的 CLK，控制输出 RCO8～RCO15。

14.2.2 参考驱动程序

例 14-3 16×16LED 点阵驱动

```
    #include <reg52.h>
    #define uchar unsigned char
    #define uint  unsigned int
    xdata unsigned char RowLow  _at_ 0x0000;     //行低八位地址
    xdata unsigned char RowHigh _at_ 0x0001;     //行高八位地址
    xdata unsigned char ColLow  _at_ 0x0002;     //列低八位地址
    xdata unsigned char ColHigh _at_ 0x0003;     //列高八位地址
    code uchar Font[][32] = {
        //南
        0x08,0x40,0x14,0x41,0x04,0x41,0x04,0x41,0xF4,0x5F,0x04,0x41,0x04,
0x41,0xF4,0x5F,
        0x44,0x44,0x24,0x48,0xFE,0x7F,0x04,0x01,0x00,0x01,0xFE,0xFF,0x04,
0x01,0x00,0x01,
        //京
        0x00,0x02,0x08,0x25,0x18,0x11,0x30,0x09,0x40,0x09,0x00,0x01,0xF0,
0x1F,0x10,0x10,
        0x10,0x10,0x10,0x10,0xF8,0x1F,0x10,0x00,0xFE,0xFF,0x04,0x01,0x00,
0x01,0x00,0x02,
        //伟
        0x40,0x10,0x40,0x10,0x48,0x10,0x54,0x10,0x44,0x10,0x44,0x10,0xFE,
0x1F,0x44,0x10,
        0x40,0x90,0xFC,0x57,0x48,0x30,0x40,0x10,0xFE,0x17,0x44,0x08,0x40,
0x08,0x40,0x08,
        //福
        0x04,0x14,0xFC,0x17,0x44,0x14,0x44,0x14,0xFC,0x17,0x44,0x14,0x44,
0x94,0xFE,0x57,
        0x04,0x38,0xF8,0x13,0x08,0x0A,0x08,0xFA,0xF8,0x03,0x00,0x10,0xFC,
```

```
0x17,0x08,0x20,
            //实
            0x04,0x60,0x0C,0x18,0x10,0x04,0x20,0x02,0x40,0x01,0x00,0x01,0xFE,
0xFF,0x84,0x04,
            0x80,0x0C,0x80,0x10,0x80,0x02,0x84,0x86,0x02,0x48,0xFE,0x7F,0x00,
0x01,0x00,0x02,
            //业
            0x00,0x00,0xFE,0xFF,0x44,0x04,0x40,0x04,0x40,0x04,0x60,0x14,0x50,
0x14,0x50,0x14,
            0x48,0x14,0x48,0x24,0x44,0x24,0x44,0x44,0x40,0x04,0x40,0x04,0x40,
0x04,0x40,0x04,
            //有
            0x20,0x08,0x50,0x08,0x10,0x08,0x10,0x08,0xF0,0x0F,0x10,0x88,0x10,
0x48,0xF0,0x2F,
            0x10,0x18,0x10,0x08,0xF8,0x0F,0x10,0x04,0x00,0x04,0xFE,0xFF,0x04,
0x02,0x00,0x02,
            //限
            0x00,0x41,0x84,0x41,0x4E,0x41,0x10,0x51,0x20,0x69,0x50,0x45,0x88,
0x45,0x04,0x45,
            0xF8,0x49,0x08,0x49,0x08,0x51,0xF8,0x49,0x08,0x49,0x08,0x45,0xFC,
0x7D,0x08,0x00,
            //公
            0x00,0x00,0x10,0x00,0xF0,0x1F,0x20,0x10,0x40,0x08,0x00,0x04,0x00,
0x02,0x04,0xC2,
            0x0E,0x21,0x10,0x11,0x20,0x08,0x40,0x08,0x40,0x04,0x80,0x04,0x80,
0x00,0x00,0x00,
            //司
            0x10,0x00,0x28,0x00,0x88,0x20,0x88,0x3F,0x88,0x20,0x88,0x20,0x88,
0x20,0x88,0x20,
            0xC8,0x3F,0x88,0x00,0x08,0x00,0xE8,0xFF,0x48,0x00,0x08,0x00,0xFC,
0x3F,0x08,0x00
        };
        //-------------------------------------------------------------------
        //  延时程序
        //-------------------------------------------------------------------
        void delay(uchar t)
        {
            uchar i,j;
            for(i= t; i>0; i--)
            {
                for(j=0; j<100; j++);
            }
```

```
}
//------------------------------------------------------------------------
//  主程序
//------------------------------------------------------------------------
void main()
{
    uchar i,j;
    uchar count;
    uint bitmask;
                                                          //清屏
    ColLow = 0xFF;                                        //行驱动低有效
    ColHigh= 0xFF;
    RowLow = 0x00;                                        //列驱动高有效
    RowHigh= 0x00;
    while(1)
        {
            for(j=0; j<10; j++){                          //显示 10 个汉字
            for(count =0; count <50; count ++){           //每个汉字显示 50 次
                bitmask = 0x01;
                for(i=0;i<16;i++){                        //显示一个汉字
                 RowLow  = 0x00;                          //首先清屏
                 RowHigh = 0x00;
                 ColLow  = ~ Font[j][i*2];                //写出一行数据
                 ColHigh = ~ Font[j][i*2+1];              //因行低有效,字模取反
                 RowLow  = bitmask & 0xFF;                //点亮此行
                 RowHigh = bitmask >> 8;
                 bitmask <<= 1;                           //移位,指向下一行
                 delay(1);
                }
            }
            ColLow  = 0xFF;
            ColHigh = 0xFF;
        }
     }
}
```

上面程序在点阵上一个一个地显示 10 个汉字，若想使汉字从屏的一侧移入屏中，从另一侧移出，可参考下面程序：

例 14-4 汉字从屏的一侧移入。

```
#include <reg52.h>
#define uchar unsigned char
#define uint  unsigned int
```

```
xdata unsigned char RowLow  _at_ 0x0000;          //行低八位地址
xdata unsigned char RowHigh _at_ 0x0001;          //行高八位地址
xdata unsigned char ColLow  _at_ 0x0002;          //列低八位地址
xdata unsigned char ColHigh _at_ 0x0003;          //列高八位地址
code uchar Font[32]=
{
    0x08,0x40,0x14,0x41,0x04,0x41,0x04,0x41,0xF4,0x5F,0x04,0x41,0x04,
0x41,0xF4,0x5F,
    0x44,0x44,0x24,0x48,0xFE,0x7F,0x04,0x01,0x00,0x01,0xFE,0xFF,0x04,
0x01,0x00,0x01,
};                                                //南
//--------------------------------------------------------------------
//  延时程序
//--------------------------------------------------------------------
void delay(uchar t)
{
    uchar i,j;
    for(i= t; i>0; i--){
        for(j=0; j<100; j++);
    }
}
//--------------------------------------------------------------------
//  主程序
//--------------------------------------------------------------------
void main()
{
    uchar i,j,xi,xj;
    uchar count;
    uint bitmask;
    uchar temp[32];
    uchar t1,t2,t3,t4;
                                                  //清屏
    ColLow = 0xFF;                                //行驱动低有效
    ColHigh= 0xFF;
    RowLow = 0x00;                                //列驱动高有效
    RowHigh= 0x00;
    while(1)
    {
        for(j=0,xj=0; j<8; j++,xj++)
        {
            for(xi=0;xi<32;xi++)
            {
```

```
                    t1=Font[xi*2];
                    t2=Font[xi*2+1];                    //高字节位
                    t2=t2<<j;
                    t3=t1;                              //低字节位备份
                    t1=t1<<j;
                    t4=t2|(t3>>(8-xj));                 //两字节合成
                    temp[xi*2]=t1;
                    temp[xi*2+1]=t4;
                }
        for(count =0; count <50; count ++){
            bitmask = 0x01;
            for(i=0;i<16;i++){
                RowLow  = 0x00;                         //首先清屏
                RowHigh = 0x00;
                ColLow = ~ temp[i*2];
                ColHigh= ~ temp[i*2+1];
                RowLow  = bitmask & 0xFF;               //点亮此行
                RowHigh = bitmask >> 8;
                bitmask <<= 1;                          //移位,指向下一行
                delay(1);
            }
        }
        ColLow  = 0xFF;
        ColHigh = 0xFF;
            }
        }
    }
```

习　　题

1. LED 有哪些种类？它们的应用有哪些？
2. 8×8LED 点阵有哪两种类型？
3. 模仿例 14-1，学会在 8×8LED 点阵上显示 ASCII 码。
4. 看懂例 14-2，模仿编写 8×8LED 点阵上 ASCII 码滚动显示。
5. 16×16LED 点阵由几块 8×8LED 点阵组成，它们之间如何连接？
6. 16×16LED 点阵驱动需要几个译码地址？
7. 模仿例 14-3，学会在 16×16LED 点阵上显示 1 个汉字。
8. 模仿例 14-3，学会在 16×16LED 点阵上显示 10 个汉字。

第 15 章 汉字和西文字符显示原理

本章知识架构

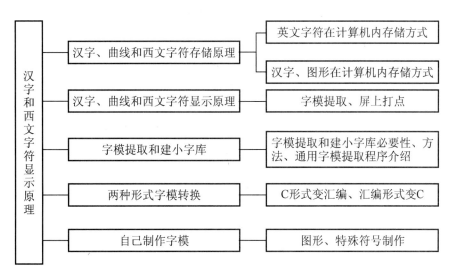

- 汉字和西文字符显示原理
  - 汉字、曲线和西文字符存储原理
    - 英文字符在计算机内存储方式
    - 汉字、图形在计算机内存储方式
  - 汉字、曲线和西文字符显示原理
    - 字模提取、屏上打点
  - 字模提取和建小字库
    - 字模提取和建小字库必要性、方法、通用字模提取程序介绍
  - 两种形式字模转换
    - C形式变汇编、汇编形式变C
  - 自己制作字模
    - 图形、特殊符号制作

本章教学目标和要求

- 学会汉字、曲线和西文字符存储和显示原理；
- 了解在嵌入式系统人机界面设计中提取字模和建立小字库的必要性；
- 熟练掌握通用字模提取程序 MinFonBase 的使用；
- 掌握两种形式字模的转换。

15.1 英文字符在计算机中的表示

15.1.1 ASCII 码

英文字符、数字和控制符号在计算机中是用 ASCII 码来表示的。ASCII 码(American Standard Code for Information Interchange)是美国国家信息交换标准码，现已成为国际通用的信息交换标准代码。

ASCII 码共有 128 个元素，其中通用字符 32 个、十进制数字 10 个、52 个英文大小写字母和 34 个专用符号。具体如表 15-1 所示。

通用字符主要是指+、−、×、/、(、)、{、}等一些数学符号。

专用符号主要是指一些控制字符，如串行通信中 SOH(0x01)是表头开始符，表示每个文件名开始，而后才是文件的开始；STX(0x02)，表头结束，信息数据开始；ETX(0x03)，文本结束；ACK(0x06)，握手信号，认可；LF(0x0A)，换行；CR(0x0D)，回车等。

还有一些控制字符在 C 语言中按格式显示时作转义字符使用，如%表示输出格式等。

表 15-1 7 位 ASCII 码表

D3D2D1D0	D6D5D4							
	000	001	010	011	100	101	110	111
0000	NUL	DLE	SP	0	@	P	`	p
0001	SOH	DC1	!	1	A	Q	a	q
0010	STX	DC2	"	2	B	R	b	r
0011	ETX	DC3	#	3	C	S	c	s
0100	EOT	DC4	$	4	D	T	d	t
0101	ENQ	NAK	%	5	E	U	e	u
0110	ACK	SYN	&	6	F	V	f	v
0111	BEL	ETB	,	7	G	W	g	w
1000	BS	CAN	(	8	H	X	h	x
1001	HT	EM	)	9	I	Y	i	y
1010	LF	SUB	*	:	J	Z	j	z
1011	VF	ESC	+	;	K	[	k	{
1100	FF	FS	‘	<	L	\	l	|
1101	CR	GS	-	=	M	]	m	}
1110	SD	RS	.	>	N	^	n	～
1111	SI	US	/	?	O	_	o	DEL

15.1.2 英文字符的显示

15.1.1 节已经介绍，英文字符在计算机中是以 ASCII 码形式存储的，那么它是如何显示的呢？

众所周知，无论 CRT 显示器，还是液晶显示器(LCD)，它们的分辨率都是以像素为单位的，一个像素就是屏幕上的一个可以显示的最小单位，也就是常说的“点”。因此要在屏幕上显示一个英文字符也必须用点来表式，这些表示某种图形或英文字符的点的集合就是人们所说的点阵。

常用的英文字符有 8×8 点阵和 8×16 点阵，如“A”的 8×8 点阵如图 15-1 所示。8×8 点阵共有 8 行，每行 8 个点；每行的 8 个点组成二进制的一个字节，字节的最高位 D7 在最左，最低位 D0 在最右。字节中打点的位(bit)值等于 1，没有点的位 bit 值等于 0。这样，每行的一个字节都有一个十六进制数的值，例如，第一行的值是 0x30，第二行的值是 0x78…，8 行 8 个字节数据是：

```
0x30,0x78,0xCC,0xCC,0xFC,0xCC,0xCC,0x00。
```

人们把这 8 个字节数据称为字符“A”的 8×8 点阵字模。存储全部英文字符 8×8 点阵字模的存储单元叫英文字符 8×8 点阵字库。字库按 ASCII 码顺序存放，显示时，按存放规律将要显示的字符的字模取出，按图 15-1 所示顺序把字节数据输出到屏上即可，bit 值等于 1 的点显示时在屏上该 bit 位置“打”点，bit 值等于 0 的点显示时在屏上该 bit 位置不打点。

8×16 点阵显示原理同 8×8 点阵，8×8 点阵一个字模占 8 个字节，8×16 点阵一个字模占 16 个字节。“A”的 8×16 点阵如图 15-2 所示。

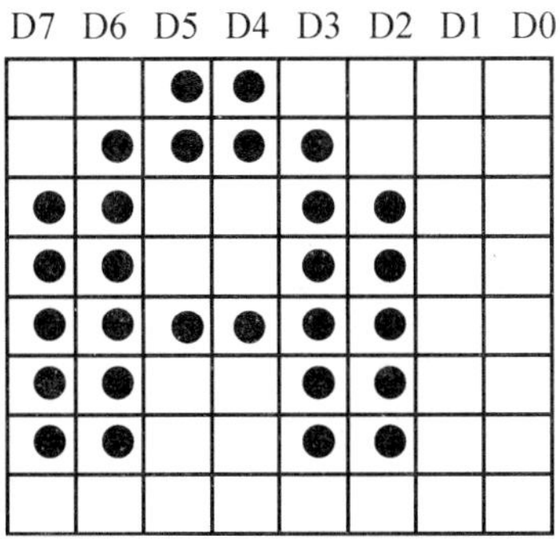

图 15-1　“A”的 8×8 点阵

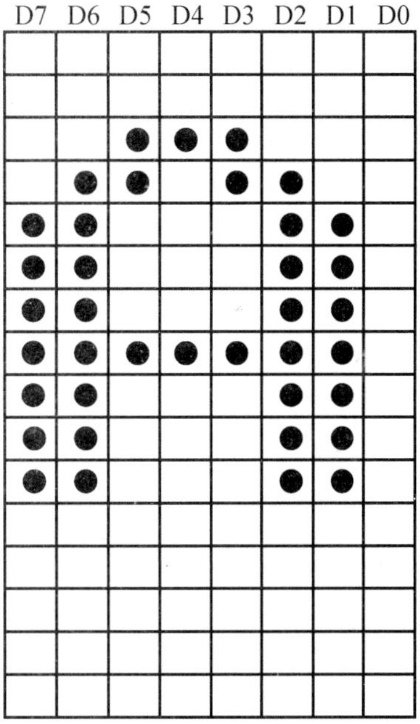

图 15-2　“A”的 8×16 点阵

```
"A"8×16 点阵字模:0x00,0x00,0x38,0x6C,0xC6,0xC6,0xC6,0xFE,
                 0xC6,0xC6,0xC6,0x00,0x00,0x00,0x00,0x00.
```

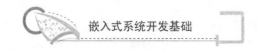

15.1.3 其他西文字符在计算机中的存储和显示

在工作中，除英文字符和汉字外，还会遇到拉丁文数字、一般符号、序号、日文平假名、希腊字母、俄罗斯文、汉语拼音符号、汉语注音字母等，这些符号在计算机中是如何存储和显示的呢？

我国在 1981 年公布的《信息交换用汉字编码字符集(基本集)》GB 2312—80 中，所有编码分 94 个区存储，每个区又分 94 个位。区中除 6763 个汉字外，第 3～7 区给这些符号留了位置，如第 3 区为英文大小写符号、第 4 区为日文平假名、第 5 区为日文片假名、第 6 区为大小写希腊字母、第 7 区为大小写俄罗斯文字母……。

每一个字符在字库中都有固定的区和位(称为区位码)。当用某种输入法输入一个西文字符时，计算出区位码，找到该字符字模进行显示。其中英文字符比较特殊，在西文操作系统中，如上所述，它是以 ASCII 码存储的。而在汉字操作系统中，它是作为一个汉字，以区位码方式存储的。

如希腊字母“β”，它的区位码是 0634，它在字库中位于 6 区 34 位，它的显示效果如图 15-3 所示。

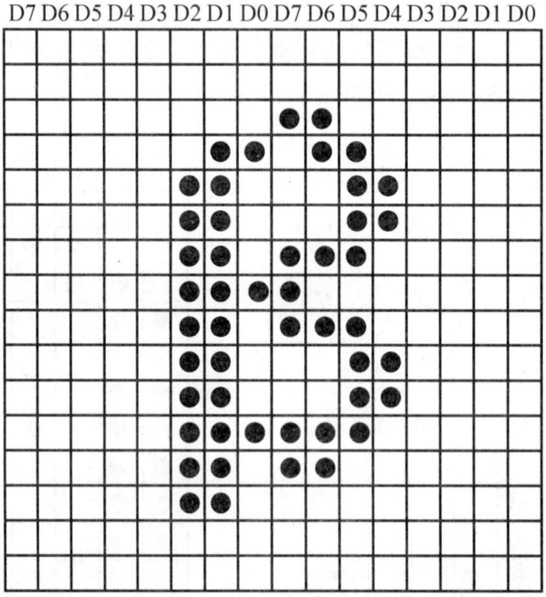

图 15-3 希腊字母“β” 16×16 点阵图案

15.1.4 屏幕上“打点”

从上面叙述可知，无论使用 CRT 还是 LCD 做显示设备，能在屏幕上“打点”是显示英文字符和汉字的最基本要求。假如使用 IBM-PC 机或兼容机，CRT 作显示设备，在系统软件中就有一个厂家提供的“打点”子程序(也称“打点”系统调用)，用户只要把显示坐标、显示颜色作为参数输入程序，调用“打点”子程序就可以在屏幕上打点。

如果使用 LCD 做显示设备，每种 LCD 都有一套指令系统，该指令系统一般都有在屏上打点的指令，使用该指令也可以实现在 LCD 屏上“打点”。但也有型号的 LCD 其指令系统没有在屏上打点的指令，就要用软件编写 1 个在屏上打点的程序，实现在 LCD 屏上“打点”。

在后面 3 章将会详细讨论典型 LCD 显示程序的编写，并解决在 LCD 屏上“打点”问题。

小知识：

点的颜色是由 BPP（Bit Per Pixel，bit/每像素）值来描述的，屏幕上 1 个点在显示内存中用 1 个 bit 来描述，该点颜色值就是 1BPP，这也是我们所说的单色；8BPP 对应 256 色；16BPP 对应 65536 高彩色；24BPP 对应 16777216 真彩色。

15.1.5　汉字显示概述

进行嵌入式系统设计，大多首先从人机界面设计开始，由于许多系统使用各种液晶显示器做系统显示设备，所以要想快速地完成嵌入式系统设计必须学会如何在 LCD 上显示汉字和曲线。

前面讲过，无论是 CRT 显示器，还是单片机系统常用的 LCD，它们的分辨率都是以像素为单位的，一个像素就是屏幕上的一个可以显示的最小单位，也就是常说的“点”。因此要在屏幕上显示一个汉字或图形就必须将汉字或图形用点来表式，实际上我们把汉字也作为一种图形来处理。

嵌入式控制系统中最常用的汉字是 16×16 点阵，它是由行、列各 16 个点，共 256 个点组成的点阵图案，每行的 16 个点在内存中占 2 个字节，一个 16×16 点阵汉字共 16 行，在内存中占 32 个字节。

根据这些字节在显示时的排列位置，第一行的第一个字节称“0”号字节，第二个字节称“1”号字节；第二行的第一个字节称“2”号字节，第二个字节称“3”号字节。以此类推，最后一行的第一个字节称“30”号字节，第二个字节称“31”号字节，每个字节高位在前，低位在后，即 D7 在一个字节的最左侧，D0 在最右侧。32 个字节在字库中按 0 号字节、1 号字节、2 号字节、…、31 号字节顺序存放。16×16 点阵汉字显示时排列位置如图 15-4 所示：

D7 D6 D5 D4 D3 D2 D1 D0	D7 D6 D5 D4 D3 D2 D1 D0
0字节	1字节
2字节	3字节
⋮	⋮
30字节	31字节

图 15-4　16×16 点阵汉字显示时排列位置

不同的汉字各字节数据不同，图 15-5 是仿宋体“哈”字的 16×16 点阵字模，在点阵中，每一个小方格代表字节中的一位(也称为一个 bit)，黑色的点 bit 值等于 1。

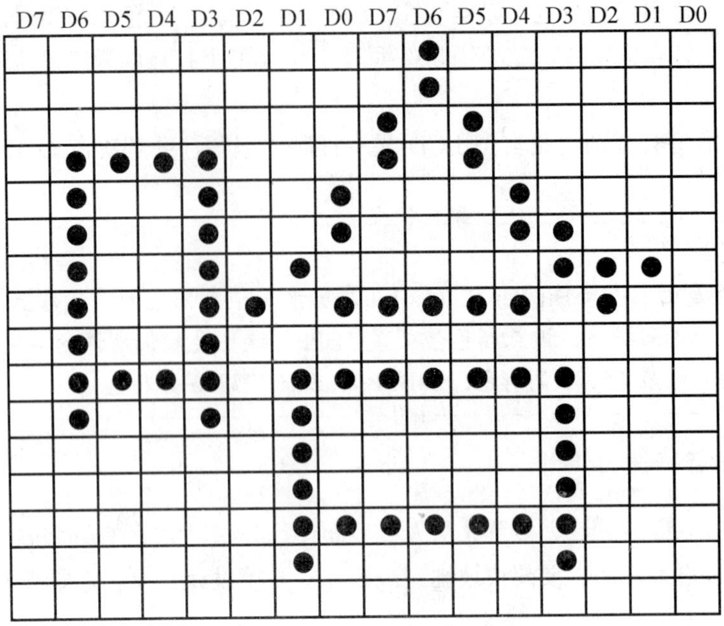

图 15-5　仿宋体“哈”字的 16×16 点阵字模

仿宋体“哈”字 16×16 点阵字模的 32 个字节(即 16 个字)数据是：

```
0x0040,0x0040,0x00A0,0x78A0,0x4910,0x4918,0x4A0E,0x4DF4,
0x4800,0x7BF8,0x4A08,0x0208,0x0208,0x03F8,0x0208,0x0000.
```

例如，要在屏幕的 x 行 y 列位置显示上面的“哈”字，则可以从点(x,y)开始将 0 号字节和 1 号字节的内容输出到屏幕上；然后行加 1，列再回到 y，输出 2 号字节和 3 号字节，依此类推 16 个循环即可完成一个汉字的显示。

输出一个字节数据时，该字节中“位”(bit)为 1 时在该“位”位置打点，为 0 时该“位”位置打空白。

此外常用的汉字还有 24×24 点阵，它是由行列各 24 个点组成的点阵图案，它每列的 24 个点在内存中占 3 个字节，一个 24×24 点阵汉字共 24 列，在内存中占 72 个字节；48×48 点阵，行×列为 48×48，一个汉字占内存 288 个字节。12×12 点阵(为方便编程把列 12 点扩展为 16 点，即两个字节)行×列为 12×16，一个汉字占内存 24 个字节。

由于常用的 24 针打印机的打印头是 24 针纵向排列的，一次垂直打印 24 点，即 3 个字节，然后再打印下一列 24 点，依次打 24 次，就完成了一个 24×24 点阵汉字的打引，所以在汉字库中为方便打印机使用，24×24 点阵汉字的显示排列是与 16×16 点阵不同的，具体如图 15-6 所示。

0字节	3字节	…	66字节	69字节
1字节	4字节	…	67字节	70字节
2字节	5字节	…	68字节	71字节

图 15-6　24×24 点阵汉字在内存中的排列

0 号、1 号、2 号 3 个字节排在第 1 列；3 号、4 号、5 号 3 个字节排在第 2 列；依此类推最后一列是 69 号、70 号、71 号字节，所有的字节都是高位在上，低位在下，这样打字机从左到右扫描 24 列，不用换行就可完成一个 24×24 点阵汉字打印。

72 个字节在字库中按 0 号字节、1 号字节、2 号字节、…71 号字节顺序存放。

由于 24×24 点阵汉字和 16×16 点阵汉字显示时字模排列不同，两者显示程序有所不同，这一点下面讲到汉字显示时会详述。

15.2　汉字字符集介绍

我国于 1981 年公布了《信息交换用汉字编码字符集(基本集)》GB 2312—80 方案，把高频字、常用字和次常用字集合成汉字基本字符(共 6763 个)，在该集中按汉字使用的频度，又将其分成一级汉字 3755 个(按拼音排序)、二级汉字 3008 个(按部首排序)，再加上西文字母、数字、图形符号等 700 个。

国家标准的汉字字符集(GB 2312—80)是以汉字库的形式提供的。汉字库结构作了统一规定，即将字库分成 94 个区，每个区有 94 个汉字(以位作区别)，每一个汉字在汉字库中有确定的区和位编号(用两个字节)，就是所谓的区位码(区位码的第一个字节表示区号，第二个字节表示位号)，因此只要知道了区位码，就可知道该汉字在字库中的地址。

每个汉字在字库中是以点阵字模形式存储的，如一般采用 16×16 点阵形式，每个点用一个二进制 bit 位表示，显示时，bit=1 的点就可以在屏上显示一个亮点，bit=0 的点在屏上不显示，这样把某字的 16×16 点阵信息直接在显示器上按上述原则显示，则出现对应的汉字。如“哈”的区位码为 2594，它表示该字字模在字符集的第 25 个区的第 94 个位置。

15.3　汉字的内码

在计算机内英文字符是用一个字节的 ASCII 码表示，该字节最高位一般不用或作奇偶校验，故实际是用 7 位码来代表 128 个字符的。但对于众多的汉字，只有用两个字节才能代表，这样用两个字节代表一个汉字的代码体制，国家制定了统一标准，称为国标码。

国标码规定，组成两字节代码的最高位为 0，即每个字节仅只使用 7 位，这样在机器内使用时，由于英文的 ASCII 码也在使用，可能将国标码看成两个 ASCII 码，因而规定用国标码在机内表示汉字时，将每个字节的最高位置 1，以表示该码表示的是汉字，这种国标码两字节最高位加 1 后的代码称为机器内的汉字代码，简称内码。

以“哈”字为例：其国标码为 0x3974，其内码为 0xB9F4，即国标码与内码存在一种简单转换关系，将 16 进制的国标码，两个字节各加 0x80 后，即成内码。

15.4　内码转换为区位码

当用某种输入设备例如键盘将汉字输入计算机时，管理模块将自动地把键盘输入的汉字转换为内码，再由内码转换成区位码，在汉字库找到该汉字，进行显示。

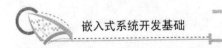

由于区位码和内码存在着固定的对应关系，因而知道了某汉字的内码，即可确定出对应的区位码，知道了区位码，就可找出该汉字字模在字库中存放的地址，由此地址调出该汉字的字节内容(字模)进行显示。

即若汉字内码为十六进制数 0xAAFF，则区号 qh 和位号 wh 分别为：

```
qh=0xAA-0x80;
wh=0xFF-0x80;
```

因而该汉字在汉字库中离起点的偏移位置(以字节为单位)，16×16 点阵可计算为：

```
offset16=(94×(qh-1)+(wh-1)) ×32;
```

24×24 点阵因为有点特殊，其偏移位置可计算为：

```
offset24=(94×(qh-16)+(wh-1)) ×72;
```

48×48 点阵同 24×24 点阵，其偏移位置可计算为：

```
offset48=(94×(qh-16)+(wh-1)) ×288。
```

15.5 字模提取与小字库建立

15.5.1 用 C 语言提取 16×16 点阵字模

从 15.1.5 节叙述可知，汉字占用内存量是非常大的。

一般嵌入式系统界面可能会有几种不同字体的汉字，可能还有西文字符，不可能将所涉及的字库都引入程序。最现实的办法就是将系统中用到各种汉字从所在的大字库中提取出来，重新建立一个小字库，这样就解决了使用数量不多，字体各异的汉字显示问题。

根据上一节的叙述我们已经知道了汉字显示原理，现在可以用任何一种编程语言来提取字模与建立小字库。现在仅介绍用 C 语言提取 16×16 点阵字模，建立小字库程序。该程序在 IBM-PC 或兼容机上运行，程序在 Borland C++环境下调试通过。

它的汉字输入采用区位码，把要提汉字的区位码放在头文件<QWCODE.h>中，同时生成的小字库是 C 语言数据形式，可直接复制到程序运行。可以在屏上显示小字库内容。

例 15-1 用 C 语言提取 16×16 点阵字模。

```
    //Selchn16.c
   #include <stdlib.h>
   #include <QWCODE.h>                                   //这是用户定义的头文件,存放小
字库汉字的区位码
   #define DISP-POX-X   16                               //显示开始点坐标
   #define DISP-POX-Y   16
   char    *buffw=    {"0x00000,0x00000,0x00000,0x00000,0x00000,0x00000,
0x00000, 0x00000, \n"} ;                                          //小汉字库
```

C 语言数据格式

```
    void bintasc (char binbyte,  char high-l0w,  int n0 );  //bit 置位程序
    //----------------------------------------------------------------
    //  1. 主程序模块:打开大字库、建立小字库、读 32 个字节进缓冲区 bufch[32]
    //----------------------------------------------------------------
    void main(void)
    {
        unsigned char  tstch;
        unsigned char  bufch[32];
        unsigned char  bufchar[52];//
        char           acharl,achar2;
        long           location;
        int            gdriver =  DETECT,  gm0de,  errorCODE;
        int            fdr, fdw;
        int            x=DISP-POX-X,  y=DISP-POX-Y,  color=3,  startchn= 1;
        int            i,  j,  k, n;
        initgraph(&gdriver, &gmode, "");                    //打开图形显示设备
        fdr = open( "HZK16",O_RDONLY|O_BINARY );            //打开大字库
        fdw = creat( "CHN1616.INC",S_IWRITE|S-IREAD );   //建立小字库
        for ( j=0;j< CHNNUMBER;j++ )                     //区位码个数(小汉字个数)
        {
            location=((long)((qu_we[j*2]-l)*94)+(long)qu_we[j*2+1]-1)*32;
            lseek( fdr, location, 0 );                   //计算偏移量,移指针
            read(  fdr,  bufch,  32 );                   //读 32 个字节进 bufch
            for(  i=0; i<16;++i)                         //显示汉字
            {
                tstch=0x80;
                for ( k=0; k<8; ++k)                     //控制 testch 每次右移一位
                {
                    if( bufch[i*2] & testch )            //测试第一个字节各位
                    putpixel(x+16*startchn+k,y+i,color);    //该位为 1 打点
                    if( bufcn[i*2+1]&  testch)              //测试第二个字节各位
                    putpixel(x+16*startchn+k+8,y+i,color);  //该位为 1 打点
                    testch=testch>>1;
                }                                        // 2 个字节测试完成并显示
            }                                            // 1 个汉字测试并打印完成
            if ( ++startchn = =16 )                      //控制打印位置 每行 16 个汉字
        {
            x= DISP-POX-X;
            y +=20;
            startchn=0;
        }
            for ( k=0; k<2; ++k )                        //每个汉字的字模变为 C 语言
```

```
                                                    //数据格式,排列二行
    {
        for ( i=0;  i<8;  ++i )                     //每行 8 个字(16 个字节)
        {
            bintasc(bufch[k*16+i*2+0],1,i*8+14+0)    //第 1 个字节高 4 位
            bintasc(bufch[ k*16+i*2+0],0,1*8+14+1)   //第 1 个字节低 4 位
            bintasc( bufch[ k*16+i*2+1], 1, i*8+14+2)//第 2 个字节高 4 位
            bintasc( bufch[ k*16+i*2+1], 0, 1*8+14+3 ) //第 2 个字节低 4 位

        }
        write(fdw,  buffw, 76 );                    //76 个字节写入文件
    }
        }
    getch();                                        //回车后关闭各文件
    close(fdr);
    close(fdw);
    closegraph();
    return 0;
}
//-----------------------------------------------------------------------
//  2. 转换模块:将缓冲区 bufch[32]中数据变换为二进制数据,并按规定形式存放
//-----------------------------------------------------------------------
void bintasc(char binby,char h1,int  n0)            //按位整理字模
{
    switch  ( h1 )
    {
        case 0:
        binby= binby&0xOF;                          //低位
        break;
        case 1:
        binby= (binby>>4)&0xOF;                     //高位
        break;
        defult:
        break;
    }

    if binby>9
    binby=binby+0x37;                               //字符 ASCII 码
    else
    binby=binby+0x30;                               //数字 ASCII 码
    buffw[n0]= binby;                               //放入相应位

}
```

下面对程序进一步解释：

一个 16×16 点阵汉字占 32 个字节，上面程序将字模排成 2 行，一行 8 个字(16 字节)，改为 C 语言数据格式后，每个数前面加“0x0”，数与数之间用“,”号分隔，再加上每行前面的 14 个空格，一行是 76 个字节。

头文件 QWCODE.H 包含小汉字的区位码,在 QWCODE.H 中定义了：QU_WE[]={24,86,29,73,20,51,34,56,29,81}，是随机选的 5 个汉字“个”，“介”，“从”，“仑”，“今”的区位码，CHNNUMBER=5。

这种办法的优点是不用输入汉字，直接输入区位码就可以得到字模，同时还可以得到国标上有的拉丁文数字、一般符号、序号、日文片假名、希腊字母、英文、俄罗斯文、汉语拼音符号、汉语注音字母等字模，建立包括这些内容的字库，显示就更丰富多彩了。具体可以显示哪些内容请参见“中华人民共和国国家标准《信息交换用汉字编码字符集》基本集 GB 2312—80”，它可以从网站 HTTP://WWW.GB168.CN 购买。

建立的小汉字库以 C 语言数据格式存放：

```
// CHN1616.INC
CHN1616.INC []={
0x00800,0x00804,0x017FE,0x01444,0x03444,0x037FC,0x05444,0x09444,
0x015F4,0x01514,0x01514,0x015F4,0x01514,0x01404,0x017FC,0x01404,
// 个
0x00100,0x00100,0x00280,0x00440,0x00820,0x01010,0x0244E,0x0C444,
0x00440,0x00440,0x00440,0x00840,0x00840,0x00840,0x01040,0x02040,
// 介
0x00910,0x00910,0x01110,0x01118,0x022A4,0x04A42,0x09440,0x01048,
0x0307C,0x05240,0x09240,0x01640,0x015C0,0x01470,0x0181E,0x01000,
// 从
0x00100,0x00100,0x00280,0x00280,0x00440,0x00830,0x037DE,0x0C024,
0x03FF8,0x02488,0x02488,0x03FF8,0x02488,0x02488,0x024A8,0x02010,
// 仑
0x00100,0x00100,0x00280,0x00440,0x00820,0x01210,0x0218E,0x0C084,
0x00000,0x01FF0,0x00010,0x00020,0x00020,0x00040,0x00080,0x00100}
// 今
```

不用修改可直接复制到程序中使用，简单方便。

15.5.2　24×24 点阵字模的 C 语言提取程序

下面再介绍一个提取 24×24 点阵字模的 C 语言程序 Selchn24.c，它的原理同例 15-1，注释可参考上述程序。

例 15-2　提取 24×24 点阵字模的 C 语言程序。

```
// Selchn24.c
#include <io. h>
#include <fcntl.h>
```

```
#include <sys\types. h>
#include <sys\stat. h>
#include <stdio. h>
#include <graphics. h>
#include <process. h>
#include <stdlib.h>
#include <conio. h>
#include "QWCODE.H"
#define DISP-POX-X    24
#define DISP-POX-Y    24
Char *buffw={"
0x000,0x000,0x000,0x000,0x000,0x000,0x000,0x000,0x000,0x000,0x000,0x
000,0x000,0x000,0x000,0x000,0x000,0x000,\n"};
void bintasc (char binbyte, char high-low, int n0 );
//-----------------------------------------------------------------------
//  1.主程序模块:打开大字库、建立小字库、读 72 个字节进缓冲区 bufch[72]
//-----------------------------------------------------------------------
void main(void)
{
    unsigned char  tstch;
    unsigned char  bufch[72];
    char           acharl,achar2;
    long           location;
    int            gdriver =  DETECT,  gmode,  errorCODE;
    int            fdr, fdw;
    int            x=DISP-POX-X,  y=DISP-POX-Y,  color=3,  startchn= 1;
    int            i,  j,  k, n,jj,ii,kk;
    unsigned char mask[]={0x80,0x40,0x20,0x10,0x08,0x04,0x02,0x01};
    initgraph(&gdriver, ftgm0de, "");
    fdr = open( "HZK24S",O_RDONLY|O_BINARY  );
    fdw = creat(  "CHN2424.INC",S_IWRITEIS_IREAD );
    for ( j=0;  j< CHNNUMBER;  j++ )
    {
        location =  (  (long)  ( ( qu_we[j*2]-16 )*94 ) + (long)qu_we
[j*2+1]-1 )* 72;
        lseek( fdr, location,  0 );
        read( fdr,  bufch,  72 );
        for( ii=0; ii<24;++ii)
        for (jj=0;jj<=2;jj++)
        for ( kk=0; kk<8; ++kk)
        {
            if(mask[kk%8]&bufch[3*ii+jj])
```

```
                putpixel(x+24*startchn+ii,y+jj*8+kk,color);
            }
            startchn+=1;
            if ( ++startchn ==16 )          //控制打印位置，每行 16 个汉字
            {
                x= DISP-POX-X;
                y +=24;
                startchn=0;
            }
            for ( k=0;  k<4;  ++k )
            {
                for ( i=0;  i<18;  ++i )
                {
                    Bintasc ( bufch[ k*18+i],  1,  i*6+15+0 )
                    Bintasc ( bufch[ k*18+i],  0,  1*6+15+1 )
                    write(fdw, buffw, 121 );
                }
            }

        }
        getch();
        close(fdr);
        close(fdw);
        closegraph();
        return 0;
}
//-----------------------------------------------------------------------
//  2.转换模块:将缓冲区 bufch[72]中数据变换为二进制数据,并按规定形式存放
//-----------------------------------------------------------------------
void bintasc(char binby,char h1,int n0)
{

    switch  ( h1 )
    {
        case 0:
        binby= binby&0x0F;
        break;
        case 1:
        binby= (binby>>4)&0x0F;
        break;
        defult:
        break;
```

```
        }
        if binby>9
        binby=binby+0x37;
        else
        binby=binby+0x30;
        buffw[n0]= binby;
    }
```

程序解释：

它和16x16字模提取程序差别很小，但字模是按字节存放，一行存18个字节，一个汉字共4行。如“好”字的24×24点阵字模如下：

```
    0x000,0x000,0x000,0x002,0x000,0x002,0x002,0x00E,0x004,0x002,0x0FE,0x
008,0x0FF,0x0F3,0x030,0x07F,0x001,0x0E0,
    0x042,0x000,0x0C0,0x002,0x00F,0x0E0,0x007,0x0FE,0x078,0x007,0x0F0,0x
038,0x002,0x008,0x000,0x000,0x008,0x000,
    0x010,0x008,0x004,0x010,0x008,0x004,0x010,0x008,0x006,0x010,0x008,0x
007,0x013,0x0FF,0x0FE,0x011,0x0FF,0x0FC,
    0x016,0x008,0x000,0x01C,0x008,0x000,0x038,0x018,0x000,0x010,0x018,0x
000,0x000,0x008,0x000,0x000,0x000,0x000,
    // 好
```

该字模可以直接复制到应用程序中使用，利用这些字模在LCD上显示汉字的例子在以后章节中结合具体LCD的应用会详细介绍。

随书免费赠本书读者通用字模提取程序及LCD驱动程序，这些程序都是本作者研制并多年使用的。可在北京大学出版社网站http://www.pup6.cn下载。

通用字模提取程序MinFonBase是用Delphi编写的，如果对Delphi不熟，不用看程序的源代码，直接使用它的可执行文件即可。

15.5.3 用Delphi提取字模和建立小字库

下面介绍用面向对象的可视化编程语言Delphi提取字模。由于Delphi功能强大，因此作者在研制该软件时也尽量使其功能齐全、使用方便，该程序可以提取汇编语言和C语言两种形式字模，以方便使用不同语言的应用程序。

该程序可以提取的字模点阵有：12×12点阵宋体汉字库，16×16点阵宋体汉字库，16×16点阵仿宋体汉字库，24×24点阵宋体汉字库，24×24点阵仿宋体汉字库，48×48点阵宋体汉字库；还可以提取国标上有的拉丁文数字、一般符号、序号、日文假名、希腊字母、英文、俄罗斯文、汉语拼音符号，汉语注音字母等字模。

首先在窗口上加两个Memo控件，Memo1用来输入汉字，Memo2显示转换后的字模；放两个ComboBox控件，ComboBox1做语言选择，它决定转换后的字模数据是C语言格式还是汇编语言格式，ComboBox2用来选择点阵字库；又加入两个Edit控件，分别输入密码和输入小字库存放路径；加入两个BitBtn按钮，输入转换和关闭命令。

为了装饰，加了两个小动画控件 WebBroser1，WebBroser2 和两个 DateTimePicker 控件显示日期和时间。还有几个 Label 控件做标签。

程序名称为 MinFonBase，本程序较长，因此按结构分成 8 个模块给出并解释。

例 15-3　用可视化编程语言 Delphi 提取字模

```
//------------------------------------------------------------------
// 模块 1:引用外部函数、定义函数和变量
//------------------------------------------------------------------
unit MinFonBase;
interface
uses
Windos,Messages,SysUtils,Variants,Classes,Graphics,Controls,Forms,
Dialogs,StdCtrls,Buttons,OleCtrls,SHDocVw,ExtCtrls,ComCtrls;
type
TForm1 = class(TForm)
Memo1: TMemo;
ComboBox1: TComboBox;
ComboBox2: TComboBox;
BitBtn1: TBitBtn;
BitBtn2: TBitBtn;
Memo2: TMemo;
Label1: TLabel;
Label2: TLabel;
Label3: TLabel;
Label4: TLabel;
WebBroser1: TWebBroser;
WebBroser2: TWebBroser;
DateTimePicker1: TDateTimePicker;
DateTimePicker2: TDateTimePicker;
Timer1: TTimer;
Edit1: TEdit;
Label6: TLabel;
Edit2: TEdit;
Label5: TLabel;
Procedure FormCreate(Sender: Tobject);                    //初始化
Procedure BitBtn1Click(Sender: Tobject);                  //转换
Procedure BitBtn2Click(Sender: Tobject);                  //关闭
Procedure Bintasc(binby:byte;hi:byte;n0:integer);         //按位整理字模
Procedure COUNT_1616;                                     // 16×16 点阵处理
Procedure COUNT_2424;                                     // 24×24 点阵处理
Procedure COUNT_4848;                                     // 48×48 点阵处理
```

```
    Procedure Timer1Timer(Sender: Tobject);                //定时器
    private
    { Private declarations }
    public
    { Public declarations }
    end;
    var
    Form1: TForm1;
    verstr:string;
    dirstr2:string;                                       //当前路径
    dirstr1:string;                                       //小字库路径
    implementation
    var
    //-----------------------------------------------------------------
    // 模块2:数据存储格式,以下6个数组是16×16、24×24、48×48这3种汉字点阵的汇
    //      编语言和C语言每一行字模的存储格式。
    //-----------------------------------------------------------------
    c51buf16:string='0x00000,0x00000,0x00000,0x00000,0x00000,0x00000,0x0
0000,0x00000,';
    a51buf16:string='dw
00000h,00000h,00000h,00000h,00000h,00000h,00000h,00000h ';
    c51buf24:string='0x000,0x000,0x000,0x000,0x000,0x000,0x000,0x000,0x0
00,0x000,0x000,0x000,0x000,0x000,0x000,0x000,0x000,0x000,';
    a51buf24:string='db
000h,000h,000h,000h,000h,000h,000h,000h,000h,000h,000h,000h,000h,000h,000h,
000h,000h,000h ';

    c51buf48:string='0x000,0x000,0x000,0x000,0x000,0x000,0x000,0x000,0x0
00,0x000,0x000,0x000,0x000,0x000,0x000,0x000,0x000,0x000,';
    a51buf48:string='db
000h,000h,000h,000h,000h,000h,000h,000h,000h,000h,000h,000h,000h,000h,000h,
000h,000h,000h ';

    qh,wh:integer;                                        //区位码变量定义
    location: Longint;                                    //以下为各种变量定义
    sf:file of byte;
    a51c51Flag:integer;
    dzkFlag:integer;
    c51buf161:string;
    a51buf161:string;
    c51buf241:string;
    a51buf241:string;
```

```
c51buf481:string;
a51buf481:string;
bufch16:array[0..31] of byte;
bufch24:array[0..71] of byte;
bufch48:array[0..287] of byte;
x:integer;

{$R *.dfm}
//------------------------------------------------------------------
//  模块 3:初始化,取当前路径、规范当前路径、字模形式选择、点阵形式选择
//------------------------------------------------------------------
Procedure TForm1.FormCreate(Sender: Tobject);
```

(1) 规范当前路径。

```
begin
dirstr2:=GetCurrentDir;                                  //取当前路径
dirstr2:=IncludeTrailingPathDelimiter(dirstr2); //规范当前路径
self.WebBroser1.Navigate(dirstr2+'44a[1].gif'); //引入两个小动画
self.WebBroser2.Navigate(dirstr2+'6a[1].gif');
Memo1.Clear;                                             // Memo 清 0
Memo2.Clear;
x:=0;
```

(2) 字模形式选择。

ComboBox1 框选择提取字模是 C 语言形式还是汇编语言形式。

```
ComboBox1.Items.Add('C51 形式');                           // ComboBox1 初始化
ComboBox1.Items.Add('A51 形式');
ComboBox1.ItemIndex:=0;
```

(3) 点阵形式选择。

ComboBox2 框选择提取字模的点阵形式。

```
ComboBox2.Items.Add('8*8 点阵西文字库');
ComboBox2.Items.Add('8*16 点阵西文字库');
ComboBox2.Items.Add('16*16 点阵图标库');
ComboBox2.Items.Add('16*29 点阵中等数字库');
ComboBox2.Items.Add('32*49 点阵大数字库');
ComboBox2.Items.Add('16*16 点阵宋体汉字库');
ComboBox2.Items.Add('16*16 点阵仿宋体汉字库');
ComboBox2.Items.Add('24*24 点阵宋体汉字库');
ComboBox2.Items.Add('24*24 点阵仿宋体汉字库');
ComboBox2.Items.Add('48*48 点阵宋体汉字库');
ComboBox2.ItemIndex:=0;
```

```
edit1.Text:='';                                           //路径框清 0
end;

//-------------------------------------------------------------------
//   关闭
//-------------------------------------------------------------------
Procedure TForm1.BitBtn1Click(Sender: Tobject);
begin
close;
end;
//-------------------------------------------------------------------
//   模块 4: 核对密码、选字库
//-------------------------------------------------------------------
Procedure TForm1.BitBtn2Click(Sender: Tobject);
```

(1) 核对密码。

核对密码、根据 ComboBox2 内容选字库、做标记和调用相应提字模程序，转换结果存储。

```
var
i,j: integer;
wsstr:string;
xzkfilename:string;                                       //小字库名
dazkfilename:string;                                      //大字库名
begin
if edit2.text<>'194512125019' then                        //密码错
begin
showmessage('密码错,请与作者联系:houdianyou456@sina.com');
exit;
end;
if edit1.text='' then
begin
showmessage('小字库路径错!');
exit;
end
else
dirstr1:=edit1.Text;                                      //取路径
dirstr1:=IncludeTrailingPathDelimiter(dirstr1); //确保路径后有定界符"\"
if not DirectoryExists( dirstr1) then                     //若路径不存在,就建一个
CreateDir(dirstr1);
if ComboBox1.Text='C51 形式' then  a51c51Flag:=1  //设标志
else  a51c51Flag:=0;
```

(2) 选字库。

```
    if (ComboBox2.Text='8*8 点阵西文字库') or (ComboBox2.Text='8*16 点阵西文字
库')or (ComboBox2.Text='16*16 点阵图标库') or (ComboBox2.Text='16*29 点阵中等数字
库') or (ComboBox2.Text='32*49 点阵大数字库')
    then
    begin
    showmessage('字库已存在,文件在'+dirstr2+'文件夹中');
    xzkfilename:='';
    end;
    if (ComboBox2.Text='16*16 点阵宋体汉字库') then begin
    dazkfilename:=dirstr2+'HZK16';
    xzkfilename:=dirstr1+'XHZK16';
    dzkFlag:=1;
    end;
    if (ComboBox2.Text='16*16 点阵仿宋体汉字库') then begin
    dazkfilename:=dirstr2+'HZK16F';
    xzkfilename:=dirstr1+'XHZK16F';
    dzkFlag:=1;
    end;

    if (ComboBox2.Text='24*24 点阵宋体汉字库') then begin
    dazkfilename:=dirstr2+'HZK24S';
    xzkfilename:=dirstr1+'XHZK24S';
    dzkFlag:=2;
    end;
    if (ComboBox2.Text='24*24 点阵仿宋体汉字库') then begin
    dazkfilename:=dirstr2+'HZK24F';
    xzkfilename:=dirstr1+'XHZK24F';
    dzkFlag:=2;
    end;
    if (ComboBox2.Text='48*48 点阵宋体汉字库') then begin
    dazkfilename:=dirstr2+'HZK48S';
    xzkfilename:=dirstr1+'XHZK48S';
    dzkFlag:=3;
    end;
    AssignFile(sf,dazkfilename);                       //关联大字库逻辑文件
    Reset(sf);                                         //为读写文件做准备
    for i:=0 to Memo1.Lines.count-1 do                 //遍历 Memo1
    begin
    wsstr:= Memo1.Lines.Strings[i];                    //逐串处理输入汉字
    for j:=1 to Length( wsstr) do                      //处理一串中的各个汉字
```

```
begin
if  ord(WSStr[j])<=127 then begin                           //不是汉字退出
showmessage('输入错,重新输入!');
xzkfilename:='';
end
else
if((j mod 2)= 1) then
begin
qh:=ord( wsstr[j])-160;                                     //区码
wh:=ord( wsstr[j+1])-160;                                   //位码
case dzkFlag of                                             //处理各种点阵
1: COUNT_1616;
2:COUNT_2424;
3:COUNT_4848
else
exit;
end;
end;
end;
end;
if xzkfilename <>''then begin                               //小字库名如果不空
xzkfilename:=xzkfilename+'.txt';
Memo2.Lines.SaveToFile(xzkfilename);                        //小汉字库存为.txt 文件

showmessage('小字库已建立,字模存'+xzkfilename+'文件中');
end;
end;

//-------------------------------------------------------------------
//  模块 5:按位转换、存储
//-------------------------------------------------------------------
Procedure TForm1.Bintasc(binby: byte; hi: byte; n0: integer); // 按位转换
```

(1) 转换。

TForm1.Bintasc()根据 ComboBox1 内容，分别按 C 语言格式或汇编语言格式逐位转换，并将结果存放入相应格式数组。

```
begin
case hi of
0:  binby: =binby and $of;
1:  binby: =( binby shr 4) and $of;
else
```

```
Exit;
end;
if(binby>9)then
binby: =binby+$37
else
binby: =binby+$30;
```

(2) 存储。

```
if  a51c51Flag=1 then
begin
case dzkFlag of
1: c51buf16[n0]:=chr(binby);
2: c51buf24[n0]:=chr(binby);
3: c51buf48[n0]:=chr(binby)
else
exit;
end;
end
else begin
case dzkFlag of
1: a51buf16[n0]:=chr(binby);
2: a51buf24[n0]:=chr(binby);
3: a51buf48[n0]:=chr(binby)
else
exit;
end;
end;
end;

//------------------------------------------------------------------
//  1ms 定时
//------------------------------------------------------------------
{
Procedure TForm1.Timer1Timer(Sender: Tobject);  //更新时钟
begin
DateTimePicker1.Date:=Now;
DateTimePicker2.Time:=Now;
end;
}
//------------------------------------------------------------------
//  模块 6:16×16 点阵字模提取
//------------------------------------------------------------------
```

16×16 点阵转换

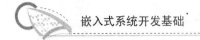

16×16 点阵一次转换两字节，每字节先转换低 4 位，再转换高 4 位。转换后 32 个字节排两行，每行按 8 个字(16 个字节)存储。

```
Procedure TForm1.COUNT_1616;                    //16×16 点阵字模提取
var
k,l:integer;
begin
location:=( (qh-1)*94+(wh-1))*32;              //计算偏移量
Seek(sf,0);
Seek(sf,location);                             //移指针
BlockRead(sf,bufch16,32);                      //读 32 个字节给 bufch16
c51buf161:=c51buf16;
a51buf161:=a51buf16;
for k:=0 to 1 do                               //修改数据为 C 语言或汇编语言形式
begin
for l:=0 to 7 do                               //排两行,一行 8 个字
begin
//c51
if  a51c51Flag=1 then begin
bintasc(bufch16[k*16+l*2+0],1,l*8+4+0); //第 1 个字节高位
bintasc(bufch16[k*16+l*2+0],0,l*8+4+1); //第 1 个字节低位
bintasc(bufch16[k*16+l*2+1],1,l*8+4+2); //第 2 个字节高位
bintasc(bufch16[k*16+l*2+1],0,l*8+4+3); //第 2 个字节低位
end
else
begin
//a51
bintasc(bufch16[k*16+l*2+0],1,l*7+6+0);
bintasc(bufch16[k*16+l*2+0],0,l*7+6+1);
bintasc(bufch16[k*16+l*2+1],1,l*7+6+2);
bintasc(bufch16[k*16+l*2+1],0,l*7+6+3);
end;
end;
if  a51c51Flag=1 then
Memo2.Lines.add(c51buf16)
else
Memo2.Lines.add(a51buf16);
c51buf16:= c51buf161;
a51buf16:= a51buf161;
end;
x:=x+1;
```

```
    if  a51c51Flag=1 then
    Memo2.Lines.add('// '+chr(160+qh)+chr(160+wh)+'   查询索引号:'+inttostr
(x-1))
    else
    Memo2.Lines.add('; '+chr(160+qh)+chr(160+wh)+'   查询索引号:'+inttostr
(x-1));
    end;
    //------------------------------------------------------------------
    //  模块 7: 24×24 点阵字模提取
    //------------------------------------------------------------------
```

24×24 点阵汉字转换

根据区位码移指针，读 72 个字节给 bufch24。24×24 点阵汉字 72 个字节，排 4 行，一行 18 个字节。

```
    Procedure TForm1.COUNT_2424;                    // 24×24 点阵字模提取
    var
    k,l:integer;
    begin
    location:=( (qh-16)*94+(wh-1))*72;            //根据区位码移指针
    Seek(sf,0);
    Seek(sf,location);
    BlockRead(sf,bufch24,72);                       //读 72 个字节给 bufch24
    c51buf241:= c51buf24;
    a51buf241:= a51buf24;
    for k:=0 to 3 do
    begin
    for l:=0 to 17 do
    begin
    //c51
    if  a51c51Flag=1 then begin
    bintasc(bufch24[k*18+l],1,l*6+4+0);
    bintasc(bufch24[k*18+l],0,l*6+4+1);
    end
    else
    begin
    /a51
    bintasc(bufch24[k*18+l],1,l*5+6+0);
    bintasc(bufch24[k*18+l],0,l*5+6+1);
    end;
    end; //l end
    if  a51c51Flag=1 then
    Memo2.Lines.add(c51buf24)
```

```
else
Memo2.Lines.add(a51buf24);
c51buf24:= c51buf241;
a51buf24:= a51buf241;
end;
//  Memo2.Lines.add('');
// Memo2.Lines.add('//'+chr(160+qh)+chr(160+wh));
x:=x+1;
if  a51c51Flag=1 then
Memo2.Lines.add('// '+chr(160+qh)+chr(160+wh)+'   查询索引号:'+inttostr
(x-1))
else
Memo2.Lines.add('; '+chr(160+qh)+chr(160+wh)+'   查询索引号:'+inttostr
(x-1));
end;

//-------------------------------------------------------------------
//  模块 8:48×48 点阵字模提取
//-------------------------------------------------------------------
```

48×48 点阵汉字转换

根据区位码移指针，读 288 个字节给 bufch48。48×48 点阵汉字 288 个字节，排 16 行，一行 18 个字节。

```
Procedure TForm1.COUNT_4848;                          //48 x48 点阵字模提取
var
k,l:integer;
begin
location:=( (qh-16)*94+(wh-1))*288;                  //根据区位码移指针
Seek(sf,0);
Seek(sf,location);
BlockRead(sf,bufch48,288);                           //读288个字节给bufch48
c51buf481:= c51buf48;
a51buf481:= a51buf48;
for k:=0 to 15 do
begin
for l:=0 to 17 do
begin
//c51
if  a51c51Flag=1 then begin
bintasc(bufch48[k*18+l],1,l*6+4+0);
bintasc(bufch48[k*18+l],0,l*6+4+1);
end
```

```
else
begin
//a51
bintasc(bufch48[k*18+l],1,l*5+6+0);
bintasc(bufch48[k*18+l],0,l*5+6+1);
end;
end; //l end
if  a51c51Flag=1 then
Memo2.Lines.add(c51buf48)
else
Memo2.Lines.add(a51buf48);
c51buf48:= c51buf481;
a51buf48:= a51buf481;
end;
// Memo2.Lines.add('//'+chr(160+qh)+chr(160+wh));
x:=x+1;
if   a51c51Flag=1 then
Memo2.Lines.add('// '+chr(160+qh)+chr(160+wh)+'   查询索引号:'+inttostr
(x-1))
else
Memo2.Lines.add('; '+chr(160+qh)+chr(160+wh)+'   查询索引号:'+inttostr
(x-1));

end;


//------------------------------------------------------------------
//   1ms 定时
//------------------------------------------------------------------
Procedure TForm1.Timer1Timer(Sender: Tobject);  //更新时间和日期
begin
DateTimePicker1.Date:=now;
DateTimePicker2.Time:=now;
end;
end.
```

程序的执行：

在随书资料中选 Fon1616Byte\ MinFonBase1.exe 进行双击，出现如图 15-7 所示画面。关于程序的使用，将在下节详细介绍。

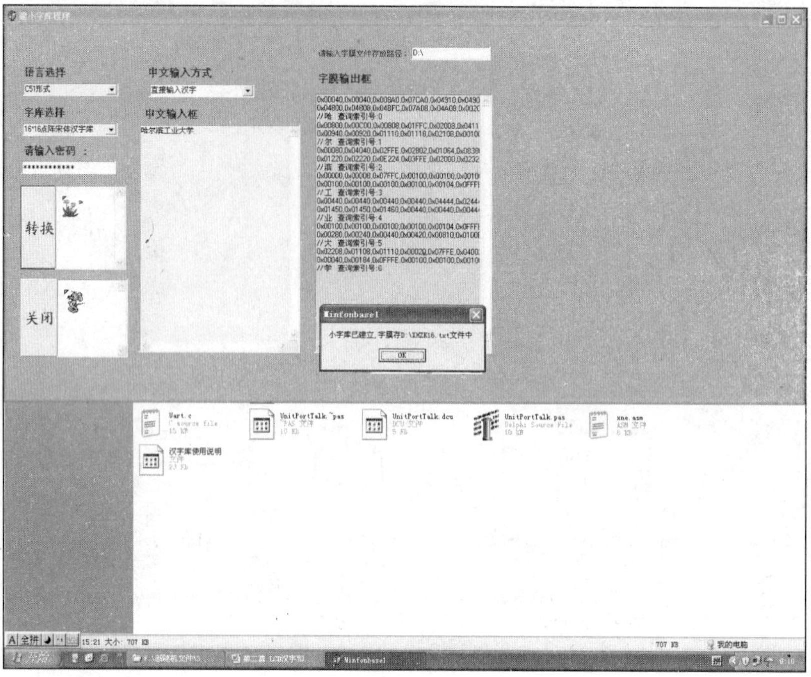

图 15-7　通用字模提取程序界面

15.5.4　通用字模提取程序 MinFonBase 使用说明

如上所述，在随书资料中选择 Fon1616Byte\ MinFonBase1.exe 并双击，出现图 15-7 所示画面。

在语言选择框中选择要提取的字模形式是汇编语言形式还是 C 语言形式，然后选择字库，其中 8×8 点阵西文字库，8×16 点阵西文字库，16×16 点阵图库，16×29 点阵中等数字库，32×49 点阵大数字库已在随书资料\3.4 文件夹中给出，就不用再提取了，其他可以选择的字库是 16×16 点阵宋体汉字库，16×16 点阵仿宋体汉字库，24×24 点阵宋体汉字库，24×24 点阵仿宋体汉字库，48×48 点阵宋体汉字库。

还可以提取国标上有的拉丁文数字、一般符号、序号、日文假名、希腊字母、英文、俄罗斯文、汉语拼音符号、汉语注音字母等字模(这些符号可采用区位码输入或搜狗软键盘输入，搜狗软键盘输入也采用直接输入汉字方式)。

接着输入密码：194512125019，之后将光标移到中文输入框，用任一种中文输入法输入中文，将小字库存放的盘符输入到选择框，例如，D：\，按转换键，则转换好的字模会在“字模输出框”中显示，同时在 D 盘中会建立一个 XHZK16.TXT 的文件(假定提取的字模是 16×16 点阵)，将文件打开，将字模最后一个“，”去掉，复制到一个数组中就可以在程序中使用了。

图 15-8 是利用所提的字模在 640×480LCD 屏上显示各种字体汉字和西文字符实例，其中汉字有 12×12、16×16、24×24、48×48 点阵汉字，西文字符有日文片假名、希腊字母、英文、俄罗斯文、罗马文等，其他字符有 8×8、8×16 ASCII 字符、数学符号、汉

语拼音符号、汉语注音字母和各种曲线等。有了这些显示功能，人机界面会非常丰富多彩。

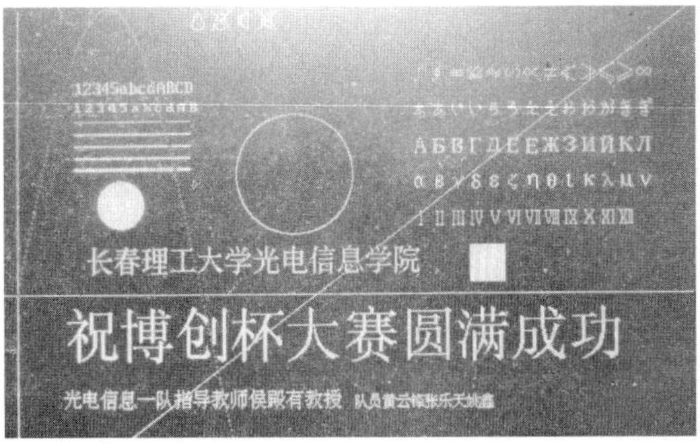

图 15-8　在 LCD 显示各种汉字和西文字符实例

15.6　汇编语言字模与 C 语言字模互相转换

通过上面的通用字模提取程序可以提取汇编语言形式的字模或 C 语言形式的字模，如果手头上有汇编语言形式的字模，想转换为 C 语言形式；或者想把 C 语言形式字模转换为汇编语言形式的字模，利用下面方法可以很容易实现。

15.6.1　汇编语言字模转换为 C 语言字模

(1) 先把汇编字模复制到记事本(或写字板)中，选中“DW□□0”(□□表示两个空格)，将其复制到编辑/替换/查找内容栏中，如图 15-9 所示。替换栏写“0x0”，注意上下两个“0”要对齐，光标移到最前面，按“全部替换”，结果如图 15-10 所示，解决了第 1 列的转换。

(2) 将查找栏写“h,”，替换栏写“,x0”，光标移到最前面，按“全部替换”，则除最后一列外所有列转换完成，结果如图 15-11 所示。

(3) 将查找栏写“h”，替换栏写“,”，光标移到最前面，按“全部替换”，则最后一列 h 换为“,”；去掉最后一行最后一个“,”，将结果放到数组中，起个头文件名就可以使用了，如图 15-12 所示。

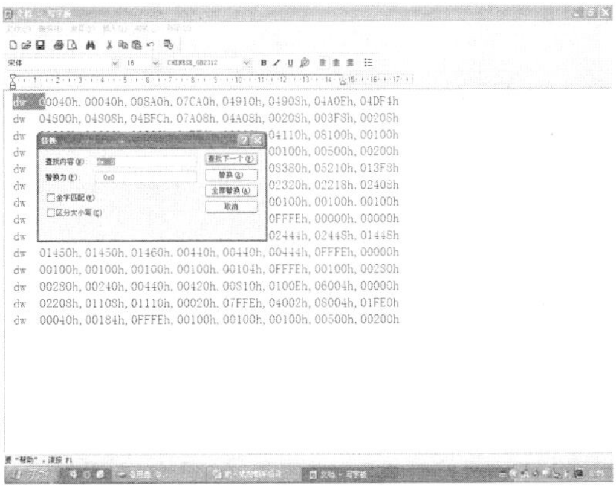

图 15-9　“汇编变 C”第 1 步，选中第 1 列

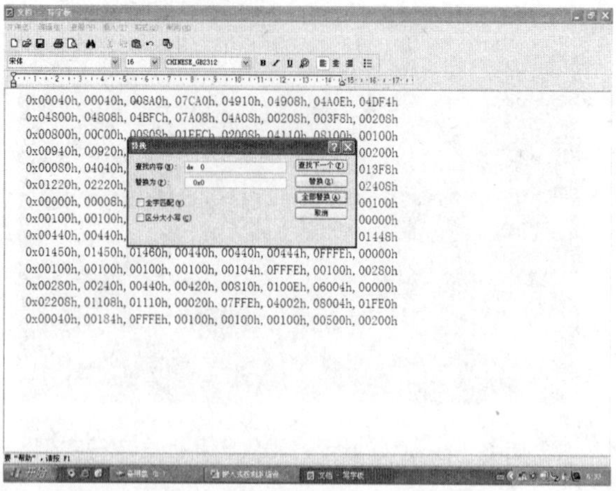

图 15-10 “汇编变 C”第 2 步，变换第 L1 列

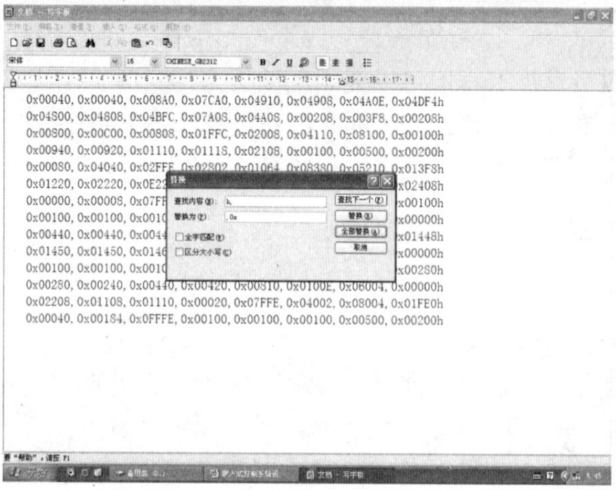

图 15-11 “汇编变 C”第 3 步，变换除最后一列外其他列

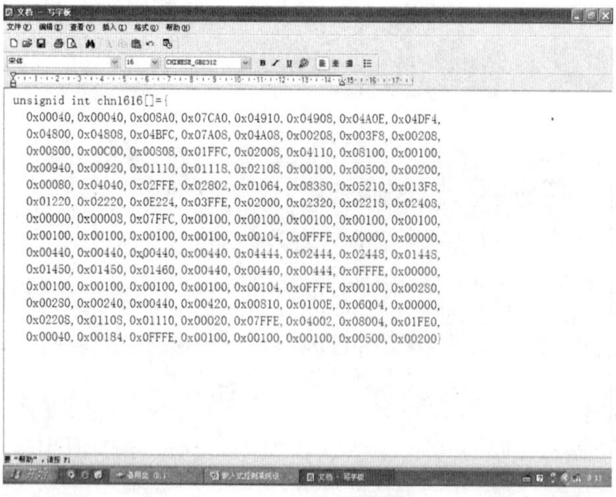

图 15-12 “汇编变 C”第 4 步，变换最后一列并全部完成

15.6.2　C 语言字模转换为汇编语言字模

(1) 先把 C 语言形式字模复制到记事本(或写字板)中，最后一行末尾加一个“,”，将“,0x”复制到编辑/替换/查找内容栏。替换栏写“h,0”，注意上面的“,”要与下面的“h”对齐，光标移到最前面，按“全部替换”，解决了除第 1 列和最后一列其他各列的转换，结果如图 15-13 所示。

(2) 将查找栏写“0x0”，替换栏写“dw□0”，注意 dw 和 0 之间要有空格，0x0 和 dw□0 要左对齐；光标移到最前面，按“全部替换”，解决了第 1 列的转换，结果如图 15-14 所示。

(3) 将查找栏写“,□”，注意“,□”里的空格，替换栏写“h,”，“h,”里的“,”与上面“,□”的空格对齐；光标移到最前面，按“全部替换”，则最后一列转换结束，结果如图 15-15 所示。最后一列因为没有标志，转换有时不成功，此时可把“,”先转换为“h,”，再把“hh,”转换为“h,”，见图 15-16。

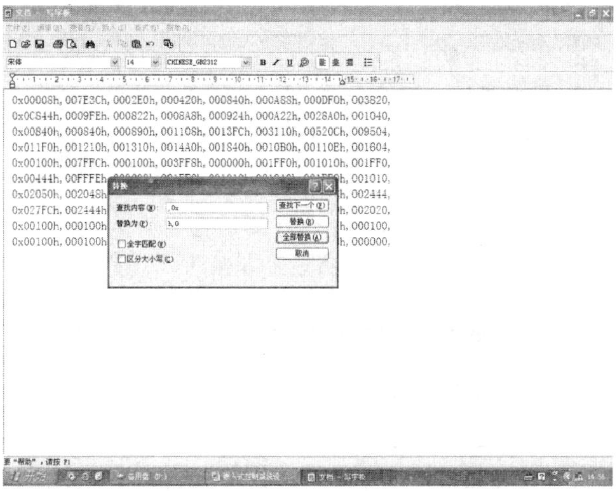

图 15-13　“C 变汇编”第 1 步，除最后一列和第 1 列全部完成

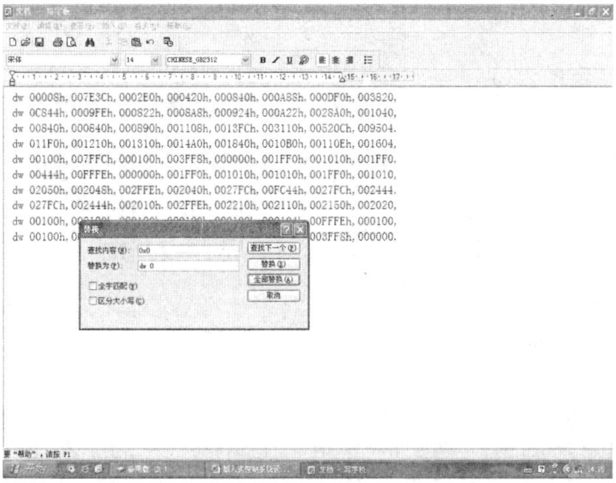

图 15-14　“C 变汇编”第 2 步，变换第 1 列

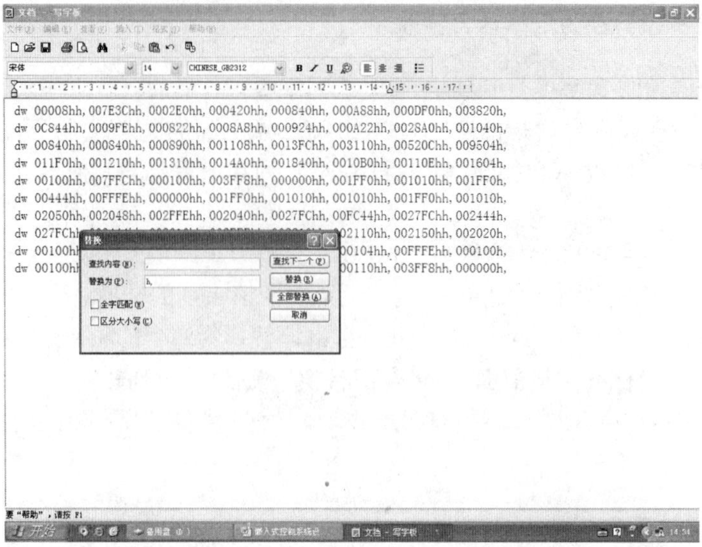

图 15-15　“C 变汇编”第 3 步，变换最后一列

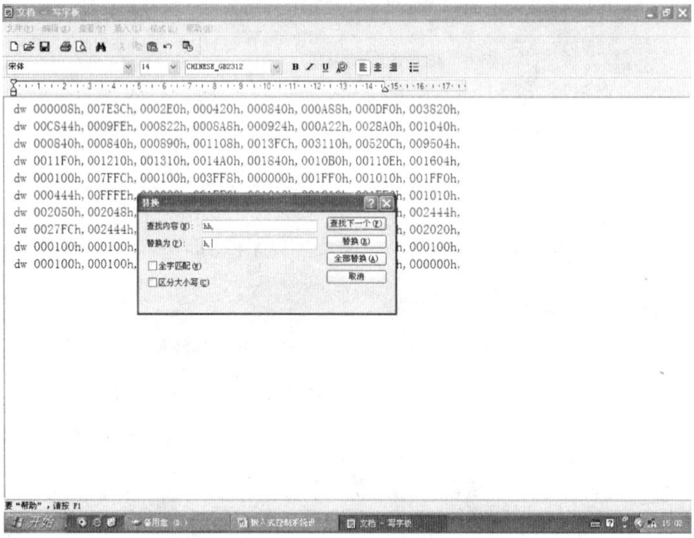

图 15-16　“C 变汇编”第 4 步，变换完成

15.7　自造字符点阵方法

15.7.1　自造字符点阵方法

有的时候要提的汉字或字符国标库里没有，如要显示表示华氏温度的符号°F，在国标库里没有，这时就可以自己来做。例如，要造一个 16×16 的字，用笔在纸上画一个 16×16 的格，在里面用黑色颗粒摆成°F 图型，将图形数据提出，送显示程序显示，如果觉得不满意，改动图案修改数据，再显示，直到满意为止。如图 15-17 所示。

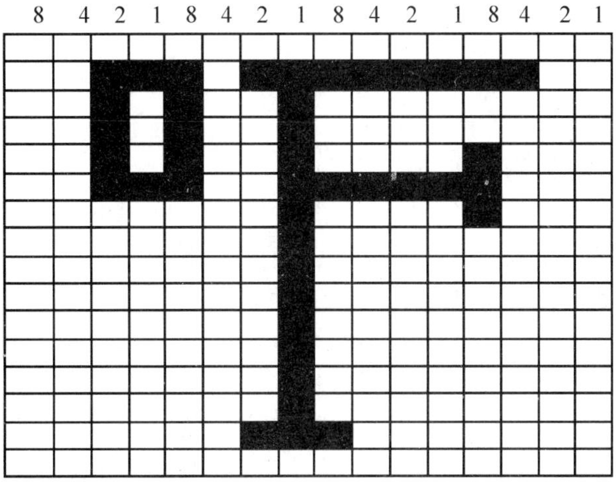

图 15-17　人工设计°F 字模

相应字模数据：

```
HzF0[]={
    0x0000,0x03Bfc,0x2900,0x2900,0x2908,0x39F8,0x0108,0x0100,
0x0100,0x0100,0x0100,0x0100,0x0100,0x0100,0x0380,0x0000}
```

15.7.2　自造图形点阵方法

设计图形点阵方法和汉字点阵方法步骤是一样的，例如，要显示一个报警用的警钟，也要用 16×16 点阵，方法如图 15-18 所示。

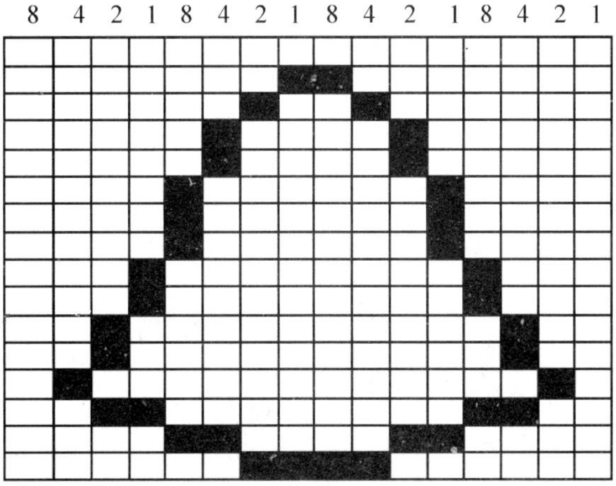

图 15-18　警钟的 16×16 图模

C 语言形式数据：

```
Syb1616[]={
    0x00000,0x0180,0x0240,0x0420,0x0420,0x0810,0x0810,0x0810,
0x1008,0x1008,0x2004,0x2004,0x4002,0x300C,0x0C30,0x03C0}
```

习　题

1. 什么是像素？什么是字模？

2. 12×12、16×16、24×24、48×48 点阵汉字在内存中占多少字节？

3. 什么是区位码？什么是内码？两者之间有什么关系？

4. 在嵌入式控制系统设计中为什么要建小字库？

5. 熟悉汇编语言字模转换为 C 语言字模，C 语言字模转换为汇编语言字模的方法。

6. 掌握自己造汉字和图形字模的方法。

7. 了解用 C 语言提取汉字字模并建立小字库的方法。

8. 从网上下载通用字模提取程序并学会使用它提取 12×12、16×16、24×24、48×48 点阵汉字，日文片假名、希腊字母、英文、俄罗斯文、罗马文、数学符号、汉语拼音符号、汉语拼音字母。

第 16 章

T6963C 的汉字字符显示

本章知识架构

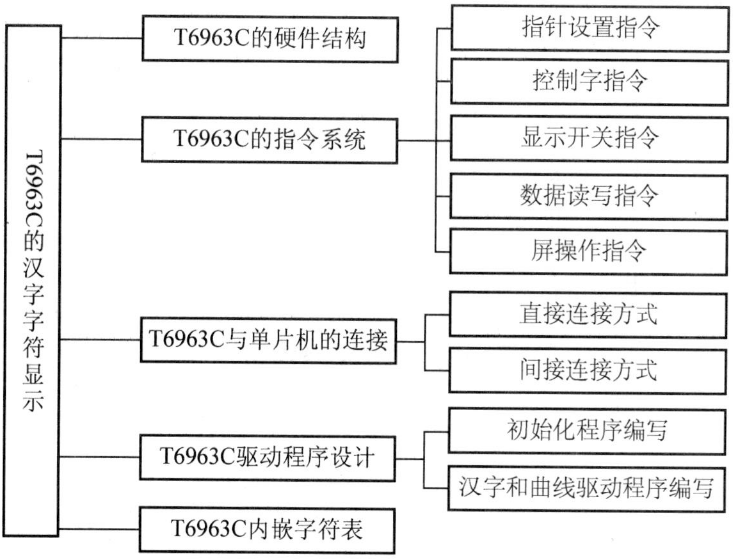

本章教学目标和要求

- 熟练掌握 T6963C 的指令系统；
- 读懂在屏幕上打点和清点程序；
- 学会用打点方法显示 12×12、16×16、24×24、48×48 点阵汉字；
- 学会用打点方法显示 8×8、8×16 ASCII 码字符；
- 学会用打点方法画垂直线、水平线、斜线、正弦曲线、各种点阵图形。

16.1 T6963C 的一般介绍

上一章介绍了字模提取方法，本章介绍如何在 LCD 屏上显示汉字和曲线，即 LCD 驱动问题，LCD 驱动和具体的液晶显示模块结构有关系。

液晶显示器件一般包括控制器、驱动器和液晶屏；而液晶显示模块则是把控制器、驱动器和液晶显示屏、连接件、PCB 线路板、背光源、结构件装配到一起的组件，英文名称“LCD Module”，简称“LCM”，一般简称为“液晶显示模块”。具体如图 16-1 所示。

液晶显示模块的型号非常多，但只要控制器相同，其驱动程序基本相同。控制器按功能可分为两种，一是字符型控制器，另一种是点阵图形型控制器；字符型控制器只能显示西文字符或笔画简单的汉字，价格低廉，在低档嵌入式控制系统中使用较多；点阵型控制器能显示各种曲线和汉字，在复杂嵌入式控制系统中使用较多。

T6963C 是在液晶显示模块中使用较多的液晶显示控制器，凡是使用 T6963C 控制器的液晶显示模块都可以参照本章的方法编写液晶显示模块驱动程序，只是初始化程序要根据具体模块的点阵大小稍加改变。

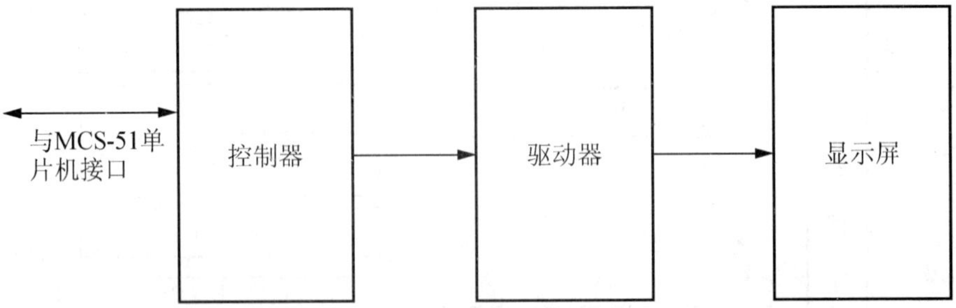

图 16-1 液晶显示模块结构

16.1.1 T6963C 的硬件特点

(1) T6963C 是点阵式液晶图形显示控制器，它能直接与 MCS-51 系列的 8 位微处理器接口；在嵌入式控制系统中使用较多，是点阵式液晶图形显示控制器典型代表。

(2) T6963C 的字符字体由硬件设置，其字体有 4 种：5×8、6×8、7×8、8×8。

(3) T6963C 的占空比可从 1/16 到 1/128。

(4) T6963C 可以图形方式、文本方式及图形加文本方式进行显示，以及文本方式下的特征显示，还可以实现图形复制操作等。

(5) T6963C 具有内部字符发生器 CGROM，共有 128 个字符，T6963C 可管理 64KB 显示缓冲区及字符发生器 CGRAM，并允许 MPU 随时访问显示缓冲区，甚至可以进行位操作。

16.1.2 T6963C 的引脚说明及功能

T6963C 的引脚如图 16-2 所示。

T6963C 的 QFP 封装共有 67 个引脚，各引脚说明如下。

(1) D0～D7：T6963C 与 CPU 接口的数据总线，三态。

(2) $\overline{RD}$，$\overline{WR}$：读、写选通信号，低电平有效，输入信号。

(3) $\overline{CE}$：T6963C 的片选信号，低电平有效。

(4) C/D：通道选择信号，1 为指令通道，0 为数据通道。

(5) $\overline{RESET}$，$\overline{HALT}$：$\overline{RESET}$ 为低电平有效的复位信号，它将行、列计数器和显示寄存器清零，关显示；$\overline{HALT}$ 具有 $\overline{RESET}$ 的基本功能，还将中止内部时钟振荡器的工作。

(6) $\overline{DUAL}$，SDSEL：

$\overline{DUAL}$=1 为单屏结构，$\overline{DUAL}$ = 0 为双屏结构，本节只介绍单屏结构；

SDSEL= 0 为一位串行数据传输方式，SDSEL=1 为 8 位并行数据传输方式。这里只使用 8 位并行数据传输方式。

(7) MD2，MD3：由软件设置显示窗口长度，从而确定列数据传输个数的最大值，其组合逻辑关系如表 16-1 所示。

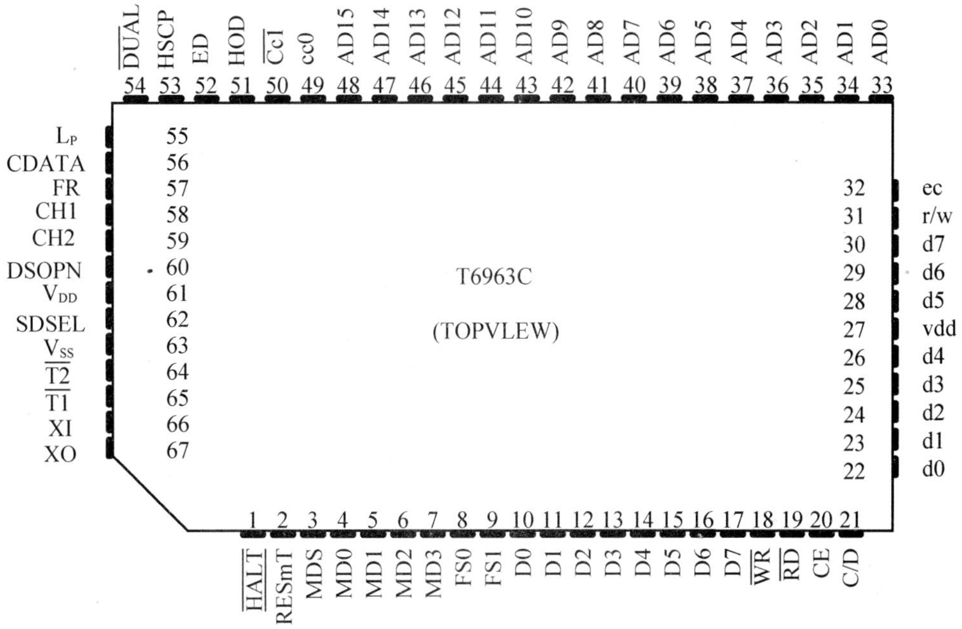

图 16-2　T6963C 的引脚图

表 16-1　T6963C 显示窗口长度

MD3	1	1	0	0
MD2	1	0	1	0
每行字符数	32	40	64	80

(8) MDS，MD1，MD0：设置显示窗口宽度(行)，从而确定 T6963C 帧扫描信号的时序和显示驱动的占空比系数，当 $\overline{DUAL}$ =1 时，其组合功能如表 16-2 所示。

当 $\overline{DUAL}$ =0 时，以上设置中的字符行和总行数增至原来的 2 倍，其他都不变，这种情况下的液晶屏结构为双屏结构。

表 16-2 T6963C 显示窗口宽度

MDS	0	0	0	0	1	1	1	1
MD1	1	1	0	0	1	1	0	0
MD0	1	0	1	0	1	0	1	0
字符行	2	4	6	8	10	12	14	16
总行数	16	32	48	64	80	96	112	128
占空比	1/16	1/32	1/48	1/64	1/80	1/96	1/112	1/128

(9) FS1，FS0：显示字符的字体选择，具体如表 16-3 所示。

表 16-3 T6963C 字体选择

FS1	1	1	0	0
FS0	1	0	1	0
字体	5×8	6×8	7×8	8×8

(10) XI，XO：振荡时钟引脚。

(11) AD0～AD15：输出信号，显示缓冲区 16 位地址总线。

(12) D0～D7：三态，显示缓冲区 8 位数据总线。

(13) $\overline{\text{WR}}$：输出，显示缓冲区读、写控制信号。

(14) $\overline{\text{CE}}$：输出，显示缓冲区片选信号，低电平有效。

(15) $\overline{\text{CE0}}$，$\overline{\text{CE1}}$：输出，$\overline{\text{DUAL}}$=1 时的存储器片选信号。

(16) $\overline{\text{T1}}$，$\overline{\text{T2}}$，CH1，CH2：用来检测 T6963C 工作使用情况，T1、T2 作为测试信号输入端，CH1、CH2 作为输出端。

(17) HOD，HSCP，LOD LSCP(CE1)，ED Lp，CDATA，FR 为 T6963C 驱动器信号。

小提示：

T6963C 的上述初始化设置，一般已由厂家设置好，购显示模块时会有说明，主要进行下面的软件编程。

16.1.3 T6963C 的状态字

由上所述，T6963C 的初始化设置一般都由管脚设置完成，因此其指令系统将集中于显示功能的设置上。T6963C 的指令可带一个或两个参数，或无参数。每条指令的执行都是先送入参数(如果有的话)，再送入指令代码。每次操作之前最好先进行状态字检测。T6963C 的状态字如下所示：

D7	D6	D5	D4	D3	D2	D1	D0
STA7	STA6	STA5	STA4	STA3	STA2	STA1	STA0

STA0：指令读/写状态，1，准备好；0，忙；

STA1：数据读/写状态，1，准备好；0，忙；

STA2：数据自动读状态，1，准备好；0，忙；

STA3：数据自动写状态，1，准备好；0，忙；

STA4：未用；

STA5：控制器运行检测可能性，1，可能；0，不能；

STA6：屏读/复制出错状态，1，出错；0，正确；

STA7：闪烁状态检测，1，正常显示；0，关显示。

由于状态位作用不一样，因此执行不同指令必须检测不同状态位。在 MPU 一次读/写指令和数据时，STA0 和 STA1 要同时有效即处于“准备好”状态。当 MPU 读/写数组时，判断 STA2 或 STA3 状态。屏读、屏复制指令使用 STA6。STA5 和 STA7 反映 T6963C 内部运行状态。

16.2　T6963C 指令系统

16.2.1　指针设置指令

指针设置指令是 3 字节指令，格式如下：

D1，D2	0　0　1　0　0　N2　N1　N0

字节 D1、D2 为第一和第二个参数，后一个字节为指令代码，根据 N0，N1，N2 的取值，该指令有 3 种含义(N0、N1、N2 中不能有两个同时为 1)，如表 16-4 所示。

表 16-4　T6963C 指针设置指令

D1	D2	指令代码	功　能
水平位置 (低 7 位有效)	垂直位置 (低 5 位有效)	0x21 (N0=1)	光标指针设置
地址 (低 5 位有效)	0x00	0x22 (N1=1)	CGRAM 偏置地址设置
低字节	高字节	0x24 (N2=1)	地址指针位置

(1) 光标指针设置：D1 表示光标在实际液晶屏上离左上角的横向距离(字符数)，D2 表示纵向距离(字符行)，N0=1 即指令代码为 0x21。

(2) N1=1 时指令代码为为 0x22，为 CGRAM 偏置地址设置：设置了 CGRAM 在显示 64KBRAM 内的高 5 位地址，CGRAM 的实际地址为：

A15	A14	A13	A12	A11	A10	A9	A8	A7	A6	A5	A4	A3	A2	A1	A0
C4	C3	C2	C1	C0	D7	D6	D5	D4	D3	D2	D1	D0	R2	R1	R0

T6963C 内部存储器共 64KB，要用 16 位地址线寻址，即逻辑地址为 A15□A0，同时它还带 2KB 的固定字符，这 2KB 固定字符位置范围就由偏置地址寄存器决定，2KB 固定

字符的地址用 5 位地址线寻址，即 C4～C0，它由 N1=1 时指令代码 0x22 设置(表 16-4)。

系统规定，把 C4、C3、C2、C1、C0 这 5 位放在 16 位地址的最高位；随后放 8 位字符代码 D7～D0；字符代码是系统在图形方式下为方便编程设置的，当我们将大量图形数据装入 RAM 时，每 8 个字节用一个代码表示，显示时不用一个一个字节处理，而是直接输出代码即可。1 个 16×16 点阵汉字由 4 个字符代码组成，分别代表汉字的左上、右上、左下、右下 4 部分，显示时输出 4 个代码即可。

使用汇编语言编写 T6963C 的驱动程序时可以使用字符代码，这里使用 C 语言编程，不用字符代码，故不赘述。

随着 8 位字符代码，又留 R2～R0 三位作行地址指针。如上所述，显示汉字时，是把一个 16×16 点阵汉字分为 4 块，用 4 个代码表示，一个代码表示 8 个字节，即分为左上，右上，左下，右下，它们占两行，所以 R2～R0 的范围只能是 0～1。系统的 16 位实际物理地址是：C4 C3 C2 C1 C0 D7 D6 D5 D4 D3 D2 D1 D0 R2 R1 R0。

(3) N2=1 时指令代码为 0x24，是地址指针设置指令，该指令设置进行操作的显示缓冲区(RAM)的一个单元地址，D1、D2 为该单元地址的低 8 位和高 8 位地址。

16.2.2 控制指令

(1) 显示区域设置，是 3 字节指令，指令格式为：

D1，D2	0 1 0 0 0 0 N1 N0

根据 N1、N0 的不同取值，该指令有 4 种指令功能形式，如表 16-5 所示：

表 16-5 T6963C 显示区域设置

N1 N0	D1	D2	指令代码	功 能
0 0	低字节	高字节	0x40	文本区首址
0 1	字节数	00H	0x41	文本区宽度(字符数/行)
1 0	低字节	高字节	0x42	图形区首址
1 1	字节数	00H	0x43	图形宽度(字符数/行)

文本区和图形区首地址为对应显示屏左上角字符位(文本方式)或字节位(图形方式)，修改该地址可以产生卷动效果。D1、D2 分别为该地址的低 8 位和高 8 位字节。

文本区宽度(字符数/行)设置和图形区宽度(字节数/行)设置用于调整一行显示所占显示 RAM 的字节数，从而确定显示屏与显示 RAM 单元的对应关系。

T6963C 硬件设置的显示窗口宽度是指 T6963C 扫描驱动的有效列数。需说明的是，当硬件设置 6×8 字体时，图形显示区单元的低 6 位有效，对应显示屏上 6×1 显示位。

(2) 显示方式设置，是 2 字节指令，指令格式为：

无参数	1 0 0 0 N3 N2 N1 N0

N3：字符发生器选择位。

N3=1 为外部字符发生器有效，此时内部字符发生器被屏蔽，字符代码全部提供给外部字符发生器使用，字符代码为 0x00～0xFF。

N3=0 为 CGROM，即内部字符发生器有效，属于 CGROM 字符代码为 0x00～0x7F。因此选用 0x80～0xFF 字符代码时，将自动选择 CGRAM。

N2～N0：合成显示方式控制位，其组合功能如表 16-6 所示：

表 16-6　T6963C 显示合成方式

N2	N1	N0	合 成 方 式
0	0	0	逻辑“或”合成
0	0	1	逻辑“异或”合成
0	1	1	逻辑“与”合成
1	0	0	文本特征

当设置文本方式和图形方式功能打开时，上述合成显示方式设置有效。其中的文本特征方式是指将图形区改为文本特征区。该区大小与文本区相同，每个字节作为对应文本区的每个字符显示的特征，包括字符显示与不显示、字符闪烁及字符的“负向”显示。

通过这种方式，T6963C 可以控制每个字符的文本特征。文本特征区内，字符的文本特征码由一个字节的低 4 位组成，如表 16-7 所示：

表 16-7　T6963C 字符的文本特征

D7	D6	D5	D4	D3	D2	D1	D0
×	×	×	×	D3	D2	D1	D0

D3：字符闪烁控制位，D3=1 为闪烁，D3=0 为不闪烁；

D2～D0：D2～D0 的组合如表 16-8 所示：

表 16-8　T6963C 字符的文本显示效果

D2	D1	D0	显示效果
0	0	0	正常显示
1	0	1	负向显示
0	1	1	禁止显示，空白

启用文本特征方式时可在原有图形区和文本区外，用图形区域设置指令另开一区作为文本特征区，以保持原图形区的数据。显示缓冲区的划分如图 16-3 所示：

图 16-3　显示缓冲区划分

(3) 显示开关，指令格式如下：

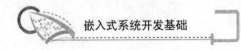

无参数	1 0 0 1 N3 N2 N1 N0

N0：1/0，光标闪烁启用/禁止；
N1：1/0，光标显示启用/禁止；
N2：1/0，文本显示启用/禁止；
N3：1/0，图形显示启用/禁止。
(4) 光标形状选择，是 2 字节指令，指令格式如下：

无参数	1 0 1 0 0 N2 N1 N0

光标形状为 8 点(列)×N 行，N 的值为 0～7，由 N2～N0 确定。

16.2.3 数据读/写指令

(1) 数据自动读/写是 2 字节指令，读/写方式设置：

无参数	1 0 1 1 0 0 N1 N0

该指令执行后，MPU 可以连续地读/写显示缓冲区 RAM 的数据，每读/写一次，地址指针自动增 1。自动读/写结束时，必须写入自动结束命令以使 T6963C 退出自动读/写状态，开始接受其他指令。

N1、N0 组合功能如表 16-9 所示：

表 16-9 T6963C 读写状态

N1 N0	指 令 代 码	功 能
0 0	0xB0	自动写设置
0 1	0xB1	自动读设置
1 ×	0xB2/0xB3	自动读/写结束

(2) 数据一次读/写方式，是 2 字节指令，指令格式如下：

D1	1 1 0 0 0 N2 N1 N0

D1 为需要写的数据，读时无此数据，N2、N1、N0 意义如表 16-10 所示：

表 16-10 T6963C 数据读写能

N2 N1 N0	指 令 代 码	功 能
0 0 0	0xC0	数据写，地址加 1
0 0 1	0xC1	数据读，地址加 1
0 1 0	0xC2	数据写，地址减 1
0 1 1	0xC3	数据读，地址减 1
1 0 0	0xC4	数据写，地址不变
1 0 1	0xC5	数据读，地址不变

16.2.4　屏操作指令

(1) 读屏，是 1 字节指令，指令格式为：

无参数	1　1　1　0　0　0　0　0

该指令将屏上地址指针处文本与图形合成后显示的一字节内容数据送到 T6963C 的数据栈内，等待 MPU 读出。地址指针应在图形区内设置。

(2) 屏复制，是 1 字节指令，指令格式为：

无参数	1　1　1　0　1　0　0　0

该指令将屏上当前地址指针(图形区内)处开始的一行合成显示内容复制到相对应的图形显示区的一组单元内，该指令不能用于文本特征方式下或双屏结构液晶显示器的应用上。

16.2.5　位操作指令

位操作指令是 1 字节指令：

无参数	1　1　1　1　N3　N2　N1　N0

该指令可将显示缓冲区某单元的某一位清零或置 1，该单元地址由当前地址指针提供。N3=1，置 1；N3=0，清零。N2～N0：操作位，对应该单元的 D0～D7 位。

位操作功能是 T6963C 显示器的显著特点之一，虽然只有一条指令，但给编程带来很大方便，因为通过画点，就可以画线和各种图形，就可以显示汉字和 ASCII 字符，相信通过下面各章节的学习对此会有较深体会。

16.3　T6963C 和单片机的连接

16.3.1　直接连接

T6963C 和单片机的连接有直接连接方式和间接连接方式，其直接连接就是 MPU 可利用数据总线与控制信号直接采用 I/O 设备访问形式控制 T6963C 液晶显示模块。接口电路如图 16-4 所示：

89C52 数据口 P0 直接与液晶显示模块的数据口连接，由于 T6963C 接口适用于 8080 系列和 Z80 系列 MPU，所以可以直接用 89C52 的 $\overline{RD}$ 、$\overline{WR}$ 作为液晶显示模块的读、写控制信号，液晶显示模块 $\overline{RESET}$ ，$\overline{HALT}$ 挂在+5V 上。P2.7 接 $\overline{CE}$，C/D 信号由 89C52 地址线 P2.0 提供，P2.0=1 为指令口地址；P2.0=0 为数据口地址。

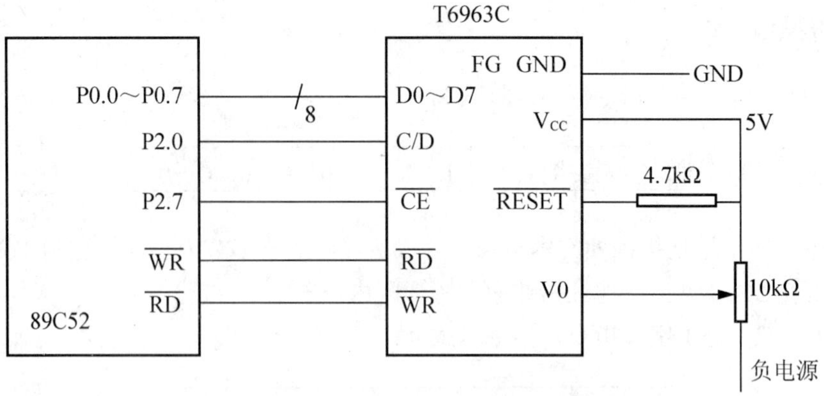

图 16-4 T6963C 和单片机的直接连接

16.3.2 间接连接

T6963C 和单片机的间接连接如图 16-5 所示：

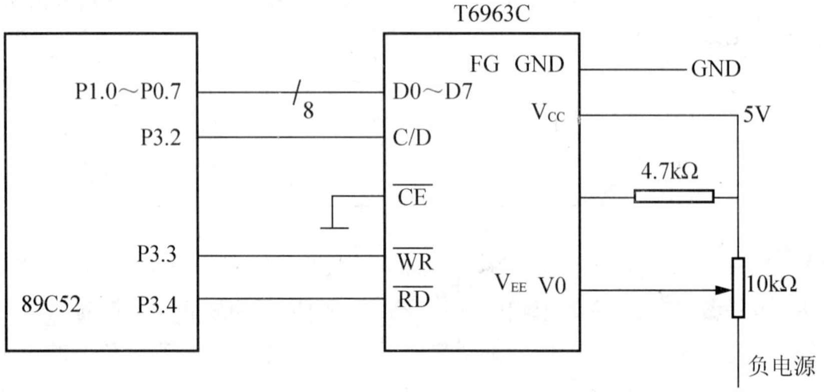

图 16-5 T6963C 和单片机的间接连接

间接连接方式是 MPU 通过并行接口间接实现对液晶显示模块控制。根据液晶模块的需要，并行接口需要一个 8 位的并行接口和一个 3 位的并行口，如图 16-5 所示。89C52 的 P1 口作为数据总线。P3 口中 P3.3、P3.4、P3.2 作为读、写及寄存器选择信号。由于并行接口只用于液晶显示块，所以 $\overline{CE}$ 信号接地就行了。

16.4 T6963C 的驱动程序

内嵌 T6963C 的 LCD 显示模块种类很多，如 MGLS12864T 等 MGLS 系列；GTG-12864 等 GTG 系列；它们都可以使用本节介绍的 C51 语言驱动程序来构建自己的显示系统。

下面给出 T6963C 的 C51 语言驱动程序供读者参考，并经 Keil C51 编译通过。该程序也可在北京大学出版社技术支持网站 http://www.pup6.cn 随书资料/T6963C 文件夹下载。

硬件连接采用直接方式，P2.7 接 LCD 的 $\overline{CE}$，P2.0 接 C/D 端，数据端口地址为 0x7EFF，

指令端口地址为 0x7FFF。

本节利用位操作指令，即打点程序来处理汉字和各种曲线显示，请读者注意该方法的运用。

例 16-1　T6963C C51 语言驱动程序。

```
//------------------------------------------------------------------
//   模块 1:引用各种头文件、定义变量和函数
//------------------------------------------------------------------
#include <reg52.h>
#include <stdio.h>
#include <string.h>
#include <ctype.h>
#include <def.h>       //自定义头文件
#include <chn16.h>     //通用字模提取程序提取的 16×16 点阵汉字库,存 chn16.h 头文件中
#include <chn12.h>     //通用字模提取程序提取的 12×12 点阵汉字库,存 chn12.h 头文件中
#include <chn24.h>     //通用字模提取程序提取的 24×24 点阵汉字库,存 chn24.h 头文件中
#include <syb16.h>     //通用字模提取程序提取的 16×16 点阵图形库,存 syb16.h 头文件中
#include <asc816.h>    //随书提供的 8×16 ASCII 字库
#include <asc88.h>     //随书提供的 8×8 ASCII 字库
#include <math.h>
#include <absacc.h>
#define Lcd_Cmd  XBYTE[0x7FFF]                           //命令口 Lcd_Cmd =0x7FFF
#define Lcd_Dat  XBYTE[0x7EFF]                           //数据口 Lcd_Dat =0x7EFF
U16 Lcd_Adr;                                             // LCD 地址指针
U8 Lcd_Adr_H;                                            // LCD 地址指针高 8 位
U8 Lcd_Adr_L;                                            // LCD 地址指针低 8 位
//程序声明:
void W_DOT(U8 i,U8 j);                                   //绘点函数
void Wr_Cmd(U8 Cmd);                                     //写命令
void Wr_Adat(U8 Dat) ;                                   //写数据
void Wr_Dat(U8 Dat);                                     //数据自动写
U8 Rd_Dat(void);                                         //数据自动读状态
void Star_Locat(void);                                   //移地址指针
void Init_Lcd(void);                                     // LCD 初始化
void Clr_screenScreen(U8 ScreenN0);                      //清屏
void DrawHorizOntalLine(U8 xstar,U8 xend,U8 ystar); //画水平线
void DrawVerticalLine(U8 xstar,U8 ystar,U8 yend);   //画垂直线
void Linexy(S16 stax,S16 stay ,S16 endx,S16 endy)   //画斜线
void C_DOT(U8 i,U8 j);                              //清点函数
void ClearHorizOntalLine(U8 xstar,U8 xend,U8 ystar);   //清水平线
void ClearVerticalLine(U8 xstar,U8 ystar,U8 yend);  //清垂直线
```

```
    void ShowSinWave(void);                                  //显示正弦曲线
    void Showtest (void);                                    //显示各种曲线
    void disdelay(void);                                     //延时
    void DrawOneChn1212( U8 x,U8 y,U16 chnCODE);             //显示12×12汉字
    void DrawOneChn2424(U8 x, U8 y, U8  chnCODE);            //显示24×24汉字
    void DrawChnString2424(U8 x, U8 y, U8  *str,U8 s);  //显示 24×24 汉字
串,s是串长
    void DrawOneSyb1616(U8 x,U8 y,U16 chnCODE);              //显示16×16标号
    void DrawOneChn1616( U8 x,U8 y,U16 chnCODE);             //显示16×16汉字
    void DrawChnString1616(U8 x,U8 y,U8 *str,U8 s);          //显示16×16汉字串s
是串长
    void DrawOneAsc816(U8 x,U8 y,U8 charCODE);               //显示8×16ASCII字符
    void DrawAscString816(U8 x,U8 y,U8 *str,U8 s);           //显示 8×16ASCII 字
符串s是串长
    void DrawOneAsc88(U8 x,U8 y,U8 charCODE);                //显示8×8ASCII字符
    void DrawAscString88(U8 x,U8 y,U8 *str,U8 s);            //显示8×8ASCII字符
串s是串长
    void DrawOneBoxs(U8 x1,U8 y1,U8 x2,U8 y2);               //画矩形
    void ReDrawOneChn1616(U8 x,U8 y,U16 chnCODE);            //显示汉字,反白
    U8 stringp[]={0,1,2,3,4,5,6,7,8,9,10};                   //显示汉字串临时用的
数组 *注1
    ascstring816[]={'a','b','c','A','B','C','0','1','2','3'};   //显示 8×
(8)16ASCII字符串临时数组

    //  模块2:写命令、写数据、读状态、移地址指针
    //-----------------------------------------------------------------
    //   写命令
    //-----------------------------------------------------------------
    void Wr_Cmd(U8 Cmd)
    {
        U8 Lcd_Stat;
        Lcd_Stat=0x00;
        while((Lcd_Stat&0x03)= =0)                        //如果STA0=0 && STA1=0
        Lcd_Stat=Lcd_Cmd;                                 //则反复读命令口,直到准备好
        Lcd_Cmd=Cmd;                                      //命令发出
    }
    //-----------------------------------------------------------------
    //  写数据
    //-----------------------------------------------------------------
    void Wr_Adat(U8 Dat)
    {
```

```
    U8 Lcd_Stat;
    Lcd_Stat=0x00;
    while((Lcd_Stat&0x03)= =0)
    Lcd_Stat=Lcd_Cmd;
    Lcd_Dat=Dat;                              //如果 STA0=1&& STA1=1,发数据
}
//-----------------------------------------------------------------------
//  数据自动写
//-----------------------------------------------------------------------
void Wr_Dat(U8 Dat)
{
    U8 Lcd_Stat;
    Lcd_Stat=0x00;
    while((Lcd_Stat&0x08)= =0)
    Lcd_Stat=Lcd_Cmd;
    Lcd_Dat=Dat;                              //如果 STA3=1 数据自动写
}
//-----------------------------------------------------------------------
//  数据自动读状态
//-----------------------------------------------------------------------
U8 Rd_Dat(void)
{
    U8 Lcd_Stat;
    Lcd_Stat=0x00;
    while((Lcd_Stat&0x04)= =0)
    Lcd_Stat=Lcd_Cmd;
    return Lcd_Dat;                           //如果 STA3=2 数据自动读
}
//-----------------------------------------------------------------------
//  移地址指针
//-----------------------------------------------------------------------
void Star_Locat(void)
{
    Lcd_Adr_H=Lcd_Adr/256;
    Lcd_Adr_L=Lcd_Adr-Lcd_Adr_H*256;
    Wr_Adat(Lcd_Adr_L);
    Wr_Adat(Lcd_Adr_H);
    Wr_Cmd(0x24);
}
//  模块 3:LCD 初始化、清屏、打点、清点
//-----------------------------------------------------------------------
//  LCD 初始化
```

```
//----------------------------------------------------------------
void Init_Lcd(void)
{
    U16 i;
    Wr_Adat(0x00);                //文本区首址低 8 位
    Wr_Adat(0x00);                //文本区首址高 8 位
    Wr_Cmd(0x40);                 //发置文本区首址命令  首址=0x0000
    Wr_Adat(0x10);                //文本区宽度低 8 位
    Wr_Adat(0x00);                //文本区宽度高 8 位
    Wr_Cmd(0x41);                 //发置文本区宽度命令 (16 字节/行 )
    Wr_Adat(0x00);                //图形区首址低 8 位
    Wr_Adat(0x08);                //图形区首址高 8 位
    Wr_Cmd(0x42);                 //发置图形区首址命令,首址=0x0800
    Wr_Adat(0x14);                //图形区宽度低 8 位
    Wr_Adat(0x00);                //图形区宽度高 8 位
    Wr_Cmd(0x43);                 //发置图形区宽度命令,图形区宽度=0x14(20 字节)
```

注意：

图形区宽度和屏幕尺寸有关系，凡是采用 T6963C 作 LCD 控制器，程序基本相同，屏幕尺寸不同，仅需修改此处。本例屏幕宽度是 160 像素，故图形区宽度=20 字节。

```
    Wr_Cmd(0x80);                 //方式设置,CGROM 或合成
    Wr_Cmd(0x9C);                 //文本方式和图形方式,光标禁用
    Wr_Cmd(0xA1);                 //光标大小选择
    Wr_Adat(0x00);                //地址指针低 8 位
    Wr_Adat(0x00);                //地址指针高 8 位
    Wr_Cmd(0x24);                 //移地址指针命令,移地址到 0x0000
    Wr_Cmd(0xB0);                 //自动写设置
    for(i=0;i<2560;i++)           //清零
    Wr_Dat(0x00);
    Wr_Cmd(0xB2);                 //自动写结束,禁止自动写
}
//----------------------------------------------------------------
//  清屏,单屏时 ScreenN0=0
//----------------------------------------------------------------
void Clr_screenScreen(U8 ScreenN0)
{
    U16 i,val;
    val=ScreenN0*1024+0x800; //清图形区
    Lcd_Adr_H=val/256;
    Lcd_Adr_L=val-Lcd_Adr_H*256;
    Wr_Adat(Lcd_Adr_L);
```

```
    Wr_Adat(Lcd_Adr_H);
    Wr_Cmd(0x24);
    Wr_Cmd(0xB0);
    for(i=0;i<2560;i++)
    Wr_Dat(0x00);
    Wr_Cmd(0xB2);
}
//---------------------------------------------------------------------
//      绘点函数
//---------------------------------------------------------------------
void W_DOT(U8 i,U8 j)                              // *注 2
{
    U8 n,m;
    n=i/8;
    m=i%8;
    Lcd_Adr=20*j+n+0x0800;
    Star_Locat();                                  //移地址指针
    m=0x08-m;
    m=m|0xF8;
    Wr_Cmd(m);
}
//---------------------------------------------------------------------
//      清点函数
//---------------------------------------------------------------------
void C_DOT(U8 i,U8 j)                              //*注 3
{
    U8 n,m;
    n=i/8;
    m=i%8;
    Lcd_Adr=20*j+n+0x0800;
    Star_Locat(); //移地址指针
    m=0x08-m;
    m=(m|0xF0)&0xF7;
    Wr_Cmd(m);
}
//    模块 4:画曲线
//---------------------------------------------------------------------
//    画水平线
//---------------------------------------------------------------------
void DrawHorizOntalLine(U8 xstar,U8 xend,U8 ystar)
{
    U8 i;
```

```
    for(i=xstar;i<=xend;i++)
    {
        W_DOT(i,ystar);
    }
}
//-----------------------------------------------------------------------
//   画垂直线
//-----------------------------------------------------------------------
void DrawVerticalLine(U8 xstar,U8 ystar,U8 yend)
{
    U8 i;
    for(i=ystar;i<=yend;i++)
    {
        W_DOT(xstar,i);
    }
}
//-----------------------------------------------------------------------
//   清水平线
//-----------------------------------------------------------------------
void ClearHorizOntalLine(U8 xstar,U8 xend,U8 ystar)
{
    U8 i;
    for(i=xstar;i<=xend;i++)
    {
        C_DOT(i,ystar);
    }
}
//-----------------------------------------------------------------------
// 清垂直线
//-----------------------------------------------------------------------
void ClearVerticalLine(U8 xstar,U8 ystar,U8 yend)
{
    U8 i;
    for(i=ystar;i<=yend;i++)
    {
        C_DOT(xstar,i);
    }
}
//-----------------------------------------------------------------------
//   画斜线
//-----------------------------------------------------------------------
void Linexy(S16 stax, S16 stay, S16 endx, S16  endy)    //* 注 4
```

```
{
    U16 t;
    S16 col,row;//行,列值
    S16 xerr,yerr,deltax,deltay,distance;
    S16 incx,incy;
    xerr=0;
    yerr=0;
    col=stax;
    row=stay;
    W_DOT(col,row);
    deltax=endx-col;
    deltay=endy-row;
    if(deltax>0) incx=1;
    else if( deltax==0 ) incx=0;
    else incx=-1;
    if(deltay>0) incy=1;
    else if( deltay==0 ) incy=0;
    else incy=-1;
    deltax = abs( deltax );
    deltay = abs( deltay );
    if( deltax > deltay )  distance=deltax;
    else distance=deltay;
    for( t=0;t <= distance+1; t++ )
    {
        W_DOT(col,row);
        xerr += deltax ;
        yerr += deltay ;
        if( xerr > distance )
        {
            xerr-=distance;
            col+=incx;
        }
        if( yerr > distance )
        {
            yerr-=distance;
            row+=incy;
        }
    }
}
//-------------------------------------------------------------------
//   显示一条正弦曲线
//-------------------------------------------------------------------
```

```
void  ShowSinWave(void)                                        // *注 5
{
    U8 x,j0,k0;
    double y,a,b;
    j0=0;
    k0=0;
    DrawHorizOntalLine(1,159,63);                              //画坐标 x 范围(0~159)
    DrawVerticalLine(0,0,125);                                 // y 范围(0~127)
    for (x=0;x<160;x++)
    {
        a=((float)x/159)*2*3.14;
        y=sin(a);
        b=(1-y)*63;
        W_DOT((U8)x,(U8)b);
        disdelay();
    }
}
//  模块 5:显示各种点阵汉字
//------------------------------------------------------------------
//  显示一个 24×24 汉字
//------------------------------------------------------------------
void DrawOneChn2424(U8 x, U8 y, U8  chnCODE)     // *注 6
{
    U16 i,j,k,tstch;
    U8 *p;
    p=chn2424+72*(chnCODE);
    for (i=0;i<24;i++)
    {
        for(j=0;j<=2;j++)
        {
            tstch=0x80;
            for (k=0;k<8;k++)
            {
                if(*(p+3*i+j)&tstch)
                W_DOT(x+i,y+j*8+k);
                tstch=tstch>>1;
            }
        }
    }
}
//------------------------------------------------------------------
//   显示 24×24 汉字串
```

```
//-------------------------------------------------------------------
void DrawChnString2424(U8 x, U8 y, U8  *str,U8 s)
{

    U8 i;
    static U8 x0,y0;
    x0=x;
    y0=y;
    for (i=0;i<s;i++)
    {
        DrawOneChn2424(x0,y0,(U8)*(str+i));
        x0 += 24;//水平串 ,如垂直串 y0+24
    }
 }
//-------------------------------------------------------------------
//    显示 16×16 标号(报警和音响)
//-------------------------------------------------------------------
void  DrawOneSyb1616(U8 x,U8 y,U16 chnCODE)       //注 7
{
    int i,k,tstch;
    unsigned int *p;
    p=Syb1616+16*chnCODE;
    for (i=0;i<16;i++)
    {
        tstch=0x80;
        for(k=0;k<8;k++)
        {
            if(*p>>8&tstch)
            W_DOT(x+k,y+i);
            if((*p&0x00FF)&tstch)
            W_DOT(x+k+8,y+i);
            tstch=tstch >> 1;
        }
        p+=1;
    }
}
//-------------------------------------------------------------------
//   延时
//-------------------------------------------------------------------
void disdelay(void)
{
    unsigned long  i,j;
```

```
    i=0x01;
    while(i!=0)
    {  j=0xFFFF;
        while(j!=0)
        j-=1;
        i-=1;
    }
}
//----------------------------------------------------------------------
//  显示 12×12 汉字一个
//----------------------------------------------------------------------
void DrawOneChn1212(U8 x,U8 y,U16 chnCODE)        // *注 8
{
    U16 i,j,k,tstch;
    U8 *p;
    p=chn1212+24*(chnCODE);
    for (i=0;i<12;i++)
    {
        for(j=0;j<2;j++)
        {
            tstch=0x80;
            for (k=0;k<8;k++)
            {
                if(*(p+2*i+j)&tstch)
                W_DOT(x+8*j+k,y+i);
                tstch=tstch>>1;
            }
        }
    }
    x+=12;
}
//----------------------------------------------------------------------
//  显示 16×16 汉字一个,
//----------------------------------------------------------------------
void DrawOneChn1616(U8 x,U8 y,U16 chnCODE)        // *注 9
{
    U16 i,k,tstch;
    U16 *p;
    p=chn1616+16*chnCODE;
    for (i=0;i<16;i++)
    {
        tstch=0x80;
```

```
        for(k=0;k<8;k++)
        {
            if(*p>>8&tstch)
            W_DOT(x+k,y+i);
            if((*p&0x00FF)&tstch)
            W_DOT(x+k+8,y+i);
            tstch=tstch>>1;
        }
        p+=1;
    }
}
//--------------------------------------------------------------------
//  反白显示 16×16 汉字一个
//--------------------------------------------------------------------
void ReDrawOneChn1616(U8 x,U8 y,U16 chnCODE)   // *注 10
{
    U16 i,k,tstch;
    U16 *p;
    p=chn1616+16*chnCODE;
    for (i=0;i<16;i++)
    {
        tstch=0x80;
        for(k=0;k<8;k++)
        {
            if( ((*p>>8)^0x0FF) &tstch)
            W_DOT(x+k,y+i);
            if( ((*p&0x00FF)^0x00FF) &tstch)
            W_DOT(x+k+8,y+i);
            tstch=tstch>>1;
        }
        p+=1;
    }
}
//--------------------------------------------------------------------
//   显示 16×16 汉字串
//--------------------------------------------------------------------
void DrawChnString1616(U8 x,U8 y,U8 *str,U8 s)
{
    U8 i;
    static U8 x0,y0;
    x0=x;
    y0=y;
```

```
    for (i=0;i<s;i++)
    {
        DrawOneChn1616(x0,y0,(U8)*(str+i));
        x0 += 16;//水平串 ,如垂直串 y0+16
    }
}
//   模块 6:显示各种 ASCII Z 字符
//-----------------------------------------------------------------------
//   显示 8×16 字母一个(ASCII Z 字符)
//-----------------------------------------------------------------------
void DrawOneAsc816(U8 x,U8 y,U8 charCODE)
{
    U8 *p;
    U8 i,k;
    int mask[]={0x80,0x40,0x20,0x10,0x08,0x04,0x02,0x01 };
    p=asc816+charCODE*16;
    for (i=0;i<16;i++)
    {
        for(k=0;k<8;k++)
        {
            if (mask[k%8]&*p)
            W_DOT(x+k,y+i);
        }
        p++;
    }
}
//-----------------------------------------------------------------------
//   显示 8×16  ASCII 字符串
//-----------------------------------------------------------------------
void DrawAscString816(U8 x,U8 y,U8 *str,U8 s)   // *注 11
{
    U8 i;
    static U8 x0,y0;
    x0=x;
    y0=y;
    for (i=0;i<s;i++)
    {
        DrawOneAsc816(x0,y0,(U8)*(str+i));
        x0 += 8;                              //水平串,如垂直串 y0+16
    }
}
//-----------------------------------------------------------------------
```

```
//    显示 8×8 字母一个(ASCII Z 字符)
//-----------------------------------------------------------------------
void DrawOneAsc88(U8 x,U8 y,U8 charCODE)
{
    U8 *p;
    U8 i,k;
    int mask[]={0x80,0x40,0x20,0x10,0x08,0x04,0x02,0x01 };
    p=asc88+charCODE*8;
    for (i=0;i<8;i++)
    {
        for(k=0;k<8;k++)
        {
            if (mask[k%8]&*p)
            W_DOT(x+k,y+i);
        }
        p++;
    }
}
//-----------------------------------------------------------------------
//    显示 8×8 字符串
//-----------------------------------------------------------------------
void DrawAscString88(U8 x,U8 y,U8 *str,U8 s)          //* 注 12
{
    U8 i;
    static U8 x0,y0;
    x0=x;
    y0=y;
    for (i=0;i<s;i++)
    {
        DrawOneAsc88(x0,y0,(U8)*(str+i));
        x0 += 10;//水平串,如垂直串 y0+8
    }
}
//    模块 7:显示各种图形
//-----------------------------------------------------------------------
//    画填充矩形
//-----------------------------------------------------------------------
void FillColorScnArea(U8 x1,U8 y1,U8 x2,U8 y2)
{
    U8 i;

    for(i=y1;i<=y2;i++)
```

```
        {
            DrawHorizOntalLine(x1,x2,i);
        }
    }

    //-------------------------------------------------------------------
    //    画矩形框
    //-------------------------------------------------------------------
    void DrawOneBoxs(U8 x1,U8 y1,U8 x2,U8 y2)
    {
        DrawHorizOntalLine(x1,x2,y1);
        DrawHorizOntalLine(x1,x2,y2);
        DrawVerticalLine(x1,y1,y2);
        DrawVerticalLine(x2,y1,y2);
    }
    //    模块 8:主程序、显示试验
    //-------------------------------------------------------------------
    //    主程序
    //-------------------------------------------------------------------
    void main()
    {
        Init_Lcd();
        Clr_screenScreen(0);
        Showtest ();
    }
    //-------------------------------------------------------------------
    //    显示试验
    //-------------------------------------------------------------------
    void  Showtest(void)                                    // *注 13
    {
        DrawAscString816(80,10,ascstring816,13);     //显示 8×16 字串,显示内容
放入数组 ascstring816 中
        Linexy(60,80,80,85);                         //显示曲线
        Linexy(120,95,100,65);
        Linexy(130,55,150,35);
        Linexy(120,55,110,35);
        DrawAscString88(80,30,ascstring816,11);      //显示 8×8 字串,显示内容
放数组 ascstring816 中
        DrawChnString1616(130,140,stringp,4);        //显示 16×16 汉字串,偏移
量放数组 stringp 中
        DrawChnString2424(5,100,stringp,12);         //显示 24×24 汉字串,偏移
量放数组 stringp 中
        DrawChnString4848(250,80,stringp,1);         //显示 48×48 汉字串,偏移
量放数组 stringp 中
        DrawChnString1212(5,10,stringp,5);           //显示 12×12 汉字串,偏移
```

```
量放数组 stringp 中
        ShowSinWave();                                              //显示正弦曲线
    }
```

下面对注释进行详细解释。

注 1：2 个变量数组介绍。

把要显示的 16×16 或 24×24 或 12×12 汉字距小字库首地址的偏移量放入数组 stringp[]中，数组 stringp[]中每一个数字代表一个汉字距小字库首地址的偏移量。然后调用 DrawChnString1616()、DrawChnString2424()、DrawChnString1212()显示即可。现在数组中数字是要显示从小字库首地址开始的 10 个汉字的例子：

U8 stringp[]={0,1,2,3,4,5,6,7,8,9}；

将要显示的 8×16 或 8×8 字串以 ASCII 码形式直接放入数组 ascstring816[]中，然后调用 DrawAscString816()或 DrawAscString88()显示即可，如：

U8 ascstring816[]={'a','b','c','A','B','C','0','1','2','3'}。

注 2：打点函数 W_DOT(U8 i，U8 j)是基于第 16.2.7 指令系统的“位操作”指令编写的，1 1 1 1 N3 N2 N1 N0，前 4 个“1”是位操作命令标志，N3 是操作类型标志，N3=1“位”置 1，N3=0“位”清零。N2～N0 对应要操作字节的 D0～D7 位。

位操作指令非常重要，我们根据这条指令编写打点程序和清除点程序。由打点和清点程序又可以编出下面的许多程序。

其中参数 i，j 是屏幕上点的坐标，i 的范围 0～159，j 的范围 0～127(与具体屏尺寸有关)；n=i/8 是计算 i 所在位置的字节数，m=i%8 计算余数，也就是 i 在该字节的“位”数。

Lcd_Adr=20*j+n+0x0800，Star_Locat()：移地址指针，其中 0x0800 是图形区起点，20 是图形区宽度，20*j(点位置所在行数)+n(i 所在位置的字节数)+0x0800(图形区起点)，正好是该点的物理地址。m=0x08-m 计算 N2 N1 N0 值，m=m|0xf8 是 N3 置 1，Wr_Cmd(m)发命令。

注 3：清点函数 C_DOT(U8 i,U8 j)原理同上面打点函数，只是最后 N3 置 0，即 m=(m|0xF0)&0xF7，然后发命令。清点函数同打点函数同样重要，在很多情况下，例如，画图就要把屏上画图区原有的东西擦掉，这就要用到清点函数。用清点函数也可以编写清屏程序。

注 4：画斜线方法较多，如数控技术中的逐点比较法，DDA 法、DFB 法等、这里用 DDA 法。

注 5：是显示一条正弦曲线，for (x=0;x<160;x++)是从屏的最左到最右逐点计算，a=((float)x/159)*2*3.14，是取 x 弧度值；y=sin(a)计算其正弦值；曲线中心是 y=63 的直线，b=(1-y)*63;W_DOT((U8)x,(U8)b)打点组成曲线。

这里特别注意，公式 a=((float)x/159)*2*3.14 是浮点运算，编译系统要支持符点运算。

注 6：显示 24×24 点阵汉字。由于 24×24 点阵是用于打印的，故其排列是 24 列，每列 3 字节，如第一列为 0 号字节，1 号字节，2 号字节等；显示时先从列开始循环，for (i=0;i<24;i++)，然后是每列的 3 字节，for(j=0;j<=2;j++)，最后是每字节的 8 个 Bit 位。

注 7：显示图形，因该图形图案是按 16×16 点阵画的，故可按显示 16×16 点阵汉字处理。

注 8：显示 12×12 点阵汉字，为了显示方便，字模将横向 12 点扩展为 16 点，故可按 16×12 点阵处理。

注 9：显示 16×16 点阵汉字，由于字模是按“字”(两个字节)存放的，所以字模指针 *p 是 16 位的，显示时先显示高字节 if(*p>>8 &tstch)，W_DOT(x+k,y+i)；再显示低字节 if((*p&0x00FF) &tstch),W_DOT(x+k+8,y+i)。

注 10：反白显示汉字，按正常取字模，再取反。

注 11：8×16ASCII 字符串显示，字库包含了所有能显示的 ASCII 字符且按 ASCII 字符表顺序排列。这就给 8×16ASCII 字符显示提供方便，如果要在点(10,10)处显示字符串“ABCabc123”，则调用显示 8×16ASCII 字符串程序，将“ABCabc123”作为参数即可：DrawAscString816(10,10, “ABCabc123”,9)，9 是字串长度。

注 12：8×8ASCII 字符串显示，原理同 8×16ASCII 字符串显示。

注 13：这里放了一些显示例子。调试时最好一部分一部分试，不用的先屏蔽。显示位置应根据屏幕大小调整。

16.5　T6963C 的内嵌字符表

T6963C 虽然是点阵图形控制器，但它还具有字符控制器的功能，带有 2KB 常用字符 8×7 点阵字模，即内嵌字符表(CGROM)。T6963C 的内嵌字符表(CGROM)如图 16-6 所示：

LSB / MSB	0	1	2	3	4	5	6	7	8	9	A	B	C	D	E	F
0		!	"	#	$	%	&	`	(	)	*	+	,	-	.	/
1	0	1	2	3	4	5	6	7	8	9	:	;	<	=	>	?
2	@	A	B	C	D	E	F	G	H	I	J	K	L	M	N	O
3	P	Q	R	S	T	U	V	W	X	Y	Z	[	\	]	^	_
4		a	b	c	d	e	f	g	h	i	j	k	l	m	n	o
5	p	q	r	s	t	u	v	w	x	y	z	{	|	}	~	
6																
7																

图 16-6　T6963C 的内嵌字符表(CGROM)

表中每一个字符的代码由一个字节表示，MSB 表示该代码的高 4 位，LSB 表示字节的低 4 位，如“!”的代码为 0x01，数字“0”的代码为 0x10 等。显示时，先把光标移到显示位置(Star_Locat)，然后将代码发数据口(Wr_Adat(0x10))，最后发写一字节命令(Wr_Cmd(0xC0))。

温馨提示：

建议读者不用花大力气去弄懂程序的所有细节，在随书下载资料中这些程序可以直接复制使用，这些程序是作者多年在工作中总结和使用的，不一定最优，但非常好用。

习　　题

1. T6963C 和单片机连接有几种方式？
2. 熟悉 T6963C 状态字，STA0、STA1、STA2、STA3 有什么作用？
3. T6963C 移地址指令是什么？
4. T6963C 位操作指令是什么？如何在屏幕上打点，如何在屏幕上清点？
5. 熟悉 T6963C 驱动程序中的打点函数，弄懂每条指令的含义。
6. 如何根据打点函数画垂直线、水平线、斜线？
7. 如何根据打点函数显示 12×12、16×16、24×24、48×48 点阵汉字？
8. 显示 16×16、24×24 点阵汉字程序有什么不同？为什么？
9. 如何根据打点函数显示 8×8、8×16ASCII 码字符？
10. 如何根据打点函数显示周期为 4πf 的正弦曲线？
11. 如何根据打点函数显示警笛图形？
12. 什么是 T6963C 内嵌字符表？它有什么用？

第 17 章 KS0108 液晶显示器驱动控制

本章知识架构

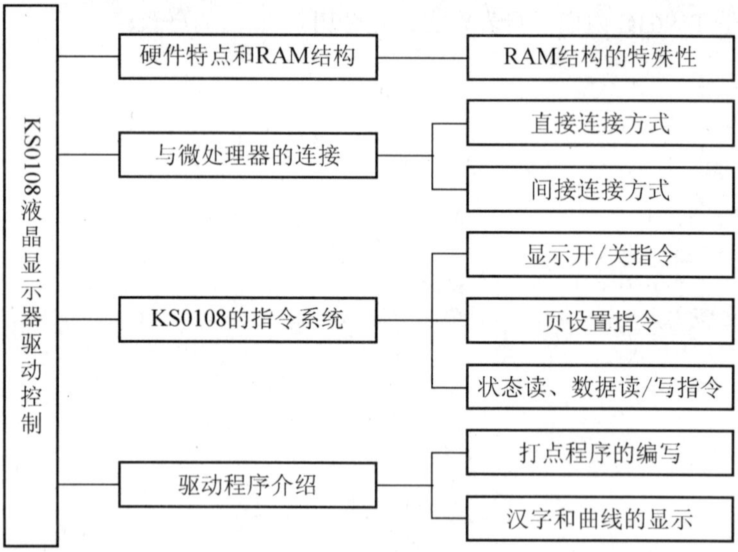

本章教学目标和要求

- 了解 KS0108LCD 显示控制器特点;
- 了解 KS0108 显示 RAM 结构的特殊性;
- 熟悉 KS0108 指令系统;
- 在 KS0108LCD 显示控制器没有打点指令时，自己编写打点程序;
- 在打点程序的基础上编写汉字和曲线显示程序;
- 学会将正常字模转换为 KS0108LCD 显示控制器需要的字模。

小提示：

许多 LCD 模块使用 KS0108 做为控制器，因此本章内容对这类模块的驱动有很大的参考价值，它们的驱动程序基本相同。

本章重点是打点程序的编写和字模翻转。如果阅读这些程序有困难，可以直接使用随书下载资料中的现成程序。

17.1　KS0108 液晶显示器概述

17.1.1　KS0108 的硬件特点

KS0108 液晶显示控制器是一种带有驱动输出的图形液晶显示控制器，可直接与 8 位微处理器相连，内置 KS0108 的液晶显示模块有多种型号和规格，本章只对 GTG-19264 的使用进行介绍。KS0108 可与 KS0107 配合对液晶屏进行行、列驱动，由于 KS0107 的驱动与 MPU 没有关系，故本章只是有选择地介绍 KS0108 的应用方法。由于 KS0108 价格低廉，型号尺寸较小，在嵌入式控制系统中应用较多。

KS0108 的特点：

(1) 内带 64×64=4096 位显示 RAM， RAM 中每“位”数据对应 LCD 屏上一个点的亮、暗状态，颜色 1BPP，单色；

(2) KS0108 是列驱动器，具有 64 路列驱动输出；

(3) KS0108 读、写操作时序与 MCS-51 系列微处理器相符，因此它可直接与 MCS-51 系列微处理器接口相连；

(4) KS0108 的占空比为 1/48～1/64；

(5) KS0108 与微处理器的接口信号如表 17-1 所示；

表 17-1　KS0108 与微处理器的接口信号

引脚符号	状　态	引脚名称	功　能
CS1，CS2，CS3	输入	片选	CS1、CS2 低电平有效，CS3 高电平有效
E	输入	读/写使能	在 E 的下降沿，数据被锁存(写)入 KS0108；在 E 高电平期间，数据被读出
R/$\overline{W}$	输入	读/写选择	R/$\overline{W}$ =1，读数据；R/$\overline{W}$ =0，写数据
RS(D/I)	输入	数据，指令选择	RS=1，数据操作；RS=0，写指令或读状态
DB0～DB7	三态	数据线	
RST	输入	复位信号	低电平有效

(6) KS0108 显示 RAM 的屏上地址结构如图 17-1 所示，显示 RAM 分为 8 页(Page0～Page7)，每页 64 列(SEG0～SEG63)，因此设置了页地址和列地址，就唯一确定了显示 RAM 中的一个字节单元。

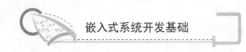

图 17-1 是显示字模在显示屏上的结构，从图中看出，每页中字模数据在屏上是垂直放置的，低位 D0 在最上，高位 D7 在最下。将字模从字库中取出显示时，字模是横着存放的，即高位 D7 在最左、低位 D0 在最右。所以要正常显示，必须将字模逆时针旋转 90°，这是 KS0108 显示控制器的特点，也是显示程序的难点。

本章给出了两套程序，一套是字模已事先旋转好的汉字和曲线显示程序；一套是正常字模，在显示时要先将其旋转，然后显示。

图 17-1 中显示 8×5 ASCII 字符"SAG"例子。

DB0																0x00
BD1																0x01
DB2																0x02
DB3						0 页										0x03
DB4																0x04
DB5																0x05
DB6																0x06
DB7																0x07
DB0																0x08
BD1																0x09
DB2																0x0A
DB3						1 页										0x0B
DB4																0x0C
DB5																0x0D
DB6																0x0F
DB7																0x0F
:	:	:	:	:	:	:	:	:	:	:	:	:	:	:	:	:
DB0																0x38
BD1																0x39
DB2																0x3A
DB3						7 页										0x3B
DB4																0x3C
DB5																0x3D
DB6																0x3E
DB7																0x3F
SEG → 00	01	02	03	04	05			...			63	行↑

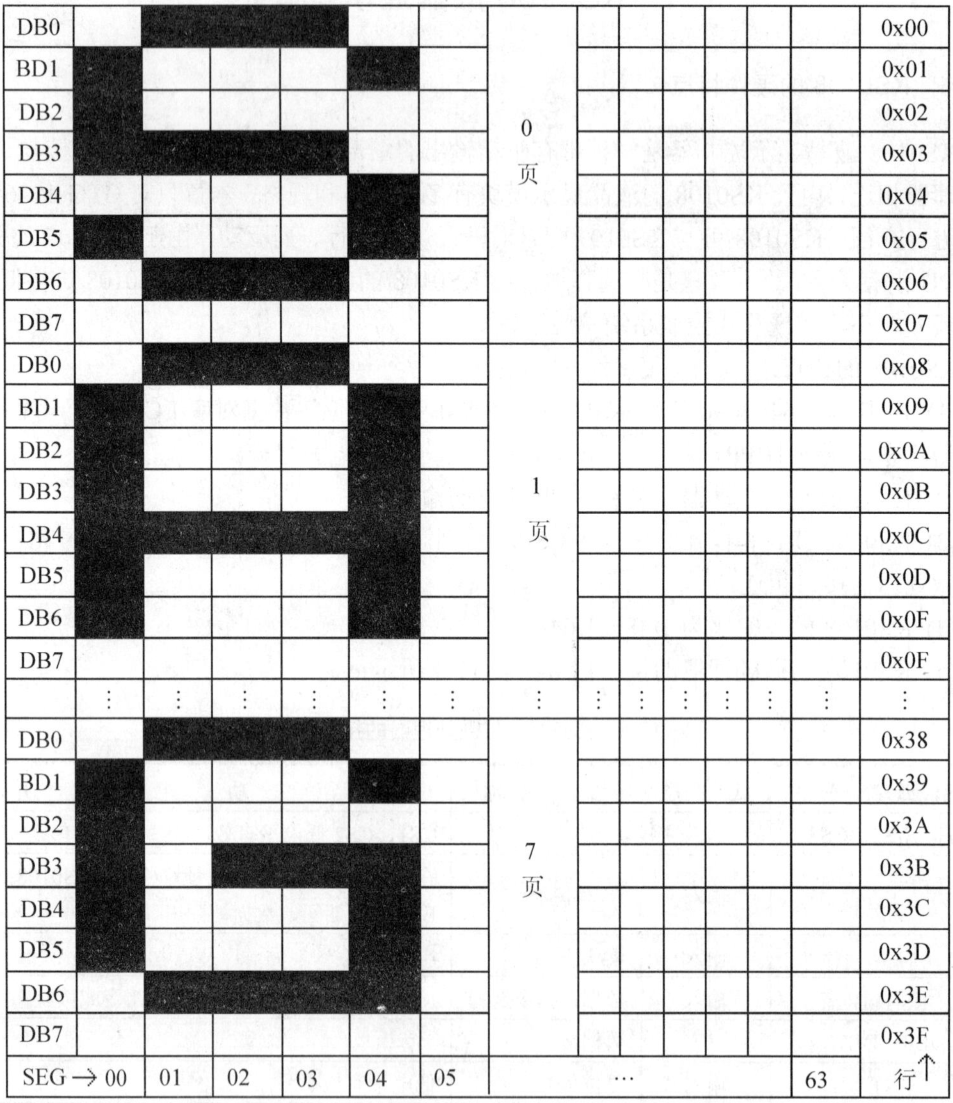

图 17-1　KS0108 显示 RAM 的屏上结构

17.1.2　KS0108 与微处理机的接口

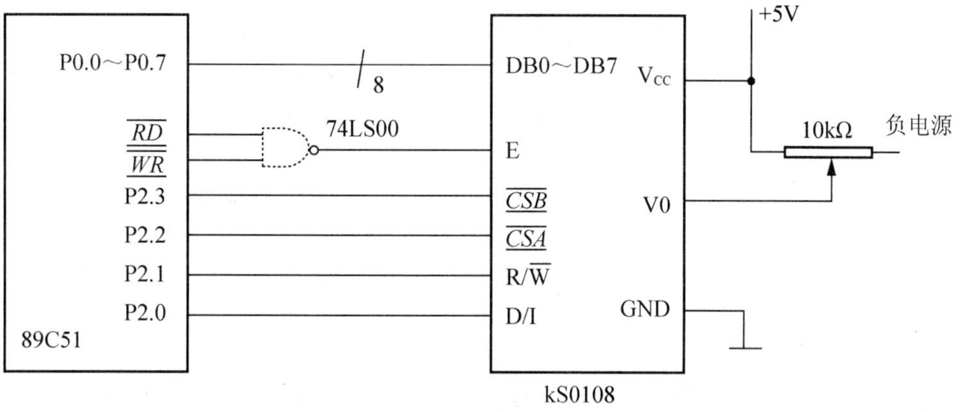

图 17-2　KS0108 与微处理机的直接方式接口

KS0108 和单片机的接口有直接方式和间接方式，直接方式接口如图 17-2 所示，间接方式如图 17-3 所示。两种接口形式的显示驱动在 17.2 节介绍。

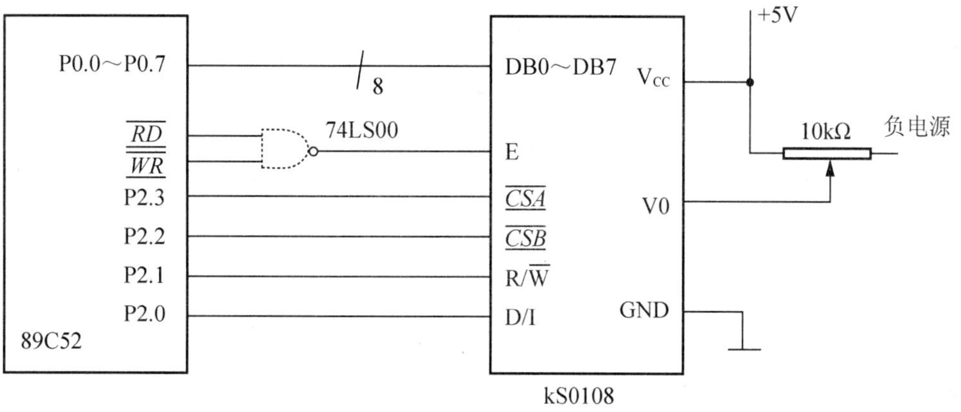

图 17-3　KS0108 与微处理机的间接方式接口

17.1.3　KS0108 的电源和对比度调整

1. 双电源供电

双电源是指用户需要给液晶模块提供 2 路电压，一路是逻辑电压 V_{DD}，即给液晶模块的逻辑电路供电，一般是+5V(或+3V)；另一路给液晶屏驱动用，1/64 占空比的液晶屏一般需要 8～15V 电压驱动。所以用户需要提供一路负电压 V_{EE}，V_{EE} 等于−5V～−10V，这样 V_{DD} 和 V_{EE} 之间有 10～15V 的压降，用作液晶屏驱动电压。具体电源接法如图 17-4 所示。

也有些产品的接口将 V_{EE} 端省略了，只有 V0 端，其电源接法如图 17-5 所示。

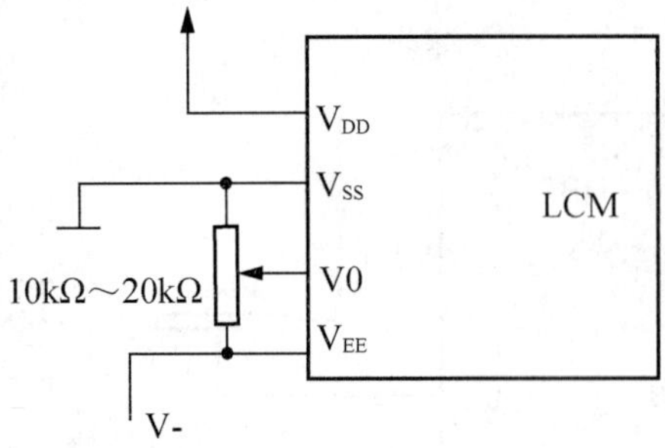

图 17-4　提供负电压 V_{EE} 的双电源供电

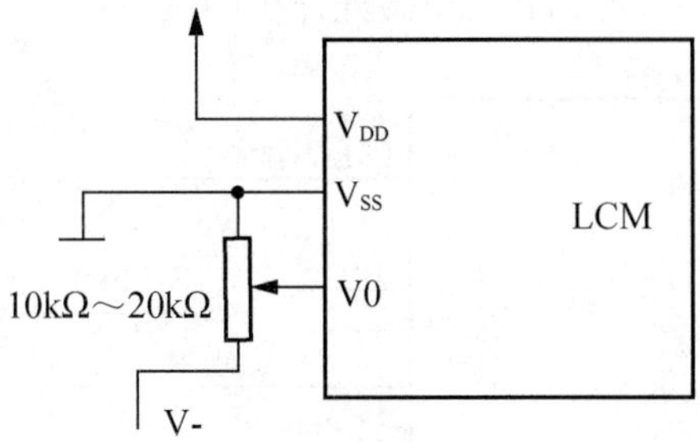

图 17-5　接口将 V_{EE} 端省略了，只有 V0 端

2. 单电源供电

单电源供电产品是指客户需要给液晶模块提供一路逻辑电压 V_{DD}，一般为+5V(或+3V)，液晶模块内部集成了 DC/DC 转换电路，而液晶屏的驱动电压由 DC/DC 转换电路提供。

一般在这类产品的接口中，没有 V_{EE} 端子，取代之的是 V_{OUT} 端子，即液晶模块内部 DC/DC 转换电路生成的负电压的输出端子，一般为-5V 或-10V 左右。这种产品一般需要用户外接电位器来调节显示深浅。其电路如图 17-6 所示：

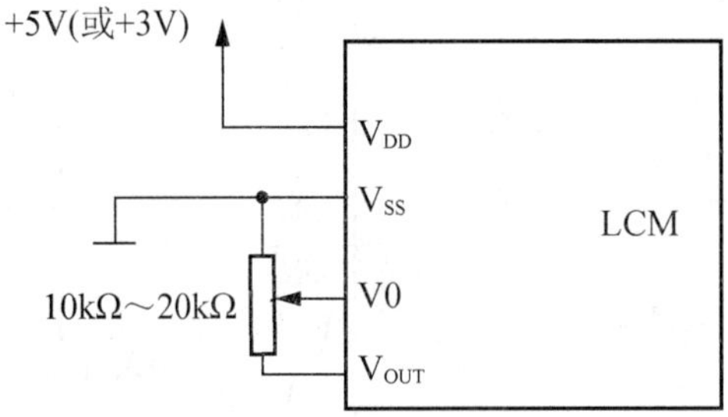

图 17-6　单电源供电

17.2　KS0108 的指令系统

KS0108 的指令系统比较简单，总共只有 7 种，现分别介绍如下。

17.2.1　显示开/关指令

1. 显示开/关指令

R/$\overline{W}$	RS	DB7	DB6	DB5	DB4	DB3	DB2	DB1	DB0
0	0	0	0	1	1	1	1	1	1/0

DB0=1 时，LCD 显示 RAM 中的内容；DB0=0 时，关闭显示，即指令=0x3F 时显示开，指令=0x3E 时显示关。

2. 显示起始行(ROW)设置指令

R/$\overline{W}$	RS	DB7	DB6	DB5	DB4	DB3	DB2	DB1	DB0
0	0	1	1	显示起始行(0～63)					

该指令设置了对应液晶屏最上一行显示 RAM 的行号，有规律地改变显示起始行，可以使 LCD 实现显示滚屏的效果。指令=0xC0～0xFF 对应屏幕上第 0 行到第 63 行。

17.2.2　行列设置命令

1. 页(PAGE)设置指令

R/$\overline{W}$	RS	DB7	DB6	DB5	DB4	DB3	DB2	DB1	DB0
0	0	1	0	1	1	1	页号(0～7)		

显示 RAM 共 64 行，分 8 页，每页 8 行。指令=0xB8～0xBF 对应 0 页～7 页。

2. 列地址(Y Address)设置指令

R/$\overline{W}$	RS	DB7	DB6	DB5	DB4	DB3	DB2	DB1	DB0
0	0	0	1	显现列地址(0～63)					

设置了页地址和列地址，就唯一确定了显示 RAM 中的一个单元，这样 MPU 就可以用读、写指令读出该单元中的内容或向该单元写进一个字节数据。指令=0x40～0x7F 对应 0 列～63 列。

17.2.3　数据和状态读/写命令

1. 读状态指令

R/$\overline{W}$	RS	DB7	DB6	DB5	DB4	DB3	DB2	DB1	DB0
1	0	BUSY	0	ON/OFF	REST	0	0	0	

该指令用来查询 KS0108 的状态，各参量含义如下。

BUSY：　BUSY = 1，忙，禁止读写；BUSY = 0，空闲，可以读写。

ON/OFF：ON/OFF=1，显示关闭；ON/OFF= 0，显示打开。

REST：REST= 1，复位状态；REST= 0，正常状态。

在 BUSY=1 和 REST=1 状态时，除读状态指令外，其他指令均不对 KS0108 产生作用。

在对 KS0108 操作之前要查询 BUSY 状态，以确定是否可以对 KS0108 进行操作。BUSY=1，忙；BUSY =0，可以对其操作。

2. 写数据指令

R/$\overline{W}$	RS	DB7	DB6	DB5	DB4	DB3	DB2	DB1	DB0
0	1	数据							

$R/\overline{W}=0$ 写数据。

3. 读数据指令

R/$\overline{W}$	RS	DB7	DB6	DB5	DB4	DB3	DB2	DB1	DB0
1	1			显	示	数	据		

$R/\overline{W}=1$ 读数据。

读、写数据指令时，每执行完一次读、写操作，列地址就自动增 1，必须注意的是，进行读操作之前，必须有一次空读操作，紧接着再读才会读出所要读的单元中的数据。

17.3 KS0108 的软件驱动程序

内嵌 KS0108 的显示模块有 GTG-12832、GTG-12864、GTG19248、GTG19264 等，它们的显示程序和本节介绍的基本相同，读者可以参照编制。

192×64 图形点阵模块内嵌 3 片 KS0108，引出两个片选信号 CS1 和 CS2，如 CS1CS2 =00 选中左侧 KS0108，如 CS1CS2 = 01 选中中间 KS0108，如 CS1CS2 = 10 选中右边 KS0108，采用直接访问方式，该模块逻辑图如图 17-7 所示。

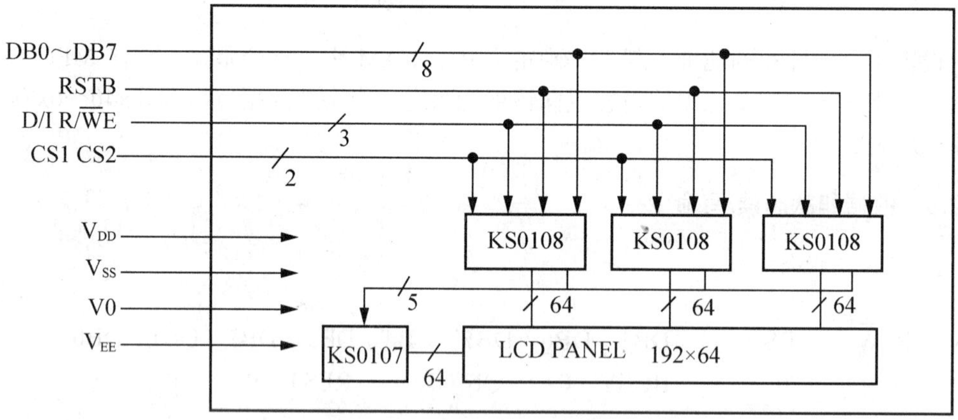

图 17-7 192×64 图形点阵模块逻辑图

KS0108 的软件驱动程序有两个难点要注意。

(1) 它的指令系统没有“位操作”，即没有打点功能。只有自己编写一个打点函数，第 16 章中 T6963C 驱动程序的打点方法可以借鉴使用。

注意：

和 KS0108 一样，大多 LCD 控制器没有“位操作”功能。因此解决打点功能很有意义。本节给出打点函数，可供参考。

(2) KS0108 的显示 RAM 中字节排列和正常字模不一样，KS0108 的字模要在正常字模的基础上逆时针旋转 90°，也就是说，普通字模在 KS0108 上不能直接显示，必须先进行逆时针旋转 90°，才能正常显示。本节显示程序有 2 套，一套字模是事先旋转好的，可以直接显示；一套是正常字模，先进行旋转然后再显示，具体方法见程序解释和注释。

下面介绍的 KS0108 的 C 语言驱动程序是 MGLS-12864 和 MCS-51 单片机相连，采用直接方式(图 17-2)，程序在 Keil C 上调试通过。

A11 = $\overline{CSB}$，A10 = $\overline{CSA}$，A9 = R/W，A8 = D/I，两片 KS0108 的 RST 接高电平，$\overline{CSA}$ 与 KS0108 的 CS1 相连，$\overline{CSB}$ 与 KS0108 的 CS2 相连。这样，$\overline{CSA}$ $\overline{CSB}$ = 01 选通片 1，$\overline{CSA}$ $\overline{CSB}$ = 10 选通片 2。

例 17-1　KS0108 的 C 语言驱动程序。

```
//KS0108.C
//  模块 1:引用头文件、定义变量、函数声明
#include <stdio.h>
#include <math.h>
#include <absacc.h>
#include <def.h>                                    // *注 1
#include <asc816.h>
#include <asc88.h>
#include <chn12.h>
#include <chn24.h>
#include <syb16.h>
#include <108lcd.h>                                 // *注 2
#define  CWADD1      XBYTE[0x0800]                  //写指令代码地址(1)
#define  CRADD1      XBYTE[0x0A00]                  //读状态字地址(1)
#define  DWADD1      XBYTE[0x0900]                  //写显示数据地址(1)
#define  DRADD1      XBYTE[0x0B00]                  //读显示数据地址(1)
#define  CWADD2      XBYTE[0x0400]                  //写指令代码地址(2)
#define  CRADD2      XBYTE[0x0600]                  //读状态字地址(2)
#define  DWADD2      XBYTE[0x0500]                  //写显示数据地址(2)
#define  DRADD2      XBYTE[0x0700]                  //读显示数据地址(2)
U8 n[32];
U16 Lcd_Adr;                                        // LCD 地址指针
U8 Lcd_Adr_H;                                       // LCD 地址指针高 8 位
U8 Lcd_Adr_L;                                       // LCD 地址指针低 8 位
//程序声明:
void WriteCommand0(U16 cmd);                        //片 1 写命令
void WriteCommand1(U16 cmd);                        //片 2 写命令
void WriteData0(U16 dat);                           //片 1 写数据
void WriteData1(U16 dat);                           //片 2 写数据
void SetLocat(U16 x,U16 y);                         //光标定位
void SetLocat0(U16 x,U16 y);                        //片 1 光标定位
void SetLocat1(U16 x,U16 y);                        //片 2 光标定位
void clr_screen(U16 x);                             //清屏
```

```
    void Lcd_Init(void);                                    //LCD 初始化
    void W_DOT(U8 i,U8 j);                                  //绘点函数
    void DrawHorizontalLine(U8 xstar,U8 xend,U8 ystar); //画水平线
    void DrawVerticalLine(U8 xstar,U8 ystar,U8 yend);   //画垂直线
    void Linexy(S16 stax,S16 stay ,S16 endx,S16 endy);  //画斜线
    void C_DOT(U8 i,U8 j);                                  //清点函数
    void ClearHorizontalLine(U8 xstar,U8 xend,U8 ystar);//清水平线
    void ClearVerticalLine(U8 xstar,U8 ystar,U8 yend);  //清垂直线
    void disdelay(void);                                    //延时
    void ShowSinWave(void);                                 //画一条正弦曲线
    void ShowSinWave1(void);                                //显示一条正弦曲线
    void ShowSinWave3(void);                                //显示 3 条正弦曲线
    void OneAsc816Char(U16 x,U16 y,U16 Order);              //显示 8×16 字符,字
模旋转
    void Putstr(U16 x,U16 y,U8 *str,U8 s);                  //显示 8×16 字符串,
字模已旋转
    void OneAsc816Char0(U16 x,U16 y,U16 Order);             //显示 8×16 字符,字模
没旋转
    void Putstr0(U16 x,U16 y,U8 *str,U8 s);                 //显示 8×16 字符串,
字模没旋转
    void DrawOneChn1616( U8 x,U8 y,U16 chnCODE);            //显示 16×16 汉字,字
模已旋转
    void DrawChnString1616(U8 x,U8 y,U8 *str,U8 s);         //显示 16×16 汉字串
字模已旋转
    void DrawOneChn16160(U16 x,U16 y,U8 chncode);           //显示 16×16 汉字,字
模没旋转
    void DrawChnString16160(U16 x,U16 y,U8 *str,U16 s); //显示 16×16 汉字串,
字模没转
    void DrawOneAsc88(U8 x,U8 y,U8 CODE);      //显示 8×8ASCII 字符,字模已旋转
    void DrawAscString88(U8 x,U8 y,U8 *str,U8 s);           //显示 8×8ASCII 字符
串,字模已旋转
    void DrawOneAsc880(U16 x,U16 y,U16 Order);             //显示 8×8ASCII 字符,
字模没旋转
    void DrawAscString880(U16 x,U16 y,U8 *str,U8 s);        //显示 8×8ASCII 字符
串,字模没旋转
    //以下程序借助打点程序,字模不用旋转
    void DrawOneChn2424(U8 x, U8 y, U8  chnCODE);          //显示 24×24 汉字
    void DrawChnString2424(U8 x, U8 y, U8  *str,U8 s);    //显示 24×24 汉字
串,S 是串长
    void DrawOneSyb1616(U8 x,U8 y,U16 chnCODE);            //显示 16×16 标号
    void DrawOneChn1212( U8 x,U8 y,U16 chnCODE);           //显示 12×12 汉字
    void DrawOneChn16161( U8 x,U8 y,U16 chnCODE);          //显示 16×16 汉字
    void DrawChnString16161(U8 x,U8 y,U8 *str,U8 s);       //显示 16×16 汉字串 s
是串长
```

```
void DrawOneAsc816(U8 x,U8 y,U8 charCODE);        //显示 8×16ASCII 字符
void DrawAscString816(U8 x,U8 y,U8 *str,U8 s);  //显示 8×16ASCII 字符串 s
是串长
void DrawOneAsc881(U8 x,U8 y,U8 charCODE);        //显示 8×8ASCII 字符
void DrawAscString881(U8 x,U8 y,U8 *str,U8 s);  //显示 8×8ASCII 字符串 s
是串长
void ReDrawOneChn1616(U8 x,U8 y,U16 chnCODE);    //反白显示 16×16 汉字一个
//    模块 2:写命令、写数据、光标定位、清屏
//--------------------------------------------------------------------
//    口 1 写命令
//--------------------------------------------------------------------
void WriteCommand0(U16 cmd)
{
    while(CRADD1&0x80);
    CWADD1=cmd;
}
//--------------------------------------------------------------------
//    口 2 写命令
//--------------------------------------------------------------------
void WriteCommand1(U16 cmd)
{

    while(CRADD2&0x80);
    CWADD2=cmd;
}
//--------------------------------------------------------------------
//  口 1 写数据
//--------------------------------------------------------------------
void WriteData0(U16 dat)
{
    while(CRADD1&0x80)
    DWADD1=dat;
}
//--------------------------------------------------------------------
//   口 2 写数据
//--------------------------------------------------------------------
void WriteData1(U16 dat)
{

    while(CRADD2&0x80)
    DWADD2=dat;
}
```

```
//---------------------------------------------------------------------
//    光标定位
//---------------------------------------------------------------------
void SetLocat(U16 x,U16 y)                                  // *注 3

{
    if(x<0x40)
    {
        WriteCommand0(0xB8+y);
        WriteCommand0(0x40+x);
    }
    else
    {
        WriteCommand1(0xB8+y);
        WriteCommand1(x);
    }
}
//---------------------------------------------------------------------
//    光标 0 定位
//---------------------------------------------------------------------
void SetLocat0(U16 x,U16 y)
{
    if(x<0x40)
    {
        WriteCommand0(0xB8+y);
        WriteCommand0(0x40+x);
    }
}
//---------------------------------------------------------------------
//    光标 1 定位
//---------------------------------------------------------------------
void SetLocat1(U16 x,U16 y)
{
    if(x>=0x40)
    {
        WriteCommand1(0xB8+y);
        WriteCommand1(x);
    }
}
//---------------------------------------------------------------------
//  清屏
//---------------------------------------------------------------------
```

```
void clr_screen(U16 x)
{
    U16 i,j;
    WriteCommand0(0x3F);
    WriteCommand1(0x3F);
    for(i=0;i<8;i++)
    {
        WriteCommand0(0xB8+i);
        WriteCommand1(0xB8+i);
        WriteCommand0(0x40);
        WriteCommand1(0x40);
        for(j=0;j<0x40;j++)
        {
            WriteData0(x);
            WriteData1(x);
        }
    }
}
//  模块 3:LCD 初始化、打点函数、清点函数
//-----------------------------------------------------------------
//   LCD 初始化
//-----------------------------------------------------------------
void Lcd_Init(void)
{
    WriteCommand0(0xC0);//设置显示起始行为"0"
    WriteCommand1(0xC0);
    WriteCommand0(0x3F);//开显示
    WriteCommand1(0x3F);
    clr_screen(0);
}
//-----------------------------------------------------------------
//  打点函数,是本章重点,详细解释见注 4
//-----------------------------------------------------------------
void W_DOT(U8 x,U8 y)                          // *注 4
{                                              // x(0~127),y(0~63)

    U8  m,n,k,Data;
    m=y/8;
    n=y%8;
    k=0x01;
    k=k<<n;
    if(x<0x40)
```

```
    {
        SetLocat0(x,m);
        while(CRADD1&0x80);
        Data=DRADD1;
        SetLocat0(x,m);
        while(CRADD1&0x80);
        Data=DRADD1;
        Data=Data|k;
        SetLocat0(x,m);
        WriteData0( Data);
    }
    else
    {

        SetLocat1(x,m);
        while(CRADD2&0x80);
        Data=DRADD2;
        SetLocat1(x,m);
        while(CRADD2&0x80);
        Data=DRADD2;
        Data=Data|k;
        SetLocat1(x,m);
        WriteData1(Data);
    }
}
//---------------------------------------------------------------------
//      清点函数
//---------------------------------------------------------------------
void C_DOT( U8 x, U8 y)                              // *注 5
{
    U8  m,n,k,Data;
    m=y/8;
    n=y%8;
    k=1;
    k=k<<n;
    k=~k;
    if(x<0x40)
    {
        SetLocat0(x,m);
        while(CRADD1&0x80)
        Data=DRADD1;
        SetLocat0(x,m);
```

```
        while(CRADD1&0x80);
        Data=DRADD1;
        Data=Data & k;
        SetLocat0(x,m);
        WriteData0( Data);

    }
    else
    {
        SetLocat1(x,m);
        while(CRADD2&0x80);
        Data=DRADD2;
        SetLocat1(x,m);
        while(ACRDD2&0x80);
        Data=DRADD2;
        Data=Data & k;
        SetLocat1(x,m);
        WriteData1(Data);
    }
}
//   模块 4:显示曲线
//---------------------------------------------------------------------
//   画水平线
//---------------------------------------------------------------------
void DrawHorizontalLine(U8 x0,U8 x1,U8 y0)
{
    U8 i;
    for(i=x0;i<=x1;i++)
    {
        W_DOT(i,y0);
    }
}
//---------------------------------------------------------------------
//  画垂直线
//---------------------------------------------------------------------
void DrawVerticalLine(U8 xstar,U8 ystar,U8 yend)
{
    U8 i;
    for(i=ystar;i<=yend;i++)
    {
        W_DOT(xstar,i);
    }
```

```
}
//-----------------------------------------------------------------
// 清水平线
//-----------------------------------------------------------------
void ClearHorizontalLine(U8 xstar,U8 xend,U8 ystar)
{
    U8 i;
    for(i=xstar;i<=xend;i++)
    {
        C_DOT(i,ystar);
    }
}
//-----------------------------------------------------------------
//  清垂直线
//-----------------------------------------------------------------
void ClearVerticalLine(U8 xstar,U8 ystar,U8 yend)        // *注 6

{
    U8 i;
    for(i=ystar;i<=yend;i++)
    {
        C_DOT(xstar,i);
    }
}
//-----------------------------------------------------------------
//    画斜线
//-----------------------------------------------------------------
void Linexy(U8 stax,U8 stay,U8 endx,U8 endy)             // *注 7
{
    U8 xerr,yerr,delta_x,delta_y,distance,t;
    U8 incx,incy;
    U8 col,row;
    xerr=0;
    yerr=0;
    col=stax;
    row=stay;
    W_DOT(col,row);
    delta_x=endx-col;
    delta_y=endy-row;
    if(delta_x>0) incx=1;
    else if( delta_x==0 ) incx=0;
    else incx=-1;
```

```
    if(delta_y>0) incy=1;
    else if( delta_y==0 ) incy=0;
    else incy=-1;
    delta_x = abs( delta_x );
    delta_y = abs( delta_y );
    if( delta_x > delta_y ) distance=delta_x;
    else distance=delta_y;
    for( t=0;t <= distance+1; t++ )
    {
        W_DOT(col,row);
        xerr += delta_x ;
        yerr += delta_y ;
        if( xerr > distance )
        {
            xerr-=distance;
            col+=incx;
        }
        if( yerr > distance )
        {
            yerr-=distance;
            row+=incy;
        }
    }
}
//   模块 5:显示汉字和 ASCII 码 (字模是旋转 90° 的)
//-------------------------------------------------------------------
//  显示 16×16 汉字一个(字模是旋转 90° 的)
//-------------------------------------------------------------------
void DrawOneChn1616(U8 x,U8 y,U8 chncode)
{
    U8 i,*p;
    U16 bakerx,bakery;
    bakerx =x;                              //暂存 x,y 坐标,下半个字符使用
    bakery =y;// row
    p=chn1616+chncode*32;                   //一个 16*16 汉字占 32 个字节
                                            //上半个字符输出,8 列
    for(i=0;i<16;i++)
    {
        if(x<0x40)
        {
            SetLocat0(x,y);
            WriteData0(*p);
```

```
            }
            else
            {
                SetLocat1(x,y);
                WriteData1(*p);
            }
            x++;
            p++;
        }                                                        //上半个字符输出结束
        x = bakerx;                                              //列对齐
        y = bakery+1;                                            //指向下半个字符行
                                                                 //下半个字符输出,8 列
        for(i=0;i<16;i++)
        {
            if(x<0x40)
            {
                SetLocat0(x,y);
                WriteData0(*p);
            }
            else
            {
                SetLocat1( x,y);
                WriteData1(*p);
            }
            x++;
            p++;
        } //下半个字符输出结束
    }
    //-----------------------------------------------------------------------
    //   显示 16×16 汉字串(字模是旋转 90° 的)
    //-----------------------------------------------------------------------
    void DrawChnString1616(U16 x,U16 y,U8 *str,U16 s)
    {
        U8 i,*p;
        static U16 x0,y0;
        x0=x;
        y0=y;
        p=str;
        for (i=0;i<s;i++)
        {
            DrawOneChn1616(x0,y0,*(p+i));
            x0 += 16;                                            //水平串,如垂直串 y0+16
```

```
    }
}
//--------------------------------------------------------------------
//    显示 8×8 字母一个(ASCII Z 字符)
//--------------------------------------------------------------------
void DrawOneAsc88(U16 x,U16 y,U16 charcode)
{
    U8 i,*p;
    p=TALB88+charcode*8;                              //1 字符 8 字节
                                                      //字符输出,8 列
    for(i=0;i<8;i++)
    {
        if(x<0x40)
        {
            SetLocat0(x,y);
            WriteData0(*p);
        }
        else
        {
            SetLocat1(x,y);
            WriteData1(*p);
        }
        x++;
        p++;
        }                           //字符输出结束
}
//--------------------------------------------------------------------
//    显示 8×8 字 符串
//--------------------------------------------------------------------
void DrawAscString88(U16 x,U16 y,U8 *str,U8 s)
{  U8 i;
    static U16 x0,y0;
    x0=x;
    y0=y;
    for (i=0;i<s;i++)
    {
        DrawOneAsc88(x0,y0,(U16)(*(str+i)));
        x0 += 8;                                      //水平串,如垂直串 y0+16
    }
}
//--------------------------------------------------------------------
//     8×16ASCII 码字符
```

```
//-------------------------------------------------------------------
void OneAsc816Char(U16 x,U16 y,U16 Order)
{
    U8 i,*p;
    U16 bakerx,bakery;
    bakerx =x;                              //暂存 x,y 坐标,下半个字符使用
    bakery =y;
    p=asc8160+Order*16;                     //1 字符 16 字节
                                            //上半个字符输出,8 列
    for(i=0;i<8;i++)
    {
        if(x<0x40)
        {
            SetLocat0(x,y);
            WriteData0(*p);
        }
        else
        {
            SetLocat1(x,y);
            WriteData1(*p);
        }
        x++;
        p++;
    }                                       //上半个字符输出结束
    x = bakerx;                             //列对齐
    y = bakery+1;                           //指向下半个字符行
                                            //下半个字符输出,8 列
    for(i=0;i<8;i++)
    {
        if(x<0x40)
        {
            SetLocat0(x,y);
            WriteData0(*p);
        }
        else
        {
            SetLocat1( x,y);
            WriteData1(*p);
        }
        x++;
        p++;
    }                                       //下半个字符输出结束
```

```
}                                                    //整个字符输出结束
//-------------------------------------------------------------------
//   一个 8×16ASCII 码字串的输出
//-------------------------------------------------------------------
void Putstr(U16 x,U16 y,U8 *str,U8 s)
{
    U8 i;
    static U8 x0,y0;
    x0=x;
    y0=y;
    for (i=0;i<s;i++)
    {
        OneAsc816Char(x0,y0,(U16)(*(str+i)-0x20));
        x0 += 8;                                    //水平串,如垂直串 y0+16
    }
}
//-------------------------------------------------------------------
//   延时
//-------------------------------------------------------------------
void disdelay(void)
{
    unsigned long  i,j;
    i=0x01;
    while(i!=0)
    {  j=0x5FFF;
        while(j!=0)
        j-=1;
        i-=1;
    }
}
//    模块 6:显示曲线
//-------------------------------------------------------------------
//    显示一条模拟曲线
//-------------------------------------------------------------------
void  ShowSinWave1(void)                            // *注 8

{
    unsigned  char j,k,j0,k0;
    unsigned char s;
    DrawHorizontalLine(1,127,30);//y(0 7),x(0 159)
    DrawVerticalLine(0,0,63);
    j0=0;
```

```
    k0=30;
    while(1)
    {
        for(s=0;s<127;s++)
        {

            if(s<125)
            ClearVerticalLine(s+2,0,63);
            W_DOT(s,30);
            j=sinzm[s][0];
            k=sinzm[s][1];
            Linexy(j0,k0,j,k);
            // W_DOT(j,k);
            j0=j;
            k0=k;
            disdelay();
            disdelay();
            disdelay();
        }
        j0=0;
        k0=30;
        s=0;
    }
}
//------------------------------------------------------------------
//  显示3条模拟曲线
//------------------------------------------------------------------
void  ShowSinWave3(void)                       // *注9

{
    unsigned  char j11,k11,j22,k22,j33,k33,s;
    Putstr(0,1,"1ch",3);
    Putstr(0,3,"2ch",3);
    Putstr(0,5,"3ch",3);
    DrawHorizontalLine(30,127,30);
    DrawVerticalLine(29,0,63);
    while(1)
    {
        for(s=30;s<128;s++)
        {
            if(s<126)
            {
```

```
                    ClearVerticalLine(s+2,0,63);
                    W_DOT(s,30);
                }
                j11=sinzm[s][0];
                k11=sinzm[s-30][1];
                j22=sinzm1[s][0];
                k22=sinzm1[s-30][1];
                j33=sinzm2[s][0];
                k33=sinzm2[s-30][1];

                W_DOT(j11,k11);
                W_DOT(j22,k22);
                W_DOT(j33,k33);
                disdelay();
                disdelay();
                disdelay();
            }
        }
}
//----------------------------------------------------------------------
//    画一条正弦曲线,LCD 屏 128～64
//----------------------------------------------------------------------
void  ShowSinWave(void)                          //本程序要求系统支持浮点运算
{
    unsigned  int x,j0,k0;
    double y,a,b;
    j0=0;
    k0=0;
    DrawHorizontalLine(1,127,63);                //画坐标 x 范围(0～127)
    DrawVerticalLine(0,0,63);                    //y 范围(0～63)
    for (x=0;x<127;x++)
    {
        a=((float)x/127)*2*3.14;
        y=sin(a);
        b=(1-y)*30;
        W_DOT((U8)x,(U8)b);
        disdelay();
    }
}
//    模块 7:显示汉字和 ASCII 码,字模是没转换的
//----------------------------------------------------------------------
//  显示 16×16 汉字一个(字模是没转换的),要先旋转 90°,方法见*注 10
```

```
//-------------------------------------------------------------------
void DrawOneChn16160(U16 x,U16 y,U8 chncode)    // *注 10
{
    U8 *p;
    int g,s,i,j,m;
    U8 a,hzk1616[32];
    U16 bakerx,bakery;
    bakerx =x;                          //暂存 x,y 坐标
    bakery =y;//
    p=chn16160+chncode*32;              //1 个 16×16 汉字占 32 字节
    for(m=0;m<32;m++)
    {
        if(m<8) { g=14; s=7;}
        else if( m>= 8 && m<16 ) { g=15; s=15;}
        else if( m>=16 && m<24 ) { g=30; s=23;}
        else { g=31; s=31;}
        for(j=0;j<8;j++)
        {
            hzk1616[m]=hzk1616[m]<<1;
            a=( p[g-2*j] >>(s-m) )&0x01;
            hzk1616[m]=hzk1616[m]+a;
        }
    }
    p=&hzk1616[0];
                                        //上半个字符输出,8 列
    for(i=0;i<16;i++)
    {
        if(x<0x40)
        {
            SetLocat0(x,y);
            WriteData0(*p);
        }
        else
        {
            SetLocat1(x,y);
            WriteData1(*p);
        }
        x++;
        p++;
    }                                   //上半个字符输出结束
    x = bakerx;                         //列对齐
    y = bakery+1;                       //指向下半个字符行
```

```
                                                //下半个字符输出,8 列
    for(i=0;i<16;i++)
    {
        if(x<0x40)
        {
            SetLocat0(x,y);
            WriteData0(*p);
        }
        else
        {
            SetLocat1( x,y);
            WriteData1(*p);
        }
        x++;
        p++;
    }                                           //下半个字符输出结束
}
//---------------------------------------------------------------------
//  显示 16×16 汉字串(字模是没转换的)
//---------------------------------------------------------------------
void DrawChnString16160(U16 x,U16 y,U8 *str,U16 s)
{
    U8 i,*p;
    static U16 x0,y0;
    x0=x;
    y0=y;
    p=str;
    for (i=0;i<s;i++)
    {
        DrawOneChn16160(x0,y0,*(p+i));
        x0 += 16;                               //水平串,如垂直串 y0+16
    }
}
//---------------------------------------------------------------------
//      8×16ASCII 码字符(字模是没转换的)
//---------------------------------------------------------------------
void OneAsc816Char0(U16 x,U16 y,U16 Order)      //*注 11
{
    U8 j,m,i,*p;
    U16 g,s,bakerx,bakery;
    U8 a,ascii816[16];
    bakerx =x;
```

```
    bakery =y;
    p=asc816+Order*16;                              //1 字符 16 字节
    for(m=0;m<16;m++)
    {
        if(m<8) { g= 7; s=7;}
        else { g=15; s=15;}
        for(j=0;j<8;j++)
        {
            ascii816[m]=ascii816[m]<<1;
            a=( p[g-j] >>(s-m) )&0x01;
            ascii816[m]=ascii816[m]+a;
        }

    }
    p=&ascii816[0];
                                                    //上半个字符输出,8 列
    for(i=0;i<8;i++)
    {
        if(x<0x40)
        {
            SetLocat0 (x,y);
            WriteData0 (*p);
        }
        else
        {
            SetLocat1(x,y);
            WriteData1(*p);
        }
        x++;
        p++;
    }                                               //上半个字符输出结束
    x = bakerx; //列对齐
    y = bakery+1;                                   //指向下半个字符行
    //下半个字符输出,8 列
    for(i=0;i<8;i++)
    {
        if(x<0x40)
        {
            SetLocat0(x,y);
            WriteData0(*p);
        }
        else
```

```
        {
        SetLocat1( x,y);
        WriteData1(*p);
        }
        x++;
        p++;
    }                                            //下半个字符输出结束
}                                                //整个字符输出结束
//---------------------------------------------------------------------
//   一个 8×16ASCⅡ码字串的输出 (字模是没转换的)
//---------------------------------------------------------------------
void Putstr0(U16 x,U16 y,U8 *str,U8 s)
{
    U8 i;
    static U8 x0,y0;
    x0=x;
    y0=y;
    for (i=0;i<s;i++)
    {
        OneAsc816Char0(x0,y0,*(str+i));
        x0+=8;                                   //水平串,如垂直串 y0+16
    }
}
//---------------------------------------------------------------------
//      8×8ASCII 码字符(字模是没转换的)
//---------------------------------------------------------------------
void DrawOneAsc880(U16 x,U16 y,U16 Order)
{
    U8 j,m,i,*p;
    U16 g,s,bakerx,bakery;
    U8 a,ascii88[8];
    bakerx=x;
    bakery=y;
    p=asc88+Order*8;                             //1 字符 8 字节
    for(m=0;m<8;m++)
    {
        g=7;
        s=7;
        for(j=0;j<8;j++)
        { ascii88[m]=ascii88[m]<<1;
            a=( p[g-j] >>(s-m) )&0x01;
            ascii88[m]=ascii88[m]+a;
```

```
        }
    }
    p=&ascii88[0];
                                                    //字符输出
    for(i=0;i<8;i++)
    {
        if(x<0x40)
        {
            SetLocat0(x,y);
            WriteData0(*p);
        }
        else
        {
            SetLocat1(x,y);
            WriteData1(*p);
        }

        x++;
        p++;
    }                                               //字符输出结束
}
//---------------------------------------------------------------------
//     显示 8×8 字符串(字模是没转换的)
//---------------------------------------------------------------------
void DrawAscString880(U16 x,U16 y,U8 *str,U8 s)
{  U8 i;
    static U16 x0,y0;
    x0=x;
    y0=y;
    for (i=0;i<s;i++)
    {
        DrawOneAsc880(x0,y0,(U16)(*(str+i)));
        x0+=8;                                      //水平串,如垂直串 y0+16
    }
}
//    模块 8:借助打点函数显示汉字和曲线
//---------------------------------------------------------------------
//  显示一个 24×24 汉字,字模按字节存放,共 24 列,每列 3 字节,共 72 字节
//---------------------------------------------------------------------
void DrawOneChn2424(U8 x, U8 y, U8  chnCODE) //*注 12
{
    U16 i,j,k,tstch;
```

```
    U8 *p;
    p=chn2424+72*(chnCODE);
    for (i=0;i<24;i++)
    {
        for(j=0;j<=2;j++)
        {
            tstch=0x01;
            //tstch=0x80;
            for (k=0;k<8;k++)
            {
                if(*(p+3*i+j)&tstch)
                W_DOT(x+i,y+j*8+k);
                tstch=tstch<<1;
                //tstch=tstch>>1;
            }
        }
    }
}
//--------------------------------------------------------------------
//   显示 24×24 汉字串
//--------------------------------------------------------------------
void DrawChnString2424(U8 x, U8 y, U8  *str,U8 s)
{
    U8 i;
    static U8 x0,y0;
    x0=x;
    y0=y;
    for (i=0;i<s;i++)
    {
        DrawOneChn2424(x0,y0,(U8)*(str+i));
    x0+=24;                              //水平串,如垂直串 y0+24
    }
}
//--------------------------------------------------------------------
//    显示 16×16 标号(报警和音响)
//--------------------------------------------------------------------
void  DrawOneSyb1616(U8 x,U8 y,U16 chnCODE)
{
  int i,k,tstch;
  unsigned int *p;
  p=syb1616+16*chnCODE;
  for (i=0;i<16;i++)
```

```
    {
       tstch=0x80;
              for(k=0;k<8;k++)
                {
                  if(*p>>8&tstch)
                  W_DOT(x+k,y+i);
                  if((*p&0x00FF)&tstch)
                  W_DOT(x+k+8,y+i);
                   tstch=tstch >> 1;
                  }
            p+=1;
        }
}
//-----------------------------------------------------------------------
//  显示 12×12 汉字一个,字模按字节存放,共 12 行,每行 2 字节,共 24 字节
//-----------------------------------------------------------------------
void DrawOneChn1212(U8 x,U8 y,U16 chnCODE)
{
    U16 i,j,k,tstch;
    U8 *p;
    p=chn1212+24*(chnCODE);
    for (i=0;i<12;i++)
    {
        for(j=0;j<2;j++)
        {
            tstch=0x80;
            for (k=0;k<8;k++)
            {
                if(*(p+2*i+j)&tstch)
                W_DOT(x+8*j+k,y+i);
                tstch=tstch>>1;
            }
        }
    }
    x+=12;
}
//-----------------------------------------------------------------------
//  显示 16×16 汉字一个,字模每行按字(2 字节)存放,共 16 行,16 个字(32 字节)
//-----------------------------------------------------------------------
void DrawOneChn16161(U8 x,U8 y,U16 chnCODE)
{
    U16 i,k,tstch;
```

```
    U16 *p;
    p=chn16160+16*chnCODE;
    for (i=0;i<16;i++)
    {
        tstch=0x80;
        for(k=0;k<8;k++)
        {
            if(*p>>8&tstch)
            W_DOT(x+k,y+i);                    //高 8 位
            if((*p&0x00FF)&tstch)
            W_DOT(x+k+8,y+i);                  //低 8 位
            tstch=tstch>>1;
        }
        p+=1;
    }
}
//--------------------------------------------------------------
//  反白显示 16×16 汉字一个
//--------------------------------------------------------------
void ReDrawOneChn1616(U8 x,U8 y,U16 chnCODE)
{
    U16 i,k,tstch;
    U16 *p;
    p=chn1616+16*chnCODE;
    for (i=0;i<16;i++)
    {
        tstch=0x80;
        for(k=0;k<8;k++)
        {
            if( ((*p>>8)^0x0FF) &tstch)
            W_DOT(x+k,y+i);
            if( ((*p&0x00FF)^0x00FF) &tstch)
            W_DOT(x+k+8,y+i);
            tstch=tstch>>1;
        }
        p+=1;
    }
}
//--------------------------------------------------------------
//   显示 16×16 汉字串
//--------------------------------------------------------------
void DrawChnString16161(U8 x,U8 y,U8 *str,U8 s)
```

```
{
    U8 i;
    static U8 x0,y0;
    x0=x;
    y0=y;
    for (i=0;i<s;i++)
    {
        DrawOneChn16161(x0,y0,(U8)*(str+i));
        x0+=16;                              //水平串,如垂直串 y0+16
    }
}
//-----------------------------------------------------------------------
//    显示 8×16 字母一个(ASCII Z 字符)
//-----------------------------------------------------------------------
void DrawOneAsc816(U8 x,U8 y,U8 charCODE)
{
    U8 *p;
    U8 i,k;
    int mask[]={0x80,0x40,0x20,0x10,0x08,0x04,0x02,0x01};
    p=asc816+charCODE*16;
    for (i=0;i<16;i++)
    {
        for(k=0;k<8;k++)
        { if (mask[k%8]&*p)
            W_DOT(x+k,y+i);
        }
        p++;
    }
}
//-----------------------------------------------------------------------
//   显示 8×16  ASCII 字符串
//-----------------------------------------------------------------------
void DrawAscString816(U8 x,U8 y,U8 *str,U8 s)
{
    U8 i;
    static U8 x0,y0;
    x0=x;
    y0=y;
    for (i=0;i<s;i++)
    {
        DrawOneAsc816(x0,y0,(U8)*(str+i));
        x0+=8;                                  //水平串,如垂直串 y0+16
```

```
    }
}
//-------------------------------------------------------------------
//    显示 8×8 字母一个(ASCII Z 字符)
//-------------------------------------------------------------------
void DrawOneAsc881(U8 x,U8 y,U8 charCODE)
{
    U8 *p;
    U8 i,k;
    int mask[]={0x80,0x40,0x20,0x10,0x08,0x04,0x02,0x01};
    p=asc88+charCODE*8;
    for (i=0;i<8;i++)
    {
        for(k=0;k<8;k++)
        { if (mask[k%8]&*p)
            W_DOT(x+k,y+i);
        }
        p++;
    }
}
//-------------------------------------------------------------------
//    显示 8×8 字符串
//-------------------------------------------------------------------
void DrawAscString881(U8 x,U8 y,U8 *str,U8 s)
{
    U8 i;
    static U8 x0,y0;
    x0=x;
    y0=y;
    for (i=0;i<s;i++)
    {
        DrawOneAsc881(x0,y0,(U8)*(str+i));
        y0+=10;
    }
}
//  模块 9:主程序
//-------------------------------------------------------------------
// 主程序
//-------------------------------------------------------------------
void main(void)                                //*注 13
{
    //ShowSinWave3();
```

```
        ShowSinWave1();
        // OneAsc816Char(4,6,0x30);
        // Putstr0(40,4,"ABCabc",6);
        //OneAsc816Char0(40,3,0x1);
        Putstr0(20,5,"\0\1\2",3);
        //DrawOneChn16160(60,3,0);
        //OneAsc816Char(60,3,0);
    }
```

下面对注释进行详细介绍。

注 1：常用变量宏定义。

注 2：108lcd.H 是本程序专用头文件，里面是本程序用的数据。

注 3：这些符号地址随所选 MPU 和接口而定。

注 4：打点函数 W_DOT(U8 x，U8 y)是把整个屏按图形点阵处理，列(x)的范围是 0～127；行(y)的范围是 0～63。有了这个函数就可以随心所欲地在屏上显示各种图形和曲线了。

m=y/8 是计算要打的点在第几页，然后用 SetLocat1(x，m)定位；n=y%8 是计算该点在这个字节中的 bit 位。k=0x01，k=k<<n 是要用 k 来“或”这个 bit 位。

下面的程序首先要把该点的信息读出，根据系统说明，要读两次才可靠，每读一次地址自动加 1，因此下次读时要重新定位。然后用 k 去“或”这个字节，主要是写点的同时要保护该字节的其他 bit 位。

注 5：清点函数 C_DOT(U8 x，U8 y)程序意义同上述打点函数，利用清点函数可以清直线，进而可以清一块区域。要在某区域画图，首先要把该区域原内容清除，此时就要用清点函数。同时利用清点程序也可以动态刷新屏幕，就像在程序 ShowSinWave1()中使用 ClearVerticalLine()一样。

注 6：函数 ClearVerticalLine()在本项目中主要用来在 ShowSinWave1()中动态刷新屏幕。

注 7：画斜线函数。

注 8：显示一条正弦曲线，数据是由其他程序事先计算得到的 DrawHorizontalLine (1，127，30)和 DrawVerticalLine(0，0，63)是画坐标；ClearVerticalLine(s+2，0，63)是清垂直线，随 s 动态变化，这条线也不断移动，起刷新屏幕作用。

注 9：显示 3 条正弦曲线，意义同上。

注 10：显示 16×16 汉字一个，字模是没转换的。由于 KS0108 RAM 的特点，不能把汉字取出直接显示，需要转 90°，而取字模程序多是不转换的，因此就要有一个转换程序。

以 8×8 字符为例，原字模在 RAM 中的排列如图 17-8 所示，转换后应如图 17-9 所示。从图 17-9 看出，转换后的 0 号字节由没转换字模的 0 到 7 号字节的 bit7 组成，其中 D7 是原 7 号字节的 D7；转换后的 1 号字节由没转换字模的 0 到 7 号字节的 bit6 组成，其中 D7 是原 7 号字节的 D6；转换后的 2 号字节由没转换字模的 0 到 7 号字节的 bit5 组成，其中 D7 是原 7 号字节的 D5……，由此就可以编写字符转换程序。

16×16 点阵汉字占 32 个字节，8×8 字符正是它的 1/4，因此可分 4 次按上述方法将其转换为显示字模。

0 字节	D7	D6	D5	D4	D3	D2	D1	D0
1 字节	D7	D6	D5	D4	D3	D2	D1	D0
2 字节	D7	D6	D5	D4	D3	D2	D1	D0
3 字节	D7	D6	D5	D4	D3	D2	D1	D0
4 字节	D7	D6	D5	D4	D3	D2	D1	D0
5 字节	D7	D6	D5	D4	D3	D2	D1	D0
6 字节	D7	D6	D5	D4	D3	D2	D1	D0
7 字节	D7	D6	D5	D4	D3	D2	D1	D0

图 17-8　转换前 8×8 字模在内存中的排列

0 字节	1 字节	2 字节	3 字节	4 字节	5 字节	6 字节	7 字节
D0	D0	D0	D0	D0	D0	D0	D0
D1	D1	D1	D1	D1	D1	D1	D1
D2	D2	D2	D2	D2	D2	D2	D2
D3	D3	D3	D3	D3	D3	D3	D3
D4	D4	D4	D4	D4	D4	D4	D4
D5	D5	D5	D5	D5	D5	D5	D5
D6	D6	D6	D6	D6	D6	D6	D6
D7	D7	D7	D7	D7	D7	D7	D7

图 17-9　转换后 8×8 字模在内存中的排列

注 11：按注 10 所述分两次将 8×16 字符转换为显示字符，做法见转换程序。

注 12：以下几个程序是用打点的方法处理汉字和字符显示，只要处理好打点程序，就可以把第 16 章 T6963C 的 C 语言程序直接复制来使用，从这里可以看出 C 语言的优点和打点程序的灵活。但前面的几个显示程序是一次输出一个字节，如果字模是事先转换好的，速度会快些。

注 13：试验某一程序时最好把其他程序屏蔽。主程序中只有部分函数，其他可以添加。

17.4　ASCII 8×8 字符库

为方便编程，本节给出 ASCII 8×8 字符库(字模旋转 90°)，供读者使用。字库是按 C 语言给出的。

ASCII 8×8 字符库(字模旋转 90°)：

```
CTAB:   0x000, 0x000,0x000,0x000,0x000,0x000,0x000,0x000,//" " =0x00
0x000,0x000,0x000,0x04F,0x000,0x000,0x000,0x000,//"!" =0x01
0x000,0x000,0x007,0x000,0x007,0x000,0x000,0x000,//""" =0x02
```

```
0x000,0x014,0x07F,0x014,0x07F,0x014,0x000,0x000,//"#" =0x03
0x000,0x024,0x02A,0x07F,0x02A,0x012,0x000,0x000,//"$" =0x04
0x000,0x023,0x013,0x008,0x064,0x062,0x000,0x000,//"%" =0x05
0x000,0x036,0x049,0x055,0x022,0x050,0x000,0x000,//"&" =0x06
0x000,0x000,0x005,0x003,0x000,0x000,0x000,0x000,//"`" =0x07
0x000,0x000,0x01C,0x022,0x041,0x000,0x000,0x000,//"(" =0x08
0x000,0x000,0x041,0x022,0x01C,0x000,0x000,0x000,//")" =0x09
0x000,0x014,0x008,0x03E,0x008,0x014,0x000,0x000,//"*" =0x0A
0x000,0x008,0x008,0x03E,0x008,0x008,0x000,0x000,//"+" =0x0B
0x000,0x000,0x50,0x030,0x000,0x000,0x000,0x000,//";"  =0x0C
0x000,0x008,0x008,0x008,0x008,0x000,0x000,0x000,//"-" =0x0D
0x000,0x000,0x060,0x060,0x000,0x000,0x000,0x000,//"." =0x0E
0x000,0x020,0x010,0x008,0x004,0x002,0x000,0x000,//"/" =0x0F
0x000,0x03E,0x051,0x049,0x045,0x03E,0x000,0x000,//"0" =0x10
0x000,0x000,0x042,0x07F,0x040,0x000,0x000,0x000,//"1" =0x11
0x000,0x042,0x061,0x51,0x049,0x046,0x000,0x000,//"2"  =0x12
0x000,0x021,0x041,0x045,0x04B,0x031,0x000,0x000,//"3" =0x13
0x000,0x018,0x014,0x012,0x07F,0x010,0x000,0x000,//"4" =0x14
0x000,0x027,0x045,0x045,0x045,0x039,0x000,0x000,//"5" =0x15
0x000,0x03C,0x04A,0x049,0x049,0x030,0x000,0x000,//"6" =0x16
0x000,0x001,0x001,0x079,0x005,0x003,0x000,0x000,//"7" =0x17
0x000,0x036,0x049,0x049,0x049,0x036,0x000,0x000,//"8" =0x18
0x000,0x006,0x049,0x049,0x029,0x01E,0x000,0x000,//"9" =0x19
0x000,0x000,0x036,0x036,0x000,0x000,0x000,0x000,//":" =0x1A
0x000,0x000,0x056,0x036,0x000,0x000,0x000,0x000,//";" =0x1B
0x000,0x008,0x014,0x022,0x041,0x000,0x000,0x000,//"<" =0x1C
0x000,0x014,0x014,0x014,0x014,0x014,0x000,0x000,//"=" =0x1D
0x000,0x000,0x041,0x022,0x014,0x008,0x000,0x000,//">" =0x1E
0x000,0x002,0x001,0x051,0x009,0x006,0x000,0x000,//"?" =0x1F
0x000,0x032,0x049,0x079,0x041,0x03E,0x000,0x000,//"@" =0x20
0x000,0x07E,0x011,0x011,0x011,0x07E,0x000,0x000,//"A" =0x21
0x000,0x041,0x07F,0x049,0x049,0x036,0x000,0x000,//"B" =0x22
0x000,0x03E,0x041,0x041,0x041,0x022,0x000,0x000,//"C" =0x23
0x000,0x041,0x07E,0x041,0x041,0x003,0x000,0x000,//"D" =0x24
0x000,0x07E,0x049,0x049,0x049,0x049,0x000,0x000,//"E" =0x25
0x000,0x07F,0x009,0x009,0x009,0x001,0x000,0x000,//"F" =0x26
0x000,0x03E,0x041,0x041,0x049,0x07A,0x000,0x000,//"G" =0x27
0x000,0x07F,0x008,0x008,0x008,0x07F,0x000,0x000,//"H" =0x28
0x000,0x000,0x041,0x07F,0x041,0x000,0x000,0x000,//"I" =0x29
0x000,0x020,0x040,0x041,0x03F,0x001,0x000,0x000,//"J" =0x2A
0x000,0x07F,0x008,0x014,0x022,0x041,0x000,0x000,//"K" =0x2B
0x000,0x07F,0x040,0x040,0x040,0x040,0x000,0x000,//"L" =0x2C
```

```
0x000,0x07F,0x002,0x00C,0x002,0x07F,0x000,0x000,//"M" =0x2D
0x000,0x07F,0x006,0x008,0x030,0x07F,0x000,0x000,//"N" =0x2E
0x000,0x03E,0x041,0x041,0x041,0x03E,0x000,0x000,//"O" =0x2F
0x000,0x07F,0x009,0x009,0x009,0x006,0x000,0x000,//"P" =0x30
0x000,0x03E,0x041,0x0S1,0x021,0x0SE,0x000,0x000,//"Q" =0x31
0x000,0x07F,0x009,0x019,0x029,0x046,0x000,0x000,//"R" =0x32
0x000,0x026,0x049,0x049,0x049,0x032,0x000,0x000,//"S" =0x33
0x000,0x00I,0x001,0x07F,0x001,0x001,0x000,0x000,//"T" =0x34
0x000,0x03F,0x040,0x040,0x040,0x03F,0x000,0x000,//"U" =0x35
0x000,0x01F,0x020,0x040,0x020,0x01F,0x000,0x000,//"V" =0x36
0x000,0x07F,0x020,0x018,0x020,0x07F,0x000,0x000,//"W" =0x37
0x000,0x063,0x014,0x008,0x014,0x063,0x000,0x000,//"X" =0x38
0x000,0x007,0x008,0x070,0x008,0x007,0x000,0x000,//"Y" =0x39
0x000,0x061,0x51,0x049,0x045,0x043,0x000,0x000,//"Z"  =0x3A
0x000,0x000,0x07F,0x041,0x041,0x000,0x000,0x000,//"[" =0x3B
0x000,0x002,0x004,0x008,0x010,0x020,0x000,0x000,//"\" =3CH
0x000,0x000,0x041,0x041,0x07F,0x000,0x000,0x000,//"]" =3DH
0x000,0x004,0x002,0x001,0x002,0x004,0x000,0x000,//"^" =3EH
0x000,0x040,0x040,0x000,0x040,0x040,0x000,0x000,//"_" =3FH
0x000,0x001,0x002,0x004,0x000,0x000,0x000,0x000,//"'" =40H
0x000,0x020,0x054,0x054,0x054,0x078,0x000,0x000,//"a" =41H
0x000,0x07F,0x048,0x044,0x044,0x038,0x000,0x000,//"b" =42H
0x000,0x038,0x044,0x044,0x044,0x028,0x000,0x000,//"c" =43H
0x000,0x038,0x044,0x044,0x048,0x07F,0x000,0x000,//"d" =44H
0x000,0x038,0x054,0x054,0x054,0x018,0x000,0x000,//"e" =45H
0x000,0x000,0x008,0x07E,0x009,0x002,0x000,0x000,//"f" =46H
0x000,0x00C,0x052,0x052,0x04C,0x03E,0x000,0x000,//"g" =47H
0x000,0x07F,0x008,0x004,0x004,0x078,0x000,0x000,//"h" =48H
0x000,0x000,0x044,0x07D,0x040,0x000,0x000,0x000,//"i" =49H
0x000,0x020,0x040,0x044,0x03D,0x000,0x000,0x000,//"j" =4AH
0x000,0x000,0x07F,0x010,0x028,0x044,0x000,0x000,//"k" =4BH
0x000,0x000,0x041,0x07F,0x040,0x000,0x000,0x000,//"l" =4CH
0x000,0x07C,0x004,0x078,0x004,0x078,0x000,0x000,//"m" =4DH
0x000,0x07C,0x008,0x004,0x004,0x078,0x000,0x000,//"n" =4EH
0x000,0x038,0x044,0x044,0x044,0x038,0x000,0x000,//"o" =4FH
0x000,0x07E,0x00C,0x012,0x012,0x00C,0x000,0x000,//"p" =50H
0x000,0x00C,0x012,0x012,0x00C,0x07E,0x000,0x000,//"q" =51H
0x000,0x07C,0x008,0x004,0x004,0x008,0x000,0x000,//"r" =52H
0x000,0x058,0x054,0x054,0x054,0x064,0x000,0x000,//"s" =53H
0x000,0x004,0x03F,0x044,0x040,0x020,0x000,0x000,//"t" =54H
0x000,0x03C,0x040,0x040,0x03C,0x040,0x000,0x000,//"u" =55H
0x000,0x0IC,0x020,0x040,0x020,0x01C,0x000,0x000,//"v" =56H
```

```
0x000,0x03C,0x040,0x030,0x040,0x03C,0x000,0x000,//"w" =57H
0x000,0x044,0x028,0x010,0x028,0x044,0x000,0x000,//"s" =58H
0x000,0x01C,0x0A0,0x0A0,0x090,0x07C,0x000,0x000,//"y" =59H
0x000,0x044,0x064,0x054,0x04C,0x044,0x000,0x000,//"z" =5AH
0x000,0x000,0x008,0x036,0x041,0x000,0x000,0x000,//"{" =5BH
0x000,0x000,0x000,0x077,0x000,0x000,0x000,0x000,//"|" =5CH
0x000,0x000,0x041,0x036,0x008,0x000,0x000,0x000,//"}" =5DH
0x000,0x002,0x001,0x002,0x004,0x002,0x000,0x000,//"~" =5FH
```

习　题

1. KS0108 显示内存字模排列与 T6963C 有什么不同?
2. 如何编写 KS0108 的打点函数?
3. 如何编写 KS0108 的清点函数?
4. 正常字模点阵汉字在 KS0108 上如何显示?为什么要先旋转?
5. 如何利用旋转好的字模显示 8×8 ASCII 码字符?
6. 如何根据打点函数画垂直线、水平线、斜线?
7. 如何根据打点函数显示 12×12、16×16、24×24、48×48 点阵汉字?
8. 如何根据打点函数显示 8×8、8×16 ASCII 码字符。
9. 如何根据打点函数显示周期为 4πf 的正弦曲线?
10. 如何根据打点函数显示警钟图形?

第 18 章 HD61830 液晶显示器驱动控制

本章知识架构

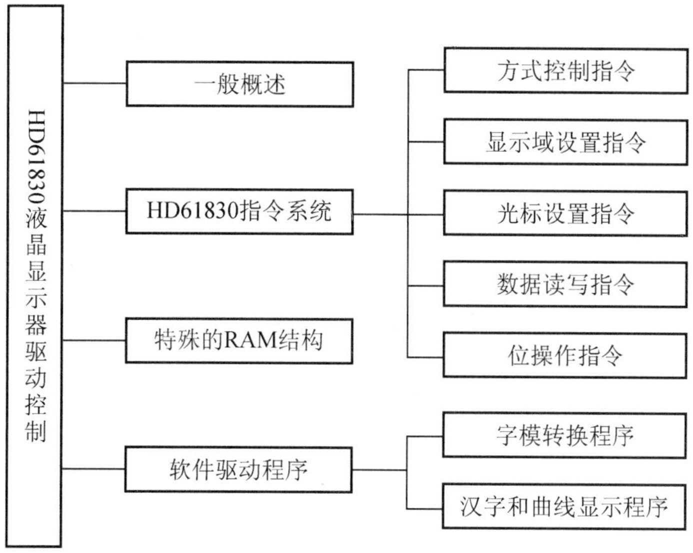

本章教学目标和要求

- 熟练掌握 HD61830 的指令系统;
- 了解 HD61830 的特殊 RAM 结构;
- 熟练掌握“位”操作指令和打点程序的编写;
- 熟练掌握 HD61830 的汉字和曲线显示。

小提示：

HD61830是一种图形液晶显示控制器，它可与8位微处理器接口，管理64KB显示RAM，内部时序发生器产生点阵液晶显示驱动信号。

随书下载资料中有HD61830的驱动程序，可供读者复制使用。

本章重点要掌握“位”操作指令和打点程序的编写，掌握字模转换方法。

18.1 HD61830液晶显示器概述

1. 液晶显示控制器

HD61830是图形液晶显示控制器，可直接与MCS-51系列时序的MPU接口。

2. 指令集

HD61830具有专门的指令集，可完成文本显示或图形显示的功能设置，以及实现画面卷动、光标闪烁、位操作等功能。

3. HD61830 内存管理

HD61830 可管理64KB显示RAM，其中图形方式为60KB，字符方式为4KB。

4. 内部字符发生器CGROM

HD61830内部字符发生器CGROM共有192种字符，其中5×7字体160种，5×11字体有32种，HD61830还可外接字符发生器，使字符量达到256种。

5. 占空比

HD61830具有较高占空比，可以静态方式显示至1/128占空比的动态方式显示。

6. HD61830封装和引脚

HD61830封装为60个引脚，管脚排列如图18-1所示，管脚功能如表18-1所示。

表18-1 HD61830管脚功能

符 号	状态	名 称	功 能
DB0～DB7	三态	数据总线	
$\overline{CS}$	输入	片选信号	低电平有效
R/W	输入	读写选择信号	高电平读，低电平写
RS	输入	寄存器选择	RS=1，选指令寄存器；RS=0，选数据寄存器
E	输入	使能信号	在E下降时写数据；E为高电平读数据
CR R C		RC振荡器引出端	
$\overline{RES}$	输入	复位信号	低电平有效
MA0～MA15	输出	外接RAM地址输出端	文本方式下，MA12～MA15为外接CGROM的地址线，所以HD61830只能管理4KB的文本显示RAM

续表

符　　号	状态	名　　称	功　　能
MD0～MD7	三态	RAM 数据线	
RD0～RD7	输入	外接 CGROM 数据输入端	
WE	输出	写信号	
CL1，CL2	输出	锁存信号和移位时钟	
FLM	输出	同步帧信号	
MA，MB	输出	液晶交流驱动信号	
D1，D2		串行输出数据	单屏使用 D1；双屏时，上屏使用 D1，下屏使用 D2
CP0	输出	时钟输出信号	
SYNC	三态	多片 HD61830 并联时同步信号	

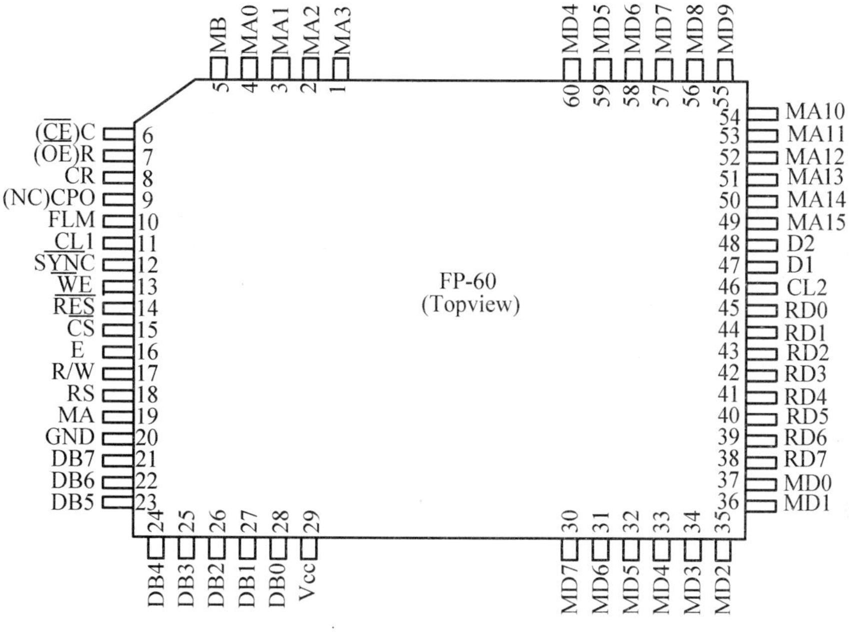

图 18-1　HD61830 管脚图

7. 多种组合功能

当 $\overline{CS}$ 为低电平时，RS、R/W、E 的各种组合所实现的功能如表 18-2 所示：

表 18-2　读写操作组合

RS	R/W	E	功　　能
0	0	下降沿	写数据或指令参数
0	1	高电平	读数据

续表

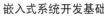

RS	R/W	E	功　能
1	0	下降沿	写指令代码
1	1	高电平	读忙标志

8. HD61830 的电气参数

HD61830 的电气参数如表 18-3 所示。

表 18-3　HD61830 的电气参数

名　称	符号	MIN	TYP	MAX	单位	测 试 条 件
电源	Vcc	4.5	5.0	5.5	V	
输入高电压 TTH	VIH	2.2		Vcc	V	
输入低电压 TTL	VIL	0		0.8	V	
输出高电压 TTH	VOH	2.4		Vcc	V	HOH=0.6mA
输出低电压 TTL	VOL	0		0.4	V	HOL=1.6mA
功率	Pwl		10	15	mW	Fosc=500MHz
时钟	fosc	400	500	600	KHz	Cf=15pF ± 15%，Rf=39k

内嵌 HD61830 控制器的显示模块有很多，如：MGLS-8032B、MGLS-240128、MGLS-8464、MGLS-12864 等，它们的电气参数基本相同，指令系统是一样的。因此它们的显示控制程序编制可参考本章介绍的方法进行。

18.2　HD61830 的指令系统

HD61830 有 13 条指令，每条指令由一个指令代码和一个功能参数组成。指令代码类似参数寄存器的地址代码，而参数才是实质的功能值。MPU 向 HD61830 指令寄存器写入指令代码来选择参数寄存器，再通过数据寄存器向参数寄存器写入参数值，以实现功能的设置。

HD61830 向 MPU 提供一个忙(BF)标志位：BF=1 表示当前 HD61830 处于内部运行状态，不接受 MPU 的访问(读状态标志位除外)，BF=0 表示 HD61830 允许 MPU 的访问。MPU 在访问 HD61830 时都要判断 BF 是否为 0。

MPU 可在 RS=1 状态下从数据总线 D7 位上读出 BF 标志值。

18.2.1　方式控制指令

1. 方式控制，指令代码为 0x00

该指令参数定义了显示方式，其参数格式为：

D7	D6	D5	D4	D3	D2	D1	D0
0	0	D5	D4	D3	D2	D1	D0

D0：字符发生器选择，D0 =0 为 CGROM，　D0=1 为 EXCGROM；

D1：显示方式选择，D1=0 为文本方式，D1=1 为图形方式；

D3 与 D2 组合实现如表 18-4 所示功能；

D4：工作方式选择，D4=0 为从方式，D4=1 为主方式；

D5：显示状态选择，D5=0 为禁止显示，D5=1 为启用显示。

需要注意的是，使用图形方式(D1=1)时，只能使 D0=D2=D3=0。一般情况下，HD61830 采用主方式 D4 =1。当有两片 HD61830 并联时，则其中一片为主方式，一片为从方式。

表 18-4　光标功能组合

D3	D2	功　　能
0	0	光标禁用
0	1	启用光标
1	0	光标禁止，字符闪烁
1	1	光标闪烁

2. 字体设置，指令代码 0x01

该指令设置文本方式下字符的点阵大小，指令参数格式：

VP-1　　　　0　　　　HP-1

VP：字符点阵行数，取值范围 1～16；

HP：字符点阵列数，图形方式表示一字节显示数据的有效位数，HP 的取值范围为 6、7、8。

3. 帧设置，指令代码 0x03

该指令的指令参数格式如下：

0　　　　NX-1

NX 为显示时的帧扫描行数，其倒数即为占空比。对单屏结构的显示模块，NX 即为其有效显示行数；对双屏显示结构的模块则 2NX 为其有效显示行数。

18.2.2　显示域设置指令

1. 显示域设置，指令代码 0x02

指令参数格式如下：

0　　　HN-1

HN 为一行显示所占的字节数，其取值范围为 2～128 内的偶数值，由 HN 和 HP 可得显示屏有效显示点列数 N=HN×HP。

2. 显示缓冲区起始地址低 8 位 SADL 设置，指令代码 0x08

该指令的指令参数格式如下：

起始地址低 8 位 SADL

3. 显示缓冲区起始地址高 8 位 SADH 设置，指令代码 0x09

该指令的指令参数格式如下：

起始地址高 8 位 SADH

以上两条指令设置了显示缓冲区起始地址，它们的指令参数分别是该地址的低位和高位字节。该地址对应显示屏上左上角显示位，显示缓冲区单元(即 RAM 单元)与

显示屏上显示位的对应关系如表 18-5 所示：

表 18-5 显示缓冲区与显示屏的对应关系

SAD	SAD+1	…	SAD+HN-1
SAD+HN	SAD+HN+1	…	SAD+2HN-1
…	…	…	
SAD+MHN	SAD+MHN+1	…	SAD+(M+1)xHN-1

显示屏上一个显示位长为 HP 点阵。

18.2.3 光标设置指令

1. 光标位置设置，指令代码 0x04

文本方式下的光标为一行(8×1)点阵显示，该指令用来指明光标在字符位中第几行，指令参数格式如下：

0 0 0 0 CP-1

其中 CP 表示光标在字符体中的行位置，CP 取值范围为 1～VP。CP>VP 时光标将被禁止。

2. 设置光标地址指针低 8 位 CACL 指令，指令代码 0x0A

该指令的指令参数格式如下：

光标地址低 8 位 CACL

3. 设置光标地址指针高 8 位 CACH 指令，指令代码 0x0B

该指令的指令参数格式如下：

光标地址高 8 位 CACH

以上两条指令设置光标地址指针，它们的指令参数即是该光标地址指针的低位和高位

字节。其作用一是用来指示当前要读、写显示缓冲区单元的地址；二是用在文本方式下，指出光标或闪烁字符在显示屏上的位置。

由于光标地址计数器是 16 位加 1 计数器，当第 N 位从 1 变到 0 时，会引起第 N+1 位自动加 1，因此当设置低 8 位地址时，若最高位 MSB 从 1 变为 0 就会引起高 8 位地址的最低位 LSB 加 1。因此设置时应先设置低 8 位，再设置高 8 位，而且即使只需修改地址低 8 位，其高位也要跟着重新设置一次，以确保地址指针设置的万无一失。

18.2.4　数据读/写指令

1. 数据写指令代码 0x0C

该指令将随后写入数据寄存器的数据送入光标地址指针指向的显示 RAM 单元。光标地址指针将随着每次数据的写入而自动加 1。该指令功能的终止将由下一条指令的输入来完成。

2. 数据读指令代码 0x0D

该指令代码写入后，紧跟着一次“空读”操作后，则可以连续读出光标地址指针所指向单元的内容。光标地址指针将随着每次数据的读出而自动加 1，该指令功能的终止将由下一条指令的输入来完成。

18.2.5　“位”操作指令

1. “位”清零，指令代码 0x0E

2. “位”置 1，指令代码 0x0F

以上两条指令的功能是将光标地址指针所指向的显示 RAM 单元中某一位清零或置 1。指令执行一次，光标地址指针自动加 1。指令参数格式为：

0	0	0	0	0	NB-1

其中 NB 为要清零或置 1 的位址，取值 1～8。

18.3　HD61830 液晶显示器驱动控制程序

18.3.1　HD61830 液晶显示器显示 RAM 结构

正常 16×16 汉字的显示字模在屏上是按图 18-2 所示顺序排列，而 HD61830 汉字显示字模在屏上是按图 18-3 所示顺序排列；同时正常 16×16 汉字的字模字节排列是高位在前，低为在后，如图 18-4 所示，而 HD61830 显示字节排列是高位在后，低为在前，如图 18-5 所示。

所以编写显示程序时要按此规律进行，按图 18-6 首先显示 0 号字节，显示完 0 号字节后，字模偏移量要加 16，在同一行上显示 16 号字节；然后显示 1 号字节，17 号字节，…，依此类推。显示时每个字节都先要调用 convert ()进行转换，然后送 HD61830。

0字节	1字节
2字节	3字节
…	…
30字节	31字节

图 18-2　正常汉字模屏上排列

0字节	16字节
1字节	17字节
…	…
15字节	31字节

图 18-3　HD61830 汉字字模屏上排列

D7	D6	D5	D4	D3	D2	D1	D0

图 18-4　正常字节排列

D0	D1	D2	D3	D4	D5	D6	D7

图 18-5　HD61830 字节排列

温馨提示：

8×8 和 8×16ASCII 字符字模、16×16、24×24、12×12、48×48 点阵汉字字模在内存中都是高位在前，低位在后存放的。

所以这些点阵汉字在写入 HD61830 时都要进行转换。原理可参看具体程序和注释。

18.3.2　软件程序

HD61830 液晶显示器驱动控制程序用 C 语言给出，完整程序、头文件、HD61830.pdf 文档均在随书下载资料中，其中 HD61830.C 经 Keil C51 调试通过。

例18-1　HD61830 驱动程序。

```
//------------------------------------------------------------------
//   模块 1:引入头文件、定义变量、函数声明
//------------------------------------------------------------------
#include <reg52.h>
#include <stdio.h>
#include <string.h>
#include <ctype.h>
#include <absacc.h>
#include<intrins.h>
#include <math.h>
#include <def.h>                                          //常用变量定义
#include <chn12.h>                                        //各种字体小字库定义
#include <syb16.h>
#include <asc816.h>
#include <asc88.h>
#include <chn16.h>
```

```
#include <chn24.h>
#define  DW_ADD  XBYTE[0x8000]                              //写数据口地址
#define  DR_ADD  XBYTE [0x8200]                             //读数据口地址
#define  CW_ADD  XBYTE [0x8100 ]                            //写指令口地址
#define  CR_ADD  XBYTE [0x8300]                             //读状态口地址
#define  COM      XBYTE[0x30]                               //指令代码寄存器
#define  DAT      XBYTE[0x31]                               //数据寄存器
U8 ROW;                                                     // LCD 地址指针高 8 位
U8 CUL;                                                     // LCD 地址指针低 8 位
//程序声明:
void W_DOT(U8 i,U8 j);                                      //打点函数
void C_DOT(U8 i,U8 j);                                      //清点函数
void DrawHorizOntalLine(U8 xstar,U8 xend,U8 ystar); //画水平线
void DrawVerticalLine(U8 xstar,U8 ystar,U8 yend);   //画垂直线
void Linexy(U8 stax,U8 stay ,U8 endx,U8 endy);      //画斜线
void ClearHorizOntalLine(U8 xstar,U8 xend,U8 ystar);//清水平线
void ClearVerticalLine(U8 xstar,U8 ystar,U8 yend);  //清垂直线
void ShowSinWave(void);                             //显示正弦曲线
void disdelay(void);                                //延时
void DrawOneChn2424(U8 x, U8 y, U8  chnCODE);       //显示 24×24 汉字
void DrawChnString2424(U8 x, U8 y, U8  *str,U8 s);  //显示 24×24 汉字串
void DrawOneSyb1616(U8 x,U8 y,U16 chnCODE);         //显示 16×16 标号
void DrawOneChn1212( U8 x,U8 y,U16 chnCODE);        //显示 12×12 汉字
void DrawOneChn1616( U8 x,U8 y,U16 chnCODE);        //显示 16×16 汉字
void DrawOneChn16160(U16 x,U16 y,U8 chncode);
void DrawChnString1616(U8 x,U8 y,U8 *str,U8 s);     //显示 16×16 汉字串
void DrawOneAsc816(U8 x,U8 y,U8 charCODE);          //显示8×16ASCII字符
void DrawAscString816(U8 x,U8 y,U8 *str,U8 s);      //显示 8×16ASCII 字
符串
void DrawOneAsc88(U8 x,U8 y,U8 charCODE);           //显示 8×8ASCII 字符
void DrawAscString88(U8 x,U8 y,U8 *str,U8 s);       //显示 8×8ASCII 字
符串
void FillColorScnArea(U8 x1,U8 y1,U8 x2,U8 y2);          //画填充矩形
void DrawOneBoxs(U8 x1,U8 y1,U8 x2,U8 y2);               //画矩形
void ObtuseAngleBoxs(U8 x1,U8 y1,U8 x2,U8 y2,U8 arc);    //钝角方形
void ReDrawOneChn1616(U8 x,U8 y,U16 chnCODE);       //显示汉字,反白
void Pr0(void);                                     //读 LCD 状态
void Pr1(void);                                     //写指令代码
void Pr2(void);                                     //写指令参数和数据
void Pr3(void);                                     //读显示数据
void INT(void);                                     //初始化子程序
```

```
    void SetLocat(U16 x,U16 y);                          //定位子程序
    void CLEAR(void);                                    //清屏子程序
    void DrawCGRAMChar(U16 x,U16 y,U8 charcode);         //显示一个 CGRAM
字符
    void DrawCharString(U16 x,U16 y,U8 *str, U8 s);      //显示 CGRAM 字符串
    void TDrawCharString(void);                          //显示一个字符串实例
    void ReadByte(x,y);                                  //读某显示单元内容
    void TDrawOneChn1616(void);                          //显示 16×16 点阵
汉字
    void convert ( void);                                //字模转换
    U8 stringp[]={0,1,2,3,4,5,6,7,8,9,10};
    U8 ascstring816[]={"1" , "2","3","a","s","d","A","B","C"};
    U8 cctab[]={ //按字节正常存放的 16×16 点阵字模例子,在 HD61830 上显示要转换。
    0x000,0x004,0x07F,0x0FE,0x040,0x004,0x04F,0x0E4,
    0x048,0x024,0x04F,0x0E4,0x040,0x004,0x05F,0x0F4,
    0x050,0x014,0x051,0x014,0x051,0x014,0x052,0x094,
    0x044,0x044,0x048,0x024,0x07F,0x0FC,0x040,0x004,     //圆
    0x041,0x020,0x031,0x024,0x01F,0x0FE,0x001,0x020,
    0x080,0x008,0x06F,0x0FC,0x021,0x020,0x001,0x024,
    0x01F,0x0FE,0x029,0x024,0x0E9,0x024,0x02A,0x0D4,
    0x02C,0x00C,0x028,0x004,0x028,0x014,0x028,0x008,     //满
    0x000,0x080,0x000,0x0A0,0x000,0x090,0x03F,0x0FC,
    0x020,0x080,0x020,0x080,0x020,0x084,0x03E,0x044,
    0x022,0x048,0x022,0x048,0x022,0x030,0x02A,0x020,
    0x024,0x062,0x040,0x092,0x081,0x00A,0x000,0x006,     //成
    0x000,0x080,0x000,0x080,0x008,0x080,0x0FC,0x080,
    0x010,0x084,0x017,0x0FE,0x010,0x084,0x010,0x084,
    0x010,0x084,0x010,0x084,0x01D,0x004,0x0F1,0x004,
    0x041,0x004,0x002,0x044,0x004,0x028,0x008,0x010,     //功
    };
    U8 ctab[]={                                          //*注 1
    0x53,0x75,0x70,0x70,0x6F,0x72,0x74,0x20,0x54,0x45,0x4C,0x20,0x3A,
    0x20,0x30,0x31,0x30,0x2D,0x36,0x32,0x37,0x38,0x30,0x33,0x37,0x39};
    //Support TEL: 010-62780379
    //  模块 2:读 LCD 状态、写指令代码和参数、读/写数据
    //-------------------------------------------------------------------
    //  读 LCD 状态
    //-------------------------------------------------------------------
    void Pr0(void)
    {
        U8 lcd_stat;
        lcd_stat=0x80;
```

```
    while(lcd_stat&0x80)
    lcd_stat=CR_ADD;
}
//------------------------------------------------------------------------
//  写指令代码
//------------------------------------------------------------------------
void Pr1(void)
{
    Pr0();
    CW_ADD=COM;
}
//------------------------------------------------------------------------
//  写指令参数和数据
//------------------------------------------------------------------------
void Pr2(void)
{
    Pr0();
    DW_ADD=DAT;
}
//------------------------------------------------------------------------
//  读显示数据
//------------------------------------------------------------------------
void Pr3(void)
{
    Pr0();
     DAT= DR_ADD;
}
//   模块 3:初始化、清屏、光标定位
//------------------------------------------------------------------------
//  初始化子程序
//------------------------------------------------------------------------
void INT(void)
{
    COM=0x00;
    Pr1();
    // DAT=0x3C ;                               //开显示,主方式,文本方式
    DAT=0x32;                                   //开显示,主方式,图形方式
    Pr2();                                      //写参数
    COM=0x01 ;                                  //字符体设置
    Pr1();
    DAT=0x77;                                   //字符体为 8x8 点阵
    Pr2();
```

```
    COM=0x02;                                   //显示域宽度设置
    Pr1();
    DAT=0x27 ;                                  //一行占显示 RAM 40 个字节
    Pr2();
    COM=0x03;                                   //帧设置
    Pr1();
    DAT=0x3F;                                   //64 行扫描行
    Pr2();
    COM=0x04;                                   //光标形状设置
    Pr1();
    DAT=0x07;                                   //光标为底线形式
    Pr2();
    COM=0x08;                                   //显示起始地址设置
    Pr1();
    DAT=0x00;                                   //低字节为 00H
    Pr2();
    COM=0x09;                                   //显示起始地址设置
    Pr1();
    DAT=0x00;                                   //高字节为 00H
    Pr2();
}
//----------------------------------------------------------------------
//  清屏子程序
//----------------------------------------------------------------------
void CLEAR(void)
{
    U16 i,j;
    COM=0x0A;
    Pr1();
    DAT=0x00;
    Pr2();
    COM= 0x0B;
    Pr1();
    DAT=0x00;
    Pr2();
    COM=0x0C;
    Pr1();
    DAT=0x00;
    for(j=0;j<10;j++)
    for(i=0;i<=256;i++)
    {
        Pr2();
```

```
    }
}
//--------------------------------------------------------------------
//  定位子程序
//--------------------------------------------------------------------
void SetLocat(U16 x,U16 y)                              // *注 2
{
    U16 r;
    r=y*40+x;
    ROW = r/256;
    CUL = r%256;
    COM=0x0A;
    Pr1();
    DAT=CUL;
    Pr2();
    COM=0x0B;
    Pr1();
    DAT=ROW;
    Pr2();
}
//  模块 4:显示 CGRAM 字符
//--------------------------------------------------------------------
//  显示一个 CGRAM 字符
//--------------------------------------------------------------------
void DrawCGRAMChar(U16 x,U16 y,U8 charcode)       // *注 3
{
    SetLocat( x, y);
    COM=0x0C ;//写数据指令代码
    Pr1();
    DAT= charcode;//写数据
    Pr2();
}
//--------------------------------------------------------------------
//  显示一个 CGRAM 字符串
//--------------------------------------------------------------------
void DrawCharString(U16 x,U16 y,U8 *str, U8 s)  // s 是字符串长度
{
    U8 i;
    static U16 x0,y0;
    x0=x;
    y0=y;
    for (i=0;i<s;i++)
```

```
    {
        DrawCGRAMChar (x0,y0,(U8)*(str+i));
        x0 += 8;                                    //水平串，如垂直串 y0+8
    }
}
//-----------------------------------------------------------------
// 显示一个 CGRAM 字符串实例
//-----------------------------------------------------------------
void TDrawCharString(void)                          //*注 4
{
    DrawCharString(0,0, ctab, 26);
}
//-----------------------------------------------------------------
// 读某显示单元内容
//-----------------------------------------------------------------
void ReadByte(x,y)                                  //*注 5
{
    SetLocat( x, y);
    COM=0x0D;
    Pr1();
    Pr3();//"空读"
     Pr3();//读得数据
}
//  模块 4:字模转换、显示字模字节正常存放的汉字
//-----------------------------------------------------------------
// 写 16×16 点阵汉字一个,字模字节正常存放,转换后在 HD61830 上显示
//-----------------------------------------------------------------
void DrawOneChn16160(U16 x,U16 y,U8 chncode)       //*注 6
{
    U8 i;
    U8 *p;
    p=cctab+chncode*32;
    for(i=0;i<16;i++)
    {
        SetLocat( x, y);
        COM=0x0C;
        Pr1();
        DAT=*p;
        convert();                                  //转换
        Pr2();                                      //显示一行的左半部字节
        DAT=*(p+16);
        convert();
```

```
        Pr2();                              //显示一行的右半部字节
        p+=1;
        y+=1;
    }
}
//-----------------------------------------------------------------------
//  字模转换
//-----------------------------------------------------------------------
void convert ( void)                                        //*注 7

{
    U8 v1,v2,i;
    v1=0;
    v2=0;
    for(i=7;i>=0;i=i-1)
    {
        v1=( DAT <<i)&0x80;
        v2=v2|(v1>>(7-i));
    }
    DAT=v2;
}
//-----------------------------------------------------------------------
//  显示 16×16 点阵汉字实例
//-----------------------------------------------------------------------
void TDrawOneChn1616(void)
{
    DrawOneChn16160(0,0,0);
    DrawOneChn16160(16,0,1);
    DrawOneChn16160(32,0,2);
    DrawOneChn16160(64,0,3);
}
//   模块 5:打点函数、打点函数基础上显示曲线和汉字、ASCII 字符
//-----------------------------------------------------------------------
//  打点函数
//-----------------------------------------------------------------------
void W_DOT(U8 i,U8 j)                                       //*注 8
{
    U16 n;
    U8 m;
    n=i/8;                      //找该点在显示缓冲区中字节数(8 个点一个字节)
    m=i%8;                      //找该点在字节中位数
    SetLocat(n,j);              //移地址指针到该点所在字节地址
```

```
    COM=0x0F;                   //0x0F是打点指令
    Pr1();                      //发打点命令
    DAT=m&0x07;                 //打点参数
    Pr2();                      //发打点位置
}
//-------------------------------------------------------------------
//  清点函数
//-------------------------------------------------------------------
void C_DOT(U8 i,U8 j)
{
    U8 n,m;
    n=i/8;
    m=i%8;
    SetLocat(n,j);              //移地址指针
    COM=0x0E;                   //0x0E是清点指令
    Pr1();
    DAT=m&0x07;                 //清点参数
    Pr2();
}
//-------------------------------------------------------------------
//  画水平线
//-------------------------------------------------------------------
void DrawHorizOntalLine(U8 xstar,U8 xend,U8 ystar)
{
    U8  i;
    for(i=xstar;i<=xend;i++)
    {
        W_DOT(i,ystar);
    }
}
//-------------------------------------------------------------------
//   画垂直线
//-------------------------------------------------------------------
void DrawVerticalLine(U8 xstar,U8 ystar,U8 yend)
{
    U8 i;
    for(i=ystar;i<=yend;i++)
    {
        W_DOT(xstar,i);
    }
}
//-------------------------------------------------------------------
```

```
//   清水平线
//-------------------------------------------------------------------
void ClearHorizOntalLine(U8 xstar,U8 xend,U8 ystar)
{
    U8 i;
    for(i=xstar;i<=xend;i++)
    {
        C_DOT(i,ystar);
    }
}
//-------------------------------------------------------------------
//  清垂直线
//-------------------------------------------------------------------
void ClearVerticalLine(U8 xstar,U8 ystar,U8 yend)
{
    U8 i;
    for(i=ystar;i<=yend;i++)
    {
        C_DOT(xstar,i);
    }
}
//-------------------------------------------------------------------
//   画斜线
//-------------------------------------------------------------------
void Linexy(U8 stax, U8 stay, U8 endx, U8  endy)
{
    U8 t;
    U8 col,row;//行,列值
    U8 xerr,yerr,deltax,deltay,distance;
    U8 incx,incy;
    xerr=0;
    yerr=0;
    col=stax;
    row=stay;
    W_DOT(col,row);
    deltax=endx-col;
    deltay=endy-row;
    if(deltax>0) incx=1;
    else if( deltax==0 ) incx=0;
    else incx=-1;
    if(deltay>0) incy=1;
    else if( deltay==0 ) incy=0;
```

```
    else incy=-1;
    deltax = abs( deltax );
    deltay = abs( deltay );
    if( deltax > deltay )
    distance=deltax;
    else distance=deltay;
    for( t=0;t <= distance+1; t++ )
    {
        W_DOT(col,row);
        xerr += deltax ;
        yerr += deltay ;
        if( xerr > distance )
        {
            xerr-=distance;
            col+=incx;
        }
        if( yerr > distance )
        {
            yerr-=distance;
            row+=incy;
        }
    }
}
//------------------------------------------------------------------------
//   显示一个正弦曲线
//------------------------------------------------------------------------
void  ShowSinWave(void)
{
    unsigned  int x,j0,k0;
    double y,a,b;
    j0=0;
    k0=0;
    DrawHorizOntalLine(1,159,32);                        //画坐标 x 范围:0~160
    DrawVerticalLine(0,0,63);                            // y 范围:0~63
    for (x=0;x<=160;x++)
    {
        a=((float)x/160)*2*3.14;
        y=sin(a);
        b=(1-y)*32;
        W_DOT((U16)x,(U16)b);
        disdelay();
    }
```

```
}
//--------------------------------------------------------------------
// 显示一个 24×24 汉字
//--------------------------------------------------------------------
void DrawOneChn2424(U8 x, U8 y, U8 chnCODE)
{
    U8 i,j,k,tstch;
    U8 *p;
    p=chn2424+72*(chnCODE);
    for (i=0;i<24;i++)
     {
        for(j=0;j<=2;j++)
        {
            tstch=0x80;
            for (k=0;k<8;k++)
            {
                if(*(p+3*i+j)&tstch)
                W_DOT(x+i,y+j*8+k);
                tstch=tstch>>1;
            }
        }
    }
}
//--------------------------------------------------------------------
//  显示 24×24 汉字串
//--------------------------------------------------------------------
void DrawChnString2424(U8 x, U8 y, U8  *str,U8 s)
{
    U8 i;
    static U16 x0,y0;
    x0=x;
    y0=y;
    for (i=0;i<s;i++)
    {
        DrawOneChn2424(x0,y0,(U8)*(str+i));
        x0+=24;                                //水平串,如垂直串 y0+24
    }
}
//--------------------------------------------------------------------
//   显示 16×16 标号(报警和音响)
//--------------------------------------------------------------------
void  DrawOneSyb1616(U8 x,U8 y,U16 chnCODE)
```

```
{
    int i,k,tstch;
    unsigned int *p;
    p=syb1616+16*chnCODE;
    for (i=0;i<16;i++)
    {
        tstch=0x80;
        for(k=0;k<8;k++)
        {
            if(*p>>8&tstch)
            W_DOT(x+k,y+i);
            if((*p&0x00FF)&tstch)
            W_DOT(x+k+8,y+i);
            tstch=tstch >>1;
        }
        p+=1;
    }
}
//-------------------------------------------------------------------
//  延时
//-------------------------------------------------------------------
void disdelay(void)
{
    unsigned long  i,j;
    i=0x01;
    while(i!=0)
    {
        j=0xffff;
        while(j!=0)
        j-=1;
        i-=1;
    }
}
//-------------------------------------------------------------------
//  显示 12×12 汉字一个
//-------------------------------------------------------------------
void DrawOneChn1212(U8 x,U8 y,U16 chnCODE)
{
    U16 i,j,k,tstch;
    U8 *p;
    p=chn1212+24*(chnCODE);
```

```
    for (i=0;i<12;i++)
    {
        for(j=0;j<2;j++)
        {
            tstch=0x80;
            for (k=0;k<8;k++)
            {
                if(*(p+2*i+j)&tstch)
                W_DOT(x+8*j+k,y+i);
                tstch=tstch>>1;
            }
        }
    }
    x+=12;
}
//----------------------------------------------------------------------
//  显示 16×16 汉字一个
//----------------------------------------------------------------------
void DrawOneChn1616(U8 x,U8 y,U16 chnCODE)
{
    U8 i,k,tstch;
    U16 *p;
    p=chn1616+16*chnCODE;
    for (i=0;i<16;i++)
    {
        tstch=0x80;
        for(k=0;k<8;k++)
        {
            if(*p>>8&tstch)
            W_DOT(x+k,y+i);
            if((*p&0x00FF)&tstch)
            W_DOT(x+k+8,y+i);
            tstch=tstch>>1;
        }
        p+=1;
    }
}
//----------------------------------------------------------------------
//  反白显示 16×16 汉字一个
//----------------------------------------------------------------------
void ReDrawOneChn1616(U8 x,U8 y,U16 chnCODE)
```

```
{
    U16 i,k,tstch;
    U16 *p;
    p=chn1616+16*chnCODE;
    for (i=0;i<16;i++)
    {
        tstch=0x80;
        for(k=0;k<8;k++)
        {
            if( ((*p>>8)^0x0FF) &tstch)
            W_DOT(x+k,y+i);
            if( ((*p&0x00FF)^0x00FF) &tstch)
            W_DOT(x+k+8,y+i);
            tstch=tstch>>1;
        }
        p+=1;
    }
}
//--------------------------------------------------------------------
//   显示16×16汉字串
//--------------------------------------------------------------------
void DrawChnString1616(U8 x,U8 y,U8 *str,U8 s)
{
    U8 i;
    static U8 x0,y0;
    x0=x;
    y0=y;
    for (i=0;i<s;i++)
    {
        DrawOneChn1616(x0,y0,(U8)*(str+i));
        x0 += 16;//水平串,如垂直串 y0+16
    }
}
//--------------------------------------------------------------------
//    显示8×16字母一个(ASCII Z字符)
//--------------------------------------------------------------------
void DrawOneAsc816(U8x,U8y,U8 charCODE)

{
    U8 *p;
    U8 i,k;
```

```
    int mask[]={0x80,0x40,0x20,0x10,0x08,0x04,0x02,0x01 };
    p=asc816+charCODE*16;
    for (i=0;i<16;i++)
    {
        for(k=0;k<8;k++)
        {
            if (mask[k%8]&*p)
            W_DOT(x+k,y+i);
        }
        p++;
    }
}
//------------------------------------------------------------------------
//   显示 8×16  ASCII 字符串
//------------------------------------------------------------------------
void DrawAscString816(U8 x,U8 y,U8 *str,U8 s)
{
    U8 i;
    static U8 x0,y0;
    x0=x;
    y0=y;
    for (i=0;i<s;i++)
    {
        DrawOneAsc816(x0,y0,(U8)*(str+i));
        x0 += 8;//水平串,如垂直串 y0+16
    }
}
//------------------------------------------------------------------------
//    显示 8×8 字母一个(ASCII Z 字符)
//------------------------------------------------------------------------
void DrawOneAsc88(U8 x,U8 y,U8 charCODE)
{
    U8 *p;
    U8 i,k;
    int mask[]={0x80,0x40,0x20,0x10,0x08,0x04,0x02,0x01 };
    p=asc88+charCODE*8;
    for (i=0;i<8;i++)
    {
        for(k=0;k<8;k++)
        {
            if (mask[k%8]&*p)
```

```
            W_DOT(x+k,y+i);
        }
        p++;
    }
}
//------------------------------------------------------------------------
//    显示 8×8 字符串
//------------------------------------------------------------------------
void DrawAscString88(U8 x,U8 y,U8 *str,U8 s)
{
    U8 i;
    static U8 x0,y0;
    x0=x;
    y0=y;
    for (i=0;i<s;i++)
    {
        DrawOneAsc88(x0,y0,(U8)*(str+i));
        x0 += 10;//水平串,如垂直串 y0+8
    }
}
//------------------------------------------------------------------------
//   画填充矩形
//------------------------------------------------------------------------
void FillColorScnArea(U8 x1,U8 y1,U8 x2,U8 y2)
{
    U8 i;
    for(i=y1;i<=y2;i++)
    {
        DrawHorizOntalLine(x1,x2,i);
    }
}
//------------------------------------------------------------------------
//   画矩形框
//------------------------------------------------------------------------
void DrawOneBoxs(U8 x1,U8 y1,U8 x2,U8 y2)
{
    DrawHorizOntalLine(x1,x2,y1);
    DrawHorizOntalLine(x1,x2,y2);
    DrawVerticalLine(x1,y1,y2);
    DrawVerticalLine(x2,y1,y2);
}
```

```
//----------------------------------------------------------------
//    模块 6:主程序
//----------------------------------------------------------------
void main(void)
{
    DrawAscString816(110,60,ascstring816,6);
    DrawAscString88(120,100,ascstring816,10);
    DrawOneSyb1616(210,3,0x01);
    DrawOneSyb1616(230,3,0x0);
    DrawChnString1616(10,75,stringp,3);
    DrawChnString2424(150,200,stringp,6);
    ShowSinWave();
}
```

下面对注释进行解释。

注 1：CTAB 数组存放的是要显示的 CGROM 中的 8×8 字符代码“Support TEL:010-62780379”，代码是 8 位的，高 4 位在前，低 4 位在后。指令 0x0C 就是写 CGROM 命令，指令参数就是字符代码。

注 2：函数参数 x 和 y 是以字节为单位的屏上显示位置，定位就是把指针移到与此对应的显示 RAM。r= y *40+x 中，y *40 是一行 40 个字节，y 行共占的字节数；加上 x 列正好是显示位置对应的 RAM 单元，ROW = r/256，CUL = r %256 是分别求出此 16 位地址高 8 位和低 8 位，然后通过下面程序送入 HD61830。

注 3：指令 0x0C 就是写 CGROM 字符命令，指令参数就是字符代码。

注 4：显示字符串“Support TEL：010-62780379”，CTAB 数组存放的是要显示的字符串的代码。

注 5：读操作要进行两次，第一次是空读，第二次才是读得的数据。

注 6：显示时每个字节都先要调用 convert ( )进行转换，然后送 HD61830。

注 7：8×8 和 8×16ASCII 字符，16×16、24×24、12×12、48×48 点阵汉字在写入 HD61830 时都要用程序转换。这是转换程序。

注 8：打点函数中的参数 x、y 是屏上点的坐标，单位是点，对 MGLS-12864 LCD 模块来说 x 的范围是 0～127；y 的范围是 0～63。n=i/8 是计算该点在 x 向占多少字节，以便计算该点内存映象的位置。

因为定位函数是以字节为单位的，m=i %8 是计算该点在字节中的 bit 位。COM=0x0F 是置位命令代码，DAT=m&0x07 是将 bit 数写入模块。

18.4　HD61830 CGRAM 字符代码表

HD61830 内部字符发生器 CGROM 字符代码表如表 18-6 所示，供编程参考。

表 18-6　HD61830 内部字符发生器 CGROM 字符代码

H-4BIT / L-4BIT	0010	0011	0100	0101	0110	0111	1010	1011	1100	1101	1110	1111
xxxx 0000		0	@	P	`	p	⋮	⋮	⋮	⋮	⋮	⋮
xxxx 0001	!	1	A	Q	a	q	⋮	⋮	⋮	⋮	⋮	⋮
xxxx 0010	“	2	B	R	b	r	⋮	⋮	⋮	⋮	⋮	⋮
xxxx 0011	#	3	C	S	c	s	⋮	⋮	⋮	⋮	⋮	⋮
xxxx 0100	$	4	D	T	d	t	⋮	⋮	⋮	⋮	⋮	⋮
xxxx 0101	%	5	E	U	e	u	⋮	⋮	⋮	⋮	⋮	⋮
xxxx 0110	&	6	F	V	f	v	⋮	⋮	⋮	⋮	⋮	⋮
xxxx 0111	～	7	G	W	g	w	⋮	⋮	⋮	⋮	⋮	⋮
Xxxx 1000	(	8	H	X	h	x	⋮	⋮	⋮	⋮	⋮	⋮
Xxxx 1001	)	9	I	Y	i	y	⋮	⋮	⋮	⋮	⋮	⋮
Xxxx 1010	*	:	J	Z	j	z	⋮	⋮	⋮	⋮	⋮	⋮
Xxxx 1011	+	;	K	[	k	{	⋮	⋮	⋮	⋮	⋮	⋮
Xxxx 1100	,	<	L	￥	l	|	⋮	⋮	⋮	⋮	⋮	⋮
Xxxx 1101	−	=	M	]	m	}	⋮	⋮	⋮	⋮	⋮	⋮
Xxxx 1110	.	>	N	^	n	→	⋮	⋮	⋮	⋮	⋮	⋮
Xxxx1111	/	?	O	-	o	←	⋮	⋮	⋮	⋮	⋮	⋮

小提示：

由于篇幅限制，本书只给出 3 种典型 LCD 显示控制器控制程序，想了解更多 LCD 显示控制器驱动程序，请参见参考文献[5]。

习　　题

1. HD61830 字模在屏上排列和 T6963C、KS0108 有什么不同？
2. HD61830 的打点、清点函数有什么特点？
3. 正常字模汉字在 HD61830 上显示和 T6963C 上显示有什么不同？
4. 正常 16×16 点阵汉字在 HD61830 上显示如何变换？
5. 如何根据打点函数显示 12×12、16×16、24×24、48×48 点阵汉字？
6. 如何根据打点函数显示 8×8、8×16ASCII 码字符。
7. 如何根据打点函数显示周期为 4πf 的正弦曲线？
8. 如何根据打点函数显示警笛图形？

参 考 文 献

[1] 王士元．C高级实用程序设计[M]．北京：清华大学出版社，2000．

[2] T6963C控制器应用手册[M]．河北：冀诚电子有限公司，2000．

[3] KS0108控制驱动器的应用[M]．河北：冀诚电子有限公司，2000．

[4] HD61830图形液晶显示模块使用手册[M]．北京：精电蓬远显示技术有限公司，2001．

[5] 侯殿有．嵌入式控制系统人机界面设计[M]．北京：北京航空航天大学出版社，2011．

[6] LAB6000．系列单片机仿真实验系统[M]．南京：南京伟福实业有限公司，2006．

[7] DP-51 PRO单片机仿真实验系统[M]．广州：广州周立功有限公司，2006．

[8] 马忠梅，等．单片机的C语言应用程序设计[M]．北京：北京航空航天大学出版社，2007．

[9] 谢维成，等．单片机原理与应用及C51程序设计[M]．北京：清华大学出版社，2006．

北京大学出版社本科计算机系列实用规划教材

序号	标准书号	书　名	主　编	定价	序号	标准书号	书　名	主　编	定价
1	7-301-10511-5	离散数学	段禅伦	28	43	7-301-14506-7	Photoshop CS3 案例教程	李建芳	34
2	7-301-10457-X	线性代数	陈付贵	20	44	7-301-14510-4	C++程序设计基础案例教程	于永彦	33
3	7-301-10510-X	概率论与数理统计	陈荣江	26	45	7-301-14942-3	ASP .NET 网络应用案例教程(C# .NET 版)	张登辉	33
4	7-301-10503-0	Visual Basic 程序设计	闵联营	22	46	7-301-12377-5	计算机硬件技术基础	石　磊	26
5	7-301-10456-9	多媒体技术及其应用	张正兰	30	47	7-301-15208-9	计算机组成原理	娄国焕	24
6	7-301-10466-8	C++程序设计	刘天印	33	48	7-301-15463-2	网页设计与制作案例教程	房爱莲	36
7	7-301-10467-5	C++程序设计实验指导与习题解答	李　兰	20	49	7-301-04852-8	线性代数	姚喜妍	22
8	7-301-10505-4	Visual C++程序设计教程与上机指导	高志伟	25	50	7-301-15461-8	计算机网络技术	陈代武	33
9	7-301-10462-0	XML 实用教程	丁跃潮	26	51	7-301-15697-1	计算机辅助设计二次开发案例教程	谢安俊	26
10	7-301-10463-7	计算机网络系统集成	斯桃枝	22	52	7-301-15740-4	Visual C# 程序开发案例教程	韩朝阳	30
11	7-301-10465-1	单片机原理及应用教程	范立南	30	53	7-301-16597-3	Visual C++程序设计实用案例教程	于永彦	32
12	7-5038-4421-3	ASP .NET 网络编程实用教程(C#版)	崔良海	31	54	7-301-16850-9	Java 程序设计案例教程	胡巧多	32
13	7-5038-4427-2	C 语言程序设计	赵建锋	25	55	7-301-16842-4	数据库原理与应用(SQL Server 版)	毛一梅	36
14	7-5038-4420-5	Delphi 程序设计基础教程	张世明	37	56	7-301-16910-0	计算机网络技术基础与应用	马秀峰	33
15	7-5038-4417-5	SQL Server 数据库设计与管理	姜　力	31	57	7-301-15063-4	计算机网络基础与应用	刘远生	32
16	7-5038-4424-9	大学计算机基础	贾丽娟	34	58	7-301-15250-8	汇编语言程序设计	张光长	28
17	7-5038-4430-0	计算机科学与技术导论	王昆仑	30	59	7-301-15064-1	网络安全技术	骆耀祖	30
18	7-5038-4418-3	计算机网络应用实例教程	魏　峥	25	60	7-301-15584-4	数据结构与算法	佟伟光	32
19	7-5038-4415-9	面向对象程序设计	冷英男	28	61	7-301-17087-8	操作系统实用教程	范立南	36
20	7-5038-4429-4	软件工程	赵春刚	22	62	7-301-16631-4	Visual Basic 2008 程序设计教程	隋晓红	34
21	7-5038-4431-0	数据结构(C++版)	秦　锋	28	63	7-301-17537-8	C 语言基础案例教程	汪新民	31
22	7-5038-4423-2	微机应用基础	吕晓燕	33	64	7-301-17397-8	C++程序设计基础教程	郗亚辉	30
23	7-5038-4426-4	微型计算机原理与接口技术	刘彦文	26	65	7-301-17578-1	图论算法理论、实现及应用	王桂平	54
24	7-5038-4425-6	办公自动化教程	钱　俊	30	66	7-301-17964-2	PHP 动态网页设计与制作案例教程	房爱莲	42
25	7-5038-4419-1	Java 语言程序设计实用教程	董迎红	33	67	7-301-18514-8	多媒体开发与编程	于永彦	35
26	7-5038-4428-0	计算机图形技术	龚声蓉	28	68	7-301-18538-4	实用计算方法	徐亚平	24
27	7-301-11501-5	计算机软件技术基础	高　巍	25	69	7-301-18539-1	Visual FoxPro 数据库设计案例教程	谭红杨	35
28	7-301-11500-8	计算机组装与维护实用教程	崔明远	33	70	7-301-19313-6	Java 程序设计案例教程与实训	董迎红	45
29	7-301-12174-0	Visual FoxPro 实用教程	马秀峰	29	71	7-301-19389-1	Visual FoxPro 实用教程与上机指导（第 2 版）	马秀峰	40
30	7-301-11500-8	管理信息系统实用教程	杨月江	27	72	7-301-19435-5	计算方法	尹景本	28
31	7-301-11445-2	Photoshop CS 实用教程	张　瑾	28	73	7-301-19388-4	Java 程序设计教程	张剑飞	35
32	7-301-12378-2	ASP .NET 课程设计指导	潘志红	35	74	7-301-19386-0	计算机图形技术(第 2 版)	许承东	44
33	7-301-12394-2	C# .NET 课程设计指导	龚自霞	32	75	7-301-15689-6	Photoshop CS5 案例教程(第 2 版)	李建芳	39
34	7-301-13259-3	VisualBasic .NET 课程设计指导	潘志红	30	76	7-301-18395-3	概率论与数理统计	姚喜妍	29
35	7-301-12371-3	网络工程实用教程	汪新民	34	77	7-301-19980-0	3ds Max 2011 案例教程	李建芳	44
36	7-301-14132-8	J2EE 课程设计指导	王立丰	32	78	7-301-20052-0	数据结构与算法应用实践教程	李文书	36
37	7-301-21088-8	计算机专业英语(第 2 版)	张　勇	42	79	7-301-12375-1	汇编语言程序设计	张宝剑	36

38	7-301-13684-3	单片机原理及应用	王新颖	25	80	7-301-20523-5	Visual C++程序设计教程与上机指导(第2版)	牛江川	40
39	7-301-14505-0	Visual C++程序设计案例教程	张荣梅	30	81	7-301-20630-0	C#程序开发案例教程	李挥剑	39
40	7-301-14259-2	多媒体技术应用案例教程	李　建	30	82	7-301-20898-4	SQL Server 2008 数据库应用案例教程	钱哨	38
41	7-301-14503-6	ASP .NET 动态网页设计案例教程(Visual Basic .NET 版)	江　红	35	83	7-301-21052-9	ASP.NET 程序设计与开发	张绍兵	39
42	7-301-14504-3	C++面向对象与 Visual C++程序设计案例教程	黄贤英	35					

北京大学出版社电气信息类教材书目(已出版)

欢迎选订

序号	标准书号	书　名	主　编	定价	序号	标准书号	书　名	主　编	定价
1	7-301-10759-1	DSP 技术及应用	吴冬梅	26	38	7-5038-4400-3	工厂供配电	王玉华	34
2	7-301-10760-7	单片机原理与应用技术	魏立峰	25	39	7-5038-4410-2	控制系统仿真	郑恩让	26
3	7-301-10765-2	电工学	蒋　中	29	40	7-5038-4398-3	数字电子技术	李　元	27
4	7-301-19183-5	电工与电子技术(上册)(第2版)	吴舒辞	30	41	7-5038-4412-6	现代控制理论	刘永信	22
5	7-301-19229-0	电工与电子技术(下册)(第2版)	徐卓农	32	42	7-5038-4401-0	自动化仪表	齐志才	27
6	7-301-10699-0	电子工艺实习	周春阳	19	43	7-5038-4408-9	自动化专业英语	李国厚	32
7	7-301-10744-7	电子工艺学教程	张立毅	32	44	7-5038-4406-5	集散控制系统	刘翠玲	25
8	7-301-10915-6	电子线路 CAD	吕建平	34	45	7-301-19174-3	传感器基础(第 2 版)	赵玉刚	30
9	7-301-10764-1	数据通信技术教程	吴延海	29	46	7-5038-4396-9	自动控制原理	潘　丰	32
10	7-301-18784-5	数字信号处理(第 2 版)	阎　毅	32	47	7-301-10512-2	现代控制理论基础(国家级十一五规划教材)	侯媛彬	20
11	7-301-18889-7	现代交换技术(第 2 版)	姚　军	36	48	7-301-11151-2	电路基础学习指导与典型题解	公茂法	32
12	7-301-10761-4	信号与系统	华　容	33	49	7-301-12326-3	过程控制与自动化仪表	张井岗	36
13	7-301-19318-1	信息与通信工程专业英语（第 2 版）	韩定定	32	50	7-301-12327-0	计算机控制系统	徐文尚	28
14	7-301-10757-7	自动控制原理	袁德成	29	51	7-5038-4414-0	微机原理及接口技术	赵志诚	38
15	7-301-16520-1	高频电子线路(第 2 版)	宋树祥	35	52	7-301-10465-1	单片机原理及应用教程	范立南	30
16	7-301-11507-7	微机原理与接口技术	陈光军	34	53	7-5038-4426-4	微型计算机原理与接口技术	刘彦文	26
17	7-301-11442-1	MATLAB 基础及其应用教程	周开利	24	54	7-301-12562-5	嵌入式基础实践教程	杨　刚	30
18	7-301-11508-4	计算机网络	郭银景	31	55	7-301-12530-4	嵌入式 ARM 系统原理与实例开发	杨宗德	25
19	7-301-12178-8	通信原理	隋晓红	32	56	7-301-13676-8	单片机原理与应用及 C51 程序设计	唐　颖	30
20	7-301-12175-7	电子系统综合设计	郭　勇	25	57	7-301-13577-8	电力电子技术及应用	张润和	38
21	7-301-11503-9	EDA 技术基础	赵明富	22	58	7-301-20508-2	电磁场与电磁波（第 2 版）	邬春明	30
22	7-301-12176-4	数字图像处理	曹茂永	23	59	7-301-12179-5	电路分析	王艳红	38
23	7-301-12177-1	现代通信系统	李白萍	27	60	7-301-12380-5	电子测量与传感技术	杨　雷	35
24	7-301-12340-9	模拟电子技术	陆秀令	28	61	7-301-14461-9	高电压技术	马永翔	28
25	7-301-13121-3	模拟电子技术实验教程	谭海曙	24	62	7-301-14472-5	生物医学数据分析及其MATLAB实现	尚志刚	25
26	7-301-11502-2	移动通信	郭俊强	22	63	7-301-14460-2	电力系统分析	曹　娜	35
27	7-301-11504-6	数字电子技术	梅开乡	30	64	7-301-14459-6	DSP 技术与应用基础	俞一彪	34
28	7-301-18860-6	运筹学(第 2 版)	吴亚丽	28	65	7-301-14994-2	综合布线系统基础教程	吴达金	24
29	7-5038-4407-2	传感器与检测技术	祝诗平	30	66	7-301-15168-6	信号处理 MATLAB 实验教程	李　杰	20
30	7-5038-4413-3	单片机原理及应用	刘　刚	24	67	7-301-15440-3	电工电子实验教程	魏　伟	26
31	7-5038-4409-6	电机与拖动	杨天明	27	68	7-301-15445-8	检测与控制实验教程	魏　伟	24
32	7-5038-4411-9	电力电子技术	樊立萍	25	69	7-301-04595-4	电路与模拟电子技术	张绪光	35
33	7-5038-4399-0	电力市场原理与实践	邹　斌	24	70	7-301-15458-8	信号、系统与控制理论(上、下册)	邱德润	70
34	7-5038-4405-8	电力系统继电保护	马永翔	27	71	7-301-15786-2	通信网的信令系统	张云麟	24
35	7-5038-4397-6	电力系统自动化	孟祥忠	25	72	7-301-16493-8	发电厂变电所电气部分	马永翔	35
36	7-5038-4404-1	电气控制技术	韩顺杰	22	73	7-301-16076-3	数字信号处理	王震宇	32
37	7-5038-4403-4	电器与 PLC 控制技术	陈志新	38	74	7-301-16931-5	微机原理及接口技术	肖洪兵	32

序号	标准书号	书　名	主　编	定价	序号	标准书号	书　名	主　编	定价
75	7-301-16932-2	数字电子技术	刘金华	30	95	7-301-18314-4	通信电子线路及仿真设计	王鲜芳	29
76	7-301-16933-9	自动控制原理	丁　红	32	96	7-301-19175-0	单片机原理与接口技术	李　升	46
77	7-301-17540-8	单片机原理及应用教程	周广兴	40	97	7-301-19320-4	移动通信	刘维超	39
78	7-301-17614-6	微机原理及接口技术实验指导书	李干林	22	98	7-301-19447-8	电气信息类专业英语	缪志农	40
79	7-301-12379-9	光纤通信	卢志茂	28	99	7-301-19451-5	嵌入式系统设计及应用	邢吉生	44
80	7-301-17382-4	离散信息论基础	范九伦	25	100	7-301-19452-2	电子信息类专业 MATLAB 实验教程	李明明	42
81	7-301-17677-1	新能源与分布式发电技术	朱永强	32	101	7-301-16914-8	物理光学理论与应用	宋贵才	32
82	7-301-17683-2	光纤通信	李丽君	26	102	7-301-16598-0	综合布线系统管理教程	吴达金	39
83	7-301-17700-6	模拟电子技术	张绪光	36	103	7-301-20394-1	物联网基础与应用	李蔚田	44
84	7-301-17318-3	ARM 嵌入式系统基础与开发教程	丁文龙	36	104	7-301-20339-2	数字图像处理	李云红	36
85	7-301-17797-6	PLC 原理及应用	缪志农	26	105	7-301-20340-8	信号与系统	李云红	29
86	7-301-17986-4	数字信号处理	王玉德	32	106	7-301-20505-1	电路分析基础	吴舒辞	38
87	7-301-18131-7	集散控制系统	周荣富	36	107	7-301-20506-8	编码调制技术	黄　平	26
88	7-301-18285-7	电子线路 CAD	周荣富	41	108	7-301-20763-5	网络工程与管理	谢　慧	39
89	7-301-16739-7	MATLAB 基础及应用	李国朝	39	109	7-301-20845-8	单片机原理与接口技术实验与课程设计	徐懂理	26
90	7-301-18352-6	信息论与编码	隋晓红	24	110	301-20725-3	模拟电子线路	宋树祥	38
91	7-301-18260-4	控制电机与特种电机及其控制系统	孙冠群	42	111	7-301-21058-1	单片机原理与应用及其实验指导书	邵发森	44
92	7-301-18493-6	电工技术	张　莉	26	112	7-301-20918-9	Mathcad 在信号与系统中的应用	郭仁春	30
93	7-301-18496-7	现代电子系统设计教程	宋晓梅	36	113	7-301-20327-9	电工学实验教程	王士军	34
94	7-301-18672-5	太阳能电池原理与应用	靳瑞敏	25	114	7-301-17468-5	嵌入式系统开发基础	侯殿有	49